自由自在 小学3・4年 算数

From Basic to Advanced

受験研究社

はじめに

　この本は，算数が苦手な人，算数が得意な人，どんな人でも算数の力をのばすことができるようにつくりました。算数では答えを求めることだけでなく，なぜその答えになったのかを考えることがとても大切です。みなさんが問題の意味や考え方をしっかり理解することができるように，さまざまなくふうがこらされています。

　3年生，4年生の算数では，数や数量の計算のしかた，図形の見方や面積の求め方など，たくさんのことを学びます。算数が苦手な人でも基本からスムーズに学習できるように，関係のある2年生の内容ものせているので，基本から1つずつしっかりと学習することができます。

　また，教科書に出てくる問題だけでなく，思考力や表現力，判断力が問われる応用問題や，中学入試に出てくるような問題もたくさんあつかっているので，算数が得意な人もぐんぐん力をのばすことができます。

　算数で学んだことは，日々の生活はもちろんのこと，みなさんがこれから将来に向けて進んでいくさまざまな世界で役に立ちます。この本を十二分に活用して，みなさんが算数に興味をもち，算数を好きになり，算数が得意になることを心から願っています。

特長と使い方

●学習のまとめと例題

最初に，章の目標をたしかめましょう。

章のはじめに，覚えておきたい大切なことをまとめています。
テスト前のかくにんのときにも役立ちます。

学習のまとめで覚えたことをかくにんできる例題をしめしています。

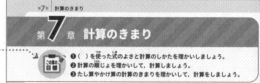

第7章 計算のきまり

❶（　）を使った式のよさと計算のしかたを理かいしましょう。
❷計算の順じょを理かいして，計算しましょう。
❸たし算やかけ算の計算のきまりを理かいして，計算をしましょう。

◎学習のまとめ

1 計算の順じょ →例題 102〜105

►ふつうは，左から順に計算します。

13+35−17=48−17
　　　　 ＝31

①，②，③の順に計算するよ。

►（　）のある式では，（　）の中を先に計算します。

22−(5+3)=22−8
　　　　 ＝14

►＋，−，×，÷がまじった式は，×，÷→＋，−の順に計算します。

36−6×4=36−24　　　5×6−12÷4=30−3
　　　 ＝12　　　　　　　　　　　 ＝27

2 計算のきまり →例題 106・107

►交かんのきまり
□＋○=○＋□
□×○=○×□ … たし算やかけ算では，数を入れかえても答えは同じ

►結合のきまり
(□＋○)＋△=□＋(○＋△)
(□×○)×△=□×(○×△) … たし算だけやかけ算だけのときは計算する順じょを変えても答えは同じ

►分配のきまり
(□＋○)×△=□×△＋○×△　　　(□＋○)÷△=□÷△＋○÷△
(□−○)×△=□×△−○×△　　　(□−○)÷△=□÷△−○÷△

170

●ここからスタート

●編のはじめの**ここからスタート**では，その編の内容をマンガで楽しくしょうかいしています。

しん
明るく元気な男の子。

ゆい
しんの幼なじみ。しっかりもの。

先生
何でも教えてくれるやさしい先生。

タロ
ゆいの飼い犬。おちょうしもの。

4

教科書の基本から中学入試じゅんび用の問題まで，重要な問題をえらんでのせています。

学習する学年です。中学入試じゅんび用の問題や思考力が必要な問題は**応用**としています。

つまずいたときにどこを見直せばよいかをしめしています。

とき方にある次のようなマークが問題を考えるときの助けとなります。

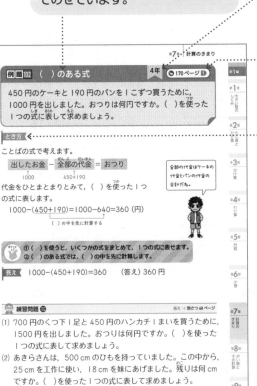

第7章·計算のきまり

例題102 （ ）のある式　4年　170ページ

450円のケーキと190円のパンを1こずつ買うために，1000円を出しました。おつりは何円ですか。（ ）を使った1つの式に表して求めましょう。

とき方

ことばの式で考えます。

出したお金 − 全部の代金 ＝ おつり
1000　　　450+190

全部の代金はケーキの代金とパンの代金の合計だね。

代金をひとまとまりとみて，（ ）を使った1つの式に表します。

1000−(450+190)=1000−640=360 (円)

（ ）の中を先に計算する

① （ ）を使うと，いくつかの式をまとめて，1つの式に表せます。
② （ ）のある式では，（ ）の中を先に計算します。

答え　1000−(450+190)=360　（答え）360 円

練習問題102　答え→別さつ48ページ

(1) 700円のくつ下1足と450円のハンカチ1まいを買うために，1500円を出しました。おつりは何円ですか。（ ）を使った1つの式に表して求めましょう。
(2) あきらさんは，500cmのひもを持っていました。この中から，25cmを工作に使い，18cmを妹にあげました。残りは何cmですか。（ ）を使った1つの式に表して求めましょう。
(3) 次の計算をしましょう。
　① 15+(72+50)　　② 30−(85−83)
　③ (96−88)+16　　④ (45+17)−12

171

　まちがえやすいところを説明しています。

　問題をとくためのポイントをまとめています。

　さらにくわしい考え方やとき方を説明しています。

　問題に関係のある算数の雑学です。

整数·整数モドる　136ページ

くわしく説明しているページをのせています。

●その他のコーナー

　例題や練習問題で身につけた力をためす問題です。少しむずかしめの問題には ちょいムズ のマークをつけています。

　算数へのきょうみが深まるような，おもしろい話やユニークな問題やとき方をしょうかいしています。

　3・4年の学習内容に関係のある5年の内容がのっています。先取り学習をすることができます。

も く じ

6

ぼくたちといっしょに
勉強しよう。

第**2**編 **数量の関係**

あからないことがあるときは「自由自在」を見ればいいね。

9

第5編には中学入試に出る
ような問題ものっているよ。

知らないことばや,
さがしたい例題が
あるときは『さくいん』
を引いてみましょう。

💻 本書に関する最新情報は、小社ホームページにある**本書の「サポート情報」**をご覧ください。(開設していない場合もございます。)
なお、この本の内容についての責任は小社にあり、内容に関するご質問は直接小社におよせください。

第1編

数と計算

ここからスタート！

第1編

数と計算

| わり算 | （わり算➡86ページ） |

1. クッキーを焼いたから，みんなで食べましょう！

2. 24まいあるから分けてくれる？　3人だから3つに分けるね。　キレイにならべたわよ

3. ボクの分も！　ほしい　ほしい　なんだ，タロもいたのか。

4. 4つに分けたよ！　1人分の数がちがうよ！　すくない　6まい　9まい！　5まい　4まい

5. ごめんごめん！同じ数ずつ分けないとダメだね!!何まいだろうな〜。　………。　テヘヘヘヘヘ

6. そんなときはわり算よ！24まいを4人で同じ数ずつ分けるから　24÷4＝6で6まいになるわ。　6まい　6まい　6まい　6まい

7. これで同じ数ずつ食べられるね。　あら，タロは？

8. 犬小屋？　あとで食べようとしてるみたい…。おなかこわさないといいけど…。　アラアラ　Taro no ie

第1章　大きい数のしくみ

❶ 1万より大きい数を読んだり，書いたりできるようにしましょう。
❷ 1万より大きい数のしくみを理かいしましょう。
❸ 数直線や等号・不等号を理かいし，数の大小をくらべましょう。

◎ 学習のまとめ

1　1億までの数　→例題1・2・3

▶ 1億までの数の読み方とその大きさは次のようになります。

数	読み方	大きさ
1	一	
10	十	一を10こ集めた数
100	百	十を10こ集めた数
1000	千	百を10こ集めた数
10000	一万	千を10こ集めた数
100000	十万	一万を10こ集めた数
1000000	百万	十万を10こ集めた数
10000000	千万	百万を10こ集めた数
100000000	一億	千万を10こ集めた数

一, 十, 百, 千の
くり返しに
なっているね。

▶ 23456789 は千万を2こ，百万を3こ，十万を4こ，一万を5こ，千を6こ，百を7こ，十を8こ，一を9こ合わせた数です。位はそれぞれ右のようにいいます。

```
2   3   4   5   6   7   8   9
千   百   十   一   千   百   十   一
万   万   万   万   の   の   の   の
の   の   の   の   位   位   位   位
位   位   位   位
```

2　数直線　→例題4・10

直線の上に，同じ長さごとに目もりをつけて，数を表したものを数直線といいます。数直線は右へいくほど数が大きくなります。

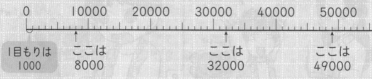

0	10000	20000	30000	40000	50000

1目もりは
1000

ここは
8000

ここは
32000

ここは
49000

3 等号・不等号

→ 例題 5・10

＝の記号を等号，＞，＜の記号を不等号といいます。

350＝350 ← 350 と 350 は同じ大きさ

350＞300 ← 350 は 300 より大きい

350＜400 ← 350 は 400 より小さい

大＞小
小＜大

不等号は大きい方に開くのよ。

4 1億より大きい数

→ 例題 8・9

1億より大きい数の読み方とその大きさは次のようになります。

数	読み方	大きさ
100000000	一億	
1000000000	十億	一億を 10 こ集めた数
10000000000	百億	十億を 10 こ集めた数
100000000000	千億	百億を 10 こ集めた数
1000000000000	一兆	千億を 10 こ集めた数

5 整数のしくみ

→ 例題 7・11

► 整数を 10 倍，100 倍，1000 倍すると，位が1つ，2つ，3つ上がり，もとの数の右に0を1こ，2こ，3こつけた数になります。

📖 整数 136 ページ

📖 倍 54 ページ

万	千	百	十	一
			2	7
		2	7	0
	2	7	0	0
2	7	0	0	0

10 倍
100 倍
1000 倍

► 整数を 10 でわる，100 でわると，位が1つ，2つ下がり，もとの数の右はしの0を1こ，2ことった数になります。

📖 わり算 86 ページ

千	百	十	一
4	6	0	0
	4	6	0
		4	6

10 でわる
100 でわる

① 1億までの数

例題1 1万までの数 2年 🕐14ページ ①

(1) 次の数を読んで，漢字で書きましょう。
　　① 396　　　　　② 4501　　　　　③ 10000
(2) 次の数を数字で書きましょう。
　　① 八百三十七　　　　　② 二千八十三

とき方

(1) ① 百の位が3，十の位が9，一の位が6だから，
　　三百九十六と読みます。

千の位	百の位	十の位	一の位
	3	9	6
4	5	0	1

　　② 千の位が4，百の位が5，十の位が0，一の
　　位が1だから，四千五百一と読みます。

　　⚠注意 十の位は0なので読みません。

　　③ 1000を10こ集めた数で，**一万**と読みます。

(2) 右のように位ごとに線で区切ります。
　　① 百の位が8，十の位が3，一の位が7だから，
　　837と書きます。　　　　　　　　八百|三十|七

　　② 千の位が2，百の位がないので0，十の位が
　　8，一の位が3だから，2083と書きます。　二千|八十|三

　　✋ポイント 何もない位は0を書きます。

答え (1)① 三百九十六　② 四千五百一　③ 一万
　　　(2)① 837　② 2083

👓 練習問題 ①

答え ➡別さつ1ページ

(1) 次の数を読んで，漢字で書きましょう。
　　① 517　　　　　　　　　② 1092
(2) 次の数を数字で書きましょう。
　　① 四百七十一　　② 七千三百五十三　　③ 五千六十

例題2　1億までの数

3年　● 14ページ❶　16ページ 例題❶

(1) 次の数を読んで，漢字で書きましょう。

　① 32548　　　② 729600　　　③ 100000000

(2) 次の数を数字で書きましょう。

　① 八万二千五百六十七　② 四十二万七千百八　③ 五百三万二千

とき方

(1) ① 一万の位が3，千の位が2，百の位が5，
　　　十の位が4，一の位が8だから，
　　　三万二千五百四十八と読みます。

　② 十万の位が7，一万の位が2，千の位が
　　　9，百の位が6だから，七十二万九千六
　　　百と読みます。

十万の位	一万の位	千の位	百の位	十の位	一の位
	3	2	5	4	8
7	2	9	6	0	0

　③ 1000万を10こ集めた数で，**一億**と読みます。

(2) 一万の位の後に線をひいて，区切ります。

　① <u>八万</u>｜<u>二千五百六十七</u> → 82567 と書きます。
　　　　8　　　　2567

　② <u>四十二万</u>｜<u>七千百八</u> → 427108 と書きます。
　　　42　　　　7108

　③ <u>五百三万</u>｜<u>二千</u> → 5032000 と書きます。
　　　503　　　2000

一万の位までで区切って考えよう。

答え

(1)① 三万二千五百四十八　② 七十二万九千六百　③ 一億

(2)① 82567　② 427108　③ 5032000

練習問題 ❷

答え ➡ 別さつ1ページ

(1) 次の数を読んで，漢字で書きましょう。

　① 12761　　　　　　② 18650000

(2) 次の数を数字で書きましょう。

　① 五万六千三百　② 九百二十三万六百四　③ 六千五百四十七万

第1編

第1章 大きい数のしくみ

第2章 たし算とひき算

第3章 かけ算

第4章 わり算

第5章 分数

第6章 小数

第7章 計算のきまり

第8章 がい数とその計算

第9章 そろばん

例題 3　**1億までの数のしくみ**　　3年　⏱14ページ ❶

(1) 次の数を数字で書きましょう。
　　① 10万を6こ，1万を2こ，1000を9こ合わせた数
　　② 1万を105こ集めた数
(2) 290000は，1000を何こ集めた数ですか。

とき方

(1) ① 10万が6こ → 600000，1万が2こ → 20000，
　　　1000が9こ → 9000だから，629000

千	百	十	一	千	百	十	一
			万				
	6	2	9	0	0	0	

左のような表に数をあてはめるとわかりやすいね。

② 1万が105こ ⟨ 1万が100こ → 1000000 / 1万が5こ → 50000 ⟩ 1050000

千	百	十	一	千	百	十	一
			万				
1	0	5	0	0	0	0	
		1	0	0	0	0	

(2) 290000 ⟨ 200000 → 1000が200こ / 90000 → 1000が 90こ ⟩ 1000が290こ

千	百	十	一	千	百	十	一
			万				
	2	9	0	0	0	0	
		1	0	0	0		

ポイント 10000は1000を10こ集めた数です。

答え　(1)① 629000　② 1050000　　(2) 290こ

練習問題 ❸　　答え → 別さつ2ページ

(1) 次の数を数字で書きましょう。
　　① 1000万を8こ，100万を1こ，100を2こ合わせた数
　　② 1000を752こ集めた数
(2) 7800000は，10000を何こ集めた数ですか。

ひろがる算数

日本語の数の数え方

日本語の数の数え方は，大きく2種類に分けられます。

1	いち	ひとつ（ひい）
2	に	ふたつ（ふう）
3	さん	みっつ（みい）
4	し	よっつ（よう）
5	ご	いつつ（いつ）
6	ろく	むっつ（むう）
7	しち	ななつ（なな）
8	はち	やっつ（やあ）
9	く	ここのつ（ここ）
10	じゅう	とお（そ）
20	にじゅう	はた（はたち）
100	ひゃく	もも（お）
1000	せん	ち
10000	いちまん	よろず

●中国から伝わった数え方

「いち，に，さん，…」の数え方は，昔の中国から漢字といっしょに伝わった数え方です。

> 中国からは昔からいろいろなものが日本に伝わっているのよ。

●日本に昔からある数え方

「ひとつ，ふたつ，みっつ，…」の数え方は，ずっと昔からある日本だけの数え方です。しかし，いつ，どこで，どのようにしてできた数え方なのかはわかっていません。

●今も残る昔の数え方

「ひとつ，ふたつ，みっつ，…」の数え方で，10より大きい数の数え方は，今ではほとんど残っていませんが，次のように残っているものもあります。

20（はた）

二十才（はたち）

100（もも）

百華（ももか）

千代紙（ちよがみ）

1000（ち）

千葉県（ちばけん）

10000（よろず）

八百万の神々（やおよろずかみがみ）

例題4 数直線

3年 14ページ 2

下の数直線の㋐から㋒はどんな数ですか。

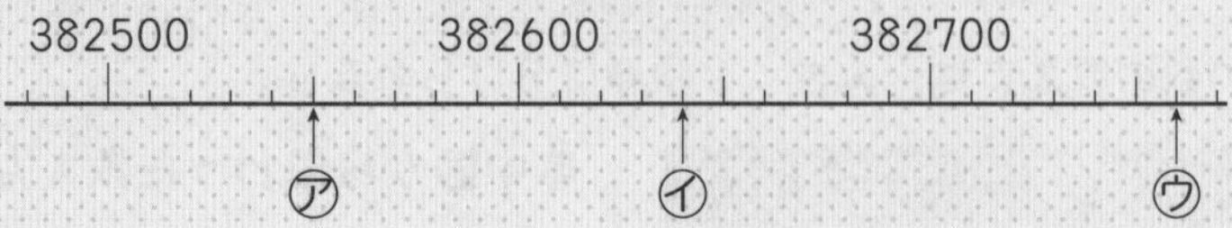
382500
382600
382700
㋐
㋑
㋒

とき方

下の図のように，100 を 10 等分しているので，いちばん小さい 1 目もりは 10 です。

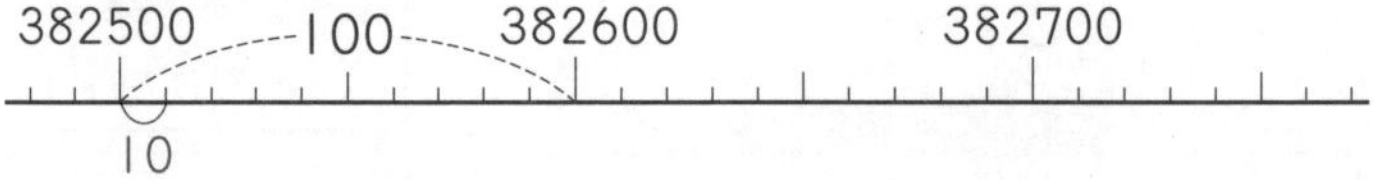
382500
100
382600
382700
10

㋐は 382500 より 5 目もり分大きいので，382550
㋑は 382600 より 4 目もり分大きいので，382640
㋒は 382700 より 6 目もり分大きいので，382760

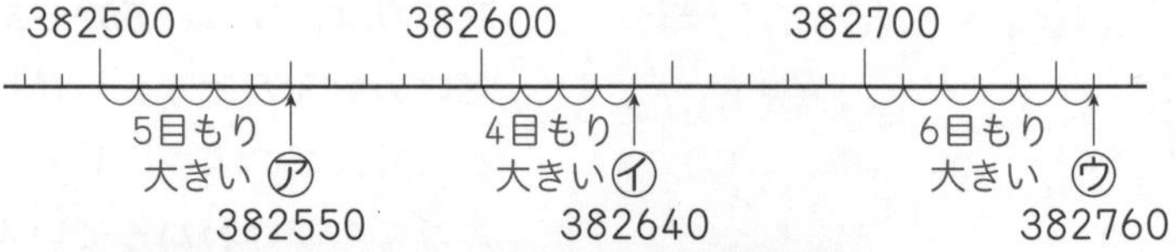
382500
382600
382700
5目もり
大きい ㋐
382550
4目もり
大きい ㋑
382640
6目もり
大きい ㋒
382760

ポイント **数直線の目もりをよむときは，いちばん小さい 1 目もりの大きさに注目します。**

答え

㋐ 382550　㋑ 382640　㋒ 382760

練習問題❹

答え → 別さつ 2 ページ

下の数直線の㋐から㋓はどんな数ですか。

(1)

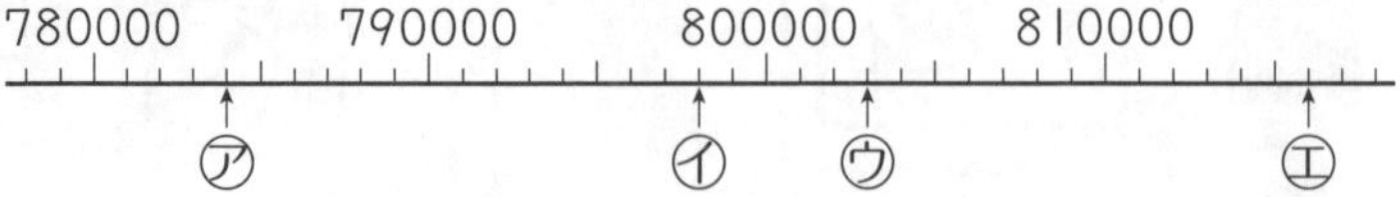
780000
790000
800000
810000
㋐
㋑
㋒
㋓

(2)

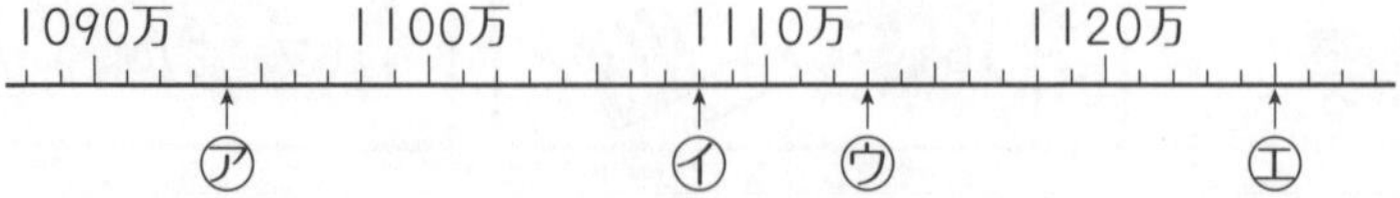
1090万
1100万
1110万
1120万
㋐
㋑
㋒
㋓

例題 5　数の大小　3年　○15ページ 3

第1編

第1章
大きい数の
しくみ

第2章
たし算と
ひき算

第3章
かけ算

第4章
わり算

第5章
分数

第6章
小数

第7章
計算の
きまり

第8章
がい数と
その計算

第9章
そろばん

(1) 次の 2 つの数の大小を，不等号を使って表しましょう。
　　① 280625，286025　　　②428万，418万
(2) □にあてはまる数字を全部書きましょう。
　　5370000＞5□40000

とき方

(1) けた数が同じ場合，上の位からくらべます。

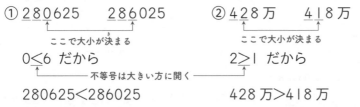

　　① 280625　　286025　　　②428万　　418万
　　　ここで大小が決まる　　　ここで大小が決まる

　　0＜6 だから　　　　　　　　2＞1 だから
　　　　　　　　不等号は大きい方に開く
　　280625＜286025　　　　　　428万＞418万

<わしく> 数直線に表すと，次のようになります。
　　　　　数直線は右にいくほど大きくなります。

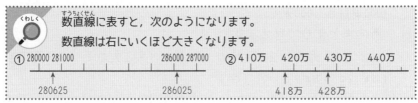

(2) 不等号の向きが正しくなるように，□の数を考えます。
　　□=3 → 5370000＞5340000
　　□=4 → 5370000＜5440000
　　だから，□は 3，または 3 より小さい数

答え
　　(1) ① 280625＜286025　　② 428万＞418万
　　(2) 0，1，2，3

練習問題 5

答え → 別さつ2ページ

(1) 次の 2 つの数の大小を，不等号を使って表しましょう。
　　① 838200，98710　　　　② 983万，987万
(2) □にあてはまる数字を全部書きましょう。
　　① 5960700＞59□9700　　② 682□0000＞68240001

例題 6 大きい数のたし算とひき算 3年 ○37ページ 例題14

(1) 次の計算をしましょう。
　　① 2000+4000　　② 5000+8000　　③ 14000−9000
(2) 次の計算をしましょう。
　　① 12万+7万　　② 16万−6万　　③ 11万−5万

とき方

(1) 1000 のまとまりで考えます。
　① 2000 + 4000 → 2+4=6 → 1000 が 6 こだから，6000 です。
　　1000が2こ　1000が4こ
　② 5000 + 8000 → 5+8=13 → 1000が13こだから，13000です。
　　1000が5こ　1000が8こ
　③ 14000−9000 → 14−9=5 → 1000 が 5 こだから，5000 です。
　　1000が14こ　1000が9こ

(2) 1万のまとまりで考えます。
　① 12万+7万 → 12+7=19 → 1万が19こだから，19万です。
　　1万が12こ　1万が7こ
　② 16万−6万 → 16−6=10 → 1万が10こだから，10万です。
　　1万が16こ　1万が6こ
　③ 11万−5万 → 11−5=6 → 1万が6こだから，6万です。
　　1万が11こ　1万が5こ

ポイント 1000や1万のまとまりで考えると，2けたや1けたの計算でできます。

答え
(1)① 6000　② 13000　③ 5000
(2)① 19万　② 10万　③ 6万

 練習問題 6　　　　　　　　　　　　答え → 別さつ3ページ

次の計算をしましょう。

(1) 6000+7000　　　　　　(2) 210000−30000

(3) 27万−9万　　　　　　(4) 37万+83万

第1編

第1章
大きい数の
しくみ

第2章
たし算と
ひき算

第3章
かけ算

第4章
わり算

第5章
分数

第6章
小数

第7章
計算の
きまり

第8章
がい数と
その計算

第9章
そろばん

例題 7 **10倍した数，10でわった数** **3年** ⏱️15ページ **5**

(1) 78 を 10倍，100倍，1000倍した数は，それぞれいくつ
ですか。

(2) 570 を 10 でわった数はいくつですか。

とき方

(1) **10倍した数**

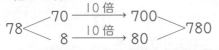

百	十	一
	7	8
7	8	0

10倍

ポイント 数を10倍すると，位が1つ上がり，もと
の数の右に0を1こつけた数になります。

100倍した数 → 10倍の10倍

$$78 \xrightarrow{10倍} 780 \xrightarrow{10倍} 7800$$
100倍

万	千	百	十	一
			7	8
		7	8	0
	7	8	0	0
7	8	0	0	0

10倍
10倍 100倍
10倍
10倍

1000倍した数 → 100倍の10倍

$$78 \xrightarrow{100倍} 7800 \xrightarrow{10倍} 78000$$
1000倍

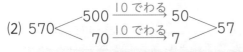

百	十	一
5	7	0
	5	7

10でわる

ポイント 一の位が0の数を10でわると，位が1つ
下がり，一の位の0をとった数になります。

答え (1) 10倍…780　100倍…7800　1000倍…78000

　　　　(2) 57

練習問題 7 答え → 別さつ3ページ

(1) 次の数を 10倍，100倍，1000倍した数は，それぞれいくつ
ですか。

　① 35　　　　　② 491　　　　　③ 87010

(2) 次の数を 10 でわった数はいくつですか。

　① 20　　　　　② 480　　　　　③ 79300

力をためす問題

答え→別さつ3ページ

1 次の数を読んで，漢字で書きましょう。
→[例題 1・2]

(1) 5841　(2) 3020　(3) 7326514

(4) 34000000　(5) 92068700

2 次の数を数字で書きましょう。
→[例題 1・2]

(1) 七千四百十五　(2) 六千二百　(3) 九百十万八百一

(4) 三千八百万　(5) 二千五十万四千

3 次の数を数字で書きましょう。
→[例題 3]

(1) 1万を8こ，1000を3こ，100を6こ合わせた数

(2) 10万を63こと1000を12こ合わせた数

(3) 1000を4805こ集めた数

4 次の□にあてはまる数を求めましょう。
→[例題 3]

(1) 658000は，1000を□こ集めた数です。

(2) 2783000は，1万を□こと3000を合わせた数です。

(3) 1921482は，1000を□こと482を合わせた数です。

5 下の数直線の㋐から㋔はどんな数ですか。
→[例題 4]

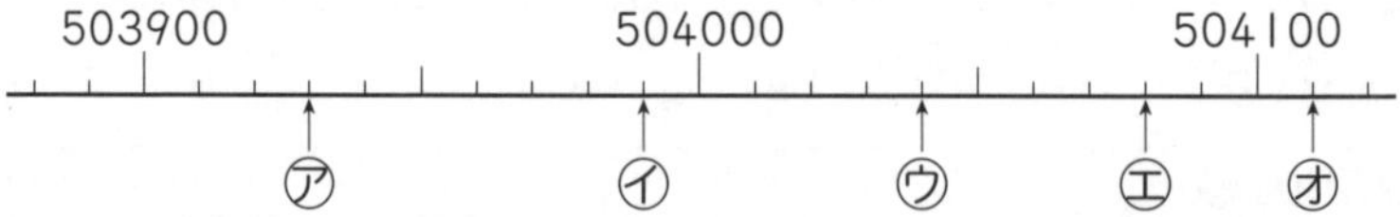

6 次の計算をしましょう。
→[例題 6]

(1) 17000+23000　(2) 52000−43000

(3) 56万+14万　(4) 61万−29万

(5) 60万+80万　(6) 170万−90万

7 次の □ にあてはまる等号，不等号を入れましょう。

→例題 5・6

(1) 700500 □ 705000　　　　(2) 2080万 □ 2100万

(3) 500000 □ 64000−14000　(4) 12万+18万 □ 300000

8 次の ア，イ に入る数を全部求めましょう。ただし，同じ記号 の □ には同じ数字が入ります。

→例題 5

(1) 26ア53>2ア640　　　　(2) 197イ821<19イ4813

9 次の数を 10 倍，100 倍，1000 倍した数はいくつですか。

→例題 7

(1) 46　　　　　　　　　(2) 505

(3) 6203　　　　　　　　(4) 80000

10 次の数を 10 でわった数はいくつですか。

→例題 7

(1) 340　　　　　　　　(2) 2780

(3) 10500　　　　　　　(4) 10000000

11 下の数直線を見て，次の問いに答えましょう。

→例題 4

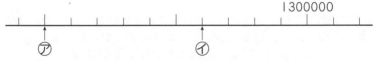

(1) ㋐が 1200000 のとき，㋑はどんな数ですか。

(2) ㋐が 1290000 のとき，㋑はどんな数ですか。

12 0 から 4 までの数字を 1 こずつ使って，5 けたの数をつくり ます。

→例題 2・5 7

(1) いちばん大きい数をつくりましょう。

(2) いちばん小さい数をつくりましょう。

(3) (2)の数を 1000 倍したとき，数字の 2 は何の位の数ですか。

② 1億より大きい数

15ページ ④ / 17ページ 例題 2

例題 8　1億より大きい数　4年

次の数を読んで，漢字で書きましょう。

(1) 92480835000　　　　　(2) 51603762000000

とき方

右から4けたごとに区切って，考えます。

(1)
9 2 4	8 0 8 3	5 0 0 0
百十一	千百十一	千百十一
億	万	

→ 九百二十四億八千八十三万五千となります。

 ポイント　0は読みません。

(2)
5	1 6 0 3	7 6 2 0	0 0 0 0
一	千百十一	千百十一	千百十一
兆	億	万	

→ 五兆千六百三億七千六百二十万となります。

答え　(1) 九百二十四億八千八十三万五千

　　　　(2) 五兆千六百三億七千六百二十万

 買い物のレシートなどには，3けたごとに数字を区切って表しているものがあります。これは，英語では，数の読み方が3けたごとに大きく変わるためです。このような区切り方は，世界で広く使われているため，日本でもお金などは，この区切り方で表すことがよくあります。

レシート
----- ￥490
----- ￥580
----- ￥340
合計　￥1,410
おあずかり ￥2,000
おつり　￥590

練習問題 8　　　　　　答え → 別さつ5ページ

(1) 次の数を漢字で書きましょう。

　① 365346523821　　　② 80050234500000

(2) 次の数を数字で書きましょう。

　① 七千五百三億三千万　　② 四十兆六百億八千二百万

例題 9 1億より大きい数のしくみ 〔4年〕

15ページ ④
18ページ 例題 3

次の数を数字で書きましょう。
(1) 1億を9こ，1000万を2こ，1万を6こ合わせた数
(2) 1000億を25こ集めた数

とき方

(1) 1億が9こ → 9億，
　　1000万が2こ → 2000万，
　　1万が6こ → 6万
　　だから，9億2006万

千	百	十	一	千	百	十	一	千	百	十	一	千	百	十	一
			兆				億				万				
							9	2	0	0	6	0	0	0	0

(2) 1000億が25こ 〈1000億が20こ → 2兆〉〈1000億が5こ → 5000億〉 2兆5000億

千	百	十	一	千	百	十	一	千	百	十	一	千	百	十	一
			兆				億				万				
			2	5	0	0	0	0	0	0	0	0	0	0	0
				1	0	0	0	0	0	0	0	0	0	0	0

答え
(1) 920060000
(2) 2500000000000

練習問題 9

答え → 別さつ6ページ

(1) 次の数を数字で書きましょう。
　① 10億を3こ，100万を5こ，1万を2こ合わせた数
　② 100億を470こ集めた数
　③ 1兆を3こ，100億を44こ，1万を3329こと28を合わせた数
(2) 27兆は1000億を何こ集めた数ですか。

第1編

第1章 大きい数のしくみ

第2章 たし算とひき算

第3章 かけ算

第4章 わり算

第5章 分数

第6章 小数

第7章 計算のきまり

第8章 がい数とその計算

第9章 そろばん

例題10 数直線と数の大小

4年 14ページ2 15ページ3

(1) 下の数直線の㋐から㋒はどんな数ですか。

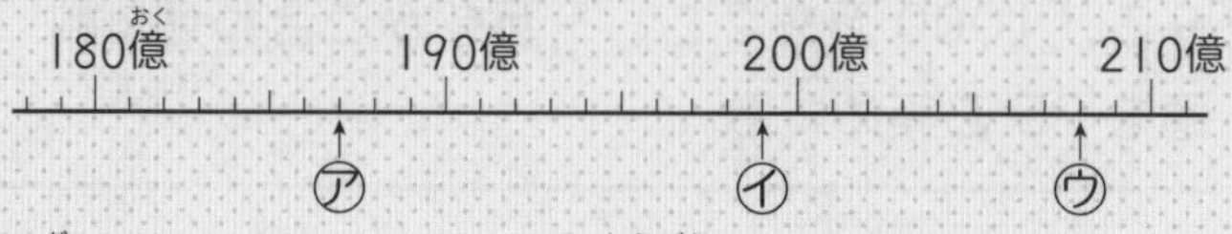
180億
190億
200億
210億
㋐
㋑
㋒

(2) 次の□にあてはまる不等号を書きましょう。

① 5180 億□5146 億　② 234468000□234680000

とき方

(1) 10 億を 10 等分しているので，1 目もりは 1 億。

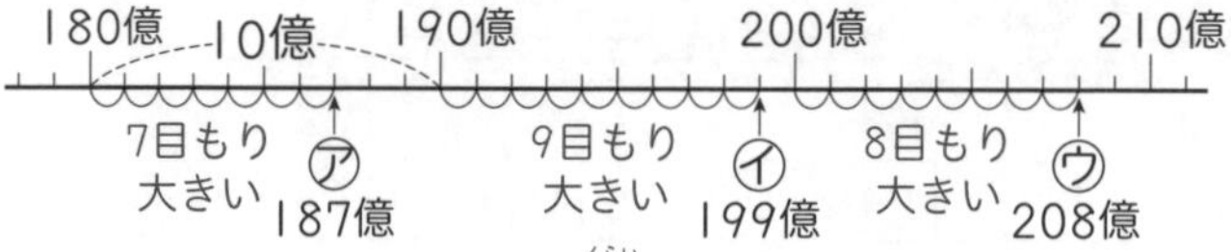
180億
10億
190億
200億
210億
7目もり
大きい
㋐
187億
9目もり
大きい
㋑
199億
8目もり
大きい
㋒
208億

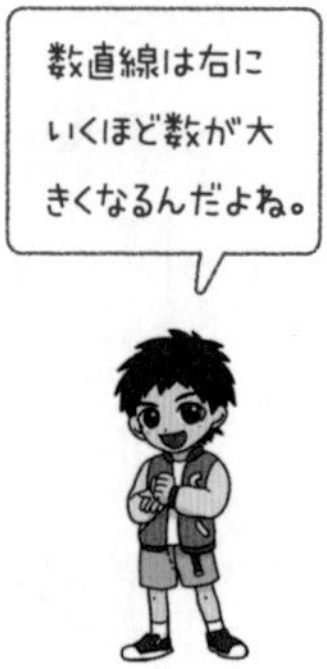
数直線は右に
いくほど数が大
きくなるんだよね。

(2) けた数が同じ場合，上の位からくらべます。

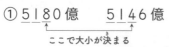

① 5180 億　5146 億

ここで大小が決まる

8>4 だから，5180 億>5146 億

② 234468000　234680000

ここで大小が決まる

4<6 だから，234468000<234680000

答え (1)㋐ 187 億　㋑ 199 億　㋒ 208 億　(2)①＞　②＜

練習問題10

答え → 別さつ 6 ページ

(1) 下の数直線の㋐から㋔はどんな数ですか。

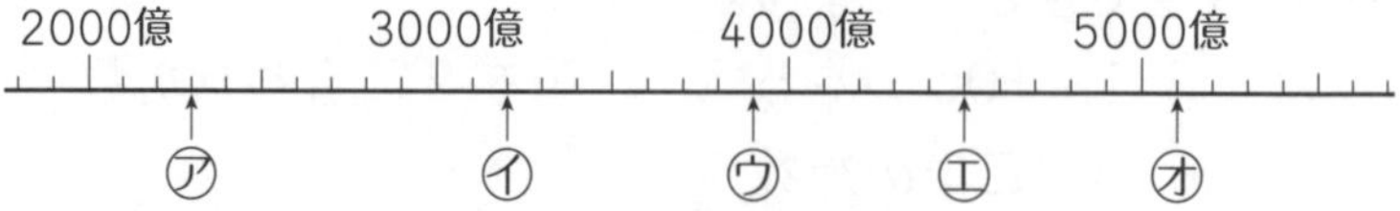
2000億
3000億
4000億
5000億
㋐
㋑
㋒
㋓
㋔

(2) 次の□にあてはまる不等号を書きましょう。

① 4 兆 5820 億□4592130000000

② 712580000000□7125 億

第1編

第1章
大きい数の
しくみ

第2章
たし算と
ひき算

第3章
かけ算

第4章
わり算

第5章
分数

第6章
小数

第7章
計算の
きまり

第8章
その計算と
がい数

第9章
そろばん

例題 11　整数のしくみ

4年　15ページ 5
　　　23ページ 例題 7

(1) 50億を10倍, 100倍, 1000倍した数は, それぞれいくつですか。

(2) 700億を10でわった数, 100でわった数は, それぞれいくつですか。

とき方

(1) 10倍した数

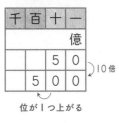

100倍した数

1000倍した数

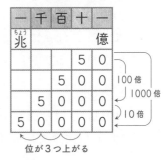

(2) 10でわった数

100でわった数

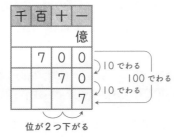

答え

(1) 10倍…500億　100倍…5000億　1000倍…5兆

(2) 10でわった数…70億　100でわった数…7億

練習問題 11

答え → 別さつ7ページ

次の数を書きましょう。

(1) 70億の10倍　(2) 80億の100倍　(3) 130億の1000倍

(4) 920億を10でわる　　(5) 45兆を100でわる

例題12　整数の表し方

4年　● 28 ページ 例題10

0, 1, 2, 3, 4, 5, 6, 7, 8, 9 の 10 まいのカードを 1 まいずつ使って，10 けたの整数をつくります。

(1) できる数のうち，2 番目に大きい数を書きましょう。

(2) 50 億より大きく，50 億にいちばん近い数を書きましょう。

とき方

(1) 上の位に大きい数があるほど 10 けたの数は大きくなるので，数の大きい順にカードをならべます。

9 8 7 6 5 4 3 2 1 0 ← いちばん大きい数ができる

✕ ← 十の位と一の位を入れかえる

9 8 7 6 5 4 3 2 0 1 ← 2 番目に大きい数

(2) 50 億は 10 けたの数です。

50 億より大きく，50 億にいちばん近い数なので，いちばん上の位のカードは 5，その次は 0 になります。

5 0 のあとは，残りのカードでいちばん小さい数をつくります。

5 0 1 2 3 4 6 7 8 9

数の小さい順にならべる

>
> ポイント　0, 1, 2, 3, 4, 5, 6, 7, 8, 9 の 10 この数字を使うと，どんな大きさの整数でも表すことができます。

答え　(1) 9876543201　(2) 5012346789

練習問題 12

答え → 別さつ7ページ

0, 1, 2, 3, 4, 5, 6, 7, 8, 9 の 10 この数字を使って，10 けたの整数をつくります。

(1) 数字を 1 こずつ使ったとき，いちばん小さい数を書きましょう。

(2) 同じ数字を何回使ってもいいとき，2 番目に大きい数を書きましょう。

例題13 大きい数の計算 4年 ● 22 ページ 例題6

次の計算をしましょう。
(1) 14億+39億   (2) 42兆−15兆
(3) 27万×5   (4) 48億÷6   (5) 12万×8万

とき方

(1) 1億のまとまりで考えます。 たし算とひき算 36ページ
　14億+39億 → 1億のまとまりが 1けたをかけるかけ算の筆算 55ページ
　14+39=53（こ） わり算 86ページ
　1億が53こなので，53億です。

(2) 1兆のまとまりで考えます。
　42兆−15兆 → 1兆のまとまりが 42−15=27（こ）
　1兆が27こなので，27兆です。

(3) 1万のまとまりで考えます。
　27万×5 → 1万のまとまりが 27×5=135（こ）
　1万が135こなので，135万です。

(4) 1億のまとまりで考えます。
　48億÷6 → 1億のまとまりが 48÷6=8（こ）
　1億が8こなので，8億です。

(5) 12×8の答えから考えます。
　12×8=96 → 12万×8万=96億
　　　　　　　1万の1万倍は1億

答え (1) 53億 (2) 27兆 (3) 135万 (4) 8億 (5) 96億

練習問題13 答え → 別さつ7ページ

(1) 次の計算をしましょう。
　① 72億+28億   ② 351兆−65兆
　③ 18億×3   ④ 45兆÷9
(2) 42×23=966 を利用して，次の数を求めましょう。
　① 42万×23万   ② 42億×23万

「数えることができない」
という意味です。

インドのガンジス河という大きな川のすなのつぶの数くらいの大きな数という意味です。

無量大数
（むりょうたいすう）

不可思議
（ふかしぎ）

那由他
（なゆた）

阿僧祇
（あそうぎ）

恒河沙
（ごうがしゃ）

極
（ごく）

載
（さい）

無げん（かぎりがない）
という意味です。

1無量大数は1の後に
0が68個もつきます。

「載」までは中国の王様が
決めたといわれています。

無量大数	1	0000	0000	0000	0000	0000	0000	0000	0000	0000
		不可思議	那由他	阿僧祇	恒河沙	極	載	正	潤	溝

北より大きい位は
江戸時代の算数の本
『塵劫記』にのっているわ。

むずかしい漢字
が多いね‥

太陽の重さは
約199穣kgです。

正せい　澗かん　溝こう　穣じょう　秭し　垓がい　京けい　兆ちょう　億おく　万

むかしの中国の
イネの量の単位です。

位が大きくなっても
4けたごとに位が変
わるのは同じだよ。

0000	0000	0000	0000	0000	0000	0000	0000
穣	秭	垓	京	兆	億	万	

力をためす問題

答え → 別さつ7ページ

1 次の数を読んで，漢字で書きましょう。
→例題 8

(1) 876 1502 1300

(2) 3570 7000 0000

(3) 1021 0450 09000

(4) 7050 0900 080000

2 次の数を数字で書きましょう。
→例題 8

(1) 六兆三千百五億

(2) 二十兆八千万

(3) 五兆四千三万八十

(4) 九千三百二億五百三

3 次の数を数字で書きましょう。(4)は□にあてはまる数を書きましょう。
→例題 9

(1) 1000億を8こ，1億を2こ，100万を3こ，1000を7こ合わせた数

(2) 1兆を18こ，1億を3200こ，10万を54こと，96を合わせた数

(3) 10億を580こ集めた数

(4) 3兆2000億は10億を□こ集めた数

4 下の数直線の㋐から㋔はどんな数ですか。
→例題 10

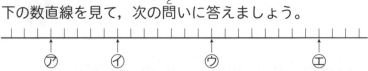

5 下の数直線を見て，次の問いに答えましょう。
ちょいムズ →例題 10

(1) ㋐が3兆で，㋑が4兆のとき，㋑，㋒はどんな数ですか。

(2) ㋐が8000億で，㋑が9000億のとき，㋒，㋓はどんな数ですか。

6 次の数を数字で書きましょう。
→例題10

(1) 1000億より100小さい数

(2) 1兆より300億小さい数

7 次の2つの数の大小を，不等号を使って表しましょう。
→例題10

(1) 15億，8億

(2) 30000000000，3000億

(3) 3189000000，3198000000

8 次の数を書きましょう。
→例題11

(1) 5億2000万の10倍　　(2) 23億800万の100倍

(3) 1250万の1000倍　　(4) 74兆を10でわった数

(5) 63億70万を100でわった数

(6) 159兆3000万を100でわった数

9 次の計算をしましょう。
→例題13

(1) 12億+59億　　　(2) 105兆−19兆

(3) 42万×15万　　　(4) 16兆÷4

10 五千円札で，1億円のお金を集めるとしたら，五千円札を何まい集めるとよいですか。
ちょいムズ →例題11・13

11 千円札100まいで，およそ1cmの高さになります。千円札で1億円は，およそ何mの高さになりますか。
ちょいムズ →例題11

12 0，1，2，3，4，5，6，7，8，9の10まいのカードを1まいずつ使って，10けたの整数をつくります。このとき，22億にいちばん近い数を書きましょう。
ちょいムズ →例題12

第**2**章 たし算とひき算

この章の目標
❶ たし算やひき算の筆算のしかたを理かいしましょう。
❷ たし算やひき算の文章題がとけるようにしましょう。
❸ 計算のきまりを使って，かんたんに計算できるくふうをしましょう。

◎ 学習のまとめ

1 たし算とひき算 → 例題 14

たし算 $25 + 16 = 41$
　　　　↑　　　↑　　　↑
　　　たされる数　たす数　答え

ひき算 $43 - 17 = 26$
　　　　↑　　　↑　　　↑
　　　ひかれる数　ひく数　答え

> たし算の答えを和，
> ひき算の答えを差
> といいます。

2 たし算の筆算 → 例題 15・17・19・20・23・25

► 位をそろえて書く。
► 一の位から順に計算する。
► くり上がりに注意する。

```
  1 1      ← くり上がった1を
  3 7 2      小さく書く
+   4 9
─────────
  4 2 1
```

3 ひき算の筆算 → 例題 16・18・19・24・25

► 位をそろえて書く。
► 一の位から順に計算する。
► くり下がりに注意する。

```
  4 1      ← くり下げたあとの
  5 2 1      数字を小さく書く
-   9 3
─────────
  4 2 8
```

4 3つの数のたし算 → 例題 21

たす順じょを変えると，計算がかんたん
になる場合があります。

$18+14+6=18+(14+6)=18+20=38$
　　　　　　　└─( )の中を先に計算する

> たし算では，たす
> 順じょを変えても
> 答えは同じだね。

📖 計算のきまり 170 ページ

① たし算・ひき算の筆算

第1編

第1章 大きい数のしくみ

第2章 たし算とひき算

第3章 かけ算

第4章 わり算

第5章 分数

第6章 小数

第7章 計算のきまり

第8章 がい数とその計算

第9章 そろばん

例題14 何十・何百のたし算とひき算 **2年** ⏱ 36 ページ ①

(1) 次の計算をしましょう。
　① 70+60　　　　② 180−90

(2) 次の計算をしましょう。
　① 600+800　　　　② 1700−900

とき方

(1) 10 のまとまりで考えます。
　① 70+60 → 10 のまとまりが 7+6=13（こ）
　　10 のまとまりが 13 こだから，130 です。
　② 180−90 → 10 のまとまりが 18−9=9（こ）
　　10 のまとまりが 9 こだから，90 です。

(2) 100 のまとまりで考えます。
　① 600+800 → 100 のまとまりが 6+8=14（こ）
　　100 のまとまりが 14 こだから，1400 です。
　② 1700−900 → 100 のまとまりが 17−9=8（こ）
　　100 のまとまりが 8 こだから，800 です。

> 10や100のまとまりで考えると，1けたや2けたの計算になるよ！

答え (1)① 130　② 90
　　　 (2)① 1400　② 800

練習問題14 答え → 別さつ 10 ページ

(1) 次の計算をしましょう。
　① 90+50　　　　② 30+80
　③ 130−50　　　　④ 120−60

(2) 次の計算をしましょう。
　① 400+300　　　　② 700+700
　③ 600−200　　　　④ 1000−500

例題15 たし算の筆算　　2年　3年　🕐36ページ❷

次のたし算をしましょう。

(1) 63+25　　　(2) 165+214　　　(3) 424+13

とき方

位をそろえて，一の位から順に計算します。

位をそろえて書く。	(1)	(2)	(3)
	6 3 +2 5	1 6 5 +2 1 4	4 2 4 +　1 3

注意 下のように，位をそろえずに書いてはいけません。

424
+13

一の位を計算する。	6 3 +2 5 　　8	1 6 5 +2 1 4 　　　9	4 2 4 +　1 3 　　　7

十の位を計算する。	6 3 +2 5 8 8	1 6 5 +2 1 4 　7 9	4 2 4 +　1 3 　3 7

百の位を計算する。		1 6 5 +2 1 4 3 7 9	4 2 4 +↓ 1 3 4 3 7

└そのままおろす

位ごとに計算すると，1けたの計算でできるね！

答え (1) 88 (2) 379 (3) 437

練習問題15

答え → 別さつ10ページ

次のたし算をしましょう。

(1) 19+40　　　(2) 32+7　　　(3) 5+44

(4) 324+512　　(5) 413+25　　(6) 4+153

| 例題16 | ひき算の筆算 | 2年 | 3年 | 36ページ ③ |

第1編
第1章 大きい数のしくみ
第2章 たし算とひき算
第3章 かけ算
第4章 わり算
第5章 分数
第6章 小数
第7章 計算のきまり
第8章 その数と計算
第9章 そろばん

次のひき算をしましょう。

(1) 25−13　　(2) 389−162　　(3) 795−84

とき方

位をそろえて，一の位から順に計算します。

| | (1) | (2) | (3) |

位をそろえて書く。

```
  2 5       3 8 9       7 9 5
− 1 3     − 1 6 2     −   8 4
```

一の位を計算する。

```
  2 5       3 8 9       7 9 5
− 1 3     − 1 6 2     −   8 4
    2           7           1
```

十の位を計算する。

```
  2 5       3 8 9       7 9 5
− 1 3     − 1 6 2     −   8 4
  1 2         2 7         1 1
```

百の位を計算する。

```
            3 8 9       7 9 5
          − 1 6 2     ↓   8 4
            2 2 7       7 1 1
```
└そのままおろす

くわしく

ひき算の答えはたし算を使ってたしかめられます。

```
  795…ひかれる数
−  84…ひく数
  711…答え
```
↓
```
  711…答え
+  84…ひく数
  795…ひかれる数
```

たし算の答えがひかれる数になったら答えは正しいです。

答え　(1) 12　(2) 227　(3) 711

練習問題16

答え → 別さつ 10 ページ

次のひき算をしましょう。

(1) 38−16　　(2) 52−32　　(3) 69−4

(4) 795−474　　(5) 285−183　　(6) 856−22

例題 17 くり上がりのあるたし算の筆算 | 2年 | 3年 | ☎ 36ページ ② / 38ページ 例題 15

次のたし算をしましょう。

(1) 43＋18　　　(2) 165＋254　　　(3) 754＋548

とき方

一の位から順に計算します。くり上がりに注意します。

```
(1)    4 3
     ＋1 8
```

```
(2)    1 6 5
     ＋2 5 4
```

```
(3)    7 5 4
     ＋5 4 8
```

▼

```
    1 ←── くり上げた
    4 3    1を書く
  ＋1 8
      1
```

```
    1 6 5
  ＋2 5 4
        9
```

```
      1
    7 5 4
  ＋5 4 8
        2
```

▼

```
    1
    4 3
  ＋1 8
    6 1
    └1＋4＋1＝6
```

```
  1 ←── くり上げた
  1 6 5    1を書く
  ＋2 5 4
      1 9
```

```
    1 1
    7 5 4
  ＋5 4 8
      0 2
      └1＋5＋4＝10
```

ポイント
くり上げた1を書くと, ミスをふせげます。

▼

```
    1
    1 6 5
  ＋2 5 4
    4 1 9
    └1＋1＋2＝4
```

```
    1 1
    7 5 4
  ＋5 4 8
  1 3 0 2
    └1＋7＋5＝13
    千の位にくり上がる
```

答え　(1) 61　(2) 419　(3) 1302

練習問題 17

答え → 別さつ10ページ

次のたし算をしましょう。

(1) 77＋13　　　(2) 54＋49　　　(3) 7＋95

(4) 156＋437　　　(5) 207＋494　　　(6) 488＋735

例題 **18** くり下がりのあるひき算の筆算 **2年** **3年** 36ページ **3**
39ページ **例題16**

第**1**編

第**1**章
大きい数の
しくみ

第**2**章
たし算と
ひき算

第**3**章
かけ算

第**4**章
わり算

第**5**章
分数

第**6**章
小数

第**7**章
計算の
きまり

第**8**章
がい数と
その計算

第**9**章
そろばん

次のひき算をしましょう。

(1) 73−26　　　　(2) 504−239　　　(3) 1000−784

とき方

一の位から順に計算します。くり下がりに注意します。

(1)
```
  7 3
- 2 6
```
▼
```
  6 ←くり下げた
  7 3　あとの数を
- 2 6　書く
      7 ←13−6=7
```
▼
```
  6
  7 3
- 2 6
  4 7
  └6−2=4
```

 ポイント くり下げたあとの数を書くと, ミスをふせげます。

(2)
```
  5 0 4
- 2 3 9
```
▼
```
  4 10
  5 0 4
- 2 3 9
```
十の位からくり下げられないので, まず百の位から十の位にくり下げる。

十の位から一の位にくり下げる。

▼
```
    9
  4 10
  5 0 4
- 2 3 9
      5 ←14−9=5
```
▼
```
    9
  4 10
  5 0 4
- 2 3 9
    6 5
    └9−3=6
```
▼
```
    9
  4 10
  5 0 4
- 2 3 9
  2 6 5
  └4−2=2
```

(3)
```
  1 0 0 0
-   7 8 4
```
▼
```
      9
    10 10
  1 0 0 0
-   7 8 4
        6 ←10−4=6
```
千の位から順にくり下げる。

▼
```
    9 9
  10 10 10
  1 0 0 0
-   7 8 4
      1 6
      └9−8=1
```
▼
```
    9 9
  10 10 10
  1 0 0 0
-   7 8 4
    2 1 6
      └9−7=2
```

答え (1) 47 (2) 265 (3) 216

練習問題 18　　　　　　　　　　答え ➔ **別さつ10ページ**

次のひき算をしましょう。

(1) 81−47　　　(2) 72−8　　　　(3) 103−29

(4) 794−475　　(5) 631−285　　(6) 1000−892

例題 19 大きい数のたし算とひき算の筆算 3年

40 ページ 例題17
41 ページ 例題18

次の計算をしましょう。

(1) 3461+2583　　　　　　(2) 8035−7848

(3) 10000−4907

とき方

大きい数の筆算も，位をそろえて，一の位から順に計算します。くり上がり・くり下がりに注意します。

```
(1)   3461        (2)   8035        (3)   10000
    + 2583            − 7848            −  4907
    ───────           ───────           ───────
         4                 7                   3
```

一万の位から順にくり下げる。

```
      3461              8035             10000
    + 2583            − 7848            −  4907
    ───────           ───────           ───────
        44                87                  93
```

```
      3461              8035             10000
    + 2583            − 7848            −  4907
    ───────           ───────           ───────
       044               187                 093
```

```
      3461              8035             10000
    + 2583            − 7848            −  4907
    ───────           ───────           ───────
      6044             0 187              5093
```

└─この0は書かない

答え (1) 6044　(2) 187　(3) 5093

練習問題 19

答え → 別さつ 11 ページ

次の計算をしましょう。

(1) 5067+2974　　(2) 3528+4453　　(3) 682+9357

(4) 6815−4907　　(5) 3205−2877　　(6) 10000−6129

第1編

第1章 大きい数のしくみ

第2章 たし算とひき算

第3章 かけ算

第4章 わり算

第5章 分数

第6章 小数

第7章 計算のきまり

第8章 がい数とその計算

第9章 そろばん

例題20　3つの数のたし算の筆算　2年　3年

40ページ 例題17
42ページ 例題19

次のたし算をしましょう。

(1) 42+17+86　　　　　　(2) 58+47+69

(3) 335+145+257

とき方

位をそろえて，たてに3だんに書き，一の位から順に計算します。
くり上がりに注意します。

(1) くり上げた1を書く
```
  1
  4 2
  1 7
+ 8 6
    5  ←2+7+6=15
```
▼
```
  1
  4 2
  1 7
+ 8 6
1 4 5
  └1+4+1+8=14
```

(2) くり上げた2を書く
```
  2
  5 8
  4 7
+ 6 9
    4  ←8+7+9=24
```
▼
```
  2
  5 8
  4 7
+ 6 9
1 7 4
  └2+5+4+6=17
```

(3) くり上げた1を書く
```
    1
  3 3 5
  1 4 5
+ 2 5 7
      7  ←5+5+7=17
```
▼
くり上げた1を書く→
```
  1 1
  3 3 5
  1 4 5
+ 2 5 7
    3 7
    └1+3+4+5=13
```
▼
```
  1 1
  3 3 5
  1 4 5
+ 2 5 7
  7 3 7
```

くり上がりが2になるときがあるね！

答え　(1) 145　(2) 174　(3) 737

練習問題20

答え → 別さつ11ページ

次のたし算をしましょう。

(1) 34+21+33　　(2) 79+22+54　　(3) 78+47+56

(4) 543+210+122　(5) 245+326+497　(6) 536+389+479

力をためす問題

答え → 別さつ11ページ

1 次の計算をしましょう。

→例題14

(1) 40+90　　(2) 70+50　　(3) 60+40

(4) 110−60　　(5) 150−80　　(6) 140−50

2 次の計算をしましょう。

→例題14

(1) 400+500　　(2) 700+600　　(3) 900+100

(4) 600−100　　(5) 1400−800　　(6) 1500−900

3 次のたし算をしましょう。

→例題15・17

(1) 53+72　　(2) 44+3　　(3) 33+29

(4) 7+28　　(5) 85+47　　(6) 94+7

(7) 423+564　　(8) 165+892　　(9) 432+29

(10) 576+384　　(11) 767+396　　(12) 592+486

4 次のひき算をしましょう。

→例題16・18

(1) 38−25　　(2) 47−9　　(3) 63−29

(4) 72−8　　(5) 153−54　　(6) 103−25

(7) 523−310　　(8) 285−72　　(9) 462−238

(10) 814−219　　(11) 703−488　　(12) 1000−524

5 次の計算をしましょう。

→例題19

(1) 3763+2852　　　　(2) 1767+5291

(3) 3849+4186　　　　(4) 4853+1679

(5) 1576+384　　　　(6) 304+8798

(7) 8617−2634　　　　(8) 5273−2826

(9) 7023−3845　　　　(10) 3508−1689

(11) 10000−2756　　　　(12) 10005−543

6 ちょいムズ ➡例題17

次のたし算をして，下の(1)〜(3)のそれぞれについて，あてはまるものを記号(きごう)ですべて答えましょう。

ア
```
  147
+528
```

イ
```
  856
+123
```

ウ
```
  408
+395
```

エ
```
  515
+136
```

オ
```
  274
+383
```

カ
```
  943
+  59
```

(1) くり上がりが1回ある筆算(ひっさん)
(2) くり上がりが2回ある筆算
(3) くり上がりが3回ある筆算

7 ➡例題20

次のたし算をしましょう。

(1) 32+44+17　(2) 89+58+37
(3) 347+135+462　(4) 465+748+399

8 ちょいムズ ➡例題17・18

次の筆算はまちがっています。それぞれのまちがいを説明(せつめい)して，正しく計算しましょう。

(1)
```
  317
+289
  596
```

(2)
```
  693
-154
  439
```

9 ちょいムズ ➡例題18

[0], [2], [6], [7], [8], [9]の6まいのカードを，右の□にあてはめて，ひき算の筆算をつくります。答えがいちばん小さくなるのは，どんな計算ですか。また，そのときの答えを求(もと)めましょう。

```
  □□□
-□□□
```

10 ちょいムズ ➡例題17

右の□に1から9までの数を入れて，3けた+3けた のたし算の筆算を完成(かんせい)させます。ただし，同じ数は1回しか使(つか)えません。どんな筆算ができますか。すべて求めましょう。

```
  □5□
+□6□
  526
```

② いろいろな問題

例題21 計算のくふう 2年 📞36ページ ④

(1) 次の計算をしましょう。
　　① 16+(5+5)　　② (11+9)+8　　③ 37+(42+28)
(2) 次の計算をくふうしてしましょう。
　　① 9+13+7　　② 79+17+21　　③ 229+354+146

とき方

(1) ( )のある式では，( )の中を先に計算します。

　① 16+(5+5)=16+10=26
　　　　　　先に計算する

　② (11+9)+8=20+8=28
　　　先に計算する

　③ 37+(42+28)=37+70=107
　　　　　　先に計算する

(2) たし算では，たす順じょを変えても，答えは同じになります。

　① 9+13+7=9+(13+7)=9+20=29
　　　　　　　　先に計算する

　② 79+17+21=79+21+17=(79+21)+17=100+17=117
　　　　　入れ変える　　　　　　　　先に計算する

　③ 229+354+146=229+(354+146)=229+500=729
　　　　　　　　　　　　　　先に計算する

ポイント 何十，何百になるように計算の順じょを変えると，計算しやすくなります。

答え (1)① 26　② 28　③ 107　(2)① 29　② 117　③ 729

練習問題 21 答え ➡ 別さつ12ページ

(1) 次の計算をしましょう。
　　① 17+(15+5)　　② (27+13)+29　　③ 36+(21+39)
(2) 次の計算をくふうしてしましょう。
　　① 34+22+18　　② 12+49+88　　③ 115+724+385

38 ページ 例題15
39 ページ 例題16

例題22 **たし算やひき算の暗算** 3年

次の計算を暗算でしましょう。

(1) 56+37　　(2) 29+83　　(3) 72−43　　(4) 100−68

とき方

(1) 56+37 ⟶ 56+40=96 ←3たしすぎている
　　　　　+3

　たしすぎたぶんをひいて，96−3=93

何十の数になおすと
計算しやすくなるね。

(2) 29+83 ⟶ 30+83=113 ←1たしすぎている
　　　+1

　たしすぎたぶんをひいて，113−1=112

(3) 72−43 ⟶ 72−50=22 ←7ひきすぎている
　　　　+7

　ひきすぎたぶんをたして，22+7=29

(4) 100−68 ⟶ 100−70=30 ← 2ひきすぎている
　　　　　+2

　ひきすぎたぶんをたして，30+2=32

別のとき方

十の位と一の位に分けて計算します。

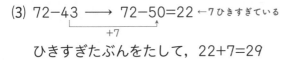

(1) 56 ＋ 37　　(3) 72 − 43
　 50 6 30 7　　　　 40 3
　 50+30=<u>80</u>　　　 72−40=<u>32</u>
　 6+7=<u>13</u>　　　　 <u>32</u>−3=29
　 <u>80</u>+<u>13</u>=93

答え (1) 93 (2) 112 (3) 29 (4) 32

練習問題 22

答え → 別さつ 12 ページ

次の計算を暗算でしましょう。

(1) 78+19　　　(2) 36+76　　　(3) 62+58

(4) 53−47　　　(5) 91−29　　　(6) 100−84

右側帯：
第1編
第1章 大きい数のしくみ
第2章 たし算とひき算
第3章 かけ算
第4章 わり算
第5章 分数
第6章 小数
第7章 計算のきまり
第8章 がい数とその計算
第9章 そろばん

例題23 たし算やひき算の文章題 ① 3年 ⏱️ 40ページ 例題17

(1) さやかさんの学校では，1年生から6年生まで，男子が218人，女子が257人います。全部（ぜんぶ）で何人いますか。

(2) 赤いテープが116cmあります。青いテープは赤いテープより79cm長いそうです。青いテープは何cmですか。

とき方

数量（すうりょう）の関係（かんけい）を図に表（あらわ）して考えます。

(1)

全部の人数 ?人

男子218人　女子257人

全部の人数は男子と女子の数をたせば
求（もと）められます。

218+257=475（人）

筆算（ひっさん）
```
   2 1 8
 + 2 5 7
 ─────────
   4 7 5
```

(2)

116cm
赤いテープ
青いテープ　79cm
?cm

「青いテープは赤いテープより79cm長い」
←ので、長いのは青いテープです。

赤いテープの長さに長い分の79cmを
たせば，青いテープの長さになります。

116+79=195（cm）

筆算
```
   1 1 6
 +   7 9
 ─────────
   1 9 5
```

答え (1) 475人　(2) 195cm

😊 **練習問題 ㉓**　　　　　答え → 別さつ13ページ

(1) ゆうきさんは，シールを385まい持（も）っていました。たいきさんから216まいもらいました。全部で何まいになりましたか。

(2) チーズケーキ1このねだんは350円です。ショートケーキ1このねだんはチーズケーキより78円高いそうです。ショートケーキ1このねだんは何円ですか。

第1編

第**1**章
大きい数の
しくみ

第**2**章
たし算と
ひき算

第**3**章
かけ算

第**4**章
わり算

第**5**章
分数

第**6**章
小数

第**7**章
計算の
きまり

第**8**章
その計算と
がい数と

第**9**章
そろばん

例題24 たし算やひき算の文章題 ② 3年 ⏱ 41 ページ 例題18

(1) 黄色の色画用紙が 234 まい，緑の色画用紙が 136 まいあ
ります。どちらが何まい多いですか。

(2) 遊園地に 536 人います。そのうち大人は 187 人です。
子どもは何人いますか。

とき方

数量の関係を図に表して考えます。

(1)
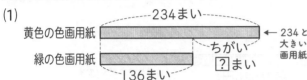

234 と 136 では，234 の方が
大きいから，多いのは黄色の
画用紙です。

「どちらが何まい多い」は 2 つのちがいを
求めるので，ひき算です。

234−136=98（まい）

筆算
$$\begin{array}{r} {\scriptstyle 1\ 2} \\ 2\ 3\ 4 \\ -\ 1\ 3\ 6 \\ \hline 9\ 8 \end{array}$$

(2)
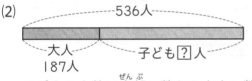

遊園地にいるのは
大人のほかには
子どもだけだね。

子どもの人数は全部の数から大人の数
をひけば求められます。

536−187=349（人）

筆算
$$\begin{array}{r} {\scriptstyle 4\ 2} \\ 5\ 3\ 6 \\ -\ 1\ 8\ 7 \\ \hline 3\ 4\ 9 \end{array}$$

答え

(1) 黄色の色画用紙が 98 まい多い。

(2) 349 人

練習問題 24

答え → 別さつ 13 ページ

(1) よしきさんは，345 ページの本を，きのうまでに 158 ページ
読みました。あと，何ページ残っていますか。

(2) 金のビーズが 404 こあります。銀のビーズは金のビーズより
67 こ少ないそうです。銀のビーズは何こですか。

例題 25　たし算やひき算の文章題 ③　3年　⏱43ページ 例題20

(1) 買い物で，283円のボールペンを買い，次に189円の消しゴムを買ったら，残りは528円になりました。はじめに何円持っていましたか。

(2) 校庭に，男子が152人，女子が128人いました。そこへ先生が何人か来たので，全部で309人になりました。先生は何人来ましたか。

とき方

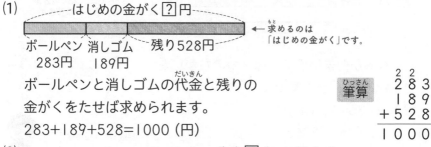

(1) はじめの金がく ? 円

ボールペン　消しゴム　残り528円
283円　　189円　　← 求めるのは「はじめの金がく」です。

ボールペンと消しゴムの代金と残りの金がくをたせば求められます。

283+189+528＝1000 (円)

筆算
```
   2 2
   2 8 3
   1 8 9
 + 5 2 8
 1 0 0 0
```

(2) 男子152人　女子128人　先生 ? 人　← 求めるのは「先生の人数」です。

全部309人

全部の数から，男子と女子の数をひけば求められます。

309−(152+128)＝29 (人)

筆算
```
   1
   1 5 2      3 0 9
 + 1 2 8    − 2 8 0
   2 8 0        2 9
```

答え　(1) 1000円　(2) 29人

練習問題 25

答え → 別さつ13ページ

(1) みちさんはりなさんにカードを75まいあげました。次にれんさんに120まいあげたら，残りは272まいになりました。みちさんは，はじめに何まいカードを持っていましたか。

(2) チョコレートは199円，クッキーは258円です。チョコレートとクッキーとせんべいを買ったら，全部で732円でした。せんべいは何円ですか。

1000円出したときのおつりはいくら？

買い物に来たよ！

これください

679円です

1000円だしたよ。おつりはわかる？

筆算が使えるね！

●ふつうの求め方

679円の色えん筆を買って1000円はらったので、おつりを求める式は　1000−679 です。

[筆算]
```
      9 9
    10 10 10
    1 0 0 0
 −    6 7 9
 ─────────
      3 2 1
```

おつりは321円です。

1000−679はくり下がりがいっぱいあって大変だな・・

●くふうした求め方

「1000から679をひく」ことは、
「999から679をひいて1をたす」ことと同じです。

[筆算]
```
    9 9 9
 −  6 7 9
 ───────
    3 2 0
```

320+1=321 なので，おつりは321円です。

※この求め方は10000円を出したときにも使えます。

9999−679=9320

9320+1=9321 なので，おつりは9321円です。

少し考え方を変えるだけでくり下がりがなくなるね。

力を ためす 問題

答え → **別さつ 13 ページ**

1 次の計算をしましょう。
→例題 21

(1) 5+(12+18)　　　　(2) (45+15)+8

(3) 67+(72+28)　　　　(4) 125+(40+20)

(5) (137+63)+100　　　(6) 239+(561+439)

2 次の計算をくふうしてしましょう。
→例題 21

(1) 7+24+16　　　　(2) 171+508+92

(3) 432+458+542　　(4) 48+39+52

(5) 333+34+367　　　(6) 381+845+419

3 次のたし算を暗算でしましょう。
→例題 22

(1) 14+7　　　(2) 56+36　　　(3) 13+27

(4) 87+65　　(5) 85+63　　　(6) 72+49

4 次のひき算を暗算でしましょう。
→例題 22

(1) 43−5　　　(2) 83−55　　　(3) 36−18

(4) 100−48　　(5) 100−16　　　(6) 120−87

5 クラスで空きかんひろいをしました。きのう 65 こ，きょう
→例題 23
78 こひろいました。全部で何こひろいましたか。

6 めぐみさんは，96 まいの色紙を，きのうまでに 36 まい使い
→例題 24
ました。あと何まい残っていますか。

7 りゅうたさんの学校の子どもの数は，男子が 289 人，女子が
→例題 23・24
302 人です。

(1) りゅうたさんの学校には，何人の子どもがいますか。

(2) 男子と女子のどちらが何人多いですか。

(3) りゅうたさんの学校の子どもは，1000 人より何人少ない
ですか。

8 ゆりさんのクラスに，画用紙が473まいあります。あと何まいで500まいになりますか。

→例題24

9 はさみ1つのねだんは582円です。のり1つのねだんは，はさみ1つのねだんより364円安いそうです。

→例題23・24

(1) のり1つのねだんは何円ですか。

(2) はさみとのりを1つずつ買って，1000円出しました。おつりは何円ですか。

10 Aの水そうに水が215L入っています。これは，Bの水そうの水より87L多いそうです。2つの水そうに入っている水は全部で何Lですか。

→例題23・34

11 280円のソーセージパンと120円のジュースを買って，500円出しました。おつりは何円ですか。

→例題21・25

12 528に89をたし，さらにある数をたしたら，774になりました。ある数はいくつですか。

→例題25

13 下の図のような長さの赤いテープと白いテープがあります。

→例題23・24

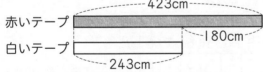

赤いテープ ┄423cm┄
白いテープ ┄180cm┄
243cm

(1) 下の ☐ にあてはまる文を書いて，白いテープの長さを求める問題をつくりましょう。

「赤いテープが423cm あります。これは白いテープより ☐ です。白いテープは何cm ですか。」

(2) (1)をもとに，赤いテープの長さを求める問題をつくりましょう。

(3) 赤いテープと白いテープの長さのちがいを求める問題をつくりましょう。

第1編
第1章 大きい数のしくみ
第2章 たし算とひき算
第3章 かけ算
第4章 わり算
第5章 分数
第6章 小数
第7章 計算のきまり
第8章 がい数とその計算
第9章 そろばん

第**3**章 かけ算

この章の目標

❶ かけ算の意味ときまりを理かいし，九九ができるようにしましょう。

❷ 1けたや2けたをかける筆算ができるようにしましょう。

❸ かけ算の文章題がとけるようにしましょう。

◎ 学習のまとめ

1 かけ算

→ 例題 26·27·38

▶ 右の図のチョコレートの数は，4こずつ，3皿分で，12こです。このことを次のような式で表します。

$$4 \times 3 = 12$$

↑かけられる数 ↑かける数 ↑答え

> かけ算の答えを積といいます。

▶ 4cmの3つ分のことを4cmの3倍ともいいます。

4cmの3倍 → 4×3=12(cm)

2 九九

→ 例題 26〜28

「一一が1」から「九九81」までのかけ算を九九といいます。

九九の表

		かける数								
		1	2	3	4	5	6	7	8	9
1のだん	1	1	2	3	4	5	6	7	8	9
2のだん	2	2	4	6	8	10	12	14	16	18
3のだん	3	3	6	9	12	15	18	21	24	27
4のだん	4	4	8	12	16	20	24	28	32	36
5のだん	5	5	10	15	20	25	30	35	40	45
6のだん	6	6	12	18	24	30	36	42	48	54
7のだん	7	7	14	21	28	35	42	49	56	63
8のだん	8	8	16	24	32	40	48	56	64	72
9のだん	9	9	18	27	36	45	54	63	72	81

（表の左側の縦書き「かけられる数」）

> 九九はきちんと覚えておきましょう。

3　かけ算のきまり ①　　→例題 29・31・32・36

かける数が1ふえると，答えはかけられる数だけふえます。

$$4 \times 5 = 20$$
↓1ふえる　　4ふえる
$$4 \times 6 = 24$$
かけられる数　かける数

このことは
4×6=4×5+4　と表せます。

4　かけ算のきまり ②　　→例題 30・32・36・41・44

▶ かけられる数とかける数を入れかえて計算しても答えは同じです。

$$7 \times 8 = \underline{56} \longrightarrow 8 \times 7 = \underline{56}$$
同じ！

▶ 3つ以上の数のかけ算では，前から順にかけても後の2つを先にかけても答えは同じです。

$$4 \times 2 \times 3 = \underline{8} \times 3 = 24 \qquad 4 \times (2 \times 3) = 4 \times \underline{6} = 24$$

▶ かけられる数やかける数を分けて計算しても，答えは同じです。

$$7 \times 5 = (4 \times 5) + (3 \times 5)$$
35 　=20+15=35

$$8 \times 9 = (8 \times 5) + (8 \times 4)$$
72 　=40+32=72

📖 計算のきまり 170ページ

5　1けたをかけるかけ算の筆算　　→例題 34・35・41

▶ 位をそろえて書く。
▶ 九九を使って，一の位から順に計算する。
▶ くり上がりに注意する。

$$\begin{array}{r} 5\ 7 \\ \times\ \ 6 \\ \hline {}_4 2 \end{array}$$
くり上がった数

▶

$$\begin{array}{r} 5\ 7 \\ \times\ \ 6 \\ \hline 3\ 4\,{}^4 2 \end{array}$$

6　2けたをかけるかけ算の筆算　　→例題 40・42

次のように計算します。

$$\begin{array}{r} 3\ 4 \\ \times 5\ 8 \\ \hline 2\ 7\ 2 \end{array}$$
▶
$$\begin{array}{r} 3\ 4 \\ \times 5\ 8 \\ \hline 2\ 7\ 2 \\ 1\ 7\ 0 \end{array}$$
2左へ1けた
←ずらす
▶
$$\begin{array}{r} 3\ 4 \\ \times 5\ 8 \\ \hline 2\ 7\ 2 \\ 1\ 7\ 0 \\ \hline 1\ 9\ 7\ 2 \end{array}$$
たし算をする

第1編

第1章 大きい数のしくみ

第2章 たし算とひき算

第3章 かけ算

第4章 わり算

第5章 分数

第6章 小数

第7章 計算のきまり

第8章 がい数とその計算

第9章 そろばん

① 九九とかけ算のきまり

[例題26] 九　九

2年 54ページ [1][2]

(1) 次のかけ算をしましょう。

① 5×2　② 2×7　③ 3×3　④ 4×7

⑤ 7×8　⑥ 9×4　⑦ 6×9　⑧ 8×6

(2) 次の□にあてはまる数を求めましょう。

① 3×□=18　② □×7=49

とき方

(1) 九九を使って答えましょう。

思い出せない九九があれば，54 ページ[2]の表でたしかめましょう。

(2) ① 3のだんで答えが18になる九九を考えます。→ 3×[6]=18

② かける数が7で答えが49になる九九を考えます。→ [7]×7=49

別のとき方

たし算でもできるけど
九九の方が便利だね。

(1) かけ算の答えはたし算でも求められます。

① 5×2=5+5=10

④ 4×7=4+4+4+4+4+4+4=28

⑥ 9×4=9+9+9+9=36

答え

(1) ① 10　② 14　③ 9　④ 28　⑤ 56　⑥ 36　⑦ 54　⑧ 48

(2) ① 6　② 7

練習問題 26

答え→別さつ15ページ

(1) 次のかけ算をしましょう。

① 4×9　② 3×8　③ 7×3　④ 1×9

⑤ 2×4　⑥ 5×8　⑦ 9×3　⑧ 6×7

(2) 次の□にあてはまる数を求めましょう。

① 5×□=30　② 4×□=16　③ □×7=63　④ □×4=32

第1編

第1章 大きい数のしくみ

第2章 たし算とひき算

第3章 かけ算

第4章 わり算

第5章 分数

第6章 小数

第7章 計算のきまり

第8章 その計算とがい数

第9章 そろばん

例題27 かけ算の文章題 ①　2年　🕐54ページ 1 2

(1) 車のおもちゃをつくります。1台に4この
タイヤをつけます。7台つくると，タイヤは
全部_{ぜんぶ}で何こ使_{つか}いますか。

(2) 5この箱_{はこ}があります。1箱に8こず
つケーキを入れます。ケーキは全部
で何こ入りますか。

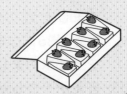

とき方

問題文_{もんだいぶん}の中で「1つ分の数」，「いくつ分」がどれになるかを考えて，式_{しき}
に表_{あらわ}します。

(1)「1台に4このタイヤ」，「7台つくる」に注目します。

　　　　　 1つ分の数　　　　　　 いくつ分

　　1台に4こずつ7台分だから，

　　　4　×　7　=28（こ）
　　 1つ分の数　 いくつ分

(2)「5この箱」，「1箱に8こずつ」に注目します。

　　 いくつ分　　　　　　 1つ分の数

　　1箱に8こずつ5箱分だから，

　　　8　×　5　=40（こ）
　　 1つ分の数　 いくつ分

答え　(1) 28こ
　　　　(2) 40こ

練習問題 27　　　　　　　　　答え …別さつ15ページ

(1) りんごが3こずつ入っているふくろが9ふく
ろあります。りんごは全部で何こありますか。

(2) 4人にえん筆_{ぴつ}を1人6本ずつ配_{くば}ります。えん
筆は全部で何本いりますか。

例題28 九九の表 **3年** 🕐 54ページ ②

右の九九の表について，
次の問いに答えましょう。
(1) ㋐～㋡に入る数を求
　　めましょう。
(2) 答えが36になる九九
　　を全部求めましょう。
(3) 答えが1つしかない
　　九九を全部求めまし
　　ょう。

		かける数							
		1	2	3	4	5	6	7	8	9
かけられる数	1	1	2	3	4	5	6	7	8	9
	2	2	4	㋐	8	10	12	㋑	16	18
	3	3	6	9	12	15	18	21	㋒	27
	4	4	8	12	㋓	20	24	28	32	36
	5	5	10	15	20	25	㋔	35	40	45
	6	6	12	㋕	24	30	36	42	㋖	54
	7	7	㋗	21	㋘	35	㋙	49	56	63
	8	8	16	㋚	32	40	48	56	64	㋛
	9	9	18	27	36	45	54	㋜	72	81

とき方

(1)

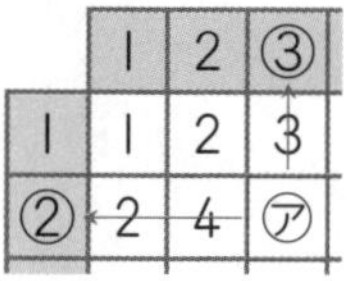

	1	2	③
1	1	2	3
②	2	4	㋐

たとえば，㋐は左の図のように見ると，かけられる
数は2，かける数は3とわかります。
だから，㋐は 2×3 の答えで，6です。

(2) 九九の表から 36 を見つけると，4×9，6×6，9×4 です。
(3) 答えが1つの九九は，
　　1×1=1，5×5=25，7×7=49，8×8=64，9×9=81 です。

答え (1)㋐ 6　㋑ 14　㋒ 24　㋓ 16　㋔ 30　㋕ 18　㋖ 48
　　　　㋗ 14　㋘ 28　㋙ 42　㋚ 24　㋛ 72　㋜ 63
　　　(2) 4×9，6×6，9×4　(3) 1×1，5×5，7×7，8×8，9×9

練習問題 28 答え→別さつ15ページ

九九の表について，次の問いに答えましょう。
(1) 答えが次の数になる九九を全部求めましょう。
　　16　18　24
(2) 1×6=6，2×3=6，3×2=6，6×1=6 のように，4つが同じ答
　　えになる九九を，このほかに全部求めましょう。

第1編

第**1**章
大きい数の
しくみ

第**2**章
たし算と
ひき算

第**3**章
かけ算

第**4**章
わり算

第**5**章
分数

第**6**章
小数

第**7**章
計算の
きまり

第**8**章
がい数と
その計算

第**9**章
そろばん

例題29 かけ算のきまり ① **3年** ⏱ 55ページ 3

次の □ にあてはまる数を求めましょう。

(1) 5×6=5×5+□　　　　(2) 7×4=7×□+7

(3) 6×3=6×4−□　　　　(4) 4×8=4×□−4

とき方

(1) 5のだんの九九で考えます。

$$5 \times 5 = 25$$
↓1ふえる 〉5ふえる
$$5 \times 6 = 30$$

かける数が1ふえると，答えは5ふえます。式で表すと，

$$5 \times 6 = 5 \times 5 + \boxed{5}$$
1ふえる　　ふえる数

(2) 7のだんの九九で考えます。

$$7 \times 3 = 21$$
↓1ふえる 〉7ふえる
$$7 \times 4 = 28$$

かける数が1ふえると，答えは7ふえます。式で表すと，

$$7 \times 4 = 7 \times \boxed{3} + 7$$
1ふえる　　ふえる数

(3) 6のだんの九九で考えます。

$$6 \times 3 = 18$$
↑1へる 〉6へる
$$6 \times 4 = 24$$

かける数が1へると，答えは6へります。式で表すと，

$$6 \times 3 = 6 \times 4 - \boxed{6}$$
1へる　　へる数

(4) 4のだんの九九で考えます。

$$4 \times 8 = 32$$
↑1へる 〉4へる
$$4 \times 9 = 36$$

かける数が1へると，答えは4へります。式で表すと，

$$4 \times 8 = 4 \times \boxed{9} - 4$$
1へる　　へる数

ポイント かける数が1ふえると，答えはかけられる数だけふえます。
かける数が1へると，答えはかけられる数だけへります。

答え (1) 5　(2) 3　(3) 6　(4) 9

練習問題㉙　　　　　　　　　　　　答え → 別さつ15ページ

次の □ にあてはまる数を求めましょう。

(1) 3×7=3×6+□　　　　(2) 8×4=8×□+8

(3) 4×5=4×6−□　　　　(4) 9×5=9×□−9

例題30 かけ算のきまり ② 　3年 　📞55ページ 4

次の□にあてはまる数を求めましょう。

(1) 6×4=4×□　　　　　　(2) 8×5=□×8

(3) 5×7=(2×7)+(□×7)　(4) 3×7=(3×□)+(3×3)

とき方

ならべた●を，数を変えずに動かすことで考えます。

(1)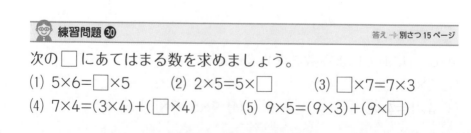

上の図で，□は6なので，
6×4=4×6

(2)

上の図で，□は5なので，
8×5=5×8

> **ポイント** かけ算では，かけられる数とかける数を入れかえても，
> 答えは同じになります。

(3)

上の図で□は3なので，
5×7=(2×7)+(3×7)

(4)

上の図で□は4なので，
3×7=(3×4)+(3×3)

> **ポイント** かけ算では，かけられる数とかける数を分けて計算しても，
> 答えは同じになります。

答え 　(1) 6　(2) 5　(3) 3　(4) 4

練習問題30 　　　　　　　　　　　　　答え → 別さつ15ページ

次の□にあてはまる数を求めましょう。

(1) 5×6=□×5　　　(2) 2×5=5×□　　　(3) □×7=7×3

(4) 7×4=(3×4)+(□×4)　　　(5) 9×5=(9×3)+(9×□)

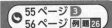

例題31 0や10のかけ算 **3年** 55ページ 3
56ページ 例題26

次のかけ算をしましょう。

(1) 5×0 (2) 0×4 (3) 0×0

(4) 5×10 (5) 10×3

 とき方

(1) 右のように，かける数が1へると，答えは5
へるので，5×0=0 です。

$5×0=\square$ ↑1へる ⎞ 5へる
$5×1=5$

(2) 0×4 は，0の4こ分なので，
0+0+0+0=0 → 0×4=0 です。

(3) 0×0 は，0の0こ分なので，0×0=0 です。

> **ポイント** どんな数に0をかけても答えは0です。
> また，0にどんな数をかけても答えは0です。

(4) 右のように，かける数が1ふえると，
答えは5ふえるので，5×10=50 です。

$5× 9 = 45$ ↓1ふえる ⎞ 5ふえる
$5×10=\square$

(5) 10×3 は，10の3こ分なので，
10+10+10=30 → 10×3=30 です。

別のとき方

(4) 5×10=10×5 なので，
10×5=10+10+10+10+10=50

かけられる数とかける数を入れかえても，答えは同じ！

答え (1) 0 (2) 0 (3) 0 (4) 50 (5) 30

練習問題31 答え➡別さつ15ページ

次のかけ算をしましょう。

(1) 7×0 (2) 0×3 (3) 0×8

(4) 2×10 (5) 8×10 (6) 10×4 (7) 10×7

第1編

第1章
大きい数の
しくみ

第2章
たし算と
ひき算

第3章
かけ算

第4章
わり算

第5章
分数

第6章
小数

第7章
計算の
きまり

第8章
がい数と
その計算

第9章
そろばん

例題 32 かけ算のきまりを使って 3年 ● 55ページ 4
● 60ページ 例題 30

かけ算のきまりを使って，次のかけ算をしましょう。
(1) 11×2　　　　　　　　(2) 13×3

とき方

かけられる数を，10といくつに分けて考えます。

(1) 11 を 10 と 1 に分けます。

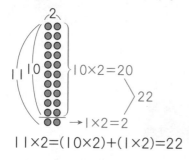

$11×2=(10×2)+(1×2)=22$

(2) 13 を 10 と 3 に分けます。

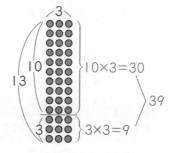

$13×3=(10×3)+(3×3)=39$

 かけられる数を分けて計算しても，答えは同じです。

別のとき方

「かける数が1ふえると，答えはかけられる数だけふえる」ことを
使って求めます。

(1) 11×2=2×11 と考えて，

$2×9=18$
$2×10=20$ } 2ふえる
$2×11=22$ } 2ふえる

(2) 13×3=3×13 と考えて，

$3×9=27$
$3×10=30$ } 3ふえる
$3×11=33$ } 3ふえる
$3×12=36$ } 3ふえる
$3×13=39$ } 3ふえる

答え (1) 22　(2) 39

練習問題 32 答え → 別さつ16ページ

かけ算のきまりを使って，次のかけ算をしましょう。
(1) 14×8　　　　　　　　(2) 17×6

九九の表にかくされたきまり

● ななめに見ると同じ数が
見つかる

	1	2	3	4	5	6	7	8	9
1	1	2	3	4	5	6	7	8	9
2	2	4	6	8	10	12	14	16	18
3	3	6	9	12	15	18	21	24	27
4	4	8	12	16	20	24	28	32	36
5	5	10	15	20	25	30	35	40	45
6	6	12	18	24	30	36	42	48	54
7	7	14	21	28	35	42	49	56	63
8	8	16	24	32	40	48	56	64	72
9	9	18	27	36	45	54	63	72	81

● まん中の数を4倍した数と
左，右，上，下の数の和は同じ

	1	2	3	4	5	6	7	8	9
1	1	2	3	4	5	6	7	8	9
2	2	4	6	8	10	12	14	16	18
3	3	6	9	12	15	18	21	24	27
4	4	8	12	16	20	24	28	32	36
5	5	10	15	20	25	30	35	40	45
6	6	12	18	24	30	36	42	48	54
7	7	14	21	28	35	42	49	56	63
8	8	16	24	32	40	48	56	64	72
9	9	18	27	36	45	54	63	72	81

$6 \times 4 = \underline{24}$
$4 + 8 + 3 + 9 = \underline{24}$

$20 \times 4 = \underline{80}$
$15 + 25 + 16 + 24 = \underline{80}$

赤い線をさかいにして，
右上と左下に同じ数が
ならんでいるよ。

● □ にかこんだ数の和はどれも何百になる

	1	2	3	4	5	6	7	8	9
1	1	2	3	4	5	6	7	8	9
2	2	4	6	8	10	12	14	16	18
3	3	6	9	12	15	18	21	24	27
4	4	8	12	16	20	24	28	32	36
5	5	10	15	20	25	30	35	40	45
6	6	12	18	24	30	36	42	48	54
7	7	14	21	28	35	42	49	56	63
8	8	16	24	32	40	48	56	64	72
9	9	18	27	36	45	54	63	72	81

50　　　　　60
16＋20＋24＋30＋36＋30＋24＋20
40　　　　　50
＝50＋60＋40＋50＝200

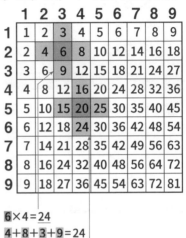

おもしろいきまりが
いっぱいあるんだね。

30　　　　　50　　　　　　70　　　　　50
9＋12＋15＋18＋21＋28＋35＋42＋49＋42＋35＋28＋21＋18＋15＋12
30　　　　　70　　　　　　70　　　　　30
＝30＋50＋30＋70＋70＋50＋70＋30＝400

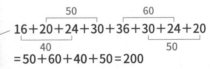

力をためす問題

答え ➡ 別さつ16ページ

1 次のかけ算をしましょう。

➡例題26

(1) 5×4　(2) 2×8　(3) 9×4　(4) 8×7
(5) 6×3　(6) 3×7　(7) 8×3　(8) 5×6
(9) 7×2　(10) 6×8　(11) 9×5　(12) 1×8
(13) 9×7　(14) 3×9　(15) 1×2　(16) 4×6

2 次の□にあてはまる数を求めましょう。

➡例題26

(1) 4×□=12　(2) 9×□=54　(3) □×8=24
(4) □×4=28　(5) 5×□=35　(6) 2×□=18
(7) □×9=72　(8) □×6=6　(9) 6×□=54
(10) 8×□=48　(11) □×9=54　(12) □×7=14

3 右の九九の表について，次の問いに答えましょう。

➡例題28

(1) ㋐〜㋗に入る数を求めましょう。

(2) 答えが次の数になる九九を，全部求めましょう。

6　　28　　32

(3) 4のように，同じ答えが3つある九九を，このほかに全部求めましょう。

		かける数								
		1	2	3	4	5	6	7	8	9
かけられる数	1	1	2	3	4	5	6	7	8	9
	2	2	4	6	8	10	12	14	16	㋐
	3	3	㋑	9	12	15	18	21	24	27
	4	4	8	12	16	20	24	㋒	32	36
	5	5	10	15	㋓	25	30	35	40	45
	6	6	12	18	24	㋔	36	42	48	54
	7	7	14	21	28	35	42	㋕	56	63
	8	8	16	24	㋖	40	48	56	64	72
	9	9	18	27	36	45	54	63	72	㋗

4 次の□にあてはまる数を求めましょう。

➡例題29

(1) 2×4=2×3+□　(2) 7×6=7×5+□
(3) 8×5=8×□+8　(4) 5×3=5×□+5
(5) 6×6=6×7−□　(6) 3×3=3×4−□
(7) 9×4=9×□−9　(8) 4×7=4×□−4

5 次の □ にあてはまる数を求めましょう。
→例題 30

(1) 4×8=8×□　　　(2) 9×5=5×□　　　(3) 7×2=2×□

(4) 6×8=(2×8)+(□×8)　　　(5) 8×4=(□×4)+(5×4)

(6) 6×9=(6×3)+(6×□)　　　(7) 9×2=(7×2)+(2×□)

6 次のかけ算をしましょう。
→例題 31

(1) 6×0　　　　　(2) 0×9　　　　　(3) 0×0

(4) 3×10　　　　(5) 10×8　　　　(6) 10×6

7 かけ算のきまりを使って，次のかけ算をしましょう。
→例題 32

(1) 15×3　　　　(2) 16×4　　　　(3) 19×5

8 子ども9人に，グミを3こずつ配ります。グミは全部で何こいりますか。
→例題 27

9 遊園地にゴーカートが10台あります。1台に2人ずつ乗れます。みんなで何人乗れますか。
→例題 27・31

10 右の図の ● の数をくふうして求めましょう。
→例題 30

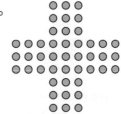

11 下は九九の表の一部です。㋐～㋕にあてはまる数を求めましょう。
ちょいムズ
→例題 28

㋐	6	9	㋑
4	8	㋒	16

㋓	35	42
32	40	㋔
㋕	45	㋖

第1編

第1章 大きい数のしくみ

第2章 たし算とひき算

第3章 かけ算

第4章 わり算

第5章 分数

第6章 小数

第7章 計算のきまり

第8章 がい数とその計算

第9章 そろばん

② 1けたをかけるかけ算の筆算

例題33 何十×1けた，何百×1けた　**3年**　🕐 56ページ 例題26

次のかけ算をしましょう。
(1) 20×3　　(2) 80×6　　(3) 300×3　　(4) 500×8

とき方

10のまとまりで考えます。

(1) 20×3 ⟶ 10が（2×3）こ
　　↓
　10が2こ

　　→ 10が6こなので，
　　　20×3=60

(2) 80×6 ⟶ 10が（8×6）こ
　　↓
　10が8こ

　　→ 10が48こなので，80×6=480

> **ポイント** かけられる数が10倍になると，答えも10倍になります。
> (1) 2×3=6
> 10倍↓　　　↓10倍
> 20×3=60

100のまとまりで考えます。

(3) 300×3 ⟶ 100が（3×3）こ
　　↓
　100が3こ

　　→ 100が9こなので，
　　　300×3=900

(4) 500×8 ⟶ 100が（5×8）こ
　　↓
　100が5こ

　　→ 100が40こなので，500×8=4000

> **ポイント** かけられる数が100倍になると，答えも100倍になります。
> (3) 3×3=9
> 100倍↓　　　↓100倍
> 300×3=900

答え (1) 60　(2) 480　(3) 900　(4) 4000

練習問題 33　　　　　　　　　答え → 別さつ17ページ

次のかけ算をしましょう。

(1) 40×3　　　(2) 60×7　　　(3) 90×4

(4) 300×6　　(5) 700×9　　(6) 600×5

例題34 2けた×1けた の筆算 3年 🕐55ページ 5

次のかけ算をしましょう。

(1) 23×3 　　　(2) 32×4 　　　(3) 57×6

とき方

位をそろえて，一の位から順に計算します。くり上がりに注意します。

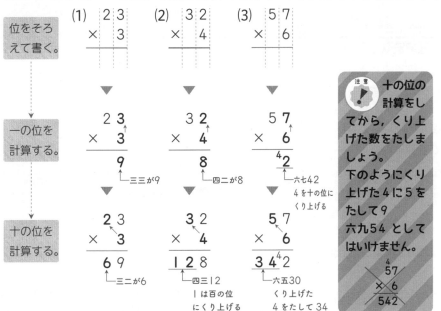

| 位をそろえて書く。 | (1) 23
× 3 | (2) 32
× 4 | (3) 57
× 6 |

▼

| 一の位を計算する。 | 23
× 3
9
└三三が9 | 32
× 4
8
└四二が8 | 57
× 6
⁴2
└六七42
4を十の位にくり上げる |

▼

| 十の位を計算する。 | 23
× 3
69
└三二が6 | 32
× 4
128
└四三12
1は百の位にくり上げる | 57
× 6
34⁴2
└六五30
くり上げた4をたして34 |

> **注意** 十の位の計算をしてから，くり上げた数をたしましょう。
> 下のようにくり上げた4に5をたして9
> 六九54 としてはいけません。
>
> ₄
> 57
> × 6
> ~~542~~

🔍 **くわしく** 2けた×1けた の考え方

(1) 23×3 ┤ 20×3=60
3×3= 9
──
69

(2) 32×4 ┤ 30×4=120
2×4= 8
──
128

🚩 **答え** (1)69 (2)128 (3)342

 練習問題34 　　　　　　答え → 別さつ17ページ

次のかけ算をしましょう。

(1) 42×2 　(2) 22×4 　(3) 12×7 　(4) 24×4

(5) 64×2 　(6) 52×3 　(7) 67×5 　(8) 75×8

第1編

第1章 大きい数のしくみ

第2章 たし算とひき算

第3章 かけ算

第4章 わり算

第5章 分数

第6章 小数

第7章 計算のきまり

第8章 がい数とその計算

第9章 そろばん

例題35 3けた×1けた の筆算 **3年** ◯55ページ⑤

次のかけ算をしましょう。
(1) 132×3 (2) 253×4 (3) 309×6

とき方

位をそろえて，一の位から順に計算します。くり上がりに注意します。

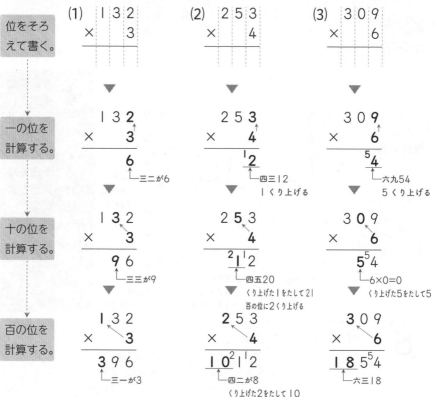

答え (1)396 (2)1012 (3)1854

練習問題35 答え → 別さつ17ページ

次のかけ算をしましょう。
(1) 243×2 (2) 268×2 (3) 531×4 (4) 367×5
(5) 624×6 (6) 703×4 (7) 507×9 (8) 625×8

3年 🕐55ページ 4

例題36 計算のくふう ①

次のかけ算をくふうしてしましょう。

(1) 49×5×2　　　(2) 51×3×3　　　(3) 125×2×4

とき方

3つの数のかけ算では，前から順にかけても，あとの2つの数を先にかけても答えは同じです。

(1) 49×5×2=49×(5×2)

　　　　　　　　└先に計算する

　　　　=49× 10

　　　　=490

 くわしく 数を10倍すると，答えはその数の右に0を1こつけた数になります。

📖 整数のしくみ 15ページ

(2) 51×3×3=51×(3×3)

　　　　　　　　└先に計算する

　　　　=51× 9

　　　　=459

計算をくふうすれば，計算のスピードが一気に上がるよ。

(3) 125×2×4=125×(2×4)

　　　　　　　　　└先に計算する

　　　　=125× 8

　　　　=1000

 くわしく はじめの2つの数を先に計算すると，どれも 2けた×1けた や 3けた×1けた の計算を2回することになり，計算に時間がかかります。

(1) 49×5×2=245×2=490　　(2) 51×3×3=153×3=459

(3) 125×2×4=250×4=1000

答え　(1)490　(2)459　(3)1000

練習問題 36

答え…別さつ17ページ

次のかけ算をくふうしてしましょう。

(1) 78×2×4　　　(2) 326×5×2　　　(3) 900×3×2

| 例題 37 | かけ算の文章題 ② | 3年 | 67ページ 例題34
68ページ 例題35 |

(1) 1ふくろ78円のポテトチップスを4ふくろ買います。代金は何円になりますか。

(2) 池のまわりの道は1周145mです。この道を8周歩きました。全部で何m歩きましたか。

とき方

数量の関係を図に表して考えます。

(1)

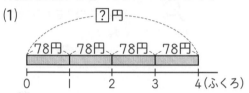

求めるのは，図の ? のところだね。

図から，(1ふくろのねだん)×(ふくろの数)=(代金)
となるので，式は　78×4=312 (円)

筆算
```
    7 8
  ×   4
  3 1³2
```

(2)

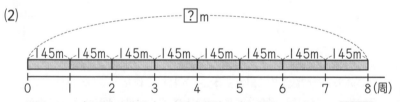

図から，(1周の長さ)×(周の数)=(全部の長さ)
となるので，式は　145×8=1160 (m)

筆算
```
    1 4 5
  ×     8
  1 1³6⁴0
```

答え (1) 312 円

(2) 1160 m

練習問題 37　　　　　　　　　　　答え → 別さつ 18 ページ

(1) 1たば65まいの画用紙が7たばあります。全部で何まいありますか。

(2) 1かん350mLのジュースを6かん買いました。ジュースは全部で何mLありますか。

第1編

第1章 大きい数の しくみ

第2章 たし算と ひき算

第3章 かけ算

第4章 わり算

第5章 分数

第6章 小数

第7章 計算の きまり

第8章 その計算と がい数

第9章 そろばん

例題38 倍の計算

3年　● 54ページ ❶　68ページ 例題35

赤いテープと青いテープがあります。赤いテープの長さは170cmで，青いテープの長さは赤いテープの長さの6倍です。青いテープの長さは，何cmですか。

とき方

「青いテープの長さは，赤いテープの長さの6倍」

→「青いテープの長さは，赤いテープの長さの6つ分」
　このことを図に表すと，次のようになります。

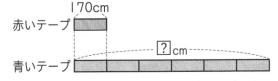

図から，長いのは青いテープで，それは赤いテープの長さの6つ分なので，青いテープの長さは，

170×6＝1020（cm）

筆算
$$\begin{array}{r} 170 \\ \times6 \\ \hline 10^420 \end{array}$$

 ポイント 何倍の大きさを求めるには，かけ算を使います。

答え 1020cm

練習問題 38

答え → 別さつ18ページ

(1) ゆうたさんは，一輪車で34m進みました。けいさんが一輪車で進んだ長さは，ゆうたさんの4倍です。けいさんが進んだ長さは何mですか。

(2) 金色のシールが236まいあります。銀色のシールの数は，金色のシールの数の7倍です。銀色のシールは何まいありますか。

力をためす問題

答え → 別さつ 18 ページ

1 次のかけ算をしましょう。

→例題33

(1) 40×5　(2) 50×2　(3) 70×3　(4) 80×7

(5) 200×4　(6) 100×9　(7) 800×3　(8) 500×4

2 次のかけ算をしましょう。

→例題34

(1) 31×2　(2) 12×8　(3) 16×5　(4) 24×3

(5) 21×6　(6) 43×4　(7) 82×8　(8) 75×5

(9) 80×9　(10) 69×5　(11) 84×7　(12) 67×9

3 次のかけ算をしましょう。

→例題35

(1) 112×4　(2) 127×2　(3) 161×4　(4) 207×3

(5) 255×2　(6) 323×4　(7) 150×7　(8) 806×5

(9) 513×7　(10) 285×7　(11) 724×6　(12) 637×8

4 次のかけ算をくふうしてしましょう。

→例題36

(1) 53×2×2　(2) 139×2×5　(3) 827×3×2

5 かなさんのクラスには 8 つのはんがあります。1 つのはんに 68 まいずつ色紙を配ります。色紙は全部で何まい必要ですか。

→例題37

6 1 箱に 325 このビーズが入った箱があります。この箱が 6 箱では，ビーズは全部で何こありますか。

→例題37

7 白いロープと黄色いロープがあります。白いロープの長さは 550 cm で，黄色いロープの長さは白いロープの長さの 4 倍です。黄色いロープの長さは何 m ですか。

→例題38

8 350 mL のかんジュース1本のねだんは128円です。この
ジュース5本の代金は何円ですか。

9 1ふくろ98円のあめを，1人に2ふくろずつ7人分買いま
す。
(1) 1人分の代金は何円ですか。
(2) 代金は全部で何円ですか。

10 りんさんのクラスで，花だんを2つつくりました。それぞれ
の花だんには，1列に35こずつの球根を，4列植えました。
また，花だん1つにはれんがを176こ使いました。
(1) 花の球根は全部で何こ植えましたか。1つの式に表し，く
ふうして求めましょう。
(2) れんがは全部で何こ使いましたか。

11 次の(1)，(2)はかけ算のしかたを考えたものです。□にあては
まる数を求めましょう。
(1) 54×3の計算の答えは，50×3と□×□の答えをたすと
求められます。
(2) 729×5の答えは，□×5と20×□と9×5の答えをたす
と求められます。

12 次のかけ算の筆算はまちがっています。それぞれのまちがい
を説明して，正しく計算しましょう。
(1)　　1 5 2
　　　×　　6
　　──────
　　6 3 1 2

(2)　　7 0 6
　　　×　　3
　　──────
　　2 2 8

第1編

第1章 大きい数のしくみ

第2章 たし算とひき算

第3章 かけ算

第4章 わり算

第5章 分数

第6章 小数

第7章 計算のきまり

第8章 がい数とその計算

第9章 そろばん

2けたをかけるかけ算の筆算

例題39 何十をかける計算 〔3年〕 📞66ページ 例題33

次のかけ算をしましょう。

(1) 2×40　　　　(2) 35×70　　　　(3) 50×30

▶ **とき方**

(1) 下の図のようにして考えます。

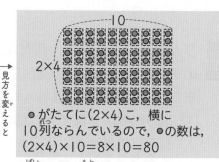

2

→見方を変えると

●が2こずつ入った ◻ が40こ
ならんでいるので，●の数は，
2×40

─10─

2×4

●がたてに（2×4）こ，横に
10列ならんでいるので，●の数は，
（2×4）×10＝8×10＝80

2×40 の答えは 2×4 の答えを 10 倍して，求められます。

👆**ポイント** **かける数が 10 倍になると，答えも 10 倍になります。**

(2) 35×70 は，35×7 の答えを 10 倍します。
　　35×70＝（35×7）×10＝245×10＝2450

$$35×7=245$$
↓10倍 ⎫10倍
$$35×70=2450$$

(3) 50×30 は，50×3 の答えを 10 倍します。
　　50×30＝（50×3）×10＝150×10＝1500

$$50×3=150$$
↓10倍 ⎫10倍
$$50×30=1500$$

▶ **別のとき方**

(3) 50×30＝（5×10）×（3×10）＝5×3×10×10＝（5×3）×（10×10）
　　　　＝15×100＝1500

▶ **答え** (1) 80　(2) 2450　(3) 1500

 練習問題39 　　　　答え→別さつ 20 ページ

次のかけ算をしましょう。

(1) 3×60　　　(2) 9×70　　　(3) 23×30

(4) 62×50　　(5) 40×70　　(6) 50×80

例題40　2けた×2けた　の筆算

3年　● 55ページ ⑥
40ページ 例題 ⑰

次のかけ算をしましょう。

(1) 23×21　　　　　　　　(2) 84×37

とき方

位をそろえて，一の位から順に計算をします。くり上がりに注意します。

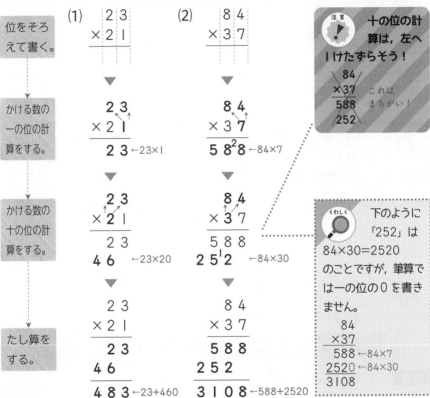

位をそろえて書く。

	(1) 2 3	(2) 8 4
	× 2 1	× 3 7

かける数の一の位の計算をする。

```
  2 3            8 4
× 2 1          × 3 7
  2 3 ←23×1    5 8²8 ←84×7
```

かける数の十の位の計算をする。

```
  2 3            8 4
× 2 1          × 3 7
  2 3            5 8 8
4 6 ←23×20     2 5¹2 ←84×30
```

たし算をする。

```
  2 3            8 4
× 2 1          × 3 7
  2 3            5 8 8
4 6            2 5 2
4 8 3 ←23+460  3 1 0 8 ←588+2520
```

注意 十の位の計算は，左へ1けたずらそう！

```
  84
× 37   これは
 588   まちがい！
 252
```

くわしく 下のように「252」は84×30＝2520のことですが，筆算では一の位の0を書きません。

```
  84
× 37
 588 ←84×7
2520 ←84×30
3108
```

答え (1) 483　(2) 3108

練習問題 ⑳

答え … 別さつ 20 ページ

次のかけ算をしましょう。

(1) 33×12　　(2) 17×32　　(3) 52×18　　(4) 19×38

(5) 29×61　　(6) 67×39　　(7) 48×76　　(8) 84×73

第1編

第1章 大きい数のしくみ

第2章 たし算とひき算

第3章 かけ算

第4章 わり算

第5章 分数

第6章 小数

第7章 計算のきまり

第8章 がい数とその計算

第9章 そろばん

例題41 計算のくふう ② 　**3年** 　55ページ **4 5**
　74ページ **例題39**

次のかけ算をくふうして，筆算でしましょう。

(1) 53×40　　　　　　　　　(2) 6×27

とき方

(1) 　**今までの筆算のしかた**　　　　　**くふうした筆算**

```
        5 3
      × 4 0
53×0 ──→  0 0  ←この0は
53×40→ 2 1 2      省ける
      2 1 2 0
```

```
        5 3
      × 4 0
      2 1 2 0
        ↑   ↑
     53×40 53×0
```

かける数が10倍になると，答えも10倍
になるので，筆算も 53×4 の答えを10倍
したと考えられます。

筆算　53 　　53
　　× 4 → × 40
　　212　　2120

(2) 　**今までの筆算のしかた**　　　　　　**くふうした筆算**

```
        6
      × 2 7
6×7 ──→ 4 2
6×20→ 1 2
      1 6 2
```

6×27＝27×6
　　　　↑
かける数とかけられ
る数を入れかえる

```
        2 7
      ×   6
      1 6 2
```

かけ算では，かけられる数とかける数を入れかえても，答えは同じ。

答え (1) 2120　(2) 162

練習問題 41　　　　　　　　　　　　　答え → 別さつ 20 ページ

次のかけ算をくふうして，筆算でしましょう。

(1) 13×20　　(2) 34×30　　(3) 79×80　　(4) 3×15

(5) 7×23　　(6) 8×59　　(7) 50×65　　(8) 60×44

例題42 **3けた×2けた の筆算** **3年** ● 55ページ **6**
75ページ **例題40**

次のかけ算をしましょう。

(1) 238×24　　　　　　　　(2) 306×45

とき方

(2けた)×(2けた) と同じように，位をそろえて，一の位から計算します。

位をそろ えて書く。	(1)	2 3 8 × 2 4	(2)	3 0 6 × 4 5

▼　　　　　　　　　　　▼

かける数の 一の位の計 算をする。	2 3 8 × 2 4 9 5 2 ←238×4	3 0 6 × 4 5 1 5 3 0 ←306×5 └─5×0=0 ▼ くり上がった3 をたす

▼　　　　　　　　　　　▼

かける数の 十の位の計 算をする。	2 3 8 × 2 4 9 5 2 4 7 6 ←238×20 └─左へ1けたずらす	3 0 6 × 4 5 1 5 3 0 1 2 2 4 ←306×40 └─4×0=0 ▼ くり上がった2 をたす

▼　　　　　　　　　　　▼

たし算を する。	2 3 8 × 2 4 9 5 2 4 7 6 5 7 1 2	3 0 6 × 4 5 1 5 3 0 1 2 2 4 1 3 7 7 0

かけ算だけじゃなく，
たし算のくり上がり
にも注意だよ！

答え (1) 5712　(2) 13770

練習問題42 答え → 別さつ 20 ページ

次のかけ算をしましょう。

(1) 153×26　　(2) 513×29　　(3) 827×63　　(4) 906×93

(5) 307×62　　(6) 604×25　　(7) 260×87　　(8) 450×94

第1編

第1章 大きい数の しくみ

第2章 たし算と ひき算

第3章 かけ算

第4章 わり算

第5章 分数

第6章 小数

第7章 計算の きまり

第8章 がい数と その計算

第9章 そろばん

例題43 大きい数のかけ算 4年 🕐77ページ 例題42

次のかけ算を筆算でしましょう。

(1) 328×213　　　(2) 532×408　　　(3) 3700×250

とき方

(1)
```
    328
  ×213
  ─────
    984  ←328×3
  328    ←328×10
```
└─左へ1けたずらす

▼

```
    328
  ×213
  ─────
    984
  328
 656    ←328×200
```
└─また，左へ1けたずらす

▼

```
    328
  ×213
  ─────
    984
  328
 656
 69864
```

(2)
```
    532
  ×408
  ─────
   4256
  000    ←532×0
```
↑
└─ここは省ける

▼

```
    532
  ×408
  ─────
   4256
 2128    ←532×400
```
└─左へ2けたずらす

▼

```
    532
  ×408
  ─────
   4256
 2128
 217056
```

(3) かけられる数，かける数の0を省いて計算します。

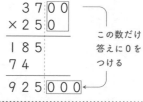
```
   3700
  ×250
  ─────
   185
  74
   925
```

▼

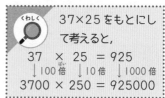
```
   3700
  ×250
  ─────
   185
  74
   925000
```
この数だけ答えに0をつける

🔍くわしく 37×25をもとにして考えると，

37 × 25 = 925
↓100倍　↓10倍　↓1000倍
3700 × 250 = 925000

答え (1)69864　(2)217056　(3)925000

😊 練習問題43
答え→別さつ20ページ

次のかけ算を筆算でしましょう。

(1) 157×343　(2) 296×151　(3) 537×242　(4) 278×406

(5) 425×607　(6) 736×505　(7) 4300×270　(8) 7200×410

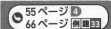

3年　55ページ 4
66ページ 例題33

例題44　かけ算の暗算

次のかけ算を暗算でしましょう。

(1) 15×8　　　(2) 340×2　　　(3) 23×30　　　(4) 25×80

とき方

(1) 位ごとに計算します。

$$15×8 \begin{cases} 10×8=80 \\ 5×8=40 \end{cases}$$ 合わせて 120

(2) 位ごとに計算します。

$$340×2 \begin{cases} 300×2=600 \\ 40×2= 80 \end{cases}$$ 合わせて 680

(3) 23×3 をもとにして考えます。

$$23×3 \begin{cases} 20×3=60 \\ 3×3= 9 \end{cases}$$ 合わせて 69

23 × 3　=　69
　　↓10倍　↓10倍
23 ×30 = 690

(4) 25×8 をもとにして考えます。

$$25×8 \begin{cases} 20×8=160 \\ 5×8= 40 \end{cases}$$ 合わせて 200

25 × 8　=　200
　　↓10倍　↓10倍
25 ×80 = 2000

答え　(1) 120　(2) 680　(3) 690　(4) 2000

練習問題 44

答え → 別さつ20ページ

次のかけ算を暗算でしましょう。

(1) 13×2　　　(2) 25×6　　　(3) 110×5　　　(4) 240×2

(5) 32×40　　(6) 15×80　　(7) 48×30　　(8) 25×40

第1編

第1章 大きい数のしくみ

第2章 たし算とひき算

第3章 かけ算

第4章 わり算

第5章 分数

第6章 小数

第7章 計算のきまり

第8章 その計算とがい数

第9章 そろばん

| 例題45 | かけ算の文章題 ③ | 3年 | 🕐 70 ページ 例題37 |

(1) 1たば85まいの画用紙が36たばあります。画用紙は全部で何まいありますか。

(2) 子ども会で，1本246円のマジックインキを28本買います。代金は何円になりますか。

とき方

数量の関係を図に表して考えます。

(1)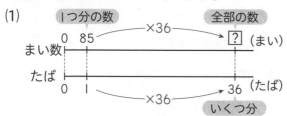

たばが1→36と36倍になっているので，まい数も36倍になります。

85×36=3060（まい）

筆算
```
    8 5
×   3 6
─────────
  5 1 0
2 5 5
─────────
3 0 6 0
```

(2)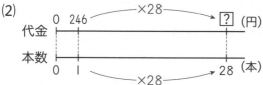

本数が1→28と28倍になっているので，代金も28倍になります。

246×28=6888（円）

筆算
```
  2 4 6
×   2 8
─────────
1 9 6 8
4 9 2
─────────
6 8 8 8
```

答え (1) 3060まい (2) 6888円

練習問題 45

答え → 別さつ21ページ

(1) 1ふくろ99円のあめを15ふくろ買います。代金は何円になりますか。

(2) 1箱452こ入りのクリップが78箱あります。クリップは全部で何こありますか。

第1編

第1章 大きい数の しくみ

第2章 たし算と ひき算

第3章 かけ算

第4章 わり算

第5章 分数

第6章 小数

第7章 計算の きまり

第8章 がい数と その計算

第9章 そろばん

例題46 かけ算を使う問題 　3年　📖80ページ 例題45

(1) 1こ135円のドーナツ25こを，450円の箱に入れてもらいました。代金は全部で何円ですか。

(2) 色紙を1箱に48まいずつ，17箱につめました。色紙は全部で1000まいありました。色紙は何まい残っていますか。

とき方

最初に何を求めるかを考えます。

(1) | ドーナツ25この代金 | ＋ | 箱の代金 | ＝ | 全部の代金 |

　135円の25こ分　　　450円
　　└最初に求める

ドーナツ25この代金は，135×25=3375（円）

全部の代金は，<u>3375</u> ＋ <u>450</u> ＝ 3825（円）
　　　　　　　　↑　　　　↑
　　　　　ドーナツの代金　箱の代金

(2) | 全部の色紙のまい数 | － | 箱につめたまい数 | ＝ | 残りのまい数 |

　1000まい　　　　48まいずつ17箱
　　　　　　　　　　└最初に求める

箱につめた色紙のまい数は，48×17=816（まい）

残りのまい数は，<u>1000</u> － <u>816</u> ＝ 184（まい）
　　　　　　　　　↑　　　　↑
　　　　全部のまい数　箱につめたまい数

🚩 答え (1) 3825円
　　　　　 (2) 184まい

練習問題46　　　　答え → 別さつ21ページ

(1) 花屋さんで，ばらを1たば16本ずつにして，32たばの花たばをつくりました。まだ，ばらは88本残っています。ばらは全部で何本ありますか。

(2) 1こ215円のケーキを26こ買うために，6000円はらいました。おつりは何円ですか。

インド式のかけ算を覚えよう

インドの人たちは，暗算がとてもはやいといわれて
います。次のような2けたのかけ算は，あっという
まに計算する方法を知っています。

●11～19までの2けたのかけ算

14 × 12

①かけられる数とかける
数の一の位をたす。
14+2＝16

②かけられる数とかける数の
一の位どうしをかける。
4×2＝8

1 6
　　8

③①の答えに10をかけて
②の答えをたす。
160+8＝168

········· 1 6 8 -答え

へ～こんな計算の
しかたがあるんだ。

②の答えが2けたのときは，次のようになります。

17 × 13

①かけられる数とかける
数の一の位をたす。
17+3＝20

②かけられる数とかける数の
一の位どうしをかける。
7×3＝21

2 0
　　2 1

③①の答えに10をかけて
②の答えをたす。
200+21＝221

········· 2 2 1 -答え

筆算の答えをた
しかめるときにも
使えそうだね。

●一の位が5で十の位が同じ数どうしのかけ算

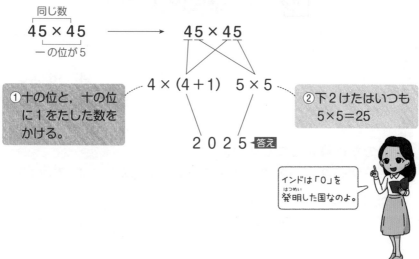

同じ数
45 × 45
一の位が5

45 × 45

4 × (4＋1)　5 × 5

①十の位と，十の位に1をたした数をかける。

②下2けたはいつも 5×5＝25

2 0 2 5 答え

インドは「0」を発明した国なのよ。

●一の位が同じで十の位をたすと10になる数のかけ算

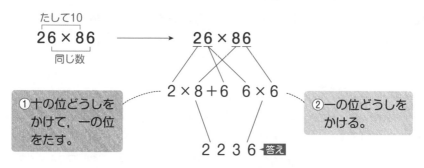

たして10
26 × 86
同じ数

26 × 86

2 × 8＋6　6 × 6

①十の位どうしをかけて，一の位をたす。

②一の位どうしをかける。

2 2 3 6 答え

●十の位が同じで一の位をたすと10になる数のかけ算

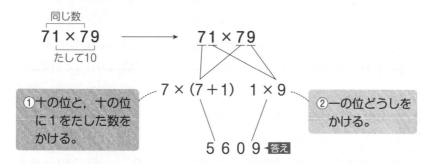

同じ数
71 × 79
たして10

71 × 79

7 × (7＋1)　1 × 9

①十の位と，十の位に1をたした数をかける。

②一の位どうしをかける。

5 6 0 9 答え

📝 力を ためす 問題

答え → **別さつ21**ページ

1 次のかけ算をしましょう。

→例題 39

(1) 3×20   (2) 4×50   (3) 27×30   (4) 38×40

(5) 78×60   (6) 30×30   (7) 70×50   (8) 50×60

2 次のかけ算をしましょう。

→例題 40

(1) 42×12   (2) 37×23   (3) 14×44   (4) 75×13

(5) 16×38   (6) 35×52   (7) 45×63   (8) 70×65

(9) 38×58   (10) 74×49   (11) 56×37   (12) 88×39

3 次のかけ算をしましょう。

→例題 41

(1) 21×30   (2) 32×40   (3) 52×60   (4) 77×70

(5) 2×14   (6) 6×13   (7) 5×23   (8) 9×64

4 次のかけ算をしましょう。

→例題 42

(1) 153×42   (2) 341×19   (3) 232×61   (4) 175×72

(5) 505×81   (6) 607×52   (7) 702×29   (8) 408×64

(9) 360×74   (10) 920×83   (11) 823×39   (12) 796×43

5 次のかけ算をしましょう。

→例題 43

(1) 315×243   (2) 235×182   (3) 432×261

(4) 369×347   (5) 606×383   (6) 817×547

(7) 235×702   (8) 582×206   (9) 508×403

(10) 6300×550   (11) 2500×430   (12) 4900×3500

6 次のかけ算を暗算でしましょう。

→例題 44

(1) 12×3   (2) 43×2   (3) 230×5   (4) 450×4

(5) 11×60   (6) 12×80   (7) 54×40   (8) 35×60

7
→例題 45
水そうの水を 250 mL ずつペットボトルに分けていったら，ちょうど 16 本に分けられました。水そうの水は最初に何 L ありましたか。

8
ちょいムズ
→例題 45
りんかさんの子ども会には 78 人の子どもがいます。1 人に 1 ダースずつえん筆を配ります。えん筆は全部で何本いりますか。

9
→例題 46
体育館に，1 人がけのいすがたてに 32 こ，横に 24 列ならんでいます。そのいすに 800 人がすわろうとしたら，何人かがすわれませんでした。何人がすわれませんでしたか。

10
ちょいムズ
→例題 40
2，3，4 の数字を右の □ に 1 つずつ入れて，かけ算の筆算をつくります。このとき，答えが次のようになるのは，どんな筆算ですか。

$$\begin{array}{r} \square\ 5 \\ \times\ \square\square \end{array}$$

(1) 850　　　　(2) 1075

(3) 1440　　　(4) 1035

11
ちょいムズ
→例題 46
1 さつ 178 円のノートを，まとめて 25 さつ買ったら，1 さつごとに 2 円ねびきしてもらいました。はらったお金は何円ですか。

12
ちょいムズ
→例題 45
右の図を見て，下の □ にあてはまる数や文章を入れて，問題をつくりましょう。

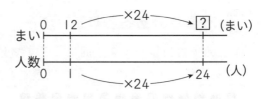

色紙を □ 人に同じ数ずつ配ります。

1 人に □ まいずつ配ると，

第1編

第1章 大きい数のしくみ

第2章 たし算とひき算

第3章 かけ算

第4章 わり算

第5章 分数

第6章 小数

第7章 計算のきまり

第8章 がい数とその計算

第9章 そろばん

第**4**章 わり算

**この章の
目標**
❶ わり算の意味を理かいし，計算のしかたを覚えましょう。
❷ あまりを理かいし，あまりのあるわり算ができるようにしましょう。
❸ 1けたや2けたの数でわるわり算の筆算ができるようにしましょう。

◎ 学習のまとめ

1 わり算
➡ 例題 **47・48**

12このチョコレートを3皿に同じ数ずつ分けると，1皿分は4こです。このことを，次のような式で表します。

> わり算の答えを商
> といいます。

$$12 \div 3 = 4$$
わられる数　わる数　答え

上の式は，「12わる3は4」と読みます。

> 記号の書き順
> ① ② ●
> ─── ③ ●

2 0のわり算
➡ 例題 **49**

0を0でないどんな数でわっても，答えはいつも0です。
0÷3=0　　0÷5=0

3 あまりのあるわり算 ①
➡ 例題 **51〜53**

14このチョコレートを1皿に3こずつ分けると，4皿に分けられて，2こあまります。このことを式に表すと，次のようになります。

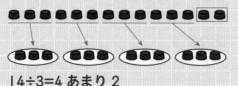

14÷3=4 あまり 2

> 14÷3=**4** あまり 2
> の式では，4のよう
> な数を商といいます。

4　あまりのあるわり算 ②

→ 例題 51～53

▶ あまりはわる数よりいつも小さくなります。

$14 \div 3 = 4$ あまり 2
　　　　　3>2

$25 \div 7 = 3$ あまり 4
　　　　　7>4

わる数>あまり だよ！

▶ あまりがないときは「わり切れる」，

あまりがあるときは「わり切れない」といいます。

▶ 答えは「**わる数×商+あまり=わられる数**」の式でたしかめられます。

$14 \div 3 = 4$ あまり 2

（たしかめの式）　$3 \times 4 + 2 = 14$　← 答えがわられる数になれば○

5　1けたでわるわり算の筆算

→ 例題 56～59

大きい位から「たてる」→「かける」→「ひく」→「おろす」の順に計算します。

2 ← $7 \div 3$ の商をたてる
3)79
　6
　1

▶

2
3)79
　6 ↓ おろす
　19

▶

26 ← $19 \div 3$ の商をたてる
3)79
　6
　19
　18
　1 あまり

6　2けたでわるわり算の筆算

→ 例題 64・65

わる数を何十の数とみて，商の見当をつけます。商が大きすぎたり小さすぎたときは，商をなおします。

4 ← $85 \div 20$ とみて，商をたてる
22)859
20 88
　└ひけない

▶

3 ← 商を1小さくする
22)859
　　66
　　199

▶

39 ← $199 \div 20$ とみて，商をたてる
22)859
　　66
　　199
　　198
　　　1

① わり算

例題47 わり算 ①　　　　　　　　3年　　📞86ページ **1**

> 12このあめを3人に同じ数ずつ分けます。1人分は何こに
> なりますか。

とき方

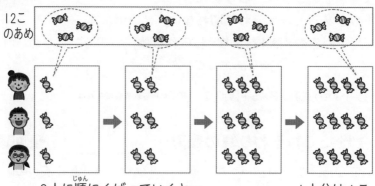

12こ
のあめ

3人に順にくばっていくと…　　　　　　1人分は4こ

12このあめを3人に同じ数ずつ分けると，1人分は4こになります。
このことを，次のような式で表します。

$$12 \div 3 = 4$$

全部の数　　人数　1人分の数

（12÷3の答えの求め方）

1人分の数×3が12こだから，□×3=12 の□にあてはまる数を求
めます。□×3=3×□ だから，3のだんの九九で答えが12になるも
のを見つけます。3×④=12 → □は4とわかります。

答え　4こ

👨‍🏫 **練習問題 47**　　　　　　　　　　答え → 別さつ23ページ

24まいの色紙を4人に同じ数ずつ分けます。1人分は何まいに
なりますか。

例題48 わり算 ②

3年 ●86ページ①

> 8このあめを1人に2こずつ分けます。何人に分けられますか。

とき方

8こ
のあめ

8このあめを1人に2こずつ分けると，4人に分けられます。このことを式に表すと，次のようになります。

$$8 \div 2 = 4$$

全部の数　1人分の数　人数

（8÷2の答えの求め方）

2×人数 が8こだから，2×□=8 の□にあてはまる数を求めます。
2のだんの九九で答えが8になるものを見つけます。
2×④=8 → □は4とわかります。

> ポイント
> **わり算の答えは，わる数のだんの九九を使って求めます。**
>
> $$8 \div 2$$
> わられる数　わる数

答え　4人

 練習問題 48

答え → 別さつ23ページ

(1) 18まいのシールを1人に6まいずつ分けます。何人に分けられますか。

(2) 次のわり算をしましょう。

① 36÷9　　② 12÷3　　③ 9÷1　　④ 6÷2

⑤ 56÷8　　⑥ 15÷3　　⑦ 40÷8　　⑧ 72÷9

⑨ 16÷4　　⑩ 24÷6　　⑪ 49÷7　　⑫ 28÷4

第1編

第1章 大きい数のしくみ

第2章 たし算とひき算

第3章 かけ算

第4章 わり算

第5章 分数

第6章 小数

第7章 計算のきまり

第8章 がい数とその計算

第9章 そろばん

例題49 **答えが九九にないわり算**

3年 ● 86ページ②
88ページ 例題47

かんに入っているあめを3人で同じ数ずつ分けます。入って
いる数が次のとき，1人分は何こになりますか。
(1) 1こも入っていない　　　(2) 60こ　　　(3) 69こ

とき方

(1)「1こも入っていない」→「0こ入っている」と考えられます。
　　このことを式に表すと，　0 ÷ 3　となります。

　　　　　　　　　　　　　　全部の数　　人数

　　「0こ」を何人で分けても，1人分は「0こ」なので，

　　0 ÷ 3 = 0

　　全部の数　　人数　1人分の数

 ポイント 0を，0でないどんな数でわっても，答えはいつも0です。

(2) 60÷3 → 10 のまとまりで考えます。
　　60 は 10 が6こなので，6÷3=2
　　10 が2こなので，60÷3=20

　　　　　　　　　　　　　　　　6÷3=2
　　　　　　　　　　10倍↓　　↓10倍
　　　　　　　　　　　　　60÷3=20

(3) 69÷3 → 69 を 60 と 9 に分けます。

　　69÷3 〈 60÷3=20
　　　　　　9÷3= 3 ┘合わせて 23

別のとき方

(1) 0÷3=□ → 3×□=0
　　答えが0になるのは□が0のときなので，0÷3=0

答え (1) 0 こ　(2) 20 こ　(3) 23 こ

練習問題 49

答え → 別さつ 23 ページ

次のわり算をしましょう。

(1) 0÷5　　　　(2) 0÷6　　　　(3) 0÷9
(4) 80÷4　　　(5) 40÷2　　　(6) 70÷7
(7) 63÷3　　　(8) 55÷5　　　(9) 84÷2

例題 50 わり算を使った問題 3年 ● 89ページ 例題 48

(1) 36 このケーキを 1 箱に 4 こずつ入れました。箱は，まだ 6 箱残っています。箱は全部で何箱ありますか。

(2) 花屋で 56 本の花を 7 本ずつ花たばにしました。そのうち 3 たばを売りました。花たばは何たば残っていますか。

とき方

最初に何を求めるかを考えます。

(1) 最初に，ケーキを入れた箱が何箱かを求めます。

36 ÷ 4 = 9 → ケーキを入れた箱は 9 箱。

全部の数　1 箱に入れる数　箱の数　　残った箱は 6 箱。

全部の箱の数は，9+6=15（箱）

(2) 最初にできた花たばは何たばかを求めます。

56 ÷ 7 = 8 → できた花たばの数は 8 たば。

全部の数　1 たばの数　花たばの数　　そのうち売った花たばは 3 たば。

残った花たばの数は，8−3=5（たば）

答え (1) 15 箱
(2) 5 たば

式は 2 つになるね。

　ドイツでは「÷」の代わりに「：」が使われています。また「／」を使う国もあります。6÷2=3 → 6：2=3　　6／2=3

練習問題 50

答え → 別さつ 23 ページ

(1) 子どもが 48 人います。長いす 1 きゃくに 6 人ずつすわったら，長いすは 2 きゃく残りました。長いすは全部で何きゃくありますか。

(2) 1 ふくろにグミが 4 こずつ入ったふくろが，6 ふくろあります。このグミを 1 ふくろ 3 こずつに入れ直したら，ふくろがたりなくなりました。何ふくろたりませんか。

例題51 あまりのあるわり算 ① 〔3年〕 ●86ページ❸❹

(1) あめが 15 こあります。1 人に 3 こずつ分けると，何人に分けられますか。

(2) あめが 17 こあります。1 人に 3 こずつ分けると，何人に分けられて，何こあまりますか。

とき方

(1) 15 ÷ 3 = 5　　5 人に分けられます。
　　↑全部の数　↑1人分の数　↑人数

(2) 17 ÷ 3　← 3 のだんの九九で答えが 17 になるものはありません。
　　↑全部の数　↑1人分の数

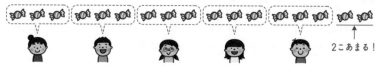

2 こあまる！

あめ 17 こは 5 人に分けられて，2 こあまります。

17÷3=5 あまり 2

あまりのあるわり算の答えの求め方
3 のだんの九九で答えが 17 より小さく，17 にいちばん近いものは，
3×5=15　あまりは，17−15=2

15÷3 のように，あまりがないときは**わり切れる**，17÷3 のように，あまりがあるときは**わり切れない**といいます。

答え　(1)5 人　(2)5 人に分けられて，2 こあまる。

練習問題 51
答え → 別さつ 24 ページ

(1) あめが 35 こあります。1 人に 4 こずつ分けると，何人に分けられて，何こあまりますか。

(2) 次のわり算で，わり切れるものには○，わり切れないものには×をつけましょう。

① 27÷7　　② 30÷5　　③ 52÷8　　④ 39÷6

例題52 あまりのあるわり算 ② 3年 ⏱86ページ 3 4

次のわり算をしましょう。

(1) 20÷5 (2) 21÷5 (3) 22÷5 (4) 23÷5

(5) 24÷5 (6) 25÷5 (7) 26÷5 (8) 27÷5

とき方

 わり算のあまりは，いつもわる数より小さくなります。
わる数＞あまり

(1) 5×4=20 だから，20÷5=4

(2) 5×4=20 21−20=1 だから，21÷5=4 あまり1

(3) 5×4=20 22−20=2 だから，22÷5=4 あまり2

(4) 5×4=20 23−20=3 だから，23÷5=4 あまり3

(5) 5×4=20 24−20=4 だから，24÷5=4 あまり4

(6) 5×5=25 だから，25÷5=5

(7) 5×5=25 26−25=1 だから，26÷5=5 あまり1

(8) 5×5=25 27−25=2 だから，27÷5=5 あまり2

 あまりがわる数より大きいと，まちがいです。
(2) 21÷5=3 あまり6 ← わる数＜あまりなので×
21÷5=4 あまり1 ← わる数＞あまりなので○

答え (1)4 (2)4 あまり1 (3)4 あまり2 (4)4あまり3

(5)4 あまり4 (6)5 (7)5 あまり1 (8)5 あまり2

練習問題 52 答え → 別さつ24ページ

次のわり算はまちがっています。正しい計算になおしましょう。

(1) 37÷5=6 あまり7 (2) 30÷4=6 あまり6

(3) 20÷4=4 あまり4 (4) 41÷8=4 あまり9

(5) 15÷5=2 あまり5 (6) 19÷3=5 あまり4

第1編

第1章 大きい数の しくみ

第2章 たし算と ひき算

第3章 かけ算

第4章 わり算

第5章 分数

第6章 小数

第7章 計算の きまり

第8章 がい数と その計算

第9章 そろばん

例題53 答えのたしかめ 3年 ● 86ページ ③ ④

(1) クッキーが 18 まいあります。1 人に 7 まいずつ分ける
と，何人に分けられて，何まいあまりますか。答えもたし
かめましょう。
(2) 次のわり算をして，答えのたしかめをしましょう。
　　① 23÷5　　　　　　　② 42÷6

とき方

(1) ◆18 ÷ ▲7 = ■2 あまり ●4

右の図から，全部のクッキーの数を求める
式は，

1 人分の数 × 人数 + あまりの数
　　↓　　　　　↓　　　　　↓
　　7　　　×　　2　　+　　4　　= 18 （まい）

最初の「18 まい」に
← なったから，2 あまり 4
は正しい

ポイント
18÷7=2 あまり 4 の式で，2のような数を商といいます。
わり算の答えは，次の式でたしかめられます。
わる数×商+あまり=わられる数

(2) ① 23÷5=4 あまり 3　　　5＞3 ← わる数＞あまりなので，○
　　（たしかめ）　5×4+3=23 ← わられる数になったので，○
② 42÷6=7 ← あまりはなし
　　（たしかめ）　6×7=42 ← わられる数になったので，○

答え
(1) 2 人に分けられて，4 まいあまります。
　　（たしかめ）　7×2+4=18
(2)① 4 あまり 3　　（たしかめ）　5×4+3=23
　　② 7　　　　　　（たしかめ）　6×7=42

練習問題 53

答え → 別さつ24ページ

次のわり算をして，答えのたしかめをしましょう。
(1) 25÷4　　(2) 13÷3　　(3) 36÷5　　(4) 17÷2
(5) 53÷6　　(6) 50÷7　　(7) 45÷8　　(8) 62÷9

第1編

第1章
大きい数の
しくみ

第2章
たし算と
ひき算

第3章
かけ算

第4章
わり算

第5章
分数

第6章
小数

第7章
計算の
きまり

第8章
がい数と
その計算

第9章
そろばん

例題54 あまりを考える問題 3年 ◯92ページ 例題51

(1) 子どもが 30 人います。1 つの長いすに 4 人ずつすわります。全員すわるには長いすが何きゃくいりますか。

(2) りんごが 50 こあります。1 ふくろに 6 こずつ入れます。6 こ入りのふくろは何ふくろできますか。

とき方

(1) 30 人を 4 人ずつに分けるので

30÷4=7 あまり 2

長いす 7 きゃくでは，2 人がすわれません。

2 人がすわるために，長いすがもう 1 きゃくいります。

7+1=8 (きゃく)

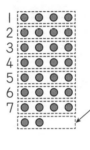

この 2 人のために，長いすがもう 1 きゃくいる

(2) 50 こを 6 こずつふくろに分けるので，

50÷6=8 あまり 2

6 こ入りのふくろが 8 ふくろできて，2 こあまります。

2 こでは「6 こ入りのふくろ」はできません。

6 こ入りのふくろは，8 ふくろできます。

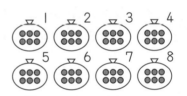

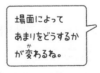

これをふくろに入れても「6 こ入り」にはならない

答え (1) 8 きゃく
(2) 8 ふくろ

場面によってあまりをどうするかが変わるね。

練習問題 54

答え ⟶ 別さつ 24 ページ

(1) れなさんは，64 ページある本を 1 日 9 ページずつ読みます。この本を読み終えるには何日かかりますか。

(2) 花が 40 本あります。6 本ずつたばにすると，花たばは何たばできますか。

力を ためす 問題

答え → 別さつ 25 ページ

1 次のわり算をしましょう。
→例題48

(1) 10÷5　　(2) 18÷2　　(3) 21÷7　　(4) 24÷4

(5) 21÷3　　(6) 81÷9　　(7) 32÷8　　(8) 54÷6

(9) 16÷4　　(10) 8÷8　　(11) 45÷5　　(12) 63÷9

2 次のわり算をしましょう。
→例題49

(1) 93÷3　　　　(2) 60÷2　　　　(3) 0÷7

(4) 90÷3　　　　(5) 84÷4　　　　(6) 0÷4

(7) 0÷1　　　　(8) 77÷7　　　　(9) 80÷8

3 キャラメルが 30 こあります。このキャラメルを 1 人に 6 こ
→例題48 ずつ分けると，何人に分けられますか。

4 36 まいのシールを，3 人で同じ数ずつ分けます。1 人分は何
→例題49 まいになりますか。

5 14 このたまごがあります。1 このケーキにたまごを 2 こず
→例題50 つ，全部のたまごを使ってケーキをつくり，そのうち 3 この
ケーキを食べました。ケーキは何こ残っていますか。

6 24 このボールを 1 箱に 4 こずつ入れたら，2 箱あまりました。
→例題50 箱を全部使って，全部のボールを入れなおすことにします。
1 箱に同じ数ずつボールを入れると，1 箱に入るボールは何
こになりますか。

7 18÷3 の式になるようにドーナツについての問題を2つつくります。

(1) □にあてはまる数や文章を入れて，問題を完成させましょう。

　　□ このドーナツを□人で同じ数ずつ分けます。
　　┌──────────────────────────┐
　　└──────────────────────────┘。

(2) 何人に分けられるかを求める問題をつくりましょう。

8 次のわり算をしましょう。

(1) 7÷3　　　(2) 11÷4　　　(3) 45÷6　　　(4) 18÷4

(5) 26÷3　　(6) 53÷7　　(7) 29÷8　　(8) 61÷8

(9) 31÷5　　(10) 33÷8　　(11) 46÷7　　(12) 35÷6

9 9人ずつの組をつくります。26人では何組できて，何人あまりますか。

10 次のわり算で，答えが正しければ○をつけ，まちがっていれば正しくなおしましょう。

(1) 29÷5=4 あまり 9　　　(2) 34÷7=4 あまり 6

(3) 31÷4=8 あまり 1　　　(4) 48÷6=7 あまり 6

(5) 50÷8=6 あまり 2　　　(6) 23÷8=3 あまり 1

11 子どもが45人います。遊園地で乗り物1台に8人ずつ乗ります。全員が乗るには，乗り物は全部で何台いりますか。

12 もけいのタイヤが23こあります。このタイヤで三輪車のもけいをつくります。三輪車のもけいは何こできますか。

13 37人の子どもがいくつかの組に分かれてダンスをします。

(1) 5人ずつが組になると，5人の組は何組できますか。

(2) 全員がダンスをできるように，5人の組と6人の組をつくります。5人の組と6人の組はそれぞれ何組できますか。

第1編

第1章 大きい数のしくみ

第2章 たし算とひき算

第3章 かけ算

第4章 わり算

第5章 分数

第6章 小数

第7章 計算のきまり

第8章 がい数とその計算

第9章 そろばん

② 1けたでわるわり算の筆算(ひっさん)

例題55　何十，何百のわり算　4年　●89ページ 例題48

次(つぎ)のわり算をしましょう。
(1) 120÷3　　(2) 540÷6　　(3) 600÷3　　(4) 1500÷5

とき方

10のまとまりで考えます。

(1) $\underline{120}÷3$ → 10が(12÷3)こ → 10が4こなので，120÷3=40
　　　↓
　　10が12こ

　　⑩⑩⑩⑩｜⑩⑩⑩⑩｜⑩⑩⑩⑩

(2) $\underline{540}÷6$ → 10が(54÷6)こ
　　　↓
　　10が54こ

　　　→ 10が9こなので，540÷6=90

100のまとまりで考えます。

(3) $\underline{600}÷3$ → 100が(6÷3)こ
　　　↓
　　100が6こ

　　　→ 100が2こなので，600÷3=200

(4) $\underline{1500}÷5$ → 100が(15÷5)こ
　　　↓
　　100が15こ

　　　→ 100が3こなので，1500÷5=300

答え　(1) 40　(2) 90　(3) 200　(4) 300

> 10や100のまとまりで
> 考えると，これまでに習(なら)った
> わり算が使(つか)えるわね。

練習問題 55　　答え → 別さつ26ページ

次のわり算をしましょう。
(1) 140÷7　　　(2) 810÷9　　　(3) 300÷6
(4) 500÷5　　　(5) 800÷4　　　(6) 3600÷9

例題56 **2けた÷1けた の筆算 ①** **4年** **●87ページ 5**

次のわり算をしましょう。

(1) 72÷4 (2) 86÷3

とき方

わり算の筆算では，大きい位から計算していきます。

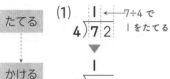

たてる

(1)
```
     1  ←7÷4で
  4)7 2    1をたてる
```

(2)
```
     2  ←8÷3で
  3)8 6    2をたてる
```

かける

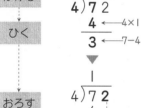

(1)
```
     1
  4)7 2
    4   ←4×1
    3   ←7-4
```

(2)
```
     2
  3)8 6
    6   ←3×2
    2   ←8-6
```

ひく

おろす

(1)
```
     1
  4)7 2
    4
    3 2  ←2をおろす
```

(2)
```
     2
  3)8 6
    6
    2 6  ←6をおろす
```

たてる

(1)
```
     1 8  ←32÷4で
  4)7 2     8をたてる
    4
    3 2
```

(2)
```
     2 8  ←26÷3で
  3)8 6     8をたてる
    6
    2 6
```

かける

ひく

(1)
```
     1 8
  4)7 2
    4
    3 2
    3 2  ←4×8
      0  ←32-32
```

(2)
```
     2 8
  3)8 6
    6
    2 6
    2 4  ←3×8
あまり→ 2  ←26-24
```

「たてる」→「かける」
→「ひく」→「おろす」
のくり返しになるよ。

くわしく 答えのたしかめ方

(1) 4×18=72
わる数 商 わられる数

(2) 3×28+2=86
わる数 商 あまり わられる数

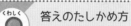

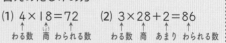

答え (1) 18 (2) 28 あまり 2

練習問題 56 答え → 別さつ 26 ページ

次のわり算をしましょう。

(1) 85÷5 (2) 38÷2 (3) 94÷4 (4) 78÷6

(5) 92÷7 (6) 53÷3 (7) 80÷6 (8) 95÷8

第1編

第1章 大きい数のしくみ

第2章 たし算とひき算

第3章 かけ算

第4章 わり算

第5章 分数

第6章 小数

第7章 計算のきまり

第8章 がい数とその計算

第9章 そろばん

例題57 2けた÷1けた の筆算 ② 4年 ●87ページ 5

次のわり算をしましょう。

(1) 48÷2

(2) 62÷3

とき方

たてる

かける

ひく

おろす

たてる

かける

ひく

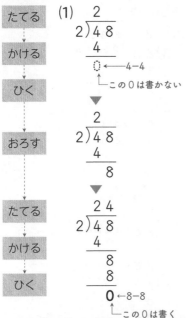

 書く0と書かない0に注意しましょう。

答え (1) 24 (2) 20 あまり 2

練習問題 57

答え → 別さつ26ページ

次のわり算をしましょう。

(1) 36÷3　　(2) 42÷2　　(3) 87÷4　　(4) 97÷3

(5) 83÷4　　(6) 52÷5　　(7) 61÷2　　(8) 90÷3

例題 58 　3けた÷1けた の筆算 ① 　4年 　99ページ 例題56
100ページ 例題57

次のわり算をしましょう。

(1) 725÷5　　　　　　　　(2) 835÷4

とき方

百の位から順に「たてる」→「かける」→「ひく」→「おろす」をくり返します。

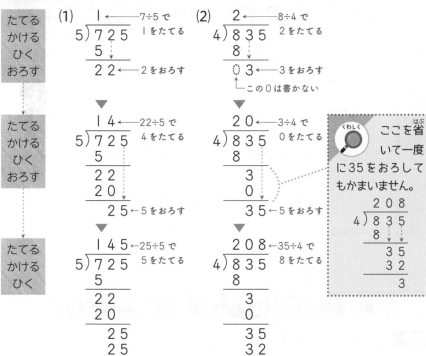

たてる
かける
ひく
おろす

(1) 1 ← 7÷5で 1をたてる
5)725
　5
　22 ← 2をおろす

(2) 2 ← 8÷4で 2をたてる
4)835
　8
　0 3 ← 3をおろす
　この0は書かない

たてる
かける
ひく
おろす

(1) 14 ← 22÷5で 4をたてる
5)725
　5
　22
　20
　　25 ← 5をおろす

(2) 20 ← 3÷4で 0をたてる
4)835
　8
　3
　0
　35 ← 5をおろす

くわしく
ここを省いて一度に35をおろしてもかまいません。
　　208
4)835
　8 ↓ ↓
　35
　32
　　3

たてる
かける
ひく

(1) 145 ← 25÷5で 5をたてる
5)725
　5
　22
　20
　25
　25
　　0

(2) 208 ← 35÷4で 8をたてる
4)835
　8
　3
　0
　35
　32
　　3

答え (1)145 (2)208 あまり 3

練習問題 58　　　答え ⇒ 別さつ 26 ページ

次のわり算をしましょう。

(1) 354÷2　　(2) 520÷2　　(3) 918÷7　　(4) 907÷4

(5) 427÷4　　(6) 627÷3　　(7) 753÷7　　(8) 547÷5

第1編

第1章 大きい数のしくみ

第2章 たし算とひき算

第3章 かけ算

第4章 わり算

第5章 分数

第6章 小数

第7章 計算のきまり

第8章 がい数とその計算

第9章 そろばん

[例題]59　3けた÷1けた の筆算 ②　4年

101ページ [例題]58

次のわり算をしましょう。

(1) 236÷4　　　(2) 419÷6

とき方

3けた÷1けた の筆算では，商がどの位にたつかに注意します。

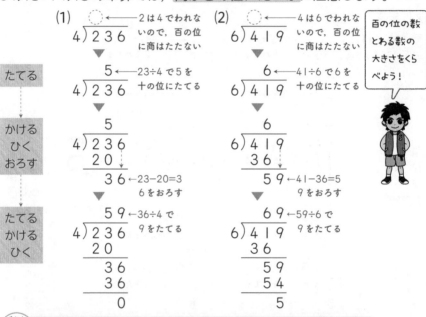

(1)

```
   ○  ←2は4でわれないので，百の位に商はたたない
4)236
```

▼

[たてる]

```
    5  ←23÷4 で5を十の位にたてる
4)236
```

▼

[かける ひく おろす]

```
    5
4)236
  20
  ---
   36  ←23−20=3　6をおろす
```

▼

[たてる かける ひく]

```
    59  ←36÷4 で9をたてる
4)236
  20
  ---
   36
   36
  ---
    0
```

(2)

```
   ○  ←4は6でわれないので，百の位に商はたたない
6)419
```

▼

```
    6  ←41÷6 で6を十の位にたてる
6)419
```

▼

```
    6
6)419
  36
  ---
   59  ←41−36=5　9をおろす
```

▼

```
    69  ←59÷6 で9をたてる
6)419
  36
  ---
   59
   54
  ---
    5
```

ポイント　いちばん上の位の数 ＜ わる数 のときは，商は次の位からたてる。

答え　(1) 59　(2) 69 あまり 5

練習問題 59

答え → 別さつ 27 ページ

(1) 次のわり算の商は何の位からたちますか。

① 621÷4　　② 310÷4　　③ 205÷4

(2) 次のわり算をしましょう。

① 267÷3　　② 364÷7　　③ 272÷4　　④ 648÷8

⑤ 427÷5　　⑥ 389÷6　　⑦ 381÷7　　⑧ 403÷5

例題60 わり算の文章題

4年　99ページ 例題56　101ページ 例題58

(1) 56まいのカードを，1人に4まいずつ配ります。何人に配れますか。

(2) 765mLの水を，同じかさずつ3このコップに分けました。1このコップには何mL入っていますか。

とき方

(1) 56まいを4まいずつ分けるので，
$$56 \div 4 = 14(人)$$

(2) 765mLを3こに分けるので，
$$765 \div 3 = 255(mL)$$

筆算
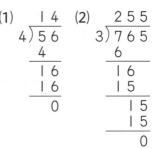

別のとき方

80ページのような図を使って考えます。

(1)

$4 \times \square = 56$
$\square = 56 \div 4 = 14$

(2)
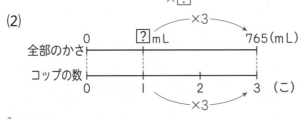

$\square \times 3 = 765$
$\square = 765 \div 3 = 255$

答え　(1) 14人　(2) 255mL

練習問題60

答え → 別さつ27ページ

(1) 65cmのテープがあります。このテープを5cmずつ切ると，5cmのテープは何本になりますか。

(2) 632まいの色紙があります。この色紙を同じ数ずつ4人で分けると，1人分は何まいになりますか。

第1編

第1章 大きい数のしくみ

第2章 たし算とひき算

第3章 かけ算

第4章 わり算

第5章 分数

第6章 小数

第7章 計算のきまり

第8章 がい数とその計算

第9章 そろばん

例題61 倍の計算

4年　○ 71 ページ 例題38

(1) 27 m の白いロープと 3 m の黄色いロープがあります。白いロープの長さは黄色いロープの長さの何倍ですか。

(2) 726 円のプラモデルがあります。これはえん筆 1 本のねだんの 6 倍です。えん筆 1 本のねだんは何円ですか。

とき方

(1)
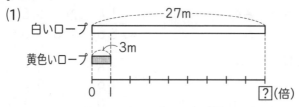

求めるのは，図の ? のところだね。

図から，黄色いロープ 3 m の □ 倍が，白いロープ 27 m なので，3×□=27（m）と表せます。□ は 27÷3=9（倍）

(2)
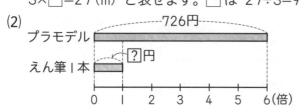

図から，えん筆 1 本のねだん □ 円の 6 倍が 726 円なので，□×6=726（円）と表せます。□ は 726÷6=121（円）

 くわしく
(1) 3 m を 1 とみたとき，27 m は 9 にあたります。
(2) 726 円を 6 とみたとき，1 にあたる大きさは 121 円になります。

答え (1) 9 倍 (2) 121 円

練習問題 61

答え → 別さつ 27 ページ

(1) れいさんは 64 まい，りくさんは 4 まいのシールを持っています。れいさんはりくさんの何倍のシールを持っていますか。

(2) むぎ茶が 875 mL あります。これはジュースのかさの 5 倍です。ジュースは何 mL ありますか。

第1編

第1章 大きい数のしくみ

第2章 たし算とひき算

第3章 かけ算

第4章 わり算

第5章 分数

第6章 小数

第7章 計算のきまり

第8章 がい数とその計算

第9章 そろばん

例題62 わり算の暗算　4年　98ページ 例題55

次のわり算を暗算でしましょう。

(1) 48÷4　　　(2) 96÷8　　　(3) 390÷3　　　(4) 920÷4

とき方

(1) わられる数を何十といくつに分けて暗算します。

$48÷4$ $\begin{cases} 40÷4=10 \\ 8÷4=2 \end{cases}$ 合わせて 12

(2) 8 でわりやすいように 96 を 80 と 16 に分けます。

$96÷8$ $\begin{cases} 80÷8=10 \\ 16÷8=2 \end{cases}$ 合わせて 12

(3) わられる数を何百と何十に分けて暗算します。

$390÷3$ $\begin{cases} 300÷3=100 \\ 90÷3=30 \end{cases}$ 合わせて 130

(4) 4 でわりやすいように 920 を 800 と 120 に分けます。

$920÷4$ $\begin{cases} 800÷4=200 \\ 120÷4=30 \end{cases}$ 合わせて 230

別のとき方

10 のまとまりで考えます。

(3) 390 → 10 のまとまりが 39 こ

$39÷3$ $\begin{cases} 30÷3=10 \\ 9÷3=3 \end{cases}$ 合わせて 13

10 のまとまりが 13 こなので 130

答え　(1) 12　(2) 12　(3) 130　(4) 230

練習問題 62　答え→別さつ27ページ

次のわり算を暗算でしましょう。

(1) 36÷3　　(2) 88÷4　　(3) 65÷5　　(4) 58÷2

(5) 280÷2　　(6) 640÷2　　(7) 810÷3　　(8) 720÷3

📝 力を た め す 問題

答え → 別さつ **28** ページ

1 次のわり算をしましょう。
→例題55
(1) 210÷3　　(2) 240÷6　　(3) 160÷8　　(4) 720÷9
(5) 200÷5　　(6) 900÷3　　(7) 4800÷6　　(8) 2800÷7

2 次のわり算をしましょう。
→例題56
(1) 36÷2　　(2) 84÷6　　(3) 58÷2　　(4) 78÷3
(5) 73÷3　　(6) 65÷4　　(7) 89÷7　　(8) 98÷8

3 次のわり算をしましょう。
→例題57
(1) 63÷3　　(2) 48÷4　　(3) 95÷3　　(4) 65÷2
(5) 92÷3　　(6) 52÷5　　(7) 61÷2　　(8) 83÷4

4 次のわり算をしましょう。
→例題58
(1) 316÷2　　(2) 735÷3　　(3) 655÷4　　(4) 999÷8
(5) 924÷3　　(6) 820÷4　　(7) 609÷6　　(8) 757÷7

5 次のわり算をしましょう。
→例題59
(1) 264÷4　　(2) 265÷5　　(3) 592÷8　　(4) 756÷9
(5) 453÷6　　(6) 645÷9　　(7) 436÷5　　(8) 549÷7

  6 次のわり算で，商が十の位からたつとき，□はどんな数になりますか。あてはまる数をすべて答えましょう。
→例題59

(1)　　　　　　　(2)　　　　　　　(3)

　5⟌□ 2 5　　　3⟌□ 6 0　　　□⟌5 3 2

7 次のわり算を暗算でしましょう。
→例題62

(1) 26÷2　　(2) 84÷4　　(3) 78÷6　　(4) 75÷3

(5) 550÷5　(6) 480÷3　(7) 960÷8　(8) 760÷4

8 ゆうきさんの子ども会の人数は172人です。同じ人数ずつ
→例題60　4台のバスに乗って，ピクニックに行きます。1台のバスには，何人乗ればよいですか。

9 かりんさんは，96問の問題集を1日に5問ずつといていきま
→例題60　す。とき終えるには何日かかりますか。

10 ある数を7でわると，商が83になって6あまります。ある
ちょいムズ
→例題60　数はいくつですか。

11 赤いリボンの長さは1m75cmで，これは青いリボンの長さ
→例題61　の7倍です。青いリボンの長さは何cmですか。

12 シール3まいの代金は54円です。このシール72まいの代
ちょいムズ
→例題60　金は何円ですか。

13 ちょうど6まいずつ，34人に分けられる画用紙があります。
ちょいムズ
→例題60　1人に7まいずつ分けると，何人に分けられますか。

14 310ページある本を，毎日同じページずつ読んでいって，1
ちょいムズ
→例題60　週間で読み終えるには，1日に何ページずつ読めばよいですか。

第1編

第1章 大きい数のしくみ

第2章 たし算とひき算

第3章 かけ算

第4章 わり算

第5章 分数

第6章 小数

第7章 計算のきまり

第8章 がい数とその計算

第9章 そろばん

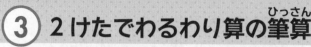

③ 2けたでわるわり算の筆算

| 例題 63 | 何十でわる計算 | 4年 | 🕐 98ページ 例題 55 |

次のわり算をしましょう。

(1) 80÷40　　　　　　　　(2) 80÷30

 とき方

(1) 10のまとまりで考えます。

$$\underset{10\text{が8こ}}{\underline{80}} \div \underset{10\text{が4こ}}{\underline{40}} \to 8÷4=2 \quad \underset{1}{⑩⑩⑩⑩} \quad \underset{2}{⑩⑩⑩⑩}$$

80を40ずつ分けると，2こに分けられるので，
80÷40=2

> **ポイント**　10のまとまりで考えると，80÷40の商は，
> 8÷4の商と同じです。

(2) 10のまとまりで考え，あまりに注意します。

$$\underset{10\text{が8こ}}{\underline{80}} \div \underset{10\text{が3こ}}{\underline{30}} \to 8÷3=2 \text{ あまり } 2 \quad \underset{1}{⑩⑩⑩} \quad \underset{2}{⑩⑩⑩} \quad \underset{\text{あまり20}}{⑩⑩}$$

80を30ずつ分けると，2こに分けられて，あまりは10が2こな
ので，80÷30=2あまり20

> **注意**　80÷30=2あまり~~2~~
> 10が2こあまったから，あまりは20です。
> 答えをたしかめると，30×2+20=80

 答え　(1) 2　(2) 2あまり20

| 😊 練習問題 63 | 答え → 別さつ 29ページ |

次のわり算をしましょう。

(1) 60÷20　　(2) 90÷30　　(3) 240÷60　　(4) 560÷80

(5) 90÷40　　(6) 70÷20　　(7) 380÷70　　(8) 410÷90

例題64 2けた÷2けた の筆算　**4年**　🕐87ページ 6

次のわり算をしましょう。

(1) 84÷22 　　　　　　(2) 89÷28

とき方

わる数を何十の数とみて，商の見当をつけます。

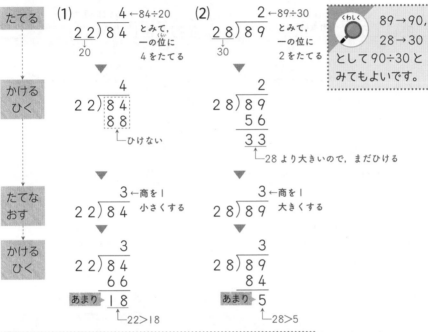

くわしく
89→90，28→30 として90÷30とみてもよいです。

たてる
(1) 4 ←84÷20 とみて，一の位に4をたてる
22)84
↓
20

(2) 2 ←89÷30 とみて，一の位に2をたてる
28)89
↓
30

かける ひく
4
22)84
　88
←ひけない

2
28)89
　56
　33
←28より大きいので，まだひける

たてなおす
3 ←商を1小さくする
22)84

3 ←商を1大きくする
28)89

かける ひく
3
22)84
　66
あまり 18
←22>18

3
28)89
　84
あまり 5
←28>5

🔍 くわしく　見当をつけた商のことを，「**かりの商**」といいます。

答え (1) 3あまり18　(2) 3あまり5

 練習問題 64　　　　答え ➡ 別さつ29ページ

次のわり算をしましょう。

(1) 96÷32　　(2) 75÷25　　(3) 92÷23　　(4) 86÷13

(5) 93÷18　　(6) 61÷24　　(7) 54÷17　　(8) 83÷37

例題 65 3けた÷2けた の筆算　4年　87ページ 6

次のわり算をしましょう。

(1) 153÷24　　　　　(2) 881÷39

とき方

（3けた）÷（2けた）の筆算では，商がどの位にたつかに注意します。

(1)
```
      ○  ←15 は 24 で
24)153     われない
```
▼
```
      7  ←153÷20 とみて，
24)153     7を一の位にたてる
↓
20
```
▼
```
      7
24)153
   168
   └ひけない
```
▼
```
      6  ←商を1
24)153     小さくする
   144
     9
```

(2)
```
      ○  ←88 は 39 で
39)881     われる
```
▼
```
      2  ←88÷40 とみて，
39)881     2を十の位にたてる
↓
40
```
▼
```
      2
39)881
   78
   101
```
▼
```
      22  ←101÷40 とみて，
39)881      2をたてる
   78
   101
    78
    23
```

ポイント 次の①，②の順で考えます。
①商がどの位からたつか。
②かりの商をたてる。

答え (1)6 あまり 9　(2)22 あまり 23

練習問題 65

答え→別さつ29ページ

次のわり算をしましょう。

(1) 486÷54　　(2) 377÷53　　(3) 152÷23　　(4) 293÷46

(5) 825÷25　　(6) 319÷17　　(7) 680÷28　　(8) 872÷43

例題66 大きい数のわり算 4年

109ページ 例題64
110ページ 例題65

次のわり算をしましょう。

(1) 371÷127　　　　(2) 4886÷67

とき方

わられる数やわる数が大きくなっても，やり方はこれまでと同じです。

(1)
```
        3 ←371÷100とみて，
127)371     3をたてる
```

```
        3
127)371
    381
```
←ひけない

```
        2 ←商を1
127)371    小さくする
    254
    117
```

(2)
```
      ◌ ← 48は67でわれない
67)4886
```

```
      6 ←488÷70とみて，
67)4886    6をたてる
   402
    86
```
←まだひける

```
      7 ←商を1
67)4886    大きくする
   469
   196
```

```
      72 ←196÷70とみて，
67)4886    2をたてる
   469
   196
   134
    62
```

たてる位と
商の見当が
だいじだよ！

答え (1) 2あまり117　(2) 72あまり62

練習問題66

答え → 別さつ30ページ

次のわり算をしましょう。

(1) 782÷253　(2) 873÷324　(3) 5321÷38　(4) 2308÷36

(5) 3982÷54　(6) 5001÷383　(7) 6758÷951　(8) 7308÷409

第1編
第1章 大きい数のしくみ
第2章 たし算とひき算
第3章 かけ算
第4章 わり算
第5章 分数
第6章 小数
第7章 計算のきまり
第8章 がい数とその計算
第9章 そろばん

例題67 わり算のせいしつ 4年 🕐108ページ 例題63

次のわり算をくふうしてしましょう。

(1) 850÷50　　　　　　　(2) 1600÷32

(3) 2700÷90　　　　　　(4) 3100÷400

とき方

> ポイント
> わられる数とわる数に，同じ数をかけても，同じ数でわっても，商は変わりません。
> $12 ÷ 4 = 3$　$24 ÷ 8 = 3$
> $↓×2$　$↓×2$　$↓÷2$　$↓÷2$
> $24 ÷ 8 = 3$　$12 ÷ 4 = 3$

(1) $850 ÷ 50 = 17$
　　$↓×2$　$↓×2$ 〉商は等しい
　$1700 ÷ 100 = 17$

(2) $1600 ÷ 32 = 50$
　　　$↓÷4$　$↓÷4$ 〉商は等しい
　　$400 ÷ 8 = 50$

(3) $2700 ÷ 90 = 30$ 〉商は等しい
　　$↓÷10$　$↓÷10$
　$270 ÷ 9 = 30$

わられる数とわる数の0を同じ数だけ消して，計算することができます。

```
      3 0
  9 0)2 7 0 0
      2 7
          0
```

(4) 0を消したわり算で，あまりを求めるときは，あまりに消した数だけ0をつけます。

```
          7
  4 0 0)3 1 0 0
        2 8
        3 0 0 ←0をつける
```

$3100 ÷ 400 = 7$ あまり $\underline{300}$

> 同じ数をかけたり，同じ数でわったりして，かんたんなわり算に変えよう。

> 注意
> あまりに消した数だけ0をつけるのをわすれないように，注意しましょう。

答え (1)17　(2)50　(3)30　(4)7あまり300

 練習問題67 　　　　　　答え 別さつ30ページ

次のわり算をくふうしてしましょう。

(1) 2000÷25　　　(2) 4200÷14　　　(3) 5000÷300

(4) 2800÷200　　(5) 4600÷400　　(6) 600÷50

例題 68 割合を使ってくらべる 4年 ⏱104ページ 例題61

1組と2組のひまわりの高さを右の表にまとめました。
1か月後から4か月後までののび方が大きいのは，1組と2組のどちらのひまわりといえますか。割合を使ってくらべましょう。

ひまわりの高さ

	1か月後	4か月後
1組	35 cm	3 m 85 cm
2組	27 cm	3 m 24 cm

とき方

もとにする量の何倍にあたるかを表した数を，**割合**といいます。
1か月後の高さをもとにして，4か月後の高さが何倍にあたるかを考えます。
1組の4か月後の高さは 3 m 85 cm＝385 cm なので，
385÷35＝11 (倍)
2組の4か月後の高さは 3 m 24 cm＝324 cm なので，
324÷27＝12 (倍)

単位をそろえたら計算できるね。

📖 長さ 229ページ

1か月後から4か月後まで，1組は11倍，2組は12倍なので，のび方が大きいのは，2組のひまわりといえます。

> **ポイント** もとにする大きさがちがうときには，割合を使ってくらべることがあります。

答え 2組のひまわり

 練習問題 68　　　　　　　答え ➡ 別さつ30ページ

白，茶色の2ひきのチワワの体重を右の表にまとめました。生まれたときから今までの体重のふえ方が大きいのは，白と茶色のどちらのチワワといえますか。割合を使ってくらべましょう。

チワワの体重

	生まれたとき	今
白	85 g	1 kg 615 g
茶色	162 g	2 kg 916 g

📖 重さ 229ページ

いろいろな国のわり算の筆算

日本では、59÷7を筆算ですると、次のようになります。

●	（たてる）	（かける）	（ひく）

```
                    8              8              8
 7)59    ▶   7)59    ▶   7)59    ▶   7)59
                               56             56
                                              3
```

わり算の筆算は、国によっていろいろな書き方があります。日本の筆算の
しかたと外国の筆算のしかたをくらべてみましょう。

●中国

```
                    8              8              8
 7)59    ▶   7)59    ▶   7)59    ▶   7)59
                               56             56
                                              3
```

中国は日本と同じ
書き方だね。

●カナダ

```
 59)7    ▶   59)7    ▶   59)7    ▶   59)7
  ↑              8          56 8         56 8
 └─ がさかさ                              3
 になっている
```

●フランス

```
 59│7    ▶   59│7    ▶   59│7    ▶   59│7
    │           │8          56│8        56│8
                                          3
```

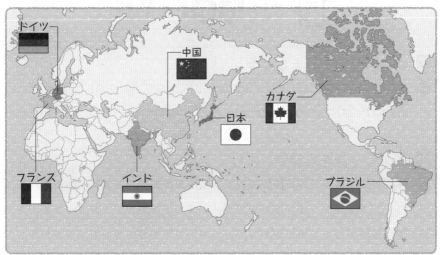

〈世界地図〉

ドイツ / 中国 / カナダ / 日本 / フランス / インド / ブラジル

●ドイツ

$$59:7 \quad \blacktriangleright \quad 59:7=8 \quad \blacktriangleright \quad \begin{array}{l} 59:7=8 \\ 56 \end{array} \quad \blacktriangleright \quad \begin{array}{l} 59:7=8 \\ \underline{56} \\ 3 \end{array}$$

└─ドイツではわり算の記号
「÷」を「:」で表している

●インド

$$7\overline{)59} \quad \blacktriangleright \quad 7\overline{)59}(8 \quad \blacktriangleright \quad \begin{array}{r} 7\overline{)59}(8 \\ 56 \end{array} \quad \blacktriangleright \quad \begin{array}{r} 7\overline{)59}(8 \\ \underline{56} \\ 3 \end{array}$$

> たてる→かける→ひく
> はどの国も同じだな。

●ブラジル

$$59\overline{)7} \quad \blacktriangleright \quad \begin{array}{r} 59\overline{)7} \\ 8 \end{array} \quad \blacktriangleright \quad \begin{array}{r} 59\overline{)7} \\ 56\ 8 \end{array} \quad \blacktriangleright \quad \begin{array}{r} 59\overline{)7} \\ \underline{-56}\ 8 \\ 3 \end{array}$$

📝 力を ためす 問題

答え → 別さつ 30 ページ

1 次のわり算をしましょう。

→例題 63

(1) 40÷20　　(2) 60÷30　　(3) 280÷70　　(4) 630÷90

(5) 90÷20　　(6) 50÷30　　(7) 420÷40　　(8) 770÷60

2 次のわり算を筆算でしましょう。

→例題 64

(1) 72÷36　　(2) 85÷17　　(3) 96÷24　　(4) 78÷39

(5) 81÷27　　(6) 86÷18　　(7) 67÷21　　(8) 52÷24

(9) 43÷21　　(10) 86÷23　　(11) 95÷25　　(12) 79÷18

3 次のわり算を筆算でしましょう。

→例題 65

(1) 152÷19　　(2) 136÷34　　(3) 305÷46　　(4) 215÷25

(5) 258÷32　　(6) 285÷45　　(7) 294÷14　　(8) 780÷65

(9) 562÷43　　(10) 632÷31　　(11) 530÷22　　(12) 627÷32

4 次のわり算で、商が2けたになるとき、□はどんな数になり

→例題 65

ますか。あてはまる数をすべて答えましょう。

(1) 　　　　　　　(2) 　　　　　　　(3)

　4 4) □ 3 6　　　3 7) 3 □ 9　　　5 □) 5 2 4

5 次のわり算を筆算でしましょう。

→例題 66

(1) 580÷145　　　(2) 686÷204　　　(3) 927÷118

(4) 1073÷29　　　(5) 1519÷49　　　(6) 4825÷34

(7) 7270÷34　　　(8) 5063÷62　　　(9) 8816÷232

(10) 2487÷351　　(11) 6536÷325　　(12) 7236÷583

6 400このボールを1ダースずつ箱につめていくと、1ダース

→例題 65

入りの箱は何こできますか。

7 68人の子どもを11のはんに分けます。できるだけはんの人数に差がでないようにするには、どのように分けたらよいですか。

8 次の式で、商が350÷25と同じになるわり算の式はどれですか。また、そのわけも説明しましょう。

ア 3500÷250　　**イ** 35÷25　　**ウ** 1400÷100
エ 700÷5　　　**オ** 70÷5　　　**カ** 3500÷2500

9 わり算のせいしつを使って、次のわり算をくふうしてしましょう。

(1) 36000÷900　(2) 4200÷500　(3) 650÷25
(4) 2800÷35　　(5) 3600÷45　(6) 7000÷125

10 ある動物園で、体長60cmのウサギが、1回のジャンプで4m20cmとびました。体長150cmのカンガルーが1回のジャンプで12mとびました。体長をもとにしたとき、とんだ長さがより長いといえるのは、ウサギとカンガルーのどちらですか。

11 はやとさんの学級で、花びんを3こ買うのに4200円必要です。学級の人数は37人です。1人いくらずつ集めればよいですか。

12 ある数を43でわったら、商が15であまりは36になりました。
(1) ある数はいくつですか。
(2) この数を64でわったときの答えを求めましょう。

13 右の筆算はまちがっています。それぞれのまちがいを説明して、正しく計算しましょう。

```
(1)      30        (2)        29
    14)42             17)567
        3                  34
      ―――              ―――
       12                227
       12                153
      ―――              ―――
        0                 74
```

第**5**章　分　数

📋 この章の
目標
❶ 分数の意味と表し方を理かいしましょう。
❷ 分数の種類や大きさが理かいできるようにしましょう。
❸ 分数のたし算・ひき算ができるようにしましょう。

◎ 学習のまとめ

1　分数の表し方
→ 例題 **69・70**

▶ 1 m を 3 等分した 1 こ分の長さを 1 m の**三分の一**といいます。

1 m の三分の一の長さを $\frac{1}{3}$ m と書き，**三分の一メートル**と読みます。

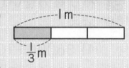

▶ $\frac{1}{2}$，$\frac{1}{3}$，$\frac{3}{4}$ のような数を**分数**といいます。

$\frac{1}{2}$ ← 分子 といいます。
$\frac{1}{2}$ ← 分母 といいます。

書き順　$\frac{1}{2}$ ← ③ ← ① ← ②

0，1，2，…のような数は整数といいます。

2　分数のしくみ
→ 例題 **71**

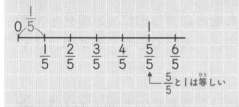

$\underset{}{\underbrace{}} \frac{5}{5}$ と 1 は等しい

$\frac{6}{5}$ は 1 より大きい分数だよ。

3　分数の種類
→ 例題 **72・73**

▶ **真分数**…分子が分母より小さい分数

例 $\frac{2}{3}$，$\frac{1}{7}$，$\frac{9}{10}$

▶ **仮分数**…分子と分母が同じか，分子が分母より大きい分数

例 $\frac{3}{2}$，$\frac{4}{4}$，$\frac{7}{5}$

▶ **帯分数**…整数と真分数の和で表されている分数

例 $1\frac{1}{2}$，$2\frac{3}{5}$，$5\frac{4}{7}$

↑「一と二分の一」と読む

分数の大きさ → 例題 74

▶ 分母が同じ分数では，分子が大きい分数の方が大きくなります。

$$\frac{1}{7}<\frac{4}{7}$$

▶ 分子が同じ分数では，分母が小さい分数の方が大きくなります。

$$\frac{1}{3}>\frac{1}{4}$$

▶ 分母や分子がちがっても，大きさの等しい分数がいろいろあります。

$$\frac{1}{2}=\frac{2}{4}=\frac{3}{6}$$

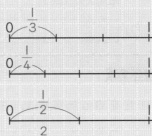

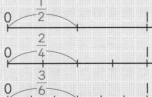

5 分数のたし算とひき算（真分数・仮分数） → 例題 75・76

分母はそのままで，分子だけたしたり，ひいたりします。

$$\frac{2}{7}+\frac{3}{7}\ \rightarrow\ \frac{1}{7}\ が\ (2+3)\ こなので，\ \frac{2}{7}+\frac{3}{7}=\frac{5}{7}$$

$$\frac{11}{8}-\frac{4}{8}\ \rightarrow\ \frac{1}{8}\ が\ (11-4)\ こなので，\ \frac{11}{8}-\frac{4}{8}=\frac{7}{8}$$

6 分数のたし算とひき算（帯分数） → 例題 77・78

▶ 整数部分と分数部分に分けて計算する方法

$$1\frac{1}{5}+2\frac{3}{5}=(1+2)+\left(\frac{1}{5}+\frac{3}{5}\right)=3+\frac{4}{5}=3\frac{4}{5}$$

$$3\frac{3}{4}-1\frac{2}{4}=(3-1)+\left(\frac{3}{4}-\frac{2}{4}\right)=2+\frac{1}{4}=2\frac{1}{4}$$

▶ 帯分数を仮分数になおして計算する方法

$$1\frac{1}{5}+2\frac{3}{5}=\frac{6}{5}+\frac{13}{5}=\frac{19}{5}=3\frac{4}{5}$$

$$3\frac{3}{4}-1\frac{2}{4}=\frac{15}{4}-\frac{6}{4}=\frac{9}{4}=2\frac{1}{4}$$

① 分 数

例題69 分数の表し方 ①

2年 ● 118ページ ①

次の図の色をぬった部分は，もとの大きさの何分の一ですか。

(1)

(2)

とき方

(1) 色をぬった部分は，もとの大きさを同じ大きさに2つに分けた

1つ分です。 → もとの大きさの二分の一で，$\frac{1}{2}$ と書きます。

(2) 色をぬった部分は，もとの大きさを同じ大きさに4つに分けた

1つ分です。 → もとの大きさの四分の一で，$\frac{1}{4}$ と書きます。

ポイント 同じ大きさに□つに分けた1つ分を□分の一といい，$\frac{1}{□}$ と書きます。

くわしく
$\frac{1}{2}$ の2つ分は，もとの大きさになります。

$\frac{1}{4}$ の4つ分は，もとの大きさになります。

答え (1) $\frac{1}{2}$ (2) $\frac{1}{4}$

練習問題 69

答え → 別さつ 32 ページ

次の図の色をぬった部分が，もとの大きさの $\frac{1}{3}$, $\frac{1}{5}$, $\frac{1}{8}$ になって

いるのはどれですか。それぞれ記号で答えましょう。

ア イ

ウ エ

オ カ

第1編

第1章 大きい数の しくみ

第2章 たし算と ひき算

第3章 かけ算

第4章 わり算

第5章 分数

第6章 小数

第7章 計算の きまり

第8章 がい数と その計算

第9章 そろばん

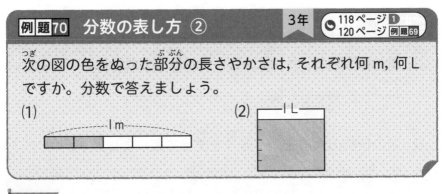

例題70 **分数の表し方 ②**　3年　🕐118ページ 1　120ページ 例題69

次の図の色をぬった部分の長さやかさは, それぞれ何 m, 何 L ですか。分数で答えましょう。

(1) ---1m---

(2) 1L

とき方

同じ大きさに分けることを, **等分する**といいます。

(1) 図は, 1 m を 5 等分しているので, 1 こ分は 1 m の $\frac{1}{5}$ で, $\frac{1}{5}$ m です。色をぬった部分は $\frac{1}{5}$ m の 2 こ分なので, $\frac{2}{5}$ m です。

(2) 図は, 1 L を 6 等分しているので, 1 目もりは 1 L の $\frac{1}{6}$ で, $\frac{1}{6}$ L です。色をぬった部分は $\frac{1}{6}$ L の 5 こ分なので, $\frac{5}{6}$ L です。

答え　(1) $\frac{2}{5}$ m　(2) $\frac{5}{6}$ L

練習問題 70　　答え ➡ 別さつ 32 ページ

(1) 次の図の色をぬった部分の長さやかさは, それぞれ何 m, 何 L ですか。分数で答えましょう。

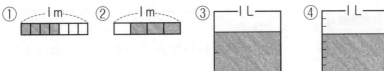

① ---1m---　② ---1m---　③ 1L　④ 1L

(2) □ にあてはまる数を求めましょう。

① $\frac{3}{8}$ の分母は □, 分子は □ です。

② 分母が 9, 分子が 5 の分数は □ です。

例題 71 分数のしくみ 3年 📞118ページ 2

(1) 次の数直線で，㋐〜㋑の目もりが表す分数を書きましょう。

(2) 次の分数の大小を，不等号を使って表しましょう。

① $\frac{4}{5}$, $\frac{2}{5}$　　　　② $\frac{5}{9}$, 1

とき方

(1) この数直線は1を7等分しているので，1目もりは $\frac{1}{7}$ です。

㋑は $\frac{1}{7}$ の3こ分 → $\frac{3}{7}$　　㋒は $\frac{1}{7}$ の7こ分 → $\frac{7}{7}$　　㋑は $\frac{1}{7}$ の9こ分 → $\frac{9}{7}$
1と等しい

$\frac{1}{7}$ の何こ分かで考えればいいね。

(2) 数直線で右にある数の方が大きいです。

答え (1)㋐ $\frac{1}{7}$　㋑ $\frac{3}{7}$　㋒ $\frac{7}{7}$　㋑ $\frac{9}{7}$　(2)① $\frac{4}{5}>\frac{2}{5}$　② $\frac{5}{9}<1$

雑学ハカセ
$\frac{1}{7}$ や $\frac{1}{5}$ など分子が1の分数を単位分数といいます。

練習問題 71

答え ➡ 別さつ33ページ

(1) 次の数直線で，㋐〜㋑の目もりが表す分数を書きましょう。

(2) 次の分数の大小を，等号や不等号を使って表しましょう。

① $\frac{1}{6}$, $\frac{5}{6}$　　② $\frac{3}{4}$, $\frac{2}{4}$　　③ 1, $\frac{10}{10}$

例題72 分数の種類

4年 🕐118ページ **3**

次の数直線で，㋐〜㋙の目もりが表す分数を，㋐は真分数で，㋑〜㋓は仮分数で，㋔，㋙は帯分数で書きましょう。

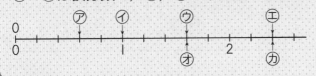

とき方

この数直線は1を5等分しているので，1目もりは $\frac{1}{5}$ です。

㋐は真分数，㋑〜㋓は仮分数で表します。
　　└分子＜分母　　　　　　└分子＝分母 または 分子＞分母

㋐は $\frac{1}{5}$ の3こ分 → $\frac{3}{5}$ ←真分数　　　㋑は $\frac{1}{5}$ の5こ分 → $\frac{5}{5}$ ←仮分数

㋒は $\frac{1}{5}$ の8こ分 → $\frac{8}{5}$ ←仮分数　　　㋓は $\frac{1}{5}$ の12こ分 → $\frac{12}{5}$ ←仮分数

㋔，㋙は帯分数で表します。
　　└整数と真分数の和

㋔は，1と $\frac{1}{5}$ の3こ分 → 1と $\frac{3}{5}$ → $1\frac{3}{5}$

㋙は，2と $\frac{1}{5}$ の2こ分 → 2と $\frac{2}{5}$ → $2\frac{2}{5}$

同じ大きさ　　　同じ大きさ

🔍 **くわしく**
・真分数は1より小さくなる。
・仮分数は1と等しいか，1より大きくなる。
・帯分数は1より大きくなる。

答え ㋐ $\frac{3}{5}$　㋑ $\frac{5}{5}$　㋒ $\frac{8}{5}$　㋓ $\frac{12}{5}$　㋔ $1\frac{3}{5}$　㋙ $2\frac{2}{5}$

 練習問題 72

答え → 別さつ33ページ

次の数直線で，㋐〜㋔の目もりが表す分数を書きましょう。㋑〜㋔は仮分数と帯分数で書きましょう。

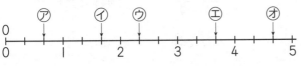

第1編
第1章 大きい数の しくみ
第2章 たし算と ひき算
第3章 かけ算
第4章 わり算
第5章 分数
第6章 小数
第7章 計算の きまり
第8章 がい数と その計算
第9章 そろばん

例題 73 仮分数と帯分数の関係 **4年** ◯118ページ **3**
123ページ 例題 72

次の分数について，仮分数は整数か帯分数に，帯分数は仮分
数になおしましょう。

(1) $\dfrac{7}{5}$　　　(2) $\dfrac{21}{7}$　　　(3) $2\dfrac{1}{4}$　　　(4) $1\dfrac{5}{6}$

▶ とき方

(1) $\dfrac{7}{5}$ は $\dfrac{5}{5}(=1)$ と $\dfrac{2}{5}$ に分けられるので，1 と $\dfrac{2}{5}$ → $1\dfrac{2}{5}$

　　これは，次のように分子÷分母の計算で求められます。

　　$7÷5=\boxed{1}$ あまり $\boxed{2}$ ▶ $\dfrac{7}{5}=\boxed{1}\dfrac{\boxed{2}}{5}$

(2) $21÷7=\boxed{3}$ ▶ $\dfrac{21}{7}=\boxed{3}$ ← $\dfrac{21}{7}$ の中に $\dfrac{7}{7}$ は 3 こある

(3) $2\dfrac{1}{4}$ は $\dfrac{1}{4}$ の何こ分かを考えます。

　　これは，次のような計算で求められます。

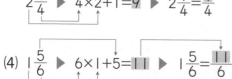

$2\dfrac{1}{4}$ ▶ $4×2+1=\boxed{9}$ ▶ $2\dfrac{1}{4}=\dfrac{\boxed{9}}{4}$

(4) $1\dfrac{5}{6}$ ▶ $6×1+5=\boxed{11}$ ▶ $1\dfrac{5}{6}=\dfrac{\boxed{11}}{6}$

$2\dfrac{1}{4}$ の整数部分 2 は $\dfrac{1}{4}$ の（4×2）こ分だね。

答え (1) $1\dfrac{2}{5}$　(2) 3　(3) $\dfrac{9}{4}$　(4) $\dfrac{11}{6}$

練習問題 **73**

答え → 別さつ 33 ページ

次の分数について，仮分数は整数か帯分数に，帯分数は仮分数に
なおしましょう。

(1) $\dfrac{14}{5}$　　　(2) $\dfrac{10}{3}$　　　(3) $\dfrac{23}{9}$　　　(4) $\dfrac{24}{4}$

(5) $\dfrac{30}{6}$　　　(6) $3\dfrac{1}{4}$　　　(7) $2\dfrac{3}{7}$　　　(8) $4\dfrac{5}{8}$

第1編

第1章 大きい数の しくみ

第2章 たし算と ひき算

第3章 かけ算

第4章 わり算

第5章 分数

第6章 小数

第7章 計算の きまり

第8章 がい数と その計算

第9章 そろばん

例題 74　分数の大きさ　4年　📱119ページ 4

下の数直線を見て，次の問いに答えましょう。

(1) $\dfrac{1}{2}$，$\dfrac{1}{4}$，$\dfrac{2}{3}$ と大きさの等しい分数を答えましょう。

(2) $\dfrac{1}{4}$ と $\dfrac{1}{3}$ の大小を不等号を使って表しましょう。

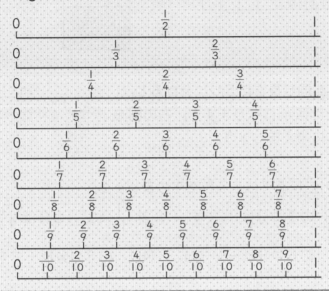

とき方

(1) 数直線を下にたどり同じ大きさの目もり
　　を見つけましょう。

(2) 数直線では右にある数の方が大きいです。

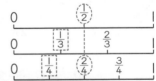

> **ポイント**　分数は分母がちがっていても，大きさの等しい分数があります。
> 分子が同じ分数は，分母の小さいほうが大きい分数になります。

答え　(1) $\dfrac{1}{2}$…$\dfrac{2}{4}$，$\dfrac{3}{6}$，$\dfrac{4}{8}$，$\dfrac{5}{10}$　$\dfrac{1}{4}$…$\dfrac{2}{8}$　$\dfrac{2}{3}$…$\dfrac{4}{6}$，$\dfrac{6}{9}$　(2) $\dfrac{1}{4}<\dfrac{1}{3}$

練習問題 74

答え → 別さつ33ページ

□ にあてはまる数や記号を求めましょう。

(1) $\dfrac{1}{3}=\dfrac{\square}{9}$　(2) $\dfrac{2}{5}=\dfrac{\square}{10}$　(3) $\dfrac{6}{8}=\dfrac{3}{\square}$　(4) $\dfrac{2}{7}\square\dfrac{2}{8}$　(5) $\dfrac{3}{5}\square\dfrac{3}{4}$

📝 力を ためす 問題

答え → 別さつ34ページ

1 次の図の色をぬった部分の長さやかさは, それぞれ何 m, 何 L
→例題 70 ですか。分数で答えましょう。

(1)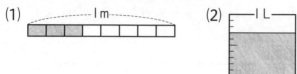

(2)

2 2 m を同じ長さに5つに分けると, 1
→例題 70 つ分は何 m になりますか。右の図を
もとに考えましょう。

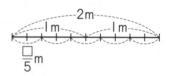

3 次の □ にあてはまる数を求めましょう。
→例題 71

(1) $\frac{1}{4}$ の3つ分は □ です。　(2) $\frac{1}{14}$ の □ つ分は $\frac{5}{14}$ です。

(3) □ の6つ分は $\frac{6}{13}$ です。　(4) □ の8つ分は1です。

4 次の2つの数の大小を等号, 不等号を使って表しましょう。
→例題 71

(1) $\frac{3}{8}$, $\frac{7}{8}$　(2) $\frac{3}{7}$, $\frac{5}{7}$　(3) 1, $\frac{10}{11}$　(4) $\frac{13}{13}$, 1

5 次の分数を, 真分数, 仮分数, 帯分数に分けましょう。
→例題 72

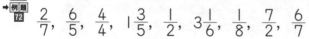

6 次の数直線で, ㋐～㋔の目もりが表す分数を書きましょう。
→例題 72 1より大きい分数は, 仮分数と帯分数の両方で書きましょう。

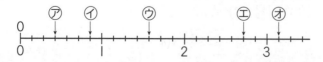

7 次の分数について，仮分数は整数か帯分数に，帯分数は仮分数になおしましょう。

→例題 73

(1) $\dfrac{7}{6}$　　(2) $\dfrac{13}{5}$　　(3) $\dfrac{21}{4}$　　(4) $\dfrac{16}{8}$

(5) $\dfrac{21}{7}$　　(6) $2\dfrac{3}{7}$　　(7) $3\dfrac{2}{9}$　　(8) $5\dfrac{1}{5}$

8 次の□にあてはまる数を求めましょう。

→例題 74

(1) $\dfrac{1}{2}=\dfrac{3}{\Box}$　　(2) $\dfrac{3}{4}=\dfrac{\Box}{8}$　　(3) $\dfrac{\Box}{3}=\dfrac{3}{9}$　　(4) $\dfrac{\Box}{6}=\dfrac{2}{3}$

9 次の分数の大小を不等号を使って表しましょう。

→例題 73・74

(1) $\left(\dfrac{23}{8},\ 2\dfrac{6}{8}\right)$　　(2) $\left(3\dfrac{4}{7},\ \dfrac{19}{7}\right)$　　(3) $\left(9\dfrac{2}{3},\ \dfrac{30}{3}\right)$

 10 □にあてはまる数を書きましょう。

→例題 73

(1) $2\dfrac{1}{3}$ は，$\dfrac{1}{3}$ を□こ集めた数です。

(2) $\dfrac{16}{5}$ は，3 と □ を合わせた数です。

(3) $\dfrac{1}{4}$ を 15 こ集めた数は，$\Box\dfrac{\Box}{4}$ です。

(4) 7 と $\dfrac{1}{7}$ を合わせた数は，$\dfrac{\Box}{7}$ です。

 11 次の数を，大きい順にならべましょう。

→例題 73・74

(1) $\dfrac{4}{7},\ \dfrac{4}{5},\ \dfrac{4}{10},\ \dfrac{4}{11},\ \dfrac{4}{3}$

(2) $1\dfrac{2}{3},\ \dfrac{8}{3},\ \dfrac{11}{3},\ 3,\ 2\dfrac{1}{3}$

(3) $\dfrac{11}{4},\ \dfrac{9}{2},\ \dfrac{13}{8},\ \dfrac{21}{9},\ \dfrac{25}{6}$

② 分数のたし算とひき算

例題75　**分数のたし算**　　3年　4年　🕐119ページ 5

りくさんは，牛にゅうをきのう $\frac{2}{5}$ L，今日 $\frac{1}{5}$ L 飲みました。
合わせて何 L 飲みましたか。

とき方

合わせたかさを求めるので，式は $\frac{2}{5}+\frac{1}{5}$ です。

$\frac{1}{5}$ をもとに考えます。

$\frac{2}{5} \rightarrow \frac{1}{5}$ が 2 こ， $\frac{1}{5} \rightarrow \frac{1}{5}$ が 1 こ，

合わせて $\frac{1}{5}$ が (2+1) こなので， $\frac{3}{5}$

$\frac{2}{5}+\frac{1}{5}=\frac{3}{5}$ (L)

 ポイント 分数のたし算は，分母はそのままで，分子だけをたします。
$\frac{2}{5}+\frac{1}{5}=\frac{3}{5}$ 〔2+1〕

 注意 分母をたすのは，まちがいです！
$\frac{2}{5}+\frac{1}{5}=\frac{3}{10}$

答え $\frac{3}{5}$ L

練習問題 75　　答え ➡ 別さつ 35 ページ

(1) 赤いリボンの長さは， $\frac{2}{9}$ m です。白いリボンは赤いリボンより $\frac{3}{9}$ m 長いです。白いリボンの長さは何 m ですか。

(2) 次のたし算をしましょう。

① $\frac{3}{6}+\frac{2}{6}$ 　　② $\frac{2}{7}+\frac{2}{7}$ 　　③ $\frac{4}{5}+\frac{3}{5}$

④ $\frac{5}{6}+\frac{2}{6}$ 　　⑤ $\frac{2}{3}+\frac{1}{3}$ 　　⑥ $\frac{7}{8}+\frac{9}{8}$

例題 76　分数のひき算

3年　4年　◷119ページ 5

ゆうとさんは，$\frac{7}{8}$ L のジュースを持っています。のぞみさん
は，$\frac{3}{8}$ L のジュースを持っています。どちらが何 L 多く持っ
ていますか。

とき方

かさのちがいを求めるので，式は $\frac{7}{8}-\frac{3}{8}$ です。

$\frac{1}{8}$ をもとに考えます。

$\frac{7}{8} \rightarrow \frac{1}{8}$ が7こ，$\frac{3}{8} \rightarrow \frac{1}{8}$ が3こ

ちがいは $\frac{1}{8}$ が (7-3) こなので，$\frac{4}{8}$

$\frac{7}{8}-\frac{3}{8}=\frac{4}{8}$ (L)

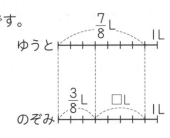

ポイント

分数のひき算は，
分母はそのままで，
分子だけひきます。

$$\frac{7}{8}-\frac{3}{8}=\frac{4}{8}$$

上の図の□L が求める
かさだね。
□は $\frac{1}{8}$ が 4 目もり
だから $\frac{4}{8}$ L だよ。

答え　$\frac{4}{8}$ L

練習問題 76

答え → 別さつ35 ページ

(1) テープが $\frac{6}{7}$ m あります。$\frac{4}{7}$ m 使うと，残りは何 m ですか。

(2) 次のひき算をしましょう。

① $\frac{7}{9}-\frac{5}{9}$　　② $\frac{6}{8}-\frac{3}{8}$　　③ $\frac{9}{6}-\frac{4}{6}$

④ $\frac{14}{4}-\frac{5}{4}$　　⑤ $1-\frac{2}{5}$　　⑥ $\frac{15}{7}-\frac{8}{7}$

第1編

第1章 大きい数の しくみ

第2章 たし算と ひき算

第3章 かけ算

第4章 わり算

第5章 分数

第6章 小数

第7章 計算の きまり

第8章 がい数と その計算

第9章 そろばん

例題77 帯分数のたし算 4年 ○119ページ 6

次のたし算をしましょう。

(1) $2\dfrac{1}{7}+3\dfrac{2}{7}$

(2) $2\dfrac{3}{4}+\dfrac{3}{4}$

とき方

帯分数を，整数部分と分数部分に分けて，計算します。

(1) $2\dfrac{1}{7}+3\dfrac{2}{7}=(2+3)+\left(\dfrac{1}{7}+\dfrac{2}{7}\right)=5+\dfrac{3}{7}=5\dfrac{3}{7}$

(2) $2\dfrac{3}{4}+\dfrac{3}{4}=2+\left(\dfrac{3}{4}+\dfrac{3}{4}\right)=2+\dfrac{6}{4}=2\dfrac{6}{4}=3\dfrac{2}{4}$

帯分数になおす

別のとき方

帯分数を仮分数になおして，計算します。

(1) $2\dfrac{1}{7}+3\dfrac{2}{7}=\dfrac{15}{7}+\dfrac{23}{7}=\dfrac{38}{7}$

(2) $2\dfrac{3}{4}+\dfrac{3}{4}=\dfrac{11}{4}+\dfrac{3}{4}=\dfrac{14}{4}$

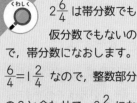

くわしく
$2\dfrac{6}{4}$ は帯分数でも仮分数でもないので，帯分数になおします。
$\dfrac{6}{4}=1\dfrac{2}{4}$ なので，整数部分の2と合わせて，$3\dfrac{2}{4}$ になります。

答え

(1) $5\dfrac{3}{7}\left(\dfrac{38}{7}\right)$ (2) $3\dfrac{2}{4}\left(\dfrac{14}{4}\right)$

練習問題77

答え → 別さつ36ページ

次のたし算をしましょう。

(1) $1\dfrac{2}{9}+2\dfrac{6}{9}$

(2) $2\dfrac{3}{8}+3\dfrac{4}{8}$

(3) $1\dfrac{1}{10}+2\dfrac{9}{10}$

(4) $5\dfrac{2}{5}+\dfrac{4}{5}$

(5) $4+4\dfrac{2}{3}$

(6) $3\dfrac{4}{11}+\dfrac{8}{11}$

(7) $1\dfrac{3}{4}+2\dfrac{1}{4}+2\dfrac{3}{4}$

(8) $1\dfrac{4}{7}+2\dfrac{5}{7}+3\dfrac{6}{7}$

例題 78 帯分数のひき算 　4年 　📞119ページ 6

次のひき算をしましょう。

(1) $2\frac{3}{5}-1\frac{1}{5}$ 　　　　(2) $3\frac{2}{7}-\frac{5}{7}$

とき方

帯分数を，整数部分と分数部分に分けて，計算します。

(1) $2\frac{3}{5}-1\frac{1}{5}=(2-1)+\left(\frac{3}{5}-\frac{1}{5}\right)=1+\frac{2}{5}=1\frac{2}{5}$

(2) $3\frac{2}{7}-\frac{5}{7}=3+\underset{\text{ひけない}}{\left(\frac{2}{7}-\frac{5}{7}\right)}$

$3\frac{2}{7} \rightarrow 2+1\frac{2}{7} \rightarrow 2+\frac{9}{7} \rightarrow 2\frac{9}{7}$ となおせるので，

$\underset{\text{整数部分から1くり下げる}}{3\frac{2}{7}-\frac{5}{7}}=2\frac{9}{7}-\frac{5}{7}=2+\underset{\text{ひけた！}}{\left(\frac{9}{7}-\frac{5}{7}\right)}=2\frac{4}{7}$

別のとき方　帯分数を仮分数になおして，計算します。

(1) $2\frac{3}{5}-1\frac{1}{5}=\frac{13}{5}-\frac{6}{5}=\frac{7}{5}$ 　(2) $3\frac{2}{7}-\frac{5}{7}=\frac{23}{7}-\frac{5}{7}=\frac{18}{7}$

答え　(1) $1\frac{2}{5}\left(\frac{7}{5}\right)$　(2) $2\frac{4}{7}\left(\frac{18}{7}\right)$

練習問題 78

答え → 別さつ36ページ

次のひき算をしましょう。

(1) $3\frac{4}{5}-1\frac{2}{5}$ 　　(2) $3\frac{5}{6}-1\frac{4}{6}$ 　　(3) $3\frac{2}{8}-1\frac{5}{8}$

(4) $4\frac{1}{5}-\frac{4}{5}$ 　　(5) $2\frac{3}{4}-\frac{2}{4}$ 　　(6) $9-5\frac{5}{6}$

(7) $5\frac{1}{4}-1\frac{3}{4}-2\frac{1}{4}$ 　　(8) $8\frac{5}{9}-2\frac{2}{9}-2\frac{8}{9}$

いろいろな分数の表し方

分数はずっと昔から使われていましたが，表し方は今とはちがっていました。

●古代エジプトでは（約5000～3000年前）

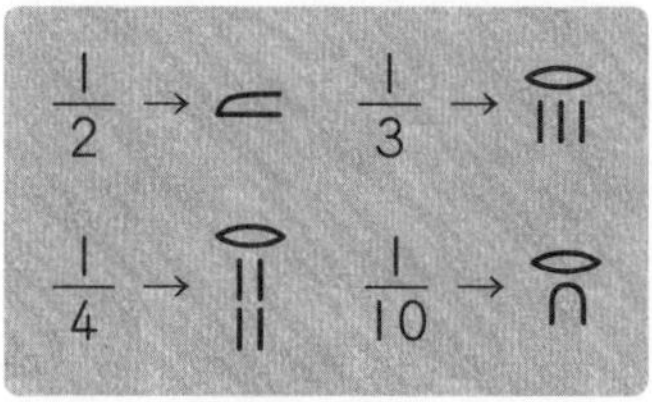

1/2 →
1/3 →
1/4 →
1/10 →

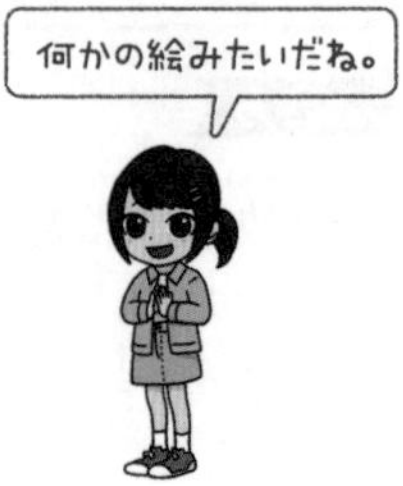

何かの絵みたいだね。

ちなみに整数は次のように表されていました。

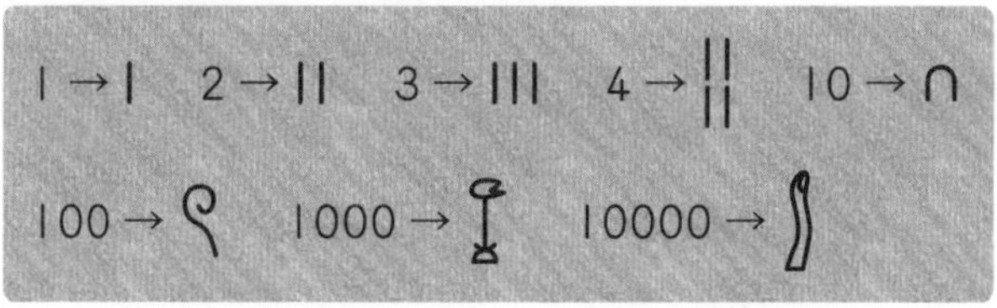

1 →
2 →
3 →
4 →
10 →
100 →
1000 →
10000 →

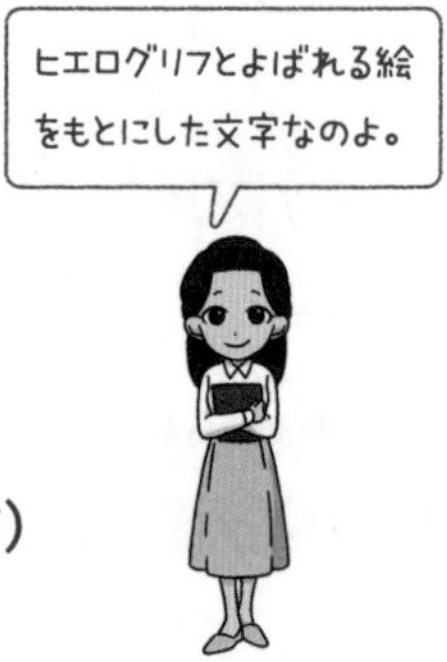

ヒエログリフとよばれる絵をもとにした文字なのよ。

●昔のインドやアラビアでは（約 1400～1200 年前）

インドでは次のように表していました。

真分数 $\frac{2}{5} \to \begin{matrix}2\\5\end{matrix}$　　帯分数 $7\frac{2}{5} \to \begin{matrix}7\\2\\5\end{matrix}$

これがアラビアに伝わって…

真分数 $\frac{2}{5}$　　帯分数 $7\frac{2}{5}$

となり，ヨーロッパにも広まっていきました。

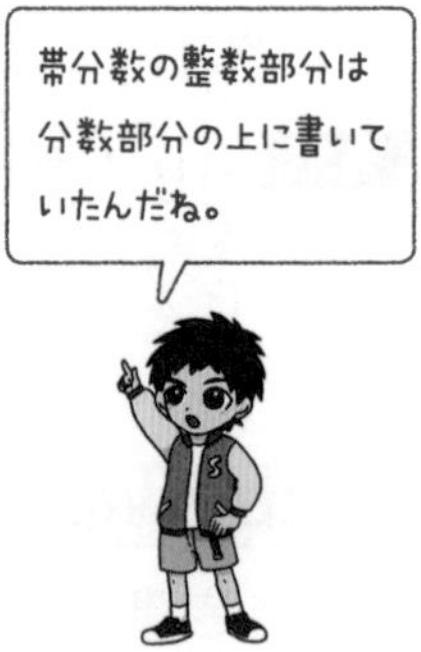

帯分数の整数部分は分数部分の上に書いていたんだね。

●今でもいくつかある分数の表し方

学校では 3 分の 2 を表すとき下の㋐のように表しますが，㋑，㋒のようにななめの線を使って表す場合もあります。

㋐ $\frac{2}{3}$　　㋑ 2/3　　㋒ $^{2}/_{3}$

力を ためす 問題

答え ➡ 別さつ 37 ページ

1 次のたし算をしましょう。

→例題 75・77

(1) $\dfrac{7}{10}+\dfrac{2}{10}$　　(2) $\dfrac{6}{7}+\dfrac{3}{7}$　　(3) $\dfrac{5}{9}+\dfrac{8}{9}$

(4) $1\dfrac{1}{5}+2\dfrac{3}{5}$　　(5) $2\dfrac{4}{7}+1\dfrac{5}{7}$　　(6) $2\dfrac{7}{11}+3\dfrac{4}{11}$

(7) $3\dfrac{4}{5}+\dfrac{1}{5}$　　(8) $\dfrac{7}{9}+4\dfrac{4}{9}$　　(9) $4\dfrac{5}{13}+\dfrac{12}{13}$

2 次のひき算をしましょう。

→例題 76・78

(1) $\dfrac{7}{9}-\dfrac{2}{9}$　　(2) $\dfrac{3}{5}-\dfrac{1}{5}$　　(3) $\dfrac{7}{10}-\dfrac{4}{10}$

(4) $4\dfrac{3}{5}-2\dfrac{2}{5}$　　(5) $3\dfrac{5}{8}-1\dfrac{2}{8}$　　(6) $2\dfrac{1}{5}-1\dfrac{4}{5}$

(7) $5\dfrac{1}{3}-\dfrac{2}{3}$　　(8) $6\dfrac{2}{9}-\dfrac{4}{9}$　　(9) $7-1\dfrac{9}{11}$

3 次の計算をしましょう。

→例題 77・78

(1) $2\dfrac{1}{7}-1\dfrac{6}{7}+\dfrac{5}{7}$　　　(2) $8\dfrac{5}{12}+4\dfrac{7}{12}-9\dfrac{11}{12}$

(3) $7\dfrac{5}{13}-\left(1\dfrac{5}{13}+1\dfrac{9}{13}\right)$　　(4) $5\dfrac{2}{9}+\left(3\dfrac{4}{9}-2\dfrac{5}{9}\right)$

4 しょうゆが $1\dfrac{2}{5}$ L 入ったペットボトルと，$\dfrac{3}{5}$ L 入ったびんが

→例題 77・78

あります。しょうゆは合わせて何Lありますか。また，どちらが何L多いですか。

5 なつきさんは，いつものぞみさんをさそって学校に行きます。今日はのぞみさんが休んだので，まっすぐ学校へ行きました。道のりは，いつもより何km 短いですか。右の図を見て答えましょう。

→例題 77・78

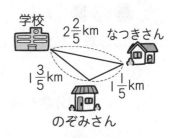

第1編

第1章 大きい数のしくみ

第2章 たし算とひき算

第3章 かけ算

第4章 わり算

第5章 分数

第6章 小数

第7章 計算のきまり

第8章 がい数とその計算

第9章 そろばん

✄ ☆チャレンジ 5年に 約分と通分

1 大きさの等しい分数

右の数直線のように，$\frac{1}{2}$ は $\frac{2}{4}$，$\frac{3}{6}$，$\frac{4}{8}$ と

大きさが同じです。これらの分数の関係
を調べると，次のようになっています。

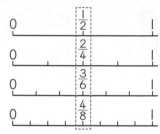

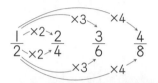

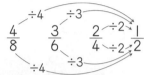

> ポイント 分母と分子に同じ数をかけても，分母と分子を同
> じ数でわっても，分数の大きさは変わりません。

2 約 分

分数の分母と分子を同じ数でわって，分母の小さい分数にすること
を**約分する**といいます。

例 $\frac{6}{10}$ を約分すると，$\frac{6÷2}{10÷2}=\frac{3}{5}$

> くわしく 約分するときは，ふつう
> 分母をできるだけ小さ
> くするようにします。

3 通 分

分母がちがう分数を，それぞれの大きさを変えないで，分母が同じ
分数にすることを，**通分する**といいます。

例 $\frac{2}{3}$ と $\frac{1}{4}$ を通分すると → $\frac{2×4}{3×4}=\frac{8}{12}$，$\frac{1×3}{4×3}=\frac{3}{12}$

 練習問題 .... 答え 別さつ37ページ

(1) 次の分数を約分しましょう。

①　$\frac{6}{8}$ ②　$\frac{3}{12}$ ③　$\frac{18}{27}$

(2) ( ) の中の分数を通分しましょう。

①　$\left(\frac{1}{2}, \frac{2}{3}\right)$ ②　$\left(\frac{3}{4}, \frac{5}{6}\right)$ ③　$\left(\frac{2}{5}, \frac{3}{10}\right)$

5年に チャレンジ　分母がちがう分数のたし算とひき算

第1編

第1章 大きい数の しくみ

第2章 たし算と ひき算

第3章 かけ算

第4章 わり算

第5章 分数

第6章 小数

第7章 計算の きまり

第8章 がい数と その計算

第9章 そろばん

1 分母がちがう分数のたし算

分母がちがう分数のたし算は，分母がそのままでは計算できません。
通分すると計算できるようになります。

例 $\dfrac{1}{3}+\dfrac{4}{5}$

$\dfrac{1}{3}$ と $\dfrac{4}{5}$ を通分すると，$\dfrac{1\times5}{3\times5}=\dfrac{5}{15}$　$\dfrac{4\times3}{5\times3}=\dfrac{12}{15}$

$\dfrac{1}{3}+\dfrac{4}{5}=\dfrac{5}{15}+\dfrac{12}{15}=\dfrac{17}{15}\left(=1\dfrac{2}{15}\right)$

　　　　　　└─ 分母が同じだからたし算できる

分母が同じになれば計算できるわね。

例 $5\dfrac{2}{3}+3\dfrac{1}{2}=5\dfrac{4}{6}+3\dfrac{3}{6}=(5+3)+\left(\dfrac{4}{6}+\dfrac{3}{6}\right)=8\dfrac{7}{6}=9\dfrac{1}{6}$

　　　　　　　　└─ 分母が同じだからたし算できる

2 分母がちがう分数のひき算

分母がちがうひき算も，**通分**すると計算ができるようになります。

例 $\dfrac{3}{4}-\dfrac{2}{3}$

$\dfrac{3}{4}$ と $\dfrac{2}{3}$ を通分すると，$\dfrac{3\times3}{4\times3}=\dfrac{9}{12}$　$\dfrac{2\times4}{3\times4}=\dfrac{8}{12}$

$\dfrac{3}{4}-\dfrac{2}{3}=\dfrac{9}{12}-\dfrac{8}{12}=\dfrac{1}{12}$

　　　　　　└─ 分母が同じだからひき算できる

例 $6\dfrac{2}{9}-1\dfrac{1}{6}=6\dfrac{4}{18}-1\dfrac{3}{18}=(6-1)+\left(\dfrac{4}{18}-\dfrac{3}{18}\right)=5\dfrac{1}{18}$

　　　　　　　　└─ 分母が同じだからひき算できる

練習問題 答え → 別さつ38ページ

(1) 次のたし算をしましょう。

① $\dfrac{1}{2}+\dfrac{2}{3}$　　　　② $\dfrac{3}{4}+\dfrac{5}{8}$　　　　③ $3\dfrac{2}{9}+2\dfrac{1}{6}$

(2) 次のひき算をしましょう。

① $\dfrac{7}{8}-\dfrac{1}{4}$　　　　② $\dfrac{5}{2}-\dfrac{9}{7}$　　　　③ $3\dfrac{2}{5}-2\dfrac{1}{2}$

第6章 小　数

この章の目標
❶ 小数の意味と表し方を理かいしましょう。
❷ 小数のしくみと分数との関係を理かいしましょう。
❸ 小数の計算ができるようにしましょう。

◎ 学習のまとめ

1 小数の表し方

→ 例題 79・83・84

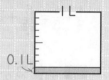

▶ 右の図のような，1Lの $\frac{1}{10}$ を **0.1L** と表し，

└─ 1Lを10等分した1こ分のかさ

れい点一リットルと読みます。

▶ 0.1Lの $\frac{1}{10}$ は **0.01L**，0.01Lの $\frac{1}{10}$ は **0.001L** と表します。

　　　　　└─ れい点れい一リットルと読む　　　　　　└─ れい点れいれい一リットル と読む

▶ 0.3，<u>0.25</u>，<u>3.512</u> のような数を**小数**といい，「．」を**小数点**といい

└ れい点二五と読む　　└ 三点五一二と読む

ます。また，0，1，2，…のような数を**整数**といいます。

2 小数のしくみ

→ 例題 80・85・86

▶ 1，0.1，0.01，0.001 の関係は次のようになります。

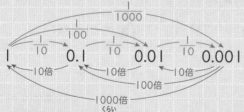

▶ 小数点から右の位は次のようになります。

$\frac{1}{10}$ の位は**小数第一位**，$\frac{1}{100}$ の位は**小数第二位**，

$\frac{1}{1000}$ の位は**小数第三位**ともいいます。

3 小数と分数　→ 例題82

小数と分母が 10 の分数は，1 つの数直線に次のように表せます。

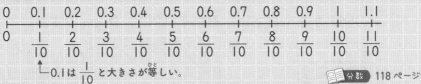

0.1 は $\dfrac{1}{10}$ と大きさが等しい。

📖 分数 118 ページ

4 小数のたし算とひき算の筆算　→ 例題89〜92

①位をそろえて書く。

②整数のときと同じように位ごとに計算する。

③上の小数点にそろえて，答えの小数点をうつ。

📖 たし算とひき算の筆算 36 ページ

（小数のたし算）
```
  4.2 5
+ 3.1 8
───────
  7.4 3
```

（小数のひき算）
```
    4
  4.5 6
- 2.3 8
───────
  2.1 8
```

答えに小数点を
うつのをわすれな
いように！

5 小数×整数 の筆算　→ 例題95・96

①右にそろえて書く。

②小数点がないものとして，整数のかけ算と同じように計算する。

③かけられる数にそろえて，積の小数点をうつ。

```
    2.3
×     6
───────
  1 3.8
```

📖 1けたをかけるかけ算の筆算 55 ページ

6 小数÷整数 の筆算　→ 例題97〜100

①小数点がないものとして，整数のわり算と同じように計算する。

②わられる数にそろえて，商の小数点をうつ。

```
       7.6
    ─────
5 ) 3 8.4
    3 5
    ─────
      3 4
      3 0
    ─────
      0.4
```

あまりの小数点もわられる数にそろえてうつ

📖 1けたでわるわり算の筆算 87 ページ

1 小　数

例題 **79**　小数の表し方　　3年　⏱136ページ **1**

(1) 次の図のかさや長さは，それぞれ何 L，何 cm ですか。

　　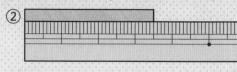

(2) ☐ にあてはまる数を求めましょう。

　① 3 dL=☐ L　　② 10.5 cm=☐ cm ☐ mm

とき方

(1) ① 1 L を 10 等分した 1 こ分のかさは

　　0.1 L　その 7 こ分は 0.7 L

　② 1 cm を 10 等分した 1 こ分の長さ

　　は 0.1 cm　その 5 こ分は 0.5 cm

　　3 cm と 0.5 cm を合わせると

　　3.5 cm

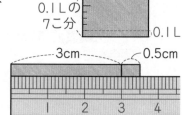

(2) ① 1 dL=0.1 L なので，3 dL=0.3 L

　② 0.1 cm=1 mm なので，0.5 cm=5 mm　10.5 cm=10 cm 5 mm

　　　　　　　　　　　　　　　　　　↑10 cm と 0.5 cm

答え　(1)① 0.7 L　② 3.5 cm　　(2)① 0.3　② 10，5

練習問題 79　　　　　　　答え ➡ 別さつ 39 ページ

(1) 次の図のかさや長さは，それぞれ何 L，何 cm ですか。

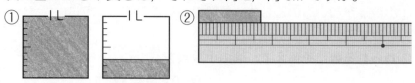

(2) ☐ にあてはまる数を求めましょう。

　① 2 L 7 dL=☐ L　　　② 6 cm 8 mm=☐ cm

第1編

第1章 大きい数のしくみ

第2章 たし算とひき算

第3章 かけ算

第4章 わり算

第5章 分数

第6章 小数

第7章 計算のきまり

第8章 がい数とその計算

第9章 そろばん

例題 80 小数のしくみ ① 3年 ●136ページ 2

2.6 について答えましょう。

(1) 1 を 2 こと，0.1 を何こ合わせた数ですか。

(2) 0.1 を何こ集めた数ですか。

(3) $\frac{1}{10}$ の位の数字は何ですか。

とき方

数直線に表して考えます。

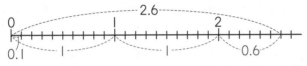

(1) 2.6 は 2 と 0.6 に分けられます。2 は 1 を 2 こ集めた数で，0.6 は 0.1 を 6 こ集めた数です。

(2) 2.6 ⎰ 2 → 1 を 2 こ → 0.1 を 20 こ ⎱ 0.1 を 26 こ
　　　 ⎱ 0.6 → 0.1 を 6 こ

 ポイント **1 は 0.1 を 10 こ集めた数です。**

(3) 小数点のすぐ右の位を $\frac{1}{10}$ の位（小数第一位）といいます。

2 . 6
↑　↑　↑
1　小　$\frac{1}{10}$
の　数　の（小数第一位）
位　点　位

答え (1) 6 こ (2) 26 こ (3) 6

練習問題 80 答え → 別さつ 39 ページ

(1) 13.7 について答えましょう。

　① 1 を 13 こと，0.1 を何こ合わせた数ですか。

　② 小数第一位の数字は何ですか。

(2) 次の数を答えましょう。

　① 1 を 4 こと，0.1 を 8 こ合わせた数

　② 0.1 を 52 こ集めた数

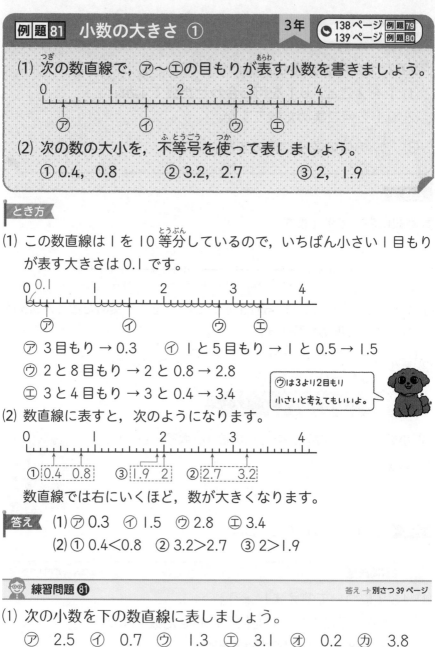

例題81 小数の大きさ ①　**3年**　138ページ 例題79 / 139ページ 例題80

(1) 次の数直線で, ア～エの目もりが表す小数を書きましょう。

0　1　2　3　4

ア　イ　ウ　エ

(2) 次の数の大小を, 不等号を使って表しましょう。

① 0.4, 0.8　　② 3.2, 2.7　　③ 2, 1.9

とき方

(1) この数直線は1を10等分しているので, いちばん小さい1目もり
が表す大きさは0.1です。

0　0.1　1　2　3　4

ア　イ　ウ　エ

ア 3目もり → 0.3　　イ 1と5目もり → 1と0.5 → 1.5

ウ 2と8目もり → 2と0.8 → 2.8

エ 3と4目もり → 3と0.4 → 3.4

> ウは3より2目もり
> 小さいと考えてもいいよ。

(2) 数直線に表すと, 次のようになります。

0　1　2　3　4

① 0.4 0.8　③ 1.9 2　② 2.7 3.2

数直線では右にいくほど, 数が大きくなります。

答え　(1)ア 0.3　イ 1.5　ウ 2.8　エ 3.4

(2)① 0.4<0.8　② 3.2>2.7　③ 2>1.9

練習問題 81　　答え → 別さつ39ページ

(1) 次の小数を下の数直線に表しましょう。

ア 2.5　イ 0.7　ウ 1.3　エ 3.1　オ 0.2　カ 3.8

0　1　2　3　4

(2) 次の数の大小を, 不等号を使って表しましょう。

① 1.2, 0.9　　② 2.5, 2.9　　③ 4, 3.2

例題82 小数と分数

3年 137ページ [3]

(1) 0.1 を分数で表しましょう。

(2) $\frac{12}{10}$ を小数で表しましょう。

(3) 0.8 と $\frac{6}{10}$ の大小を不等号を使って表しましょう。

とき方

小数と分数を 1 つの数直線に表すと，下のようになります。

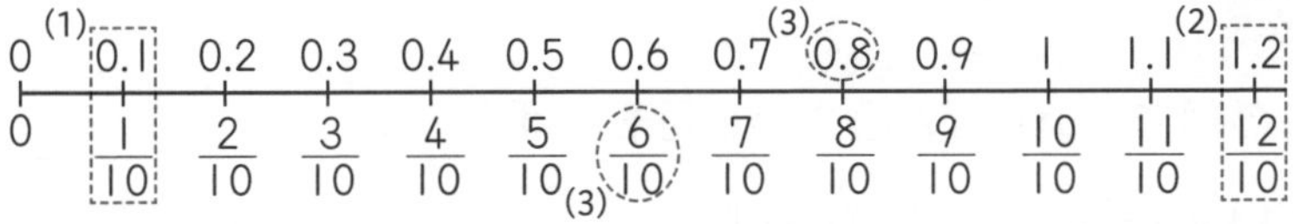

(1) 0.1 も $\frac{1}{10}$ も 1 を 10 等分した 1 こ分なので，

0.1 と $\frac{1}{10}$ は同じ大きさです。

ポイント $0.1=\frac{1}{10}$

(2) 数直線から，$\frac{12}{10}$ は 1.2 と等しいとわかります。

(3) 数直線では，右にある数の方が大きいので，$0.8>\frac{6}{10}$

別のとき方

(3) ㋐ 分数にそろえる → $0.8=\frac{8}{10}$　$\frac{8}{10}>\frac{6}{10}$ なので，$0.8>\frac{6}{10}$

㋑ 小数にそろえる → $\frac{6}{10}=0.6$　$0.8>0.6$ なので，$0.8>\frac{6}{10}$

答え (1) $\frac{1}{10}$　(2) 1.2　(3) $0.8>\frac{6}{10}$

練習問題 82

答え → 別さつ 39 ページ

次の数の大小を，等号や不等号を使って表しましょう。

(1) 0.5，$\frac{3}{10}$　(2) 0.9，$\frac{11}{10}$　(3) 1，$\frac{10}{10}$

(4) 0.3，$\frac{13}{10}$　(5) 1.4，$\frac{4}{10}$

例題 83　**0.1 より小さい小数の表し方 ①**　4年　　136 ページ 1

(1) 次の図の水のかさは，全部で何 L ですか。

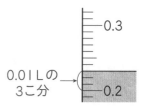

(2) 1 を 2 こ，0.1 を 3 こ，0.01 を 7 こ合わせた数はいくつですか。

とき方

(1) 右の図で，いちばん小さい 1 目もりは

0.1 L の $\frac{1}{10}$ なので，0.01 L です。

0.01 L の 3 こ分は 0.03 L なので，1 L と
0.2 L と 0.03 L で，1.23 L

 0.1 L の $\frac{1}{10}$ は 0.01 L と書きます。

(2) 1 　　が 2 こ → 2 ┐
　　0.1 　が 3 こ → 0.3 ├ 合わせて 2.37
　　0.01 が 7 こ → 0.07 ┘

答え (1) 1.23 L　(2) 2.37

練習問題 83　　　　　　　答え → 別さつ 40 ページ

(1) 次の図のかさは，全部で何 L ですか。

0.1 L のますだね。
1 目もりは何 L かな。

(2) 次の □ にあてはまる数を求めましょう。

① 0.04 は，0.01 を □ こ集めた数です。

② 0.1 を 2 こ，0.01 を 6 こ合わせると，□ です。

③ 1 を 15 こ，0.01 を 7 こ合わせると，□ です。

第1編

第1章 大きい数のしくみ

第2章 たし算とひき算

第3章 かけ算

第4章 わり算

第5章 分数

第6章 小数

第7章 計算のきまり

第8章 がい数とその計算

第9章 そろばん

例題 84 0.1 より小さい小数の表し方 ② 4年  136ページ 1

(1) 淡路島と徳島県を結ぶ大鳴戸橋の長さは 1629 m です。これは何 km ですか。

(2) ある図かんの重さは 935 g です。これは何 kg ですか。

▶ とき方

(1) 1629 m＝1 km 629 m
　　　　　　　　└─── ここを小数で表す。

📖 長さ 229ページ

100 m は 1 km の $\frac{1}{10}$ なので，100 m＝0.1 km → 600 m＝0.6 km

10 m は 0.1 km の $\frac{1}{10}$ なので，10 m＝0.01 km → 20 m＝0.02 km

1 m は 0.01 km の $\frac{1}{10}$ なので，1 m＝0.001 km → 9 m＝0.009 km

629 m＝0.629 km なので，1629 m＝1.629 km

ポイント 0.01 km の $\frac{1}{10}$ を 0.001 km と書きます。

📖 重さ 229ページ

(2) 100 g は 1 kg の $\frac{1}{10}$ なので，100 g＝0.1 kg → 900 g＝0.9 kg

10 g は 0.1 kg の $\frac{1}{10}$ なので，10 g＝0.01 kg → 30 g＝0.03 kg

1 g は 0.01 kg の $\frac{1}{10}$ なので，1 g＝0.001 kg → 5 g＝0.005 kg

したがって，935 g＝0.935 kg

▶ 答え (1) 1.629 km (2) 0.935 kg

 練習問題 84

答え → 別さつ 40ページ

次の □ にあてはまる数を求めましょう。

(1) 3251 m＝□ km

(2) 658 m＝□ km

(3) 0.751 km＝□ m

(4) 1782 g＝□ kg

(5) 4.026 kg＝□ kg □ g

(6) 0.305 kg＝□ g

例題85 小数のしくみ ②

4年 ● 136ページ 2
139ページ 例題80

(1) 0.01，0.001 はそれぞれ1の何分の一ですか。
また，1は0.01の何倍ですか。

(2) 4.372 の7は何の位の数字ですか。

(3) 1.86 は0.01を何こ集めた数ですか。

とき方

(1)

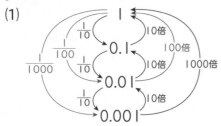

(2) 4 . 3   7   2
↑   ↑   ↑   ↑
一   1/10 1/100 1/1000
の位 の   の   の
     位   位   位

(3)   1   ⟶ 0.01 が 100 こ ⎤
     1.86 ⟨ 0.8 ⟶ 0.01 が 80 こ   ⎬ 0.01 が 186 こ
             0.06 ⟶ 0.01 が 6 こ   ⎦

答え (1) 0.01 は1の $\frac{1}{100}$，0.001 は1の $\frac{1}{1000}$，1は0.01の
100倍

(2) $\frac{1}{100}$ の位（小数第二位）　(3) 186 こ

練習問題 85

答え ➜ 別さつ40ページ

(1) 1を6こ，0.1を3こ，0.01を5こ，0.001を2こ合わせた数
はいくつですか。

(2) 3.142 の $\frac{1}{1000}$ の位の数字はいくつですか。

(3) 5.8 は0.01を何こ集めた数ですか。

第1編

第1章 大きい数の しくみ

第2章 たし算と ひき算

第3章 かけ算

第4章 わり算

第5章 分数

第6章 小数

第7章 計算の きまり

第8章 がい数と その計算

第9章 そろばん

例題86 小数のしくみ ③ 〔4年〕 ○136ページ 2

(1) 0.87 を 10 倍，100 倍した数はいくつですか。

(2) 5.1 を $\frac{1}{10}$，$\frac{1}{100}$ にした数はいくつですか。

とき方

(1) 小数も整数と同じように，10 倍すると，位が1けた上がり，100 倍すると，位が2けた上がります。

📖 整数のしくみ 15ページ

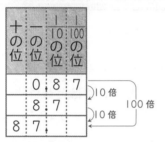

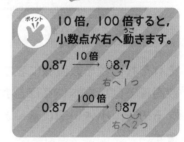

ポイント 10 倍，100 倍すると，小数点が右へ動きます。

$0.87 \xrightarrow{10倍} 8.7$
右へ1つ

$0.87 \xrightarrow{100倍} 87$
右へ2つ

(2) 小数も整数と同じように，$\frac{1}{10}$ にすると，位が1けた下がり，$\frac{1}{100}$ にすると，位が2けた下がります。

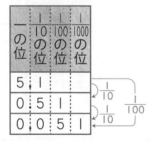

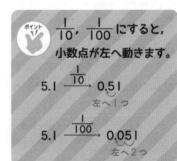

ポイント $\frac{1}{10}$，$\frac{1}{100}$ にすると，小数点が左へ動きます。

$5.1 \xrightarrow{\frac{1}{10}} 0.51$
左へ1つ

$5.1 \xrightarrow{\frac{1}{100}} 0.051$
左へ2つ

答え

(1) 10 倍…8.7　100 倍…87

(2) $\frac{1}{10}$…0.51　$\frac{1}{100}$…0.051

😀 練習問題86

答え → 別さつ 40 ページ

次の数を 10 倍，100 倍しましょう。また，$\frac{1}{10}$，$\frac{1}{100}$ にしましょう。

(1) 1.2 　　(2) 0.8 　　(3) 2.53 　　(4) 0.07

| 例題87 小数の大きさ ② | 4年 | ●136ページ 2
140ページ 例題81 |

次の小数を小さい順に書きましょう。

0.425, 0.482, 0.45, 0.4

とき方

小さい1目もりが0.001の数直線でくらべます。

0.4 0.41 0.42 0.43 0.44 0.45 0.46 0.47 0.48 0.49 0.5 0.51

↑0.4　　　↑0.425　　　↑0.45　　　↑0.482

それぞれの数を数直線に表すと, 上のようになります。

数直線では, 右へいくほど数は大きくなり, 左へいくほど数は小さくなるので, 小さい順に書くと, 0.4 → 0.425 → 0.45 → 0.482 となります。

別のとき方

整数と同じように, 大きい位からくらべます。

右のように $\frac{1}{100}$ の位でくらべます。数が小さい順に, 小さい小数です。

一の位	$\frac{1}{10}$の位	$\frac{1}{100}$の位	$\frac{1}{1000}$の位
0	4	2	5
0	4	8	2
0	4	5	0
0	4	0	0

ここまでは　この位でくらべる
同じ

答え 0.4 → 0.425 → 0.45 → 0.482

練習問題 87

答え → 別さつ40ページ

(1) 次の小数を大きい順に書きましょう。

2.153, 2.198, 2.076

(2) 次の小数の大小を不等号を使って表しましょう。

① 2.98, 2.06　　② 0.07, 0.3　　③ 1.89, 1.1

小数や小数点を発明した人

●ステビンの小数

ヨーロッパで小数がはじめて使われたのは今から 400 年くらい前でした。**ステビン**というベルギーの学者が次のような小数を発明しました。

ステビン
(1548〜1620年)

ステビンの小数

15.326 → 15 ⓪ 3 ① 2 ② 6 ③

0.708 → 0 ⓪ 7 ① 8 ③

ステビンの小数は,
⓪の左が整数,

①の左が $\frac{1}{10}$ の位,

②の左が $\frac{1}{100}$ の位,

③の左が $\frac{1}{1000}$ の位

を表しています。

はじめは小数点を使わずに
小数を表していたんだね。

●ネイピアの小数

ステビンが小数を発表した 30 年ぐらい後に,
ネイピアというスコットランドの学者が小数点を使った小数を発表しました。

ネイピア
(1550〜1617年)

ネイピアの小数

15.326 → 15・326

0.708 → 0・708

点が真ん中にあるけど
わたしたちが使っている
小数に近いよ。

力をためす問題

答え → 別さつ 41 ページ

1 次の図の長さやかさは，それぞれ何 cm，何 L ですか。

→例題 79・83

(1)

(2)

2 次の □ にあてはまる数を求めましょう。

→例題 80・83 85

(1) 4.6 の $\frac{1}{10}$ の位の数字は □ です。

(2) 2.8 は 1 を 1 こと，0.1 を □ こ合わせた数です。

(3) 26.7 は，0.1 を □ こ集めた数です。

(4) □ は，0.1 を 12 こ，0.01 を 7 こ合わせた数です。

(5) 0.01 を 30 こ，0.001 を 12 こ合わせた数は □ です。

(6) 0.01 を □ こ集めた数は，4.83 です。

(7) 3.284 は，0.001 を □ こ集めた数です。

(8) 42.195 は，□ を 4 こ，□ を 2 こ，□ を 1 こ，□ を 9 こ，□ を 5 こ合わせた数です。

3 次の量を，（ ）の中の単位で表しましょう。

→例題 79・83 84

(1) 160 cm (m)　　(2) 750 m (km)　　(3) 3 L 6 dL (L)

(4) 350 g (kg)　　(5) 0.043 km (m)　　(6) 0.062 kg (g)

(7) 82.5 cm (m)　　(8) 0.576 m (cm)　　(9) 2.84 L (dL)

4 次の □ にあてはまる数を求めましょう。

→例題 79・83 84

(1) 0.2 km=□ m　　　　　(2) 0.7 dL=□ L

(3) 1.86 kg=□ kg □ g　　　(4) 0.75 m=□ cm

(5) 1.4 L=□ L □ dL　　　　(6) 19.5 cm=□ cm □ mm

(7) 5.9 kg=□ kg □ g　　　　(8) 8.05 km=□ km □ m

(9) 38.4 kg=□ kg □ g

5 次の2つの数直線で，㋐～㋙の目もりが表す数を書きましょう。
→[例題] 81・87

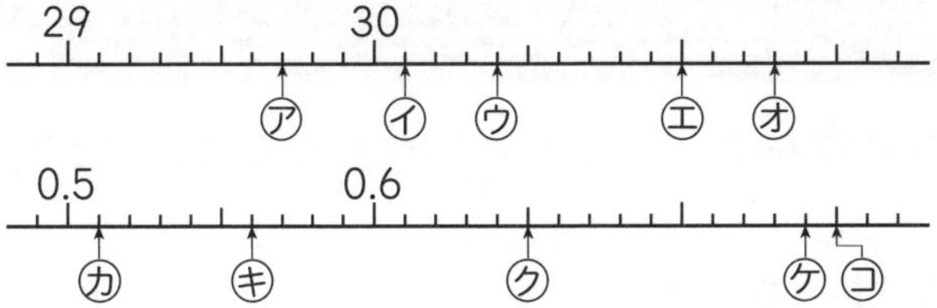

6 ちょいムズ 次の3つの数や量を大きい順（じゅん）に書きましょう。
→[例題] 81・82・87

(1) 0.508，0.58，0.085　　(2) 0.03，0.104，0.041

(3) 0.001，0，0.01　　(4) 0.061，0.106，0.16

(5) 15.3 km，15900 m，15 km 850 m

(6) 1.07，$\frac{15}{10}$，1.7

7 次の数を10倍（ばい），100倍しましょう。また，$\frac{1}{10}$，$\frac{1}{100}$にしましょう。
→[例題] 86

(1) 3.9　　(2) 0.5　　(3) 0.09　　(4) 2.84

8 ちょいムズ □にあてはまる数を求めましょう。
→[例題] 86

(1) 0.01の10倍と，0.01の9こ分を合わせた数は□です。

(2) 0.1の$\frac{1}{10}$と0.1の10倍を合わせた数は□です。

(3) 0.25の100倍と□の10倍は同じ大きさです。

9 ちょいムズ 6.8□3の□に数字を1つ入れて，いろいろな小数をつくります。次の問（と）いに答えましょう。
→[例題] 87

(1) 6.85より大きい小数を全部（ぜんぶ）書きましょう。

(2) 6.83より小さい小数を全部書きましょう。

② 小数のたし算とひき算

[例] [題] 88 小数のたし算とひき算 3年

ジュースが大きいびんに 0.8 L，小さいびんに 0.3 L 入っています。
(1) 合わせて何 L ありますか。
(2) ちがいは何 L ですか。

とき方

(1) 式は 0.8+0.3 です。
0.8 は 0.1 が 8 こ分，
0.3 は 0.1 が 3 こ分なので，0.1 をもとにすると，8+3=11
0.1 が 11 こ分なので 1.1　0.8+0.3=1.1 (L)

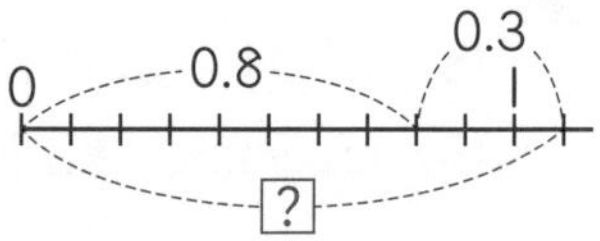

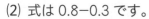

(2) 式は 0.8−0.3 です。
0.1 をもとにすると，8−3=5
0.1 が 5 こ分なので 0.5　0.8−0.3=0.5 (L)

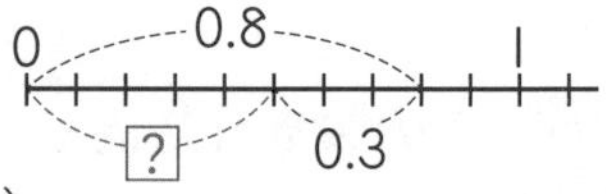

ポイント **0.1 をもとにすると，小数のたし算とひき算は整数と同じように計算できます。**

答え (1) 1.1 L　(2) 0.5 L

練習問題 88

答え → 別さつ 42 ページ

(1) 長いリボンが 1.2 m，短いリボンが 0.5 m あります。
① 合わせて何 m ですか。
② ちがいは何 m ですか。

(2) 次の計算をしましょう。
① 0.3+0.2　② 0.6+0.4　③ 0.9+0.7　④ 4.2+0.8
⑤ 0.7−0.5　⑥ 1−0.2　⑦ 1.3−0.6　⑧ 4−0.1

第1編

第1章 大きい数の しくみ

第2章 たし算と ひき算

第3章 かけ算

第4章 わり算

第5章 分数

第6章 小数

第7章 計算の きまり

第8章 がい数と その計算

第9章 そろばん

例題89 小数のたし算の筆算 ① 　**3年**　 🕐 **137ページ** ④

次のたし算をしましょう。

(1) 3.4+2.1　　　　(2) 8+6.4　　　　(3) 4.3+3.7

とき方

小数のたし算の筆算も，整数と同じように計算します。

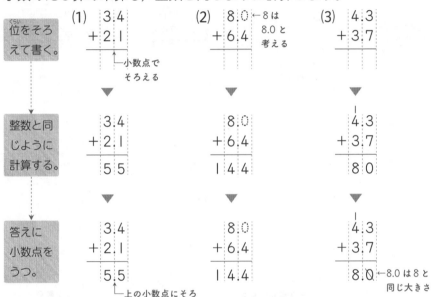

| 位をそろえて書く。 |
| 整数と同じように計算する。 |
| 答えに小数点をうつ。 |

(1) 3.4 + 2.1 → 小数点でそろえる → 5.5 → 5.5（上の小数点にそろえて小数点をうつ）

(2) 8.0 + 6.4（8は8.0と考える）→ 14.4 → 14.4

(3) 4.3 + 3.7 → 80 → 8.0（8.0は8と同じ大きさ）

注意 (2)は，右のように位をそろえずに計算してはいけません。
　8
＋6.4
　7.2

答え (1) 5.5　(2) 14.4　(3) 8

練習問題 89

答え → 別さつ 43 ページ

次のたし算をしましょう。

(1) 2.3+4.5　　(2) 5.3+6.1　　(3) 4.6+4.5　　(4) 3.8+7.4

(5) 5+8.6　　(6) 5.1+7　　(7) 6.2+1.8　　(8) 44+9.6

例題90 小数のひき算の筆算 ① 3年 137ページ 4

次のひき算をしましょう。

(1) 8.6−3.2　　　(2) 7−4.3　　　(3) 2.7−1.9

とき方

小数のひき算の筆算も，整数と同じように計算します。

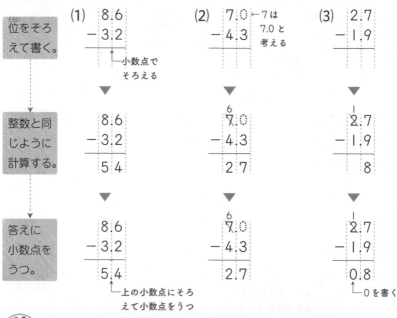

位をそろ
えて書く。

(1)
```
  8.6
− 3.2
```
小数点で
そろえる

(2)
```
  7.0  ←7は
− 4.3    7.0と
         考える
```

(3)
```
  2.7
− 1.9
```

整数と同
じように
計算する。

(1)
```
  8.6
− 3.2
  5.4
```

(2)
```
  6
  7.0
− 4.3
  2 7
```

(3)
```
  1
  2.7
− 1.9
    8
```

答えに
小数点を
うつ。

(1)
```
  8.6
− 3.2
  5.4
```
上の小数点にそろ
えて小数点をうつ

(2)
```
  6
  7.0
− 4.3
  2.7
```

(3)
```
  1
  2.7
− 1.9
  0.8
```
0を書く

注意 (3)は，答えの0と小数点を書きわすれないように気をつけましょう。

答え (1) 5.4　(2) 2.7　(3) 0.8

 練習問題90　　　　　　　　　　　答え → 別さつ43ページ

次のひき算をしましょう。

(1) 7.6−5.4　　(2) 2.9−1.3　　(3) 5.3−2.6　　(4) 8.1−1.5

(5) 9−2.2　　　(6) 8.5−3　　　(7) 4.2−3.7　　(8) 75−6.8

第1編

第**1**章
大きい数の
しくみ

第**2**章
たし算と
ひき算

第**3**章
かけ算

第**4**章
わり算

第**5**章
分数

第**6**章
小数

第**7**章
計算の
きまり

第**8**章
がい数と
その計算

第**9**章
そろばん

例題 91 小数のたし算の筆算 ②

4年　● 137 ページ 4

次のたし算をしましょう。

(1) 4.36+2.65　　(2) 5.6+2.46　　(3) 2.471+4.529

とき方

(1)
```
  4.36
+ 2.65
```
└─小数点でそろえる

▼

```
  1 1
  4.36
+ 2.65
  7 0 1
```

▼

```
  1 1
  4.36
+ 2.65
  7.0 1
```
└─上の小数点にそろ
　えて小数点をうつ

(2)
```
  5.60  ←5.60 と
+ 2.46     考える
```

▼

```
  1
  5.60
+ 2.46
  8 0 6
```

▼

```
  1
  5.60
+ 2.46
  8.0 6
```

(3)
```
  2.471
+ 4.529
```

▼

```
  1 1 1
  2.471
+ 4.529
  7 0 0 0
```

▼

```
  1 1 1
  2.471
+ 4.529
  7.0 0 0  ←7.000 は 7
            と同じ大きさ
```

> 必ず位をそろえて書いて
> 計算しましょう。

答え　(1) 7.01　(2) 8.06　(3) 7

練習問題 91

答え ┿ 別さつ 43 ページ

次のたし算をしましょう。

(1) 2.59+3.35　　(2) 7.43+5.27　　(3) 3.9+6.29

(4) 5+4.63　　(5) 3.61+15.4　　(6) 6.034+0.468

(7) 4.04+4.692　　(8) 5.053+2.947

例題92 小数のひき算の筆算 ② **4年** 🔵137ページ **4**

次のひき算をしましょう。

(1) 5.63−2.35　　　　(2) 8−0.52　　　　(3) 1.175−0.569

とき方

(1)
```
  5.6 3
− 2.3 5
```
└─小数点でそろえる

▼

```
   5
  5.6 3
− 2.3 5
────────
  3.2 8
```

▼

```
   5
  5.6 3
− 2.3 5
────────
  3.2 8
```
↑上の小数点にそろ
えて小数点をうつ

(2)
```
  8.0 0  ←8.00 と
− 0.5 2    考える
```

▼

```
  7 9
  8.0 0
− 0.5 2
────────
  7.4 8
```

▼

```
  7 9
  8.0 0
− 0.5 2
────────
  7.4 8
```

(3)
```
  1.1 7 5
− 0.5 6 9
```

▼

```
  0   6
  1.1 7 5
− 0.5 6 9
──────────
    6 0 6
```

▼

```
  0   6
  1.1 7 5
− 0.5 6 9
──────────
  0.6 0 6
```
↑─0を書く

 答えの0や小数点を書きわすれると，数の大きさが変わって
しまうので，気をつけよう。
```
  1.175
− 0.569
────────
    606
```

答え (1) 3.28　(2) 7.48　(3) 0.606

練習問題 92　　　　　　　　　　　答え ➡ 別さつ 43 ページ

次のひき算をしましょう。

(1) 7.24−2.32　　(2) 6.52−3.9　　　(3) 4−0.84

(4) 9.5−4.97　　 (5) 8.345−6.254　(6) 5.2−3.175

(7) 8.07−7.492　 (8) 7.121−6.773

第1編

第**1**章 大きい数の しくみ

第**2**章 たし算と ひき算

第**3**章 かけ算

第**4**章 わり算

第**5**章 分数

第**6**章 小数

第**7**章 計算の きまり

第**8**章 がい数と その計算

第**9**章 そろばん

例題 93 小数と計算のきまり 4年 ● 46ページ 例題 21

次のたし算をくふうしてしましょう。

(1) 5.36+8.17+1.83　　　　(2) 2.195+4.514+1.805

とき方

たし算では，たす数の順番を変えて計算しても，答えは同じです。

(1) 5.36+8.17+1.83
　　　　└ この2つを先に計算する

$=5.36+(8.17+1.83)$
$\begin{array}{r} 8.17 \\ +1.83 \\ \hline 10.00 \end{array}$

$=5.36+10$

$=15.36$

(2) 2.195+4.514+1.805
　　この2つを先に計算する

$=2.195+1.805+4.514$
$\begin{array}{r} 2.195 \\ +1.805 \\ \hline 4.000 \end{array}$

$=4+4.514$

$=8.514$

> 小数でも計算のきまりは整数と同じだね。

ポイント たし算したときに和が整数になる数を先に計算すると，計算がかんたんになります。

答え　(1) 15.36　(2) 8.514

練習問題 93

答え → 別さつ 43ページ

次のたし算をくふうしてしましょう。

(1) 3.41+5.33+2.67

(2) 4.526+1.555+2.474

(3) 0.372+0.628+0.199

(4) 9.28+0.07+0.93+1.72

📝 力をためす問題

答え → 別さつ44ページ

1 次の計算をしましょう。

→例題88

(1) 0.5+0.1　(2) 0.7+0.3　(3) 0.8+0.4　(4) 6.8+0.5

(5) 0.9−0.2　(6) 1−0.8　(7) 1.5−0.7　(8) 10−0.6

2 次のたし算を筆算でしましょう。

→例題89

(1) 2.1+1.4　(2) 4.5+3.7　(3) 6.8+9.6　(4) 7+7.8

(5) 11.3+9　(6) 7.8+2.6　(7) 15.3+3.9　(8) 27.4+28.6

3 次のひき算を筆算でしましょう。

→例題90

(1) 3.4−1.2　(2) 9.3−6.7　(3) 4−2.5　(4) 5.2−4.6

(5) 10−9.3　(6) 12.5−4.8　(7) 23.3−16.9　(8) 18.3−17.5

4 次のたし算を筆算でしましょう。

→例題91

(1) 4.79+2.35　(2) 7.43+2.57　(3) 5.4+3.61

(4) 6.09+3.9　(5) 5.059+2.681　(6) 6.032+0.968

(7) 0.635+12.4　(8) 5.44+7.083

5 次のひき算を筆算でしましょう。

→例題92

(1) 8.36−5.28　(2) 5.52−4.84　(3) 8−1.32

(4) 10.2−6.79　(5) 1.372−0.784　(6) 16−4.759

(7) 64.15−6.803　(8) 12.025−11.38

6 次のたし算をくふうしてしましょう。

→例題93

(1) 0.7+1.8+2.2　(2) 4.51+1.73+2.49

(3) 1.284+0.716+3.412

(4) 0.9+5.382+2.1+1.618

7 下のような３本のリボンがあります。

→例題 91・92

　　　赤　5.26 m　　白　3.75 m　　黄　4.98 m

(1) ３本のリボンは合わせて何mですか。

(2) 白と黄のリボンを合わせた長さは，赤のリボンの長さより何m長いですか。

8 次の□にあてはまる数を求めましょう。
ちょいムズ
→例題 91

(1) 2 m+2 cm+7 mm=□ m

(2) 6.84 L+52 dL=□ L

9 次の計算をしましょう。
ちょいムズ
→例題 89・90 91・92

(1) 9.588+9.2+0.613

(2) 41−0.396−8.05

(3) 2.47−0.715+94.4

(4) 2.58+0.724−0.24

(5) 5.3+4.6+8.2+3.9

(6) 7.89+4.2−6.738−1.932

(7) 46.07−31.2+9.46−11.3

10 右の図で，となり合う横の２つの数をたすと，その上にある数になります。いちばん上の?にあてはまる数を求めましょう。
ちょいムズ
→例題 89・90 91・92

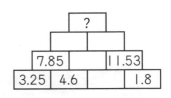

11 次の図で，たてにたしても，横にたしても，ななめにたしても同じ答えになるように，あいているところに数を入れましょう。
ちょいムズ
→例題 89・90

(1)

3.8		
3.6	4	
	3.2	4.2

(2)

3.4	2.4		1.2
	2.8		4
1.6			
3.6	1.4	3.2	2.6

3 小数のかけ算とわり算

[例][題]94 小数のかけ算とわり算 4年

139 ページ [例][題]80

(1) 1 本 0.3 L 入りのジュースが 5 本あります。かさは全部で何 L ですか。

(2) 0.8 m のリボンを同じ長さに 4 本に切ります。1 本分は何 m ですか。

とき方

(1) 式は 0.3×5 です。

0.3 は 0.1 が 3 こ分なので，0.1 をもとにすると，3×5=15

0.1 が 15 こ分なので，1.5

したがって，0.3×5=1.5(L)

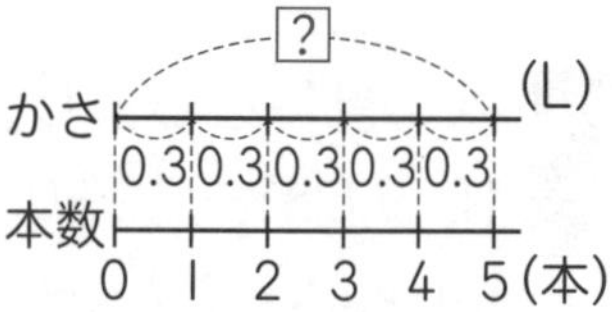

(2) 式は 0.8÷4 です。

0.8 は 0.1 が 8 こ分なので，0.1 をもとにすると，8÷4=2

0.1 が 2 こ分なので，0.2

したがって，0.8÷4=0.2(m)

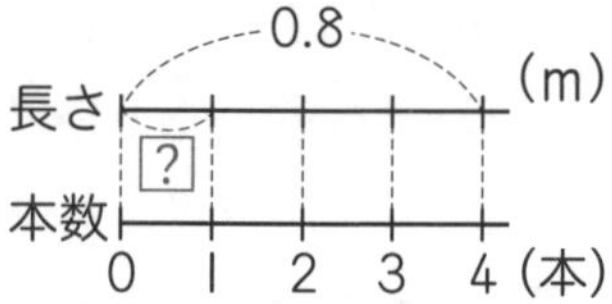

ポイント　0.1 をもとにすると，整数のかけ算やわり算と同じように計算できます。

答え (1) 1.5 L　(2) 0.2 m

練習問題 94

答え→別さつ 45 ページ

(1) 0.9 L のジュースが入ったびんが 1 本あります。

① 4 本分のかさは何 L ですか。

② 同じかさずつ 3 人で分けると，1 人分は何 L ですか。

(2) 次の計算をしましょう。

① 0.4×2	② 0.5×4	③ 0.6×3	④ 0.8×7
⑤ 0.6÷3	⑥ 0.7÷7	⑦ 3.2÷4	⑧ 7.2÷9

例題 95　小数×整数 の計算 ①　4年　137ページ 5

次のかけ算を筆算でしましょう。

(1) 1.3×7　　　　(2) 12.5×6　　　　(3) 0.64×8

とき方

小数×整数 の筆算は，整数のかけ算と同じように計算します。

小数点を考えないで，右にそろえて書く。	(1)	(2)	(3)

(1)
```
  1.3
×   7
```

(2)
```
 12.5
×   6
```

(3)　　　　0もそのまま書く
```
 0.64
×   8
```

整数と同じように計算する。

(1)
```
  1.3
×   7
─────
 9²1
```

(2)
```
 12.5
×   6
─────
7¹5³0
```

(3)
```
 0.64
×   8
─────
5⁵1³2
```

答えに小数点をうつ。

(1)
```
  1.3
×   7
─────
 9.1
```

(2)
```
 12.5
×   6
─────
7⁵5³.0
```

└かけられる数にそろ
　えて小数点をうつ

└75.0 は 75 と
　同じ大きさ

(3)
```
 0.64
×   8
─────
5.1²2
```

ポイント

① 小数点を考えないで，整数のときと同じように計算します。
② 答えの小数点は，かけられる数にそろえてうちます。

答え

(1) 9.1　(2) 75　(3) 5.12

練習問題 95

答え → 別さつ 45 ページ

次のかけ算を筆算でしましょう。

(1) 4.6×2　　(2) 2.7×5　　(3) 3.9×6　　(4) 13.5×4

(5) 2.56×3　　(6) 3.82×2　　(7) 0.72×9　　(8) 0.85×6

第1編

第1章 大きい数のしくみ

第2章 たし算とひき算

第3章 かけ算

第4章 わり算

第5章 分数

第6章 小数

第7章 計算のきまり

第8章 がい数とその計算

第9章 そろばん

例題96 小数×整数 の計算 ② **4年** 🕐 159 ページ 例題95

次のかけ算を筆算でしましょう。

(1) 4.5×13　　　　(2) 3.24×16　　　　(3) 0.25×74

とき方

| 小数点を考えないで，右にそろえて書く。 | (1) 4.5 ×13 | (2) 3.24 × 16 | (3) 0.25 ← 0もそのまま × 74　 書く |

▼　　　　　▼　　　　　▼

| 整数と同じように計算する。 | 4.5 ×13 ―― 135 45 ―― 585 | 3.24 × 16 ―― 1944 324 ―― 5184 | 0.25 × 74 ―― 100 175 ―― 1850 |

▼　　　　　▼　　　　　▼

| 答えに小数点をうつ。 | 4.5 ×13 ―― 135 45 ―― 58.5 | 3.24 × 16 ―― 1944 324 ―― 51.84 | 0.25 × 74 ―― 100 175 ―― 18.50 |

└かけられる数にそろえて小数点をうつ

└18.50 は 18.5 と同じ大きさ

答え (1) 58.5　(2) 51.84　(3) 18.5

練習問題96　　　　　　　　　答え → 別さつ 45 ページ

次のかけ算を筆算でしましょう。

(1) 3.9×24　　(2) 4.6×85　　(3) 1.45×28　　(4) 2.35×23

(5) 2.65×73　　(6) 4.52×69　　(7) 0.89×42　　(8) 0.56×75

例題97　小数÷整数 の計算 ①

4年　137ページ 6

次のわり算を筆算でしましょう。

(1) 8.4÷7　　　(2) 3.56÷4　　　(3) 0.558÷6

とき方

小数÷整数 の筆算は，整数のわり算と同じように計算します。

(1)
```
    1
7)8.4
  7
  1
```

```
   1. ←答えの小数点
7)8.4    は，わられる
  7      数にそろえて
  14     うつ
```

```
   1.2
7)8.4
  7
  14
  14
   0
```

(2)
```
   0. ←商がたたない
4)3.56   ので，「0.」
         と書く
```

```
   0.8
4)3.56
  32
   36
```

```
   0.89
4)3.56
  32
   36
   36
    0
```

(3)
```
   0.0 ←商がたたない
6)0.558   ので，「0.0」
          と書く
```

```
   0.09
6)0.558
  54
   18
```

```
   0.093
6)0.558
  54
   18
   18
    0
```

ポイント
① 整数のときと同じように計算します。
② 答えの小数点は，わられる数にそろえてうちます。

答え (1) 1.2　(2) 0.89　(3) 0.093

練習問題 97

答え → 別さつ 46 ページ

次のわり算を筆算でしましょう。

(1) 7.8÷6　(2) 9.8÷7　(3) 72.3÷3　(4) 27.6÷4
(5) 4.75÷5　(6) 2.07÷9　(7) 0.496÷8　(8) 0.525÷7

例題98 小数÷整数 の計算 ② 4年 ● 161ページ 例題97

次のわり算を筆算でしましょう。

(1) 80.5÷23 (2) 17.2÷43 (3) 2.52÷36

とき方

(1)
```
        3
  23) 80.5
      69
      11
```

▼

```
        3.   ←答えの小数
  23) 80.5    点は、わら
      69      れる数にそ
      115     ろえてうつ
```

▼

```
        3.5
  23) 80.5
      69
      115
      115
        0
```

(2)
```
        0.   ←商がたた
  43) 17.2   ないので、
            「0.」と
             書く
```

▼

```
        0.4
  43) 17.2
      172
        0
```

(3)
```
        0.0   ←商がたた
  36) 2.52    ないので、
             「0.0」と
              書く
```

▼

```
        0.07
  36) 2.52
      252
        0
```

右のような 0 と小数点を
書くところが整数の
計算とちがうところだね。

```
      0.4
  43) 17.2
```

答え (1) 3.5 (2) 0.4 (3) 0.07

練習問題 98

答え → 別さつ 46 ページ

次のわり算を筆算でしましょう。

(1) 88.2÷18 (2) 95.2÷28 (3) 60.06÷21

(4) 59.67÷17 (5) 49.6÷62 (6) 15.75÷25

(7) 2.43÷27 (8) 3.44÷86

例題 **99** **小数÷整数 の計算 ③**   【4年】   ● 137ページ ⑥

次のわり算を筆算でして，商は（　）の中の位まで求め，あまりも書きましょう。

(1) 44.3÷3 （一の位）　　　(2) 73.2÷17 $\left(\frac{1}{10}\ \text{の位}\right)$

とき方

(1)
```
  1
3)4 4.3
  3
  1 4
```

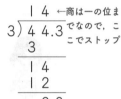

←商は一の位までなので，ここでストップ

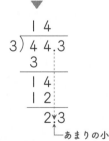

└─ あまりの小数点をうつ

(2)
```
   4
17)7 3.2
   6 8
     5 2
```

←商は $\frac{1}{10}$ の位までなので，ここでストップ

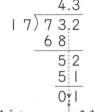

└─ あまりの小数点をうつ

ポイント
あまりの小数点は，わられる数にそろえてうちます。

くわしく
答えのたしかめもしましょう。
(1) 3×14+2.3=44.3
(2) 17×4.3+0.1=73.2

答え (1) 14 あまり 2.3　(2) 4.3 あまり 0.1

練習問題 99　　　　答え ╉ 別さつ46ページ

次のわり算を筆算でして，あまりも書きましょう。(1)～(3)は一の位まで，(4)～(6)は $\frac{1}{10}$ の位まで商を求めましょう。

(1) 25.9÷3　　(2) 98.3÷8　　(3) 45.2÷21

(4) 17.2÷6　　(5) 23.4÷37　　(6) 63.2÷18

第1編

第1章 大きい数のしくみ

第2章 たし算とひき算

第3章 かけ算

第4章 わり算

第5章 分数

第6章 小数

第7章 計算のきまり

第8章 がい数とその計算

第9章 そろばん

例題100 わり進むわり算  **4年** 📞161ページ 例題97 / 162ページ 例題98

(1) 7÷4 の計算をわり切れるまでしましょう。

(2) 18.9÷13 の計算をしましょう。商は四捨五入して，上から2けたのがい数で求めましょう。

とき方

(1)
```
     1
  4)7
    4
    3 ←わり切れていない
```
▼
```
    1.7
  4)7.0  ←7を7.0として0をおろす
    4 ↓
    3 0
    2 8
      2 ←わり切れていない
```
▼
```
    1.7 5
  4)7.0 0  ←7.0を7.00として0をおろす
    4 ┊
    3 0 ┊
    2 8 ┊
      2 0
      2 0
        0
```

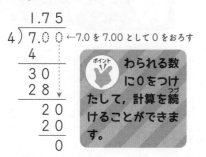

ポイント
わられる数に0をつけたして，計算を続けることができます。

(2)
```
     1
  13)18.9
     13
      5
```

上から2けたまで求めるから，上から3けた目を四捨五入すればいいね。

▼
```
    1.4
  13)18.9
     13
      5 9
      5 2
        7
```
▼
```
       5
    1.4 5 ←5だから切り上げる
  13)18.9 0
     13
      5 9
      5 2 ┊
        7 0
        6 5
          5
```

答え (1) 1.75 (2) 1.5

練習問題100 答え➡別さつ46ページ

(1) 次のわり算をわり切れるまでしましょう。

① 13.8÷4　　② 25.8÷12　　③ 36÷48

(2) 次の商を四捨五入して，$\frac{1}{10}$ の位までのがい数で求めましょう。

① 11÷3　　② 4.9÷15　　③ 46.5÷59

例題101 小数倍

4年 | 71ページ 例題38
104ページ 例題61

右のような3本のリボンの長さをくらべます。

赤	6cm
青	12cm
黄	15cm

(1) 黄は赤の何倍ですか。

(2) 赤は青の何倍ですか。

(3) 赤は黄の何倍ですか。

とき方

何倍かは，わり算で求めます。

(1)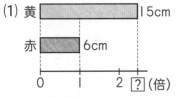

図より，$15÷6=2.5$

黄は赤の 2.5 倍です。

└ 赤を1とすると黄は2.5にあたる

(2)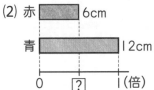

図より，$6÷12=0.5$

赤は青の 0.5 倍です。

└ 青を1とすると赤は0.5にあたる

(3)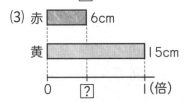

図より，$6÷15=0.4$

赤は黄の 0.4 倍です。

└ 黄を1とすると赤は0.4にあたる

ポイント 2.5倍，0.5倍，0.4倍のように何倍かを，小数で表すことがあります。

答え (1) 2.5 倍 (2) 0.5 倍 (3) 0.4 倍

練習問題101

答え→別さつ46ページ

例題101 のリボンで，青と黄の長さをくらべます。

(1) 黄は青の何倍ですか。

(2) 青は黄の何倍ですか。

第1章 大きい数のしくみ
第2章 たし算とひき算
第3章 かけ算
第4章 わり算
第5章 分数
第6章 小数
第7章 計算のきまり
第8章 がい数とその計算
第9章 そろばん

力を ためす 問題

答え → 別さつ 47 ページ

1 次の計算をしましょう。

→例題 94

(1) 0.3×3　　(2) 0.6×5　　(3) 0.8×6　　(4) 0.7×9

(5) 0.4÷2　　(6) 2.8÷4　　(7) 4.8÷8　　(8) 4.9÷7

2 次のかけ算をしましょう。

→例題 95・96

(1) 3.5×2　　　　(2) 5.4×7　　　　(3) 18.3×6

(4) 2.68×8　　　(5) 1.45×6　　　(6) 0.85×4

(7) 5.6×48　　　(8) 16.3×17　　　(9) 3.95×29

(10) 4.45×35　　(11) 0.28×24　　(12) 0.36×42

3 次のかけ算をしましょう。

→例題 96

(1) 32.1×108　　(2) 1.61×365　　(3) 3.04×256

4 次のわり算をしましょう。

→例題 97・98

(1) 9.6÷8　　　　(2) 38.4÷6　　　(3) 28.7÷7

(4) 3.56÷4　　　(5) 0.352÷8　　(6) 81.7÷19

(7) 57.96÷23　　(8) 7.68÷48　　(9) 5.928÷26

5 次のわり算をして，あまりも書きましょう。ただし，(1)～(3)
は商は一の位まで，(4)～(6)は $\frac{1}{10}$ の位まで求めましょう。

→例題 99

(1) 8.7÷6　　　　(2) 81.4÷3　　　(3) 65.9÷61

(4) 13.4÷8　　　(5) 18.6÷24　　(6) 5.63÷31

6 次のわり算をわり切れるまでしましょう。

→例題 100

(1) 15.4÷4　　　(2) 7.3÷5　　　　(3) 44.2÷52

(4) 1.04÷16　　(5) 3÷6　　　　　(6) 152÷32

7 次のわり算をしましょう。商は四捨五入して，（　）の中の位までのがい数で求めましょう。
→例題100

(1) 8÷3（上から2けた）　　(2) 50.8÷36（上から3けた）

(3) 20.9÷13$\left(\frac{1}{10}$ の位$\right)$　　(4) 4.95÷54$\left(\frac{1}{10}$ の位$\right)$

8 1.5Lのお茶が入ったペットボトルが12本あります。お茶は全部で何Lありますか。
→例題96

9 22.5mのロープを18人で等分しました。1人分のロープは何mですか。
→例題98

10 26.3kgのねん土を4kgずつ分けます。4kgのねん土は何こできて，ねん土は何kgあまりますか。
→例題99

11 3mのリボンを11人で等分します。1人分は何mになりますか。答えは四捨五入して，上から2けたのがい数で求めましょう。
→例題100

12 大，中，小の3つの石の重さをくらべます。大が20kg，中が12kg，小が8kgです。
→例題101

(1) 中の重さは，小の重さの何倍ですか。

(2) 小の重さは，大の重さの何倍ですか。

(3) 中の重さは，大の重さの何倍ですか。

13 ある数を37でわったところ，商が5.7，あまりが0.04になりました。ある数を求めましょう。
ちょいムズ →例題99

14 ある数を28でわるのを，まちがえて26でわったので，答えが2.8になりました。このわり算の正しい答えを求めましょう。
ちょいムズ →例題98

第1編

第1章 大きい数のしくみ

第2章 たし算とひき算

第3章 かけ算

第4章 わり算

第5章 分数

第6章 小数

第7章 計算のきまり

第8章 がい数とその計算

第9章 そろばん

5年に チャレンジ 小数×小数，小数÷小数

1 小数×小数 の筆算

① 小数点がないものとして，整数のときと同じように計算します。

② 積の小数点は，かけられる数とかける数の小数点の右にあるけた数の和になるように，右から数えてうちます。

例 5.2×1.8 の筆算　　　　　2.35×5.6 の筆算

```
    5.2              2.3 5
  ×1.8            ×   5.6
```
▼ ▼

```
    5.2              2.3 5
  ×1.8            ×   5.6
  ──────          ─────────
  4 1 6            1 4 1 0
  5 2             1 1 7 5
  ──────          ─────────
  9 3 6           1 3 1 6 0
```
←整数と同じように計算する

▼ ▼

```
    5.2 …右へ1けた        2.3 5 …右へ2けた
  ×1.8 …右へ1けた      ×   5.6 …右へ1けた
  4 1 6    │1+1        1 4 1 0    │2+1
  5 2      ↓          1 1 7 5    ↓
  ──────              ─────────
  9.3 6 …左へ2けた     1 3.1 6 0 …左へ3けた
```

注意 答えの小数点の位置がたし算やひき算の筆算とはちがうので，注意します。

 .... 答え → 別さつ48ページ

次のかけ算をしましょう。

(1) 3.4×2.8　　　(2) 2.7×5.6　　　(3) 9.7×4.3

(4) 1.23×7.4　　　(5) 0.87×5.7　　　(6) 1.28×21.6

2 小数÷小数 の筆算

① わる数が整数になるように，小数点を右へうつします。

② わられる数の小数点も，①でうつした分だけ右へうつします。

③ わる数が整数のときと同じように計算します。

④ 商の小数点は，わられる数のうつした小数点にそろえてうちます。
　あまりの小数点は，わられる数のもとの小数点にそろえてうちます。

例 7.82÷2.3 の筆算　　　4.732÷0.96 の筆算

（商は $\frac{1}{10}$ の位まで求め，あまりも書く）

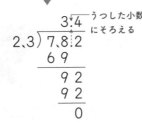

　くわしく
小数÷小数 の計算は，わられる数とわる数に同じ数をかけても商は変わらないというわり算のせいしつを使っています。

$$2.3\overline{)7.82}$$
10倍　10倍

$8 \div 4 = 2$
↓×10 ↓×10 ）商は等しい
$80 \div 40 = 2$

$7.82 \div 2.3 = \square$
↓×10 ↓×10 ）商は等しい
$78.2 \div 23 = 3.4$

答え → 別さつ 48 ページ

次のわり算をしましょう。(4)〜(6)は $\frac{1}{10}$ の位まで求めて，あまりも書きましょう。

(1) 5.76÷1.8　　(2) 15.6÷4.8　　(3) 2.15÷2.5

(4) 2.41÷0.55　　(5) 1.379÷0.27　　(6) 4.843÷0.76

第7章 計算のきまり

この章の目標

❶ ( ) を使った式のよさと計算のしかたを理かいしましょう。
❷ 計算の順じょを理かいして，計算しましょう。
❸ たし算やかけ算の計算のきまりを理かいして，計算をしましょう。

◎ 学習のまとめ

1 計算の順じょ
→ 例題 102〜105

▶ ふつうは，左から順に計算します。

$$13+35-17=48-17$$
①
②　　=31

①，②，③の
順に計算するよ。

▶ ( ) のある式では，( ) の中を先に計算します。

$$22-(5+3)=22-8$$
①
②　　=14

▶ +，−，×，÷ がまじった式は，×，÷ → +，− の順に計算します。

$$36-6×4=36-24$$
①
②　　=12

$$5×6-12÷4=30-3$$
①　　②
③　　=27

2 計算のきまり
→ 例題 106・107

▶ **交かんのきまり**

$$□+○=○+□$$
$$□×○=○×□$$

たし算やかけ算では，数を
入れかえても答えは同じ

▶ **結合のきまり**

$$(□+○)+△=□+(○+△)$$
$$(□×○)×△=□×(○×△)$$

たし算だけやかけ算だけのときは
計算する順じょを変えても答えは同じ

▶ **分配のきまり**

$$(□+○)×△=□×△+○×△$$
$$(□-○)×△=□×△-○×△$$

$$(□+○)÷△=□÷△+○÷△$$
$$(□-○)÷△=□÷△-○÷△$$

第1編

第1章 大きい数の しくみ

第2章 たし算と ひき算

第3章 かけ算

第4章 わり算

第5章 分数

第6章 小数

第7章 計算の きまり

第8章 がい数と その計算

第9章 そろばん

例題 102　（　）のある式　　4年　　170ページ ①

450円のケーキと190円のパンを1こずつ買うために，1000円を出しました。おつりは何円ですか。（　）を使った1つの式に表して求めましょう。

とき方

ことばの式で考えます。

出したお金 − 全部の代金 = おつり
　　1000　　　　450+190

代金をひとまとまりとみて，（　）を使った1つの式に表します。

1000−(450+190)=1000−640=360 (円)

（　）の中を先に計算する

> 全部の代金はケーキの代金とパンの代金の合計だね。

ポイント
① （　）を使うと，いくつかの式をまとめて，1つの式に表せます。
② （　）のある式では，（　）の中を先に計算します。

答え　1000−(450+190)=360　　（答え）360円

練習問題 102

答え → 別さつ48ページ

(1) 700円のくつ下1足と450円のハンカチ1まいを買うために，1500円を出しました。おつりは何円ですか。（　）を使った1つの式に表して求めましょう。

(2) あきらさんは，500cmのひもを持っていました。この中から，25cmを工作に使い，18cmを妹にあげました。残りは何cmですか。（　）を使った1つの式に表して求めましょう。

(3) 次の計算をしましょう。
　① 15+(72+50)　　　② 30−(85−83)
　③ (96−88)+16　　　④ (45+17)−12

例題103 計算の順じょ ① 　4年　● 170ページ ①

115円のせんべいと85円のジュースを1人分として，8人分買います。代金は全部で何円ですか。（　）を使った1つの式に表して求めましょう。

とき方

ことばの式で考えます。

1人分の代金	×	人数	=	全部の代金

↑115+85　　↑8

1人分の代金をひとまとまりとみて，（　）を使った1つの式に表します。

$(115+85)×8=200×8=1600$（円）

（　）の中を先に計算する

1人分の代金はせんべいの代金とジュースの代金の合計だね。

ポイント
かけ算，わり算と（　）がまじった式でも，（　）の中を先に計算します。

答え $(115+85)×8=1600$ 　（答え）1600円

練習問題 103

答え → 別さつ48ページ

(1) 画用紙を，1人に4まいずつ配ります。1組の34人と，2組の35人の全員に配ります。画用紙は全部で何まいいりますか。（　）を使った1つの式に表して求めましょう。

(2) ゆうとさんは，500円持って買い物に行き，80円のガムを1こ買いました。残ったお金で，えん筆をちょうど6本買うことができます。えん筆1本のねだんは何円ですか。（　）を使った1つの式に表して求めましょう。

(3) 次の計算をしましょう。

① $(22-17)×9$ 　　② $16×(12+18)$

③ $420÷(2+5)$ 　　④ $(92+18)÷5$

第1編

第1章 大きい数の しくみ

第2章 たし算と ひき算

第3章 かけ算

第4章 わり算

第5章 分数

第6章 小数

第7章 計算の きまり

第8章 がい数と その計算

第9章 そろばん

例題104 計算の順じょ ② 4年 ◯170ページ 1

あめが120こあります。このあめを，1ふくろに8こずつ9ふくろに入れました。残ったあめは何こですか。1つの式に表して求めましょう。

とき方

ことばの式で考えます。

全部の数 － ふくろに入れた数 ＝ 残った数
　↑　　　　　　↑
　120　　　　 8×9

ふくろに入れた数をひとまとまりとみて，1つの式に表します。

120－8×9＝120－72＝48（こ）
　　　↑
　かけ算を先に計算する

ポイント +，－，×，÷ がまじった式では，（ ）がなくても，×，÷ を，+，－ より先に計算します。

答え 120－8×9＝48 （答え）48こ

練習問題 104

答え → 別さつ49ページ

(1) 1本が120円のペットボトル入りのお茶と，8こ買うと560円のまんじゅうが売られています。お茶1本とまんじゅう1こを買うと代金は何円ですか。1つの式に表して求めましょう。

(2) 5人ずつすわれる長いすが3きゃくあります。22人の子どもが順に長いすにすわります。すわれない人は何人ですか。1つの式に表して求めましょう。

(3) 次の計算をしましょう。

① 132+8×3 　　 ② 9×7－26

③ 64－81÷9 　　 ④ 156÷2+56

例題105 計算の順じょ ③　　**4年**　**●170ページ 1**

次の計算をしましょう。
(1) 38×2+64+72÷6　　　　(2) 58−42÷(60−54)
(3) 62−(73−58)×(42−39)　　(4) (40−51÷3)×18

とき方

( )や+，−，×，÷がまじった計算では，

( )の中 → ×，÷ → +，− の順に計算します。

(1) 38×2+64+72÷6=76+64+72÷6　←たし算よりかけ算，
　　　　　　　　　　　　=76+64+12　　わり算を先に計算
　　　　　　　　　　　　=140+12　　　する
　　　　　　　　　　　　=152

式をよく見て計算の
順じょを考えましょう。

(2) 58−42÷(60−54)=58−42÷6　←( )の中をいちばん初めに
　　　　　　　　　　=58−7　　　計算する
　　　　　　　　　　=51

(3) 62−(73−58)×(42−39)=62−15×3
　　　　　　　　　　　　=62−45
　　　　　　　　　　　　=17

(4) (40−51÷3)×18=(40−17)×18　←( )の中もひき算よりわり算を
　　　　　　　　　=23×18　　　　先に計算する
　　　　　　　　　=414

答え (1)152　(2)51　(3)17　(4)414

練習問題 105　　　　　　　　　　　　答え →別さつ49ページ

次の計算をしましょう。
(1) 17+9×4−24÷6　　　　(2) 24×(9+5)−17
(3) 22+8÷2−3×8　　　　　(4) 572÷(26−22)−108
(5) (237+145)÷(125−123)　(6) (277+11×27)÷14+125
(7) (32×12−43×7)×11−900

例題 106 計算のきまり ① 4年 ●170ページ 2

(1) 次の □ にあてはまる数を求めましょう。

① 13+27=27+□   ② 8×9=9×□

(2) 次の計算をくふうしてしましょう。

① 47+38+12   ② 8×4×25   ③ 25×24

とき方

(1) ① たし算では，たされる数とたす数を入れ
かえても和は同じなので，

13+27=27+**13**

② かけ算では，かけられる数とかける数を入れかえても積は同じ
なので，8×9=9×**8**

(2) ① たし算だけの式では，計算す
る順じょを変えても和は同じ
なので，

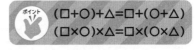

47+38+12=47+(38+12)=47+50=97

↑
ここを先に
計算する

② かけ算だけの式では，計算する順じょを変えても積は同じなので，

8×4×25=8×(4×25)=8×100=800

↑
ここを先に
計算する

③ 25×24=25×(4×6)=(25×4)×6=100×6=600

4×6 と考える   ここを先に計算する

答え (1)① 13 ② 8   (2)① 97 ② 800 ③ 600

練習問題 106
答え → 別さつ49ページ

(1) 次の □ にあてはまる数を求めましょう。

① 75+38=38+□   ② 43×□=15×43

(2) 次の計算をくふうしてしましょう。

① 66+91+19   ② 7×8×125   ③ 25×36

例題107 計算のきまり ②　　4年　● 170 ページ ②

(1) 次の □ にあてはまる数を求めましょう。

　① (23+8)×15=23×□+8×□

　② (113−27)×4=113×□−□×4

(2) 次の計算をくふうしてしましょう。

　① 72÷6+48÷6　　　　② 97×42

とき方

ポイント

(□+○)×△=□×△+○×△　　(□+○)÷△=□÷△+○÷△

(□−○)×△=□×△−○×△　　(□−○)÷△=□÷△−○÷△

(1) ① (23+8)×15=23×**15**+8×**15**　←(□+○)×△=□×△+○×△

② (113−27)×4=113×**4**−**27**×4　←(□−○)×△=□×△−○×△

(2) ① 72÷6+48÷6=(72+48)÷6　←□÷△+○÷△=(□+○)÷△

　　　　　　　=120÷6

　　　　　　　=20

② 97×42=(100−3)×42

　　　　=100×42−3×42　←(□−○)×△=□×△−○×△

　　　　=4200−126

　　　　=4074

答え　(1)① 15, 15　② 4, 27　　(2)① 20　② 4074

練習問題 107

答え → 別さつ 49 ページ

(1) 次の □ にあてはまる数を求めましょう。

　① (112+18)÷2=112÷2+□÷2

　② 29×(53+27)=29×□+29×□

(2) 次の計算をくふうしてしましょう。

　① 35×13−13×15　　　　② 93×18

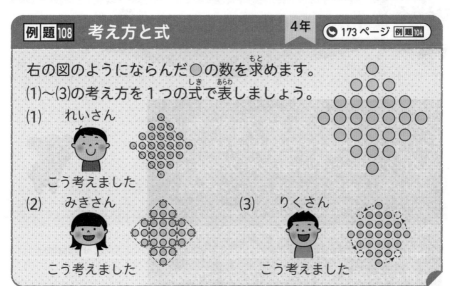

例題108 考え方と式　　4年　　173ページ 例題104

右の図のようにならんだ○の数を求めます。
(1)～(3)の考え方を1つの式で表しましょう。

(1) れいさん
こう考えました

(2) みきさん
こう考えました

(3) りくさん
こう考えました

とき方

 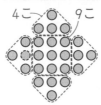 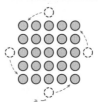

(1) れいさんの考え方	(2) みきさんの考え方	(3) りくさんの考え方
4こ / 3こ	4こ　9こ	
4こが4れつ, 3こが3れつなので, 4×4+3×3	4こが4つ, 9こが1つなので, 4×4+9	○を動かすと 5こが5れつなので, 5×5

答え　(1) 4×4+3×3　(2) 4×4+9　(3) 5×5

練習問題108　　答え → 別さつ50ページ

右の図のようにならんだ●があります。

(1) ●の数を線のようにかこんで求めました。この考え方を1つの式に表し, ●の数を求めましょう。

(2) 右とちがう考え方を, 1つの式に表し, ●の数を求めましょう。

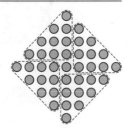

1から100までたした数を求めよう

この計算できる？

```
 1+ 2+ 3+ 4+ 5+ 6+ 7+ 8+ 9+10
+11+12+13+14+15+16+17+18+19+20
+21+22+23+24+25+26+27+28+29+30
+31+32+33+34+35+36+37+38+39+40
+41+42+43+44+45+46+47+48+49+50
+51+52+53+54+55+56+57+58+59+60
+61+62+63+64+65+66+67+68+69+70
+71+72+73+74+75+76+77+78+79+80
+81+82+83+84+85+86+87+88+89+90
+91+92+93+94+95+96+97+98+99+100
```

えーと、1+2＝3、
3+3＝6、6+4＝10、…
う〜ん、すごく時間が
かかるよー。

●天才ガウス

ドイツの学者ガウスは上の問題を10才のときに、学校の先生から出されました。学校の先生は、はやくても10分以上かかるだろうと考えていましたが、ガウスはあっというまにといてしまったのです。もちろん1から100まで順番にたしていったわけではありません。

ガウス
（1777〜1855年）

数学の分野でさまざまな
発見をしたガウスは数学王
ともよばれているのよ。

●ガウスが考えたとき方

①式のはじめの数と後の数を順にたしていくと次のようになります。

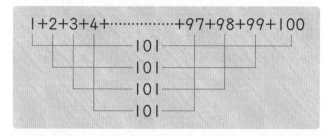

式の真ん中も…

$$1+2+\cdots\cdots+48+49+50 \ + \ 51+52+53+\cdots\cdots+99+100$$

②「101」は1から50まで全部で50こあるので、1から100までたした数は、

$$101×50=5050$$

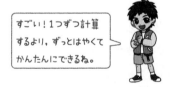

すごい！1つずつ計算するより、ずっとはやくてかんたんにできるね。

または、次のような考え方もあります。

$$
\begin{array}{r}
1+\ \ \ 2+\ \ \ 3+\cdots+\ \ 99+100 \\
100+\ 99+\ 98+\cdots+\ \ \ 2+\ \ \ 1 \\
\hline
101+101+101+\cdots+101+101
\end{array}
$$

「101」は1から100まで100こあって、1から100までたした式を2つたし合わせているので、

$$101×100÷2=5050$$

力をためす問題

答え → 別さつ **50** ページ

1 自転車と三輪車のもけいをそれぞれ 17 台ずつつくります。
→例題 103 タイヤは全部で何こいりますか。1 つの式に表して，求めましょう。

2 次の計算の答えが正しくなるように，式に（　）を入れましょ
 う。

(1) 13+8×4=84

(2) 41−18×3=69

(3) 121÷10+1=11

(4) 2−0.27+0.15=1.58

(5) 4×3+2×2=40

(6) 12÷4+2+1=3

(7) 2.3+1.6−0.4÷2=2.9

(8) 16×12−2+8=288

3 次の計算をしましょう。
 (1) （4×8+5×3）×（8×6−4×5）

(2) 45.3+1.7×4−（30−4.7）

(3) 80÷4+（47+3）×2

(4) 99−（884÷2÷17+54）+21

(5) 5.8÷2−1.4+（3.8+0.2）÷2

(6) 759+141−（13×7+28）−264

(7) 72÷8×（121−101）

(8) 3×2×8−（550−48×11）

4 次の□にあてはまる数を求めましょう。
→例題 106・107 (1) □+12=12+18

(2) 18×□=3×18

(3) 58+17+39=39+17+□

(4) 8×6×4=4×□×6

(5) （35+27）×8=35×8+□×8

(6) （78−26）÷13=78÷13−26÷□

5 次の式で，正しいものをすべてえらんで，記号で答えましょう。
→例題107

ア　18÷6+12÷6=(18+12)÷6

イ　18÷6+18÷3=18÷(6+3)

ウ　42×3−42×2=42×(3−2)

エ　42×6+42×4=42×(6+4)

オ　36÷9−27÷9=(36−27)÷9

カ　72÷9−72÷8=72÷(9−8)

6 次の計算をくふうしてしましょう。
→例題106・107

(1) 4×39×25

(2) 27.6+39.3+12.4

(3) 87+38+13+62

(4) 125×6×3×8

(5) 42×8−8×12

(6) 91÷13+39÷13

(7) 84×17+17×16

(8) (2.5+1.1)×4

(9) 98×72

(10) 25×(20−4)

(11) 25×32

(12) 125×56

7 次の計算をくふうしてしましょう。
→例題106・107

(1) 437+72+15+18+75+13

(2) 17.5÷25+7.5÷25

(3) 23×6+42×6−6×18

(4) 7×16+14×5−21×2

(5) 36×9−33×3+45

8 次の式で，正しいものをすべてえらんで，記号で答えましょう。
→例題106

ア　32÷4÷2=32÷(4÷2)

イ　32÷4×2=32÷(4×2)

ウ　32×4÷2=32×(4÷2)

エ　32×4×2=32×(4×2)

第**1**編

第**1**章 大きい数のしくみ

第**2**章 たし算とひき算

第**3**章 かけ算

第**4**章 わり算

第**5**章 分数

第**6**章 小数

第**7**章 計算のきまり

第**8**章 がい数とその計算

第**9**章 そろばん

第**8**章 がい数とその計算

❶ およその数「がい数」の意味を理かいしましょう。
❷ がい数の表し方と使い方を覚えましょう。
❸ がい数を使って，計算の見積もりができるようにしましょう。

◎ 学習のまとめ

1 がい数とその表し方 → 例題 109・110

► 352726 は 35 万に近いので，「およそ 35 万」ということができます。およその数のことをがい数といいます。└「約 35 万」ともいう

► ある数を千の位までのがい数で表すとき，1000 より小さいはしたの数を，0 とみてがい数にする方法を切り捨て，1000 とみてがい数にする方法を切り上げといいます。

切り捨て
2476 → 2000
└ 0 とみる

切り上げ
2476 → 3000
└ 1000 とみる

► ある数を千の位までのがい数で表すとき，百の位の数字が，0，1，2，3，4 のときは切り捨てにし，5，6，7，8，9 のときは切り上げにする方法を四捨五入といいます。

四捨五入
2476 → 2000
2576 → 3000

2 数のはんいを表すことば → 例題 111

10 以上…10 と等しいか，それより大きい数
10 未満…10 より小さい数（10 は入らない）
10 以下…10 と等しいか，それより小さい数

3 がい数を使った計算 → 例題 113・114・115

がい数にしてから計算することをがい算といいます。

6325+2871 → 6000+3000=9000

3823×43 → 4000×40=160000

4年　◯182ページ ▶

例題 109　切り捨て，切り上げ

(1) 次の数を切り捨てによって，千の位までのがい数にしましょう。
　　① 7480　　　　　　　　② 697530
(2) 次の数を切り上げによって，上から1けたのがい数にしましょう。
　　① 793780　　　　　　　② 4499

とき方

(1) 千の位より下の位の数字を全部0にします。

$$① \underline{7480} \longrightarrow 7480 \overset{000}{} \longrightarrow 7000$$
　　└全部0にする

$$② 697\underline{530} \longrightarrow 697530 \overset{000}{} \longrightarrow 697000$$
　　　└全部0にする

(2) 上から1けた目の数字を1大きくして，それより下の位の数字を0にします。

$$① \underline{793780} \overset{800000}{} \longrightarrow 793780 \longrightarrow 800000$$
　　↑└全部0にする
　　└1大きくする

$$② \underline{4499} \overset{5000}{} \longrightarrow 4499 \longrightarrow 5000$$
　　↑└全部0にする
　　└1大きくする

答え
(1)① 7000　② 697000
(2)① 800000　② 5000

練習問題 109

答え ＋別さつ 52 ページ

次の数を，切り捨てと切り上げの2通りのしかたで，[　]の中の位までのがい数にしましょう。

(1) 48455　[千の位]　　　(2) 39597　[上から2けた]
(3) 178523　[一万の位]　　(4) 523270　[上から3けた]

第1編

第1章 大きい数のしくみ

第2章 たし算とひき算

第3章 かけ算

第4章 わり算

第5章 分数

第6章 小数

第7章 計算のきまり

第8章 がい数とその計算

第9章 そろばん

例題 110 四捨五入 4年 ●182ページ 1

(1) 次の数を四捨五入して，一万の位までのがい数にしましょう。
 ① 53276 　　　　　　　 ② 525000
(2) 次の数を四捨五入して，上から2けたのがい数にしましょう。
 ① 47561 　　　　　　　 ② 4216000

とき方

(1) 一万の位までのがい数にするには，千の位で四捨五入します。

　　　　　　　　　　0000
 ① 53276 ⟶ 53276 ⟶ 50000
 └─千の位が3なので切り捨て

　　　　　　　　30000
 ② 525000 ⟶ 525000 ⟶ 530000
 └─千の位が5なので切り上げ

 ポイント 四捨五入する位の数字で決めます。
0，1，2，3，4 → 切り捨て
5，6，7，8，9 → 切り上げ

(2) 上から2けたのがい数にするには，上から3けた目で四捨五入します。

　　　　　　　　　8000
 ① 47561 ⟶ 47561 ⟶ 48000
 └─上から3けた目が5なので切り上げ

　　　　　　　　00000
 ② 4216000 ⟶ 4216000 ⟶ 4200000
 └─上から3けた目が1なので切り捨て

 くわしく がい数の表し方には，○の位までのがい数にする方法と，上から○けたのがい数にする方法があります。

答え
(1) ① 50000 ② 530000
(2) ① 48000 ② 4200000

練習問題 110
答え → 別さつ 52ページ

(1) 次の数を四捨五入して，千の位までのがい数にしましょう。
 ① 4737 　　　 ② 69763 　　　 ③ 275004
(2) 次の数を四捨五入して，上から2けたのがい数にしましょう。
 ① 768235 　　　 ② 300542 　　　 ③ 4150023

第1編

第1章 大きい数の しくみ

第2章 たし算と ひき算

第3章 かけ算

第4章 わり算

第5章 分数

第6章 小数

第7章 計算の きまり

第8章 がい数と その計算

第9章 そろばん

例題 ⑪ がい数のはんい　　4年　🕐182ページ ②

(1) 四捨五入して，千の位までのがい数にしたとき，35000 になる整数のはんいを，以上と以下を使って表しましょう。また，以上と未満を使って表しましょう。

(2) 四捨五入して，上から2けたのがい数にしたとき，76000 になる数のはんいを，以上と未満を使って表しましょう。

とき方

(1) 百の位を四捨五入して，35000 になる整数を考えます。

└─小数は入らない

33500　34000　34500　35000　35500　36000　36500

34000になるはんい　35000になるはんい　36000になるはんい

34500から35499まで　　35500は×

5000　　000　　6000
34500　35499　35500

(2) 上から3けた目を四捨五入して，76000 になる数を考えます。

└─小数も入る

74500　75000　75500　76000　76500　77000　77500

75000になるはんい　76000になるはんい　77000になるはんい

75500から76499.99…まで　　76500は×

6000　　000　　7000
75500　76499.99…　76500

⚠注意　75500 以上 76499 以下とすると，76499.99 などが入らないのでまちがいです。

答え　(1) 34500 以上 35499 以下，34500 以上 35500 未満
　　　(2) 75500 以上 76500 未満

練習問題 ⑪　　　　答え → 別さつ 52 ページ

(1) 四捨五入して，上から2けたのがい数にしたとき，6300 になる整数のはんいを，以上と以下を使って表しましょう。また，以上と未満を使って表しましょう。

(2) 四捨五入して，百の位までのがい数にしたとき，2900 になる数のはんいを，以上と未満を使って表しましょう。

例題112　がい数とグラフ

4年

184ページ 例題110
334ページ 例題4

右の表は，はやとさんの町の小学生の人数を表したものです。これを右にぼうグラフで表します。

年度	人数(人)
2005	1405
2010	1146
2015	853
2020	976

町の小学生の人数

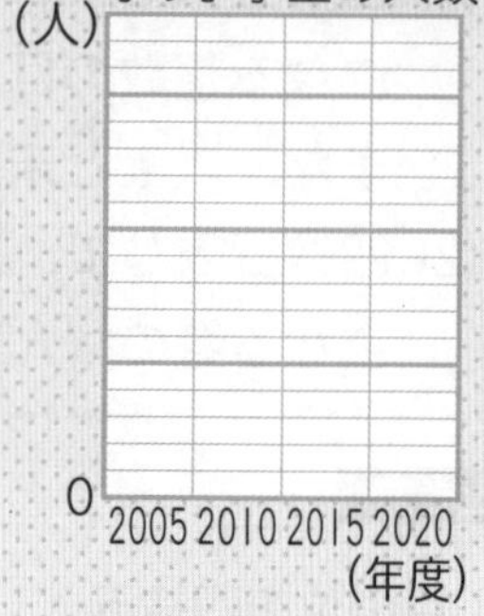

(1) 1目もりを何人にすればよいですか。

(2) それぞれの年の人数は約何人といえるか，百の位までのがい数で答えましょう。また，それをぼうグラフに表しましょう。

とき方

ぼうグラフと表 330ページ

(1) 人数がいちばん多いのは2005年で1405人。1目もりを100人にすれば，18目もりで1800人まで表せます。

(2) 十の位を四捨五入して，ぼうグラフに表します。

2005年：1405 → 1400　2010年：1146 → 1100

2015年：853 → 900　2020年：976 → 1000

町の小学生の人数

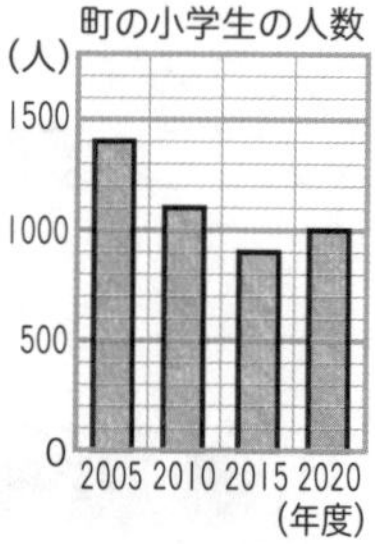

答え　(1) 100人　(2) 表の上から順に，約1400人，約1100人，約900人，約1000人
グラフは右の図

練習問題112

答え → 別さつ52ページ

右の表は，ある公民館のある日の利用人数を表したものです。利用人数を百の位までのがい数で答えましょう。また，それをぼうグラフに表しましょう。

公民館	人数(人)
東公民館	3352
西公民館	2972
南公民館	2234
北公民館	1425

公民館の利用人数

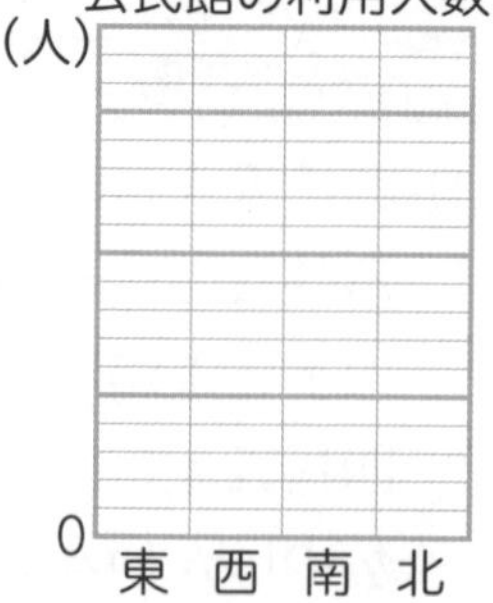

例題 113 和や差の見積もり 4年 ● 182ページ 3

右の表は，ある日の遊園地の入場者数を大人と子どもに分けて表したものです。

	入場者数(人)
大人	26234
子ども	10567

(1) この日の入場者数は，全部で約何万何千人ですか。がい算で求めましょう。

(2) 大人と子どもの入場者数のちがいは，約何万何千人ですか。がい算で求めましょう。

とき方

(1)「全部で約何万何千人」

→入場者数を，千の位までのがい数にして，たし算で求めます。

大人 26234人 ―→ 26000人
  └ ここで四捨五入

子ども 10567人 ―→ 11000人
  └ ここで四捨五入

26000+11000=37000（人）

がい算は，がい数にしてから計算することよ。

(2)「ちがいは約何万何千人」

→ 入場者数を，千の位までのがい数にして，ひき算で求めます。

(1)より，大人 → 26000人，子ども → 11000人

26000−11000=15000（人）

> **ポイント**　和や差をがい算で求めるときは，それぞれの数を求めようとする位までのがい数にしてから，計算します。

答え　(1) 約37000人　(2) 約15000人

練習問題 113

答え → 別さつ53ページ

りんかさんの家の先月の電気料金は14800円で，今月の電気料金は21980円でした。

(1) 合わせて約何万何千円ですか。がい算で求めましょう。

(2) ちがいは約何万何千円ですか。がい算で求めましょう。

第1編

第1章 大きい数のしくみ

第2章 たし算とひき算

第3章 かけ算

第4章 わり算

第5章 分数

第6章 小数

第7章 計算のきまり

第8章 がい数とその計算

第9章 そろばん

例題114 積や商の見積もり　**4年**　🔵 180ページ 3

(1) 4年生 184人が遠足に行きます。電車代は1人390円です。全員の電車代はおよそ何円ですか。上から1けたのがい数にして見積もりましょう。

(2) 32m が 6370円で売られているロープがあります。このロープ1mのねだんはおよそ何円ですか。上から1けたのがい数にして見積もりましょう。

とき方

見当をつけることを**見積もる**といいます。

> 計算の答えを見積もるときには、がい算が便利だよ。

(1) 上から1けたのがい数なので、上から2けた目を四捨五入します。

人数 1<u>8</u>4人 → 200人　　電車代 3<u>9</u>0円 → 400円
　　　└ここで四捨五入　　　　　　　　　└ここで四捨五入

400×200＝80000（円）

(2) (1)と同じように、上から2けた目を四捨五入します。

長さ 3<u>2</u>m → 30m　　ねだん 6<u>3</u>70円 → 6000円
　　　└ここで四捨五入　　　　　　　└ここで四捨五入

6000÷30＝200（円）

ポイント 積や商を見積もるには、ふつう、それぞれの数を上から○けたのがい数にしてから、計算します。

答え (1) およそ 80000円　(2) およそ 200円

練習問題114　　　　答え➡別さつ53ページ

(1) たくみさんは、1周4120mのジョギングコースを1日に1周ずつ28日間走りました。全部でおよそ何m走りましたか。上から1けたのがい数にして見積もりましょう。

(2) 子ども会の210人で色紙2940まいを、同じ数ずつ分けます。1人分はおよそ何まいになりますか。上から1けたのがい数にして見積もりましょう。

例題 115 いろいろな見積もり

4年 📞183ページ 例題109
187ページ 例題113

れんさんは，1400 円持って買い物に行きました。肉 352 円，じゃがいも 348 円，にんじん 279 円，たまねぎ 249 円を買おうと思います。代金を百の位までのがい数にして，れんさんが全部買えるかどうかを答えましょう。

とき方

かく実に全部買えるかどうかを考えるときは，ねだんを切り上げて計算します。

肉 352 円 → 400 円
じゃがいも 348 円 → 400 円
にんじん 279 円 → 300 円
たまねぎ 249 円 → 300 円

合わせると，400+400+300+300=1400（円）
持っているお金は 1400 円なので，買えます。

代金を多めに見積もるんだね。

🔍**くわしく** 実さいの代金は，
352+348+279+249=1228（円）

👉**ポイント** 見積もりでは，その目的によって，がい数の表し方（四捨五入・切り捨て・切り上げ）をくふうしましょう。

🚩**答え** 買える

👀 練習問題 115

答え → 別さつ 53 ページ

みりさんが文ぼう具店に買い物に行きました。

ノート 156 円，色紙 273 円，ファイル 218 円を買おうと思います。この店では，500 円以上買うと 1 ポイントもらえます。代金を百の位までのがい数にして，みりさんがポイントをもらえるかどうかを答えましょう。

第1編

第1章 大きい数のしくみ

第2章 たし算とひき算

第3章 かけ算

第4章 わり算

第5章 分数

第6章 小数

第7章 計算のきまり

第8章 がい数とその計算

第9章 そろばん

力をためす問題

答え ⇒ 別さつ53ページ

1 次の㋐～㋕の数について，下の問いに答えましょう。
→例題109

㋐ 8654326　　㋑ 207251　　㋒ 2975438
㋓ 3529870　　㋔ 592100　　㋕ 760003

(1) ㋐～㋕の数を切り捨てによって，十万の位までのがい数にしましょう。

(2) ㋐～㋕の数を切り上げによって，上から3けたのがい数にしましょう。

2 次の数を四捨五入して，千の位までのがい数にしましょう。
→例題110

(1) 1999　　(2) 8001　　(3) 1088
(4) 9875　　(5) 2412　　(6) 4781

3 次の数を四捨五入して，上から2けたのがい数にしましょう。
→例題110

(1) 9151　　(2) 364　　(3) 203987
(4) 37925　　(5) 50612　　(6) 780325

4 四捨五入して，一万の位までのがい数にしたとき，50000になる整数のはんいを，以上と以下を使って表しましょう。また，以上と未満を使って表しましょう。
→例題111

5 上から2けた目を四捨五入して，70000になる数のはんいを，以上と未満を使って表しましょう。
→例題111

6 次の数の中で，四捨五入して，千の位までのがい数にしたとき，540000になるのはどれですか。記号で答えましょう。
→例題110

ア 546282　　イ 539642　　ウ 535201

ちょいムズ **7** 十の位で四捨五入して，31000と20800になる2つの整数の和は，いくつからいくつまでですか。
→例題111

8
→例題 112

右の表は，４つの町の人口を表しています。けんとさんはこの表を見て，A町の人口をぼうグラフに表しました。

町名	人口（人）
A町	12363
B町	10127
C町	9238
D町	7820

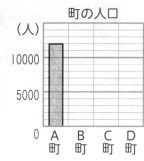

（1）グラフは，何の位までのがい数にしていると考えられますか。

（2）それぞれの町の人口を四捨五入してがい数にしましょう。また，それをぼうグラフに表しましょう。

9
→例題 113

右の表は，ある市の人口を表したものです。

男	139277 人
女	121746 人

（1）男女の人口の合計は約何万何千人ですか。がい算で求めましょう。

（2）男女の人口のちがいは約何万何千人ですか。がい算で求めましょう。

10
→例題 114

子ども 74 人で遊園地に行きます。遊園地の入場料は１人 650 円です。入場料の合計はおよそ何円になりますか。上から１けたのがい数にして見積もりましょう。

11
→例題 114

１本の重さが 58 g のねじが何本か箱の中に入っています。ねじだけの重さをはかったら，241976 g でした。ねじはおよそ何本ありますか。わられる数を上から２けた，わる数を上から１けたのがい数にして，見積もりましょう。

12
ちょいムズ
→例題 115

いちかさんは，お店で右の表のものを全部買おうと思います。次の問いにがい算を使って答えましょう。

石けん	274 円
シャンプー	568 円
リンス	359 円

（1）少なくとも何円持っていけば全部買えますか。百の位までのがい数で考えましょう。

（2）1000 円以上買うとくじが引けます。いちかさんはくじが引けますか。百の位までのがい数で考えましょう。

第**1**編

第**1**章　大きい数のしくみ

第**2**章　たし算とひき算

第**3**章　かけ算

第**4**章　わり算

第**5**章　分数

第**6**章　小数

第**7**章　計算のきまり

第**8**章　がい数とその計算

第**9**章　そろばん

第**9**章 そろばん

この章の目標
1. そろばんが計算の道具であることを知り，各部分の名前を覚えましょう。
2. そろばんの数の入れ方やはらい方を覚えましょう。
3. そろばんによるたし算やひき算のしかたを理かいしましょう。

◎ 学習のまとめ

1 そろばんと各部分の名前 ➡例題 116

そろばんは，むかしから使われている計算の道具です。

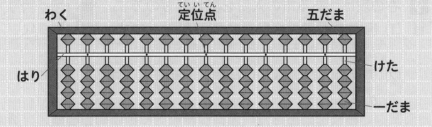

わく　　　　　定位点　　　　五だま

はり　　　　　　　　　　　　　　　　　　　けた

　　　　　　　　　　　　　　　　　　　一だま

2 数の表し方 ➡例題 116

▶ 定位点の１つを一の位
と決めます。

▶ 一だま１つは１を表し，
五だま１つは５を表し
ます。

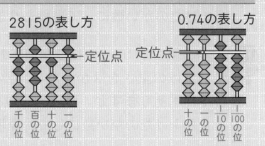

2815の表し方　　　　　0.74の表し方

定位点　　　定位点

千の位　百の位　十の位　一の位

十の位　一の位　$\frac{1}{10}$の位　$\frac{1}{100}$の位

3 数の入れ方（おき方）と取り方（はらい方）

2を入れる　2を取る

5を入れる　5を取る

8を入れる　8を取る

第1編

第**1**章 大きい数の しくみ

第**2**章 ひき算と たし算と

第**3**章 かけ算

第**4**章 わり算

第**5**章 分数

第**6**章 小数

第**7**章 計算の きまり

第**8**章 がい数と その計算

第**9**章 そろばん

例題 116 数の表し方 　3年　4年　🕐192ページ ① ② ③

次の数をそろばんにおきましょう。

(1) 806 　　　　　(2) 1394 　　　　　(3) 5406

(4) 37.8 　　　　(5) 0.92 　　　　　(6) 35.02

とき方

定位点の1つを一の位とします。

一だまは1つで1，五だまは1つで5と考え，五だまと一だまの合計で数を表します。

(1)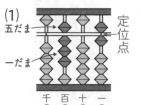

(2)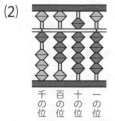

(3)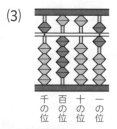

千の位　百の位　十の位　一の位

 一の位から左へ順に，十の位，百の位，…となります。

(4)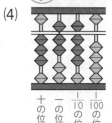

(5)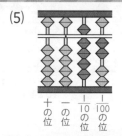

(6)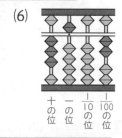

十の位　一の位　$\frac{1}{10}$の位　$\frac{1}{100}$の位

 一の位から右へ順に，$\frac{1}{10}$ の位，$\frac{1}{100}$ の位，…となります。

答え 上の図

練習問題 116 　　　　答え → 別さつ55ページ

次の数をそろばんにおきましょう。

(1) 7285 　　　　(2) 1093 　　　　(3) 6150

(4) 3002 　　　　(5) 8.07 　　　　(6) 46.52

例題 117 たし算とひき算 ① 3年 4年 ⏱ 193ページ 例題 116

次の計算をそろばんでしましょう。

(1) 373+124　　　　　(2) 966−213

とき方

そろばんでは，大きい位から先に計算します。

(1) 373+124

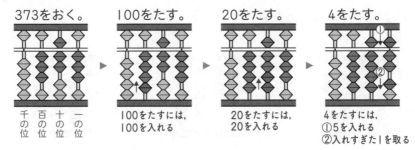

373をおく。

▶ 100をたす。
100をたすには，
100を入れる

▶ 20をたす。
20をたすには，
20を入れる

▶ 4をたす。
4をたすには，
①5を入れる
②入れすぎた1を取る

千の位　百の位　十の位　一の位

(2) 966−213

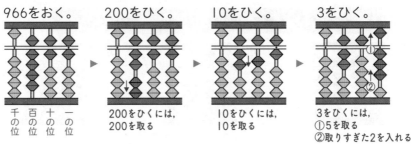

966をおく。

▶ 200をひく。
200をひくには，
200を取る

▶ 10をひく。
10をひくには，
10を取る

▶ 3をひく。
3をひくには，
①5を取る
②取りすぎた2を入れる

千の位　百の位　十の位　一の位

答え (1) 497 (2) 753

練習問題 117

答え → 別さつ 55ページ

次の計算をそろばんでしましょう。

(1) 23+11　　　(2) 46+12　　　(3) 49−25

(4) 78−67　　　(5) 251+316　　　(6) 374+613

(7) 478−263　　　(8) 777−345

194ページ 例題117

例題118 たし算とひき算 ②　3年 4年

次の計算をそろばんでしましょう。
(1) 45+78　　　　　　(2) 113−76

とき方

くり上がり，くり下がりのあるたし算とひき算です。

(1) 45+78

45をおく。　　70をたす。　　8をたす。

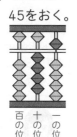

百 十 一
の の の
位 位 位

70をたすには，
①30を取る
②100を入れる

8をたすには，
①2を取る
（2を取るには，5を取って，3を入れる）
②10を入れる

(2) 113−76

113をおく。　　70をひく。　　6をひく。

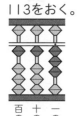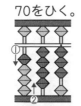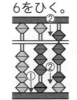

百 十 一
の の の
位 位 位

70をひくには，
①100を取る
②30を入れる

6をひくには，
①10を取る
②4を入れる
（4を入れるには，5を入れて，1を取る）

答え　(1) 123　(2) 37

練習問題118
答え→別さつ55ページ

次の計算をそろばんでしましょう。
(1) 54+84　(2) 65+97　(3) 84−25
(4) 51−46　(5) 567+978　(6) 494+767
(7) 643−266　(8) 811−288

例題 119 大きい数の計算 3年 4年 ● 195ページ 例題 118

次の計算をそろばんでしましょう。
(1) 46億+75億　　　(2) 63兆−28兆

とき方

定位点のあるけたを「一億の位」「一兆の位」として，これまでと同じように計算します。

(1) 46億+75億

46億をおく。　　　70億をたす。　　　5億をたす。

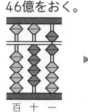 ► ►

百　十　一
億　億　億
の　の　の
位　位　位

70億をたすには，
①30億を取る
②100億を入れる

5億をたすには，
①5億を取る
②10億を入れる

「46億+75億」は
「46+75」と同じように計算できるね。

(2) 63兆−28兆

63兆をおく。　　　20兆をひく。　　　8兆をひく。

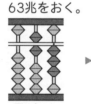 ► ►

百　十　一
兆　兆　兆
の　の　の
位　位　位

20兆をひくには，
①50兆を取る
②取りすぎた30兆を
　入れる

8兆をひくには，
①10兆を取る
②2兆を入れる
　（5兆を入れて，3兆を取る）

答え (1) 121億　(2) 35兆

練習問題 119

答え → 別さつ 55 ページ

次の計算をそろばんでしましょう。

(1) 15億+23億　　(2) 29億+65億　　(3) 72兆+13兆

(4) 58兆+87兆　　(5) 68億−37億　　(6) 42億−39億

(7) 53兆−42兆　　(8) 70兆−35兆

例題120 小数の計算　[3年] [4年]　📞195 ページ 例題118

次の計算をそろばんでしましょう。

(1) 2.5+12.8

(2) 8.3−2.4

とき方

定位点の1つを一の位として，小数点以下の数を表します。

計算のしかたは，これまでと同じです。

(1) 2.5+12.8

2.5をおく。	12をたす。	0.8をたす。
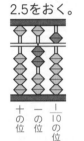	 	

十の位　一の位　1/10の位

12をたすには，
①10を入れる
②2を入れる

0.8をたすには，
①0.2を取る（0.5を取って，0.3を入れる）
②1を入れる（5を入れて，4を取る）

(2) 8.3−2.4

8.3をおく。	2をひく。	0.4をひく。
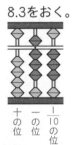	 	

十の位　一の位　1/10の位

2をひくには，
2を取る

0.4をひくには，
①1を取る
②0.6を入れる

定位点をかくにんして，位をまちがえないようにしましょう。

答え　(1) 15.3　(2) 5.9

練習問題120　　答え ✛ 別さつ55 ページ

次の計算をそろばんでしましょう。

(1) 0.5+0.2　　　(2) 5.6+2.2　　　(3) 3.2+4.7

(4) 12.3+8.6　　(5) 0.8−0.4　　　(6) 35.8−11.6

(7) 3.4−1.7　　　(8) 27.1−18.9

第1編

第1章 大きい数のしくみ

第2章 たし算とひき算

第3章 かけ算

第4章 わり算

第5章 分数

第6章 小数

第7章 計算のきまり

第8章 がい数とその計算

第9章 そろばん

力を **た め す** 問題

答え → 別さつ **55** ページ

1 次の数をそろばんにおきましょう。

→ 例題 116

(1) 1468　　　　(2) 8060　　　　(3) 26.03

2 次の計算をそろばんでしましょう。

→ 例題 117・118

(1) 78+35　　　　(2) 67+42　　　　(3) 16+99

(4) 925+187　　(5) 589+635　　(6) 685+666

(7) 89−66　　　(8) 67−59　　　(9) 81−74

(10) 704−525　　(11) 723−367　　(12) 421−176

3 次の計算をそろばんでしましょう。

→ 例題 119・120

(1) 41億+27億　(2) 68億+78億　(3) 56兆+74兆

(4) 74億−26億　(5) 63兆−44兆　(6) 85兆−57兆

(7) 8.7+2.4　　(8) 34.5+4.4　　(9) 25.4+19.8

(10) 7.6−3.7　　(11) 42.3−15.5　(12) 13.4−12.5

4 次の計算をそろばんでしましょう。

→ 例題 117・118

$$
\begin{array}{r}
(1) \quad 42 \\
51 \\
+77 \\
\hline
\end{array}
\qquad
\begin{array}{r}
(2) \quad 789 \\
116 \\
+704 \\
\hline
\end{array}
\qquad
\begin{array}{r}
(3) \quad 229 \\
-41 \\
-77 \\
\hline
\end{array}
\qquad
\begin{array}{r}
(4) \quad 343 \\
-84 \\
-70 \\
\hline
\end{array}
$$

5 次の計算をそろばんでしましょう。

→ 例題 119・120

(1) 863億+17億−52億−73億+56億+41億

(2) 741−78−64−96−83−39

(3) 8+14.5+8.9−7.1+8.5+1.2−0.3−7.3

(4) 53.1−37.8+26.8−27.05+4.04−6.3

第2編

すう　りょう　　　かん　けい
数量の関係

第2編

数量の関係
（すう りょう　かん けい）

□を使った式

（□を使った式➡202ページ）

1. タロ，ちょっとそこの箱（はこ）に立ってくれる？

2. タロが高さ 30 cm の箱に乗る（の）とちょうど 100 cm でした。この場面（ばめん）を□を使ったたし算の式（しき）で表せる（あらわ）かな？

3. □は何に使うの？

   わからない数を□で表すのよ。

4. そうすると，タロは□ cm，箱の高さは 30 cm だから，□＋30＝100 だね。

   □ cm
   100 cm
   30 cm

5. そうね！わからない数があっても，□を使うといろいろな場面を式に表すことができるのよ。

   なるほど～

   あっ

6. そうか，宿題（しゅくだい）のわからないところも□を書けばいいんだな。

   よ～し

   そういうことじゃないでしょ！

   ビシ

時こくと時間

（時こくと時間➡228ページ）

第1章 □を使った式

[この章の目標]
❶ 場面をことばの式に表してから，□を使った式で表しましょう。
❷ ことばの式や図から，□の求め方を理かいしましょう。
❸ ふくざつな式でも，□を求めることができるようにしましょう。

学習のまとめ

1 場面を□を使った式で表す

➡例題1〜4

ことばの式で考えてから，わからない数を□として，式に表します。

㋐ あめが 24 こあります。何こかもらったら，38 こになりました。

はじめの数 ＋ もらった数 ＝ 全部の数

24 ＋ □ ＝ 38

㋑ あめが 24 こあります。何こか食べたら，16 こ残りました。

はじめの数 － 食べた数 ＝ 残りの数

24 － □ ＝ 16

㋒ あめが同じ数ずつ入っている箱が 4 箱あります。あめは全部で 24 こです。

1 箱分の数 × 箱の数 ＝ 全部の数

□ × 4 ＝ 24

㋓ 24 このあめを 1 人に何こかずつ分けたら，ちょうど 8 人に分けられました。

全部の数 ÷ 1 人分の数 ＝ 人数

24 ÷ □ ＝ 8

2 □の求め方 ①

➡例題1〜4

► いろいろな数をあてはめて求める方法

24+□=38 → 24+[10]=34，24+[11]=35，……，24+[14]=38

► 図にかいて求める方法

24+□=38 → 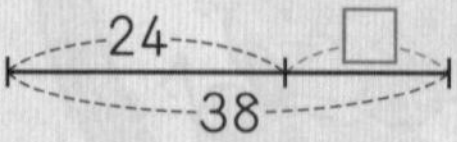

→ □=38−24=14

第2編

第1章
使った式
□を

第2章
変わり方

第3章
単位
はかり方と

3 □の求め方 ②　　→ 例題1〜4

► たし算とひき算の□の求め方

（たし算）　　　　（ひき算）
□+●=▲ → □=▲-●　　例 □+14=32 → □=32-14

（たし算）　　　　（ひき算）
●+□=▲ → □=▲-●　　例 15+□=42 → □=42-15

（ひき算）　　　　（たし算）
□-●=▲ → □=▲+●　　例 □-18=50 → □=50+18

（ひき算）　　　　（ひき算）
●-□=▲ → □=●-▲　　例 38-□=21 → □=38-21
　　　　　　└─ ここは，たし算ではなく，ひき算

► かけ算とわり算の□の求め方

（かけ算）　　　　（わり算）
□×●=▲ → □=▲÷●　　例 □×3=6 → □=6÷3

（かけ算）　　　　（わり算）
●×□=▲ → □=▲÷●　　例 5×□=15 → □=15÷5

（わり算）　　　　（かけ算）
□÷●=▲ → □=▲×●　　例 □÷3=6 → □=6×3

（わり算）　　　　（わり算）
●÷□=▲ → □=●÷▲　　例 24÷□=6 → □=24÷6
　　　　　　└─ ここは，かけ算ではなく，わり算

4 □を使ったふくざつな式　　→ 例題5〜8

1. □に数があるものとして計算の順じょを考える。
2. 1とぎゃくの順じょで計算して，□を求める。

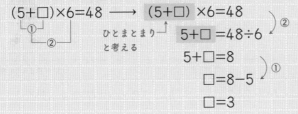

（5+□)×6=48 ⟶ （5+□)×6=48
　①　　　　　　　　　　　　　5+□ =48÷6 ②
　　②　　　　ひとまとまり
　　　　　　と考える
　　　　　　　　　　　5+□=8
　　　　　　　　　　　　　□=8-5 ①
　　　　　　　　　　　　　　□=3

📖 計算 の順じょ 170 ページ

203

① □を使った式

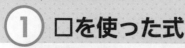

例題1 たし算の式 3年 ・202ページ 1 2 ・203ページ 3

色紙が 85 まいあります。何まいかもらったので，全部で 102 まいになりました。色紙は何まいもらいましたか。□を使った式に表してから求めましょう。

とき方

ことばの式で考え，わからない数を□として，ことばの式に数をあてはめます。

はじめの数 ＋ もらった数 ＝ 全部の数
　85　　　＋　　□　　＝　102

図にかいて，数の関係を調べます。

```
      85まい    □まい
|←--------→|←--→|
|←----102まい----→|
```

図から，□＝102−85
　　　　　＝17（まい）

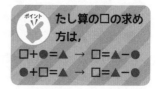

ポイント たし算の□の求め方は，
□＋●＝▲ → □＝▲−●
●＋□＝▲ → □＝▲−●

別のとき方

□に数を順にあてはめて，式に合う数を見つけます。

85＋ 20 ＝105
85＋ 19 ＝104
85＋ 18 ＝103
85＋ 17 ＝102

80+20=100 だから，最初に □=20 と見当をつけたよ！

答え 85＋□＝102 （答え）17 まい

練習問題❶ 答え→別さつ56ページ

金色のシール何まいかと銀色のシール 158 まいを合わせると，シールは全部で 277 まいになりました。金色のシールは何まいありますか。□を使った式に表してから求めましょう。

例題2 ひき算の式

3年 202ページ **1** **2**　203ページ **3**

書店で560円の本を買うと、持っていたお金のうち、940円が残りました。はじめに持っていたのは何円でしたか。□を使った式に表してから求めましょう。

とき方

ことばの式で考え、わからない数を□として、ことばの式に数をあてはめます。

はじめに持っていた金がく － 本の代金 ＝ 残りの金がく

$$□ － 560 ＝ 940$$

図にかいて、数の関係を調べます。

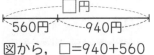

図から、□＝940+560
　　　　＝1500（円）

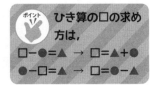

ポイント **ひき算の□の求め方は、**

□－●＝▲ → □＝▲+●
●－□＝▲ → □＝●－▲

別のとき方

□に数を順にあてはめて、式に合う数を見つけます。

1400 －560＝840

1500 －560＝940

1400－500=900だから、最初に □=1400 と見当をつけられるね。

答え　□－560＝940　　（答え）1500円

練習問題 ❷

答え → 別さつ56ページ

けいさんのクラスで650まいの画用紙を何まいか使ったら、125まい残りました。使った画用紙は何まいですか。□を使った式に表してから求めましょう。

例題 3 かけ算の式

3年 202ページ 1 2
203ページ 3

同じ数ずつ束にした花束が6束あります。花の数は48本です。1束は何本ですか。□を使った式に表してから求めましょう。

とき方

ことばの式で考え，わからない数を□として，ことばの式に数をあてはめます。

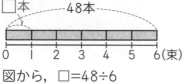

1束の本数 × 束の数 = 全部の数
$$\square \times 6 = 48$$

図にかいて，数の関係を調べます。

□本　⌒48本⌒

0　1　2　3　4　5　6(束)

図から，□=48÷6
　　　　　=8 (本)

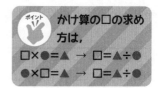

ポイント かけ算の□の求め方は，
□×●=▲ → □=▲÷●
●×□=▲ → □=▲÷●

別のとき方

□に数を順にあてはめて，式に合う数を見つけます。

| 1 |×6=6,　| 2 |×6=12,　| 3 |×6=18,　…,

| 7 |×6=42,　| 8 |×6=48

□×6=6×□だから、6のだんで、48になる九九を考えるといいね。

答え　□×6=48　　（答え）8本

練習問題 3

答え → 別さつ56ページ

1ふくろ8まい入りのせんべいを何ふくろか買ったら，せんべいは全部で24まいになりました。何ふくろ買いましたか。□を使った式に表してから求めましょう。

第2編

第1章
□を使った式

第2章
変わり方

第3章
単位と
はかり方

例題 4 わり算の式　　　3年　202ページ 1 2　203ページ 3

32 まいのカードを同じ数ずつ何人かに配ったら，1人分は8まいになりました。カードは何人に配りましたか。□を使った式に表してから求めましょう。

とき方

ことばの式で考え，わからない数を□として，ことばの式に数をあてはめます。

全部のカードの数 ÷ 人数 ＝ 1人分の数
　　32　　　　　÷　□　＝　　8

図にかいて，数の関係を調べます。

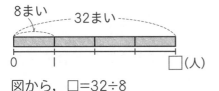

8まい
32まい
0　1　　　　　　□(人)

図から，□＝32÷8
　　　　　　＝4（人）

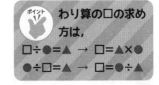

ポイント　**わり算の□の求め方は，**
□÷●＝▲ → □＝▲×●
●÷□＝▲ → □＝●÷▲

別のとき方

□に数を順にあてはめて，式に合う数を見つけます。

32÷ 1 ＝32

32÷ 2 ＝16

32÷ 3 ＝10 あまり 2

32÷ 4 ＝8

答え　32÷□＝8　　（答え）4 人

練習問題 4　　　　　　　　答え → 別さつ56ページ

子ども会で，何こかのグミを7人に配ったら，1人分は8こになりました。グミは何こありましたか。□を使った式に表してから求めましょう。

力を ためす 問題

答え ➡ 別さつ 56 ページ

1 次の場面を，わからない数を□として，□を使った式に表しましょう。

→例題 1・2 3・4

(1) ゆきやさんは，先月，何円かの貯金がありました。今月760 円貯金したので，貯金は 5000 円になりました。

(2) 1 こ 250 円のボールを何こか買ったら，2000 円でした。

(3) 42 人の子どもに，何こかずつあめを配ったら，あめは全部で 168 こいりました。

(4) 何まいかあったおり紙を 129 まい使ったら，残りは 71まいになりました。

2 ＋，－，×，÷のうち，次の○にあてはまるものはどれですか。また，□にあてはまる数を求めましょう。

→例題 1・2 3・4

(1) $\square-13=27$
$\square=27\bigcirc13$

(2) $24-\square=13$
$\square=24\bigcirc13$

(3) $\square+35=62$
$\square=62\bigcirc35$

(4) $54+\square=72$
$\square=72\bigcirc54$

(5) $48\div\square=6$
$\square=48\bigcirc6$

(6) $\square\div8=16$
$\square=16\bigcirc8$

(7) $13\times\square=52$
$\square=52\bigcirc13$

(8) $\square\times21=84$
$\square=84\bigcirc21$

3 次の□にあてはまる数を求めましょう。

→例題 1・2 3・4

(1) $13-\square=5$

(2) $8\times\square=88$

(3) $\square+2.7=5.3$

(4) $\square-5.6=1.2$

(5) $\square\div24=72$

(6) $36\times\square=216$

(7) $108\div\square=27$

(8) $\square+154=291$

第2編

第1章
使った式
□を

第2章
変わり方

第3章
単位 はかり方と

4 次の問題を，□を使った式に表してから，ときましょう。

→例題
1・2
3・4

(1) シャツと 400 円のくつ下を買うと，代金は 1500 円です。シャツのねだんは何円ですか。

(2) 1 パックに同じ数ずつ入っているたまごが 12 パックあります。たまごは全部で 72 こです。たまごは 1 パックに何こ入っていますか。

(3) 公園で子どもたちが 125 人遊んでいます。男の子は 68 人です。女の子は何人ですか。

(4) 216cm のリボンを，同じ長さずつ 18 人に分けます。1 人分は何 cm ですか。

(5) 78 このおはじきを，同じ数ずつ 6 組に分けます。1 組のおはじきは何こですか。

(6) 4 人がけの長いすがならべてあります。116 人がちょうどすわれました。長いすは何きゃくならべてありますか。

(7) 何まいかの色紙があります。1 人に 15 まいずつ分けると，ちょうど 8 人に分けられました。色紙は全部で何まいありますか。

5 次の問題を，ある数を□として，□を使った式に表し，ある数を求めましょう。

ちょい
ムズ
→例題
1・2
3・4

(1) 53 からある数をひくと，その差が 19 になりました。ある数はいくつですか。

(2) 43 とある数の積は 903 になります。ある数はいくつですか。

(3) ある数を 32 でわると，商は 56 になりました。ある数はいくつですか。

(4) ある数と 739 をたすと，その和が 1111 になりました。ある数はいくつですか。

2 □にあてはまる数の求め方

> ### 例題 5　□にあてはまる数の求め方 ①　応用　📞 203ページ 3
>
> 次の□にあてはまる数を求めましょう。
> (1) 15+30+□=90　　(2) □−14×2=55
> (3) 8×□×7=168　　(4) (12+6)÷□=9

とき方

計算できるところがあれば，先に計算しておきます。

(1) <u>15+30</u>+□=90
　　　└─先に計算
　　　45+□=90
　　　　　□=90−45
　　　　　□=45

(2) □−<u>14×2</u>=55
　　　　　　└─先に計算
　　　□−28=55
　　　　　□=55+28
　　　　　□=83

(3) <u>8×□×7</u>=168
　　　ここを先に計算
　　　8×7×□=168
　　　56×□=168
　　　　　□=168÷56
　　　　　□=3

(4) <u>(12+6)</u>÷□=9
　　　　└─先に計算
　　　18÷□=9
　　　　　□=18÷9
　　　　　□=2

ポイント (3) かけ算だけの式では，計算する順じょを変えても答えは同じです。

答え (1) 45　(2) 83　(3) 3　(4) 2

練習問題 5
答え → 別さつ 57 ページ

次の□にあてはまる数を求めましょう。
(1) 29+□+32=79　　(2) 25×3−□=18
(3) □×6×4=168　　(4) □÷(4×2)=11
(5) □−30÷6=2　　(6) □÷(4+8)=2
(7) 15+16−□=18　　(8) 14×□×2×4=336

2　□にあてはまる数の求め方

第2編

第1章
使った式
□を

第2章
変わり方

第3章
単位
はかり方と

例題 6　□にあてはまる数の求め方 ②　応用　🕮 203 ページ 4

次の□にあてはまる数を求めましょう。
(1) □−55−30=69　　　　　　(2) 42−6×□=18

とき方

□に数があるものとして計算の順じょを考え，そのぎゃくに計算して
□を求めます。

(1) □−55−30=69　⟶　□−55 −30=69
　　　①　　　　　　　ひとまとまり→　　　□−55 =69+30　⟍②
　　　　　②　　　　　と考える
　　　　　　　　　　　　　　　　　　　□−55=99
　　　　　　　　　　　　　　　　　　　　□=99+55 ⟍①
　　　　　　　　　　　　　　　　　　　　□=154

注意 次のように，55−30 を先に計算することはできません。
□−55−30=69 → □=25=69

(2) 42−6×□=18　⟶　42− 6×□ =18
　　　　①　　　　　　ひとまとまり　　　6×□ =42−18 ⟍②
　　　②　　　　　　と考える
　　　　　　　　　　　　　　　　　　　6×□=24
　　　　　　　　　　　　　　　　　　　□=24÷6 ⟍①
　　　　　　　　　　　　　　　　　　　□=4

答え　(1) 154　(2) 4

練習問題 6　　　　　　　　　　答え → 別さつ 57 ページ

次の□にあてはまる数を求めましょう。
(1) □−75+34=62　　　(2) □×5+12=37
(3) □÷6÷3=5　　　　　(4) 21−□÷7=18
(5) □÷3×4=72　　　　　(6) □÷7+8×9=77
(7) 100−□−63=26　　　(8) 51+□×3=264

例題 7 □にあてはまる数の求め方 ③ 応用 🔍 203 ページ ④

次の□にあてはまる数を求めましょう。
(1) (90+□)÷2=95   (2) (25+15)÷□−3=2

とき方

□に数があるものとして計算の順じょを考え，そのぎゃくに計算して□を求めます。

計算できるところがあれば，先に計算しておきます。

(1) (90+□)÷2=95 ⟶ (90+□)÷2=95
    ①
    ②   ひとまとまり   90+□=95×2   ②
              と考える
                          90+□=190
                            □=190−90   ①
                            □=100

(2) (25+15)÷□−3=2
        └先に計算
    40÷□−3=2 ⟶ 40÷□−3=2
    ①   ②
    ②   ひとまとまり   40÷□=2+3
              と考える
                        40÷□=5
                          □=40÷5   ①
                          □=8

答え (1) 100 (2) 8

練習問題 7   答え ➡ 別さつ 58 ページ

次の□にあてはまる数を求めましょう。

(1) (□−12)÷4=3   (2) (7×2+□)×3=72

(3) 4×(35+□)−86=210   (4) (6+7+□)×3=90

(5) (100+□+90)÷3=90   (6) 3×(□+2×3)=63

(7) 11×(35÷7+□)=88   (8) 5+(□×4−13)=16

応用　🕐94ページ 例題 53
　211ページ 例題 6

例題 8　あまりのあるわり算

紙テープを1本17cmずつ切り分けたら，17cmの紙テープは4本できて，13cmあまりました。はじめに紙テープは何cmありましたか。

とき方

ことばの式で考え，わからない数を□として，ことばの式に数をあてはめます。

はじめの紙テープの長さ	÷	1本分の長さ	=	本数	と	あまりの長さ
□	÷	17	=	4	あまり	13

わられる数=わる数×商+あまり　なので，

□=17×4+13　┗たしかめの式
　=68+13
　=81（cm）

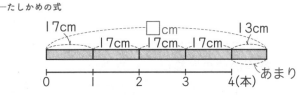

17cm　□cm　13cm

17cm　17cm　17cm

0　1　2　3　4(本)あまり

別のとき方

問題の場面を，「□cmの紙テープから，17cmのテープを4本切り取ったら，13cm残った。」と考えて，□−17×4=13 と，表すこともできます。

□−17×4=13　→　□−68=13
　　　　　　　　　　□=13+68
　　　　　　　　　　□=81（cm）

答え　81cm

練習問題 8

答え ➔ 別さつ59ページ

次の問題を，□を使った式に表して，ときましょう。

(1) シールを8人の子どもに分けると，1人に12まいずつ分けられて，4まい残りました。シールは全部で何まいありますか。

(2) 238をある数でわったら，商が19で，あまりが10になりました。ある数はいくつですか。

例題 **9** たし算やひき算の筆算の虫食い算 応用 36 ページ **2 3** / 203 ページ **3**

次の筆算の ア ～ ウ にあてはまる数を求めましょう。

(1)
```
    4 ア 3
  + 3 8 イ
  ─────────
    ウ 4 9
```

(2)
```
    5 ア 1
  −  イ 3 4
  ─────────
    3 6 ウ
```

とき方

くり上がり，くり下がりに注意して，一の位から順に考えていきます。

(1) ① 3+イ=9 なので，

　　イ=9−3=6

② ア+8=4 の計算はできないので，ア+8=14 と考えます。

　　ア=14−8=6

③ 百の位の計算は，十の位から 1 くり上がっているので，

　　1+4+3=ウ

　　ウ=8

(2) ① 1−4=ウ の計算はできないので，11−4=ウ と考えます。

　　ウ=7

② 一の位へ 1 くり下げているので，ア−1−3=6

　　ア=6+1+3=10 なので，

　　ア=0 と考えます。

③ 十の位へ 1 くり下げているので，

　　5−1−イ=3

　　4−イ=3

　　イ=4−3=1

虫が食べてあながあいたように
なった計算を，虫食い算というよ。

答え (1)ア6 イ6 ウ8 (2)ア0 イ1 ウ7

練習問題 **9** 答え → 別さつ 59 ページ

次の□にあてはまる数を求めましょう。

(1)
```
    □ 6
  + 3 □
  ───────
    7 1
```

(2)
```
    3 □ □
  + □ 4 6
  ─────────
  1 0 0 2
```

(3)
```
    1 □ 2
  −   3 6
  ───────
    7 □
```

(4)
```
    6 □ 2
  − □ 4 □
  ─────────
    2 9 7
```

例題10　かけ算の筆算の虫食い算　　応用　📞55ページ 5 6　203ページ 3

次の筆算の ア ～ ウ や ア ～ オ にあてはまる数を求めましょう。

(1)
```
   ア27
×     イ
 47ウ3
```

(2)
```
   31ア
×   イ7
 2ウ98
 エ28
 84オ8
```

とき方

くり上がりに注意して，□が１つに決まるところから順に考えます。

(1) ① 7×イ の答えの一の位が3
　　　になるのは，7×9=63
　　　イ=9 で，十の位に6くり
　　　上がります。

　　② 十の位の計算は，
　　　2×9=18　　18+6=24
　　　ウ=4 で，百の位に2くり
　　　上がります。

　　③ 47から，くり上がった2を
　　　ひくと，47−2=45 なので，
　　　ア×9=45　　ア=5

(2) ① ア×7 の答えの一の位が8
　　　4×7=28 なので，ア=4

　　② 314×7=2198 なので，
　　　ウ=1

　　③ 9+8=17 なので，オ=7

　　④ 2+エ=8 なので，エ=6

　　⑤ 314×イ=628 なので，
　　　628÷314=2　　イ=2

答え　(1)ア5　イ9　ウ4　(2)ア4　イ2　ウ1　エ6　オ7

😀 練習問題 ⑩　　　　　　　　　　　　答え→別さつ59ページ

次の□にあてはまる数を求めましょう。

(1)
```
    1□
×    3
   □1
```

(2)
```
   3□□
×    7
 □275
```

(3)
```
    1□
×   35
   70
  4□
  4□0
```

(4)
```
    2□9
×   5□
  1254
 10□5
 1□7□4
```

例題11　わり算の筆算の虫食い算　応用

87ページ 5 6
203ページ 3

右の筆算の ア ～ オ にあてはまる数を求め
ましょう。

```
          1 ア イ
      ウ ) 1 エ 7 8
          9
          3 7
          3 6
            1 8
            1 オ
              0
```

とき方

□が1つに決まるところから順に考えます。

① ウ×1=9 なので，ウ=9÷1=9

② 1エ−9=3 なので，1エ=3+9=12　エ=2

③ 9×ア=36 なので，ア=36÷9=4

④ 18−1オ=0 なので，オ=8

⑤ 9×イ=18 なので，イ=18÷9=2

答え　ア4　イ2　ウ9　エ2　オ8

練習問題11

答え → 別さつ60ページ

次の□にあてはまる数を求めましょう。

(1)
```
          □ 6 □
      □ ) 3 9 7 8
          3 □
          ─────
          4 7
          4 2
          ─────
          □ 8
          5 6
          ─────
            2
```

(2)
```
            □ 5 6
      □ 4 ) □ 3 0 □
            3 4
            ─────
            1 □ 0
            □ 7 0
            ─────
              □ 0 □
              2 0 4
              ─────
                  0
```

(3)
```
              1 5
      5 □ ) 8 □ 6
            □ 3
            ─────
            2 8 6
            □ 6 □
            ─────
              □ 1
```

ふく面算をといてみよう

ふく面算は，右のように計算式の数字を文字
におきかえた問題のことです。

「すもも」に「すもも」を
たしたら「いもむし」？
どういうこと？

```
  すもも
＋すもも
 いもむし
```

●ふく面算のルール

- ・１つの文字には１つの数字が入る
- ・同じ文字には同じ数字が入る
- ・いちばん大きい位に０は入らない

このルールにしたがって数
をすい理してみましょう。

●ふく面算の考え方

① 一の位の「も＋も」の答えは「し」で，十の位の
「も＋も」の答えは「む」になっています。
このことから，「も＋も」は１くり上がることがわかります。
したがって，「も」は 5，6，7，8，9 のどれかです。

② 「1＋す＋す」の一の位が「も」で，「1＋す＋す」も１くり上がるので，
「す」は 7，8，9 のどれかです。
また，千の位の「い」はくり上がった１だとわかります。

③

「す」が7のとき	「す」が8のとき	「す」が9のとき

「す」が7のとき
1＋7＋7＝15 なの
で，「も」は 5
```
  755
＋755
 1510
```
↑
「い」と「む」が
どちらも１になる

「す」が8のとき
1＋8＋8＝17 なの
で，「も」は 7
```
  877
＋877
 1754
```

「す」が9のとき
1＋9＋9＝19 なの
で，「も」は 9 とな
り，「す」と「も」が
同じ数字になって
しまう。

したがって，「す」は 8，「も」は 7，「い」は 1，「む」は 5，「し」は 4 です。

力をためす問題

答え → 別さつ 60 ページ

1 次の□にあてはまる数を求めましょう。

(1) 180+□+453=865　　(2) □−75−128=147

(3) 9×□×8=216　　(4) 160÷□÷5=4

(5) □×7+7=49　　(6) □÷8+2=5

(7) 8×□÷16=2　　(8) 320÷□×5=100

2 次の□にあてはまる数を求めましょう。

(1) (□+3)×4−6=14　　(2) (□−2)×5+15=40

(3) (□×7−14)÷6=7　　(4) 6+(□×4−19)=7

(5) (24+□)×13=390　　(6) (36−□)÷8=3

(7) 5×(36+21−□)−49=176

(8) □−(190−135)×4=23

3 次の問題を，ある数を□として，□を使った式に表し，ある数を求めましょう。

(1) 35 とある数の積を 5 でわったら，98 になりました。

(2) ある数の 9 倍から 13 をひいたら，23 になりました。

(3) ある数を 7 でわったら，商に 9 がたって，あまりが 3 になりました。

(4) ある数に 23 をたして，その和を 17 倍すると，697 になりました。

(5) ある数に 5 をたし，それに 5 をかけ，さらにそれから 5 をひいたら，30 になりました。

(6) ある数に 4 をかけた積に，24 を 8 でわった商をたすと，43 になりました。

4 次の問題をときましょう。

(1) こころさんの学校の4年生88人がいくつかの組に分かれて50m走をします。分かれたら, 6人の組が何組かと5人の組が2組できました。6人の組は何組できましたか。

(2) ある数に23をたして17倍するつもりのところ, まちがえて, 17をたして23倍してしまったので, 598になりました。正しい答えは, いくつですか。

(3) 貯金の半分を使って, 1500円のシャープペンシルと, 260円のボールペンを買いました。はじめ, 貯金は何円ありましたか。

5 次の□にあてはまる数を求めましょう。

(1)
```
   2 □ 2
 + □ 3 9
 ─────────
   8 5 □
```

(2)
```
   □ 1 1
 − 2 □ □
 ─────────
   4 6 6
```

(3)
```
   □ 7 □ 5 □
 + 3 8 2 □ 9
 ───────────
   9 □ 9 3 3
```

(4)
```
   □ 4 □ 5 □
 − 1 7 5 □ 6
 ───────────
   1 □ 0 5 6
```

(5)
```
     2 7
 ×     □
 ───────
   □ □ 8
```

(6)
```
     4 □ 8
 ×       9
 ─────────
   3 □ 7 2
```

(7)
```
       □ □
 ×     2 3
 ─────────
     □ 7 6
   1 8 4
 ─────────
   2 1 1 6
```

(8)
```
       7 □ 3
 ×       2 □
 ───────────
     3 □ 1 5
   1 □ 0 □
 ───────────
   1 7 5 7 5
```

(9)
```
              8 □
      ┌─────────
 □ □ )2 5 1 4
       2 □ 2
      ─────────
       1 □ 4
       1 □ □
      ─────────
         □ 0
```

(10)
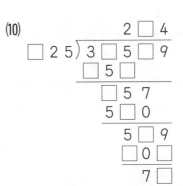

第2章 変わり方

この章の目標
1. 2つの数の変わり方を表に表して，きまりを見つけましょう。
2. 2つの数の変わり方のきまりを理かいし，式に表しましょう。
3. 2つの数の変わり方をグラフに表しましょう。

学習のまとめ

1 変わり方を表や式で表す → 例題 12〜14・16

▶ 2つの数の関係は表に表して，変わり方を調べることができます。

▶ 表から変わり方のきまりを見つけ出して，数の関係を○や□で式に表すことができます。

例 12 このあめを兄と弟で分けたときの数の関係

(表)

兄 (こ)	1	2	3	4	5
弟 (こ)	11	10	9	8	7

(式) 兄を□こ，弟を○ことすると，□+○=12

例 正方形の1辺の長さとまわりの長さの関係

(表)

1辺の長さ (cm)	1	2	3	4	5
まわりの長さ (cm)	4	8	12	16	20

(式) 1辺の長さを□ cm，まわりの長さを○ cmとすると，□×4=○

2 変わり方をグラフで表す → 例題 15

▶ 2つの数量の関係は，グラフで表すことができます。

▶ グラフの一方の数から，もう一方の数を読みとることができます。

例 右のグラフから，1辺が6cmのとき，まわりの長さは24cmとわかります。

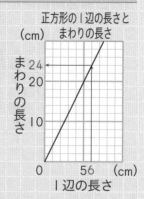

正方形の1辺の長さとまわりの長さ

例題 12 変わり方 ①

20 L の水を，A，B 2 つの水そうに分けます。

(1) A と B の水そうの
かさの関係を，表
に表しましょう。

Aのかさ（L）	1	2	3	4	5
Bのかさ（L）					

(2) A の水そうのかさを □ L，B の水そうのかさを ○ L とし
て，□ と ○ の関係を式に表しましょう。

とき方

(1) A のかさが 1 L のとき，B のかさは，20−1=19（L）
A のかさが 2 L のとき，B のかさは，20−2=18（L）
A のかさが 3 L，4 L，5 L のときも同じように求めます。

(2) 表をたてに見ると，次のようなきまりが見つかります。

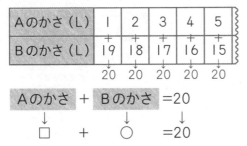

Aのかさ ＋ Bのかさ ＝20
↓　　　↓　　　↓
□ ＋ ○ ＝20

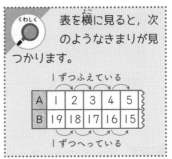

くわしく
表を横に見ると，次
のようなきまりが見
つかります。

1ずつふえている

| A | 1 | 2 | 3 | 4 | 5 |
| B | 19 | 18 | 17 | 16 | 15 |

1ずつへっている

答え

(1)（左から）19，18，17，16，15

(2) □＋○=20（□=20−○，○=20−□ でもかまいません。）

練習問題 12

答え → 別さつ 62 ページ

15 cm のリボンから，ある長さのリボンを切りとります。

(1) 切りとった長さと，
残った長さの関係を
表に表しましょう。

切りとった長さ（cm）	1	2	3	4	5
残った長さ（cm）					

(2) 切りとった長さを □ cm，残った長さを ○ cm として，□ と ○
の関係を式に表しましょう。

第2編

第1章
□を
使った式

第2章
変わり方

第3章
単位
はかり方と

例題13 変わり方 ②

4年 ● 220 ページ 1

ゆいさんとお姉さんはたん生日が同じで, お姉さんは, ゆいさんより3才年上です。

(1) 2人の年れいを表に表しましょう。

(2) ゆいさんを□才, お姉さんを○才として, □と○の関係を式に表しましょう。

ゆいさん (才)	1	2	3	4	5
お姉さん (才)					

とき方

(1) ゆいさんが1才のとき, お姉さんは　1+3=4 (才)

ゆいさんが2才のとき, お姉さんは　2+3=5 (才)

ゆいさんが3才, 4才, 5才のときも同じように求めます。

(2) 表をたてに見ると, 次のようなきまりが見つかります。

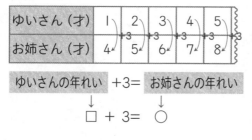

表を横に見ると, 次のようなきまりが見つかります。

答え

(1) (左から) 4, 5, 6, 7, 8

(2) □+3=○ (○−□=3, ○−3=□ でもかまいません。)

練習問題 13

答え ➔ 別さつ 62 ページ

水が5L入っている水そうに, 水を入れます。

(1) 入れた水のかさと, 全部の水のかさの関係を表に表しましょう。

入れた水のかさ (L)	1	2	3	4	5
全部の水のかさ (L)					

(2) 入れた水のかさを□L, 全部の水のかさを○Lとして, □と○の関係を式に表しましょう。

例題14 変わり方 ③

4年 🔵220ページ①

次の図のように，1辺が1cmの正方形をならべて，階だんの形をつくります。

(1) だんの数を□だん，まわりの長さを○cmとして，□と○の関係を式に表しましょう。

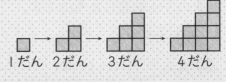

1だん　2だん　3だん　4だん

(2) だんが18だんのとき，まわりの長さは何cmですか。

とき方

(1) 図を見て，表に表すと，次のようなきまりが見つかります。

だんの数 (だん)	1	2	3	4	5
まわりの長さ (cm)	4	8	12	16	20

×4 ×4 ×4 ×4 ×4

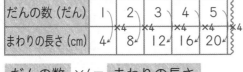

だんの数 ×4＝ まわりの長さ

↓　　　　　　↓

□　×4＝　○

(2) (1)の式の□に18をあてはめると，

18×4＝○

○＝72 (cm)

くわしく　表を横に見ると，次のようなきまりが見つかります。

1ずつふえる

1	2	3	4	5
4	8	12	16	20

4ずつふえる

答え (1) □×4＝○

(2) 72 cm

練習問題14

答え → 別さつ62ページ

次の図のように，1辺が1cmの正三角形の1辺の長さを変えていきます。

(1) 1辺の長さを□cm，まわりの長さを○cmとして，□と○の関係を式に表しましょう。

1cm　2cm　3cm …

(2) 1辺が12cmのとき，まわりの長さは何cmですか。

例題15 変わり方とグラフ　4年　● 220ページ 2

次の表は，一定の量ずつ水そうに水を入れたときに，かかった時間とたまった水のかさを表したものです。

時間（分）	0	2	4	6	8	10
水のかさ（L）	0	10	20	30	40	50

（L）かかった時間と水のかさ

(1) この表をグラフに表しましょう。

(2) 水を入れて 5 分後の水のかさは何 L ですか。

とき方

(1) 「0分のとき 0 L」，「2分のとき 10 L」，
「4分のとき 20 L」，…と点をうっていき，
それらを直線で結びます。

(2) グラフで調べます。
横のじくの「5」の目もりを上にたどり，
グラフにぶつかったら，左へたどり，た
ての目もりを読みます。

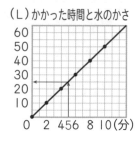

（L）かかった時間と水のかさ

答え　(1) 右上の図　(2) 25 L

練習問題 15

答え ➡ 別さつ 63 ページ

次の表は，浴そうにお湯を入れたときに，かかった時間と，たまったお湯のかさを表したものです。

時間（分）	0	2	4	6
お湯のかさ（L）	0	40	80	120

（L）かかった時間とお湯のかさ

(1) この表を右のグラフに表しましょう。

(2) お湯を入れ始めてから，3分後のお
湯のかさは何 L ですか。グラフから読みとりましょう。

例題 16　きまりを見つけて

応用　📞 220 ページ ❶

画用紙を右の図のように重ねて，画びょうでかべにとめていきます。画用紙を 20 まいとめるとき，画びょうは何こいりますか。

画びょう

とき方

画用紙の数と画びょうの数の変わり方を，右のように表に表して調べます。

表を横に見ると，画用紙の数が 1 ふえると，画びょうの数は 2 ふえています。

画用紙の数（まい）	1	2	3	4
画びょうの数（こ）	4	6	8	10

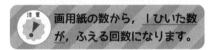

2 こずつふえる

2 まい目…4+2×1=6
　　　　　最初の数　ふえる数　ふえる回数

3 まい目…4+2×2=8

4 まい目…4+2×3=10

画用紙の数を□まい，画びょうを○ことすると，

　4　+　2　×　（□−1）＝○
最初の数　ふえる数　画用紙の数　画びょうの数

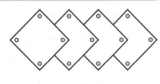

きまりが見つかったね！

> 注意　画用紙の数から，1 ひいた数が，ふえる回数になります。

画用紙 20 まいのときの画びょうの数は，上の式の□に 20 をあてはめて，

　4+2×(20−1)=42（こ）

答え　42 こ

練習問題 16

答え ➡ 別さつ 63 ページ

画用紙を右の図のように重ねて，画びょうでかべにとめていきます。画用紙を 16 まいとめるとき，画びょうは何こいりますか。

力をためす問題

答え → 別さつ 63 ページ

1 → 例題12

まわりの長さが 30 cm の長方形があります。

(1) たての長さと横の長さの関係を, 右の表に表します。あてはまる数を書きましょう。

たての長さ (cm)	1	2	3	4	5
横の長さ (cm)					

(2) たての長さを □ cm, 横の長さを ○ cm として, □ と○の関係を式に表しましょう。

(3) たての長さが 8 cm のとき, 横の長さは何 cm ですか。

2 → 例題13

けんとさんとお父さんはたん生日が同じです。今, けんとさんは 10 才, お父さんは 39 才です。

(1) けんとさんとお父さんの年れいの関係を, 右の表に表します。あてはまる数を書きましょう。

けんとさん (才)	10	11	12	13	14
お父さん (才)					

(2) けんとさんの年れいを□才, お父さんの年れいを○才として, □と○の関係を式に表しましょう。

(3) お父さんが 50 才のとき, けんとさんは何才ですか。

3 → 例題14

1辺が 1 cm の正三角形を, 下のようにならべます。

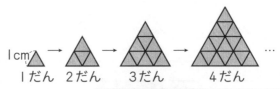

1cm 1だん → 2だん → 3だん → 4だん …

(1) だんの数とまわりの長さの関係を, 右の表に表します。あてはまる数を書きましょう。

だんの数 (だん)	1	2	3	4	5
まわりの長さ (cm)					

(2) だんの数を□だん，まわりの長さを ○ cm として，□と○
の関係を式に表しましょう。

(3) 10 だんのとき，まわりの長さは何 cm ですか。

(4) まわりの長さが 21 cm のとき，だんの数は何だんですか。

4 次の表は，8 m のひもをきいさんとりんかさんで分けるとき
の 2 人の長さの関係を表したものです。

きいさんの長さ (m)	0	1	2	3	4	5	6	7	8
りんかさんの長さ (m)	8								

(1) 表にあてはまる数を書きましょう。

(2) 表を右のグラフに表しましょう。

(3) きいさんの長さが 4.5 m のとき，
りんかさんの長さは何 m になり
ますか。グラフから読みとりま
しょう。

(4) りんかさんが 7.5 m のとき，き
いさんの長さは何 m になります
か。グラフから読みとりましょう。

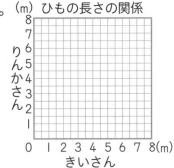

(m) ひもの長さの関係

りんかさん

きいさん

5 同じ長さのひごをならべて，右の図
のように正方形をつくっていきます。

(1) 正方形を 18 こつくるとき，ひごは何本いりますか。

(2) ひごを 106 本使うと，正方形は何こできますか。

6 下の図のように，ひもを 1 cm ごとに画びょうでとめて，正三
角形をつくっていきます。

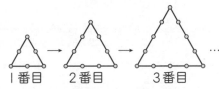

1番目　2番目　3番目　…

(1) 5 番目の正三角形の画びょうの数は何こですか。

(2) 75 この画びょうを使ってできる正三角形は，何番目ですか。

第**3**章　はかり方と単位

> **この章の目標**
> ❶ 時こくや時間の意味や単位の関係を理かいしましょう。
> ❷ 長さの単位と関係を理かいして，その計算ができるようにしましょう。
> ❸ 重さの単位と関係を理かいして，その計算ができるようにしましょう。

◎ 学習のまとめ

1 時こくと時間　　　　　→ 例題 17〜23

▶ 時こくと時間

8時　時こく　　　　　時間　　　　　9時　時こく

▶ 時計の長いはりがひとまわりする時間
が1時間です。
時計の長いはりが1目もり進む時間が
1分です。

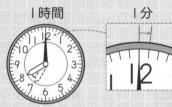

1時間　　　1分

▶ 時間の単位の関係は次のようになっています。

　　1日=24時間
　　　　　1時間=60分
　　　　　　　　1分=60秒

▶ 午前と午後

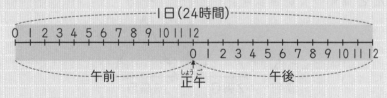

1日(24時間)

0 1 2 3 4 5 6 7 8 9 10 11 12

0 1 2 3 4 5 6 7 8 9 10 11 12

午前　　　正午　　　午後

2 長　さ

➡ 例題 24〜29

► 長さをはかる道具(どうぐ)

㋐ **ものさし**

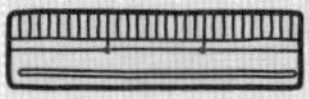

㋑ **まきじゃく** ←長いものやまるいものの長さをはかることができる。

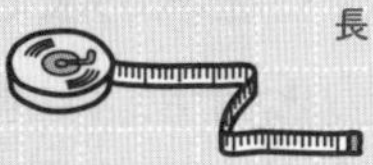

► 長さの単位には，**ミリメートル (mm)**，**センチメートル (cm)**，**メートル (m)**，**キロメートル (km)** があります。それらの関係は，次のようになっています。

1 km=1000 m

1 m=100 cm

1 cm=10 mm

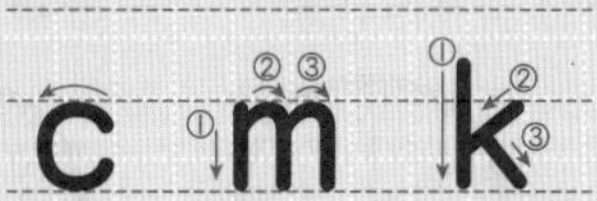

► まっすぐにはかった長さを**きょり**，道にそってはかった長さを**道(みち)のり**といいます。

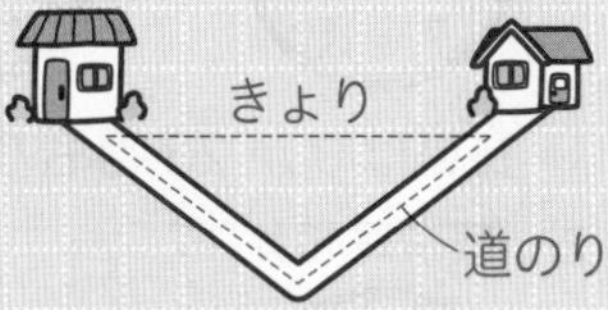

3 重　さ

➡ 例題 30〜33

► 重(おも)さをはかる道具

㋐ **上皿(うわざら)ばかり**　㋑ **ばねばかり**　㋒ **体重計(たいじゅうけい)**

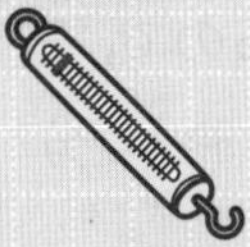
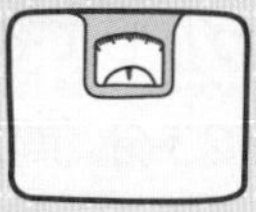

► 重さの単位には，**グラム (g)**，**キログラム (kg)**，**トン (t)** があります。それらの関係は次のようになっています。

1 t=1000 kg

1 kg=1000 g

► 1円玉1この重さは1gです。

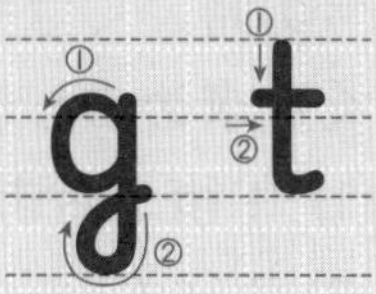

① 時こくと時間

例題17　時こくと時間　2年　○ 228ページ ①

次の時間や時こくを求めましょう。

(1) 午前10時から午前10時23分までの時間

(2) 午前9時40分から1時間後の時こく

とき方

(1)　午前10時　　　　午前10時23分

23目もり

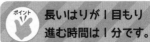

ポイント　長いはりが1目もり進む時間は1分です。

長いはりが23目もり進んだので，23分（間）。

(2)　午前9時40分　　　　　　　？

1時間

長いはりが1まわりする

ポイント　長いはりが1まわりする時間は，1時間です。

1時間たつと，短いはりは10と11の間をさしていて，長いはりは1まわりして8をさしているので，午前10時40分

答え　(1) 23分（間）　(2) 午前10時40分

練習問題 17

答え → 別さつ65ページ

今の時こくは午後2時20分です。次の時間や時こくを求めましょう。

(1) 午後3時までの時間

(2) 午後4時20分までの時間

(3) 30分後の時こく

(4) 1時間前の時こく

228 ページ ①

例題18 時間の単位 2年 3年

□にあてはまる数を求めましょう。

(1) 2時間=□分

(2) 85分=□時間□分

(3) 3時間20分=□分

(4) 3分=□秒

(5) 4分50秒=□秒

(6) 157秒=□分□秒

とき方

ポイント

1時間=60分　1分=60秒

(1) 2時間=1時間+1時間=60分+60分=120分

(2) 85分=60分+25分=1時間+25分=1時間25分

(3) 3時間20分=1時間+1時間+1時間+20分
　　=60分+60分+60分+20分=200分

(4) 3分=1分+1分+1分=60秒+60秒+60秒=180秒

(5) 4分50秒=1分+1分+1分+1分+50秒
　　=60秒+60秒+60秒+60秒+50秒=290秒

(6) 157秒=60秒+60秒+37秒=1分+1分+37秒=2分37秒

時間の単位の
関係を覚えて
おきましょう。

答え (1)120　(2)1, 25　(3)200　(4)180　(5)290　(6)2, 37

練習問題 ⑱

答え → 別さつ 65 ページ

(1) □にあてはまる数を求めましょう。

　①5時間=□分

　②134分=□時間□分

　③1時間47分=□分

　④115秒=□分□秒

　⑤100秒=□分□秒

　⑥10分32秒=□秒

(2) □にあてはまる時間の単位を求めましょう。

　①50mを走った時間…………………9□

　②駅から家まで歩いた時間…………20□

　③ある人がマラソンを走った時間……3□32□15秒

第2編

第1章
□を
使った式

第2章
変わり方

第3章
はかり方と
単位

例題19 かかった時間を求める問題 **3年** 📞 230 ページ 例題17
231 ページ 例題18

みおさんは，午前 10 時 35 分に家を出て，午前 11 時 20 分に公民館に着きました。かかった時間は何分ですか。

とき方

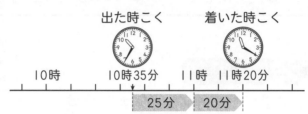

午前 10 時 35 分から，午前 11 時までの時間は 25 分。
午前 11 時から 11 時 20 分までの時間は 20 分。
25 分+20 分=45 分

 ポイント 「ちょうど 11 時」で分けて考えます。

別のとき方

10 時 35 分から 11 時 20 分までの時間は，ひき算で求めることができます。時と分に分けて計算します。

ひけない

11 時 20 分 − 10 時 35 分
↓ 1 時間=60 分なので，分に 60 分をくり下げる
10 時 80 分−10 時 35 分=45 分

```
      10   80
    11 時 20 分
  − 10 時 35 分
  ─────────────
           45 分
```

答え 45 分

練習問題 ⑲ 答え → 別さつ 65 ページ

(1) しょうたさんは，午後 2 時 45 分に公園に着き，午後 3 時 35 分に公園を出ました。公園にいた時間は何分ですか。

(2) りなさんは，午前 11 時 20 分に家を出て買い物に行き，午後 4 時 25 分に家に帰りました。買い物に行っていた時間は何時間何分ですか。

例題20 終わった時こくを求める問題 **3年**
📞 230 ページ 例題17
231 ページ 例題18

📞 230 ページ 例題17
231 ページ 例題18

ゆうきさんは，午前8時50分に勉強を始めて，45分後に勉強を終えました。勉強を終えた時こくは何時何分ですか。

とき方

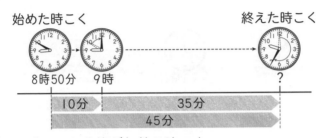

始めた時こく　　　　　　　　終えた時こく

8時50分　9時　　　　　　　　　　?

| 10分 | 35分 |
| 45分 |

午前8時50分の10分後が午前9時です。

午前9時から，あと<u>35分</u>勉強しているので，午前9時35分。
　　　　　　　└45分−10分

　ポイント 「ちょうど9時」で分けて考えます。

別のとき方

午前8時50分から45分後の時間は，たし算で求めることができます。時と分に分けて計算します。

<u>8時</u><u>50分</u>+<u>45分</u>=<u>8時</u><u>95分</u>　）60分=1時間 なので，
　　　　　　　=9時35分　）60分を時にくり上げる

```
  8 時 50 分
＋     45 分
  8 時 95 分
  9    35
```

答え 午前9時35分

😀 **練習問題⑳**　　　　　　　　　　　答え ┈ 別さつ 65 ページ

(1) けいさんは，午後2時30分に家を出て，自転車で50分走って公園に着きました。公園に着いた時こくは何時何分ですか。

(2) つばささんは，午前11時45分にえい画を見始めて，1時間20分後に見終えました。見終えた時こくは何時何分ですか。

例題 **21** 始めた時こくを求める問題 **3年** 230ページ 例題17
231ページ 例題18

あいさんは，計算ドリルを 25 分やって，午前 10 時 15 分に
終えました。計算ドリルを始めた時こくは何時何分ですか。

とき方

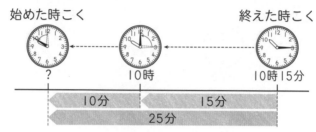

午前 10 時 15 分の 15 分前は，午前 10 時です。

午前 10 時からさらに 10 分前の時こくになるので，午前 9 時 50 分。
└─ 25分-15分

 「ちょうど 10 時」で分けて考えます。

別のとき方

午前 10 時 15 分から 25 分前の時こくは，ひき算で求めることができ
ます。時と分に分けて計算します。

ひけない

10 時 15 分 − 25 分

↓ 1時間=60分なので，分に60分をくり下げる

9 時 75 分−25 分=9 時 50 分

```
        9   75
       10 時 15 分
    −        25 分
    ─────────────
        9 時 50 分
```

答え 午前 9 時 50 分

練習問題 21 答え → 別さつ66ページ

(1) れんさんは，家を出て，35 分歩いて，駅に午後 2 時 10 分に着
  きました。家を出たのは何時何分ですか。

(2) こうたさんは，博物館に行き，1 時間 45 分かけて見学し，午
  後 4 時 30 分に見学を終えました。見学を始めた時こくは何
  時何分ですか。

例題 22 合わせた時間を求める問題 　3年　230ページ 例題17　231ページ 例題18

りょうたさんは，午前に1時間15分，午後に50分勉強しました。勉強した時間は，合わせて何時間何分ですか。

とき方

1時間15分と50分を合わせた時間は，たし算で求めることができます。時と分に分けて計算します。

1時間 15分+50分=1時間 65分　　1時間=60分 なので，
　　　　　　　=2時間5分　　　　　60分を時にくり上げる

```
  1時 15分
+    50分
  1時 65分
  2    5
```

0　10分 20分 30分 40分 50分 1時間 10分 20分 30分 40分 50分 2時間 10分

1時間15分　　　　50分

2時間5分

答え　2時間5分

雑学ハカセ　午前・午後を使わない時こくの表し方もあります。（**24時せい**といいます。）
午前0時は午前をとって0時，午前1時は1時，…，午前12時は12時と表します。
午後1時は12時の1時間後だから13時，午後2時は14時，…，午後12時は24時と表します。バスや電車の時こく表などでは，このように時こくが表されています。

0 1 2 3 4 5 6 7 8 9 10 11 12 13 14 15 16 17 18 19 20 21 22 23 24 時
0 1 2 3 4 5 6 7 8 9 10 11 12 0 1 2 3 4 5 6 7 8 9 10 11 12 時
午前　　　午後

練習問題 22　　答え → 別さつ66ページ

(1) さきさんは，電車に55分乗り，バスに35分乗って，おばあさんの家に行きました。乗り物に乗っていた時間は，合わせて何時間何分ですか。

(2) あいさんは，計算ドリルをしました。1回目は5分20秒，2回目は4分55秒かかりました。計算ドリルをした時間は，合わせて何分何秒ですか。

例題23 時間の計算　応用　🕐 231 ページ 例題18

次の □ にあてはまる数を求めましょう。
(1) 1800 秒=□ 分=□ 時間
(2) 45 分 30 秒+20 分 45 秒=□ 時間□ 分□ 秒
(3) 1.5 時間×3=□ 分

とき方

(1) 60 秒=1 分，60 分=1 時間 なので，
　　1800 秒は，1800÷60=30 (分)
　　30 分は，30÷60=0.5 (時間)

（わり進むわり算 164 ページ）

(2) 同じ単位どうしで計算します。
　　45 分 30 秒+20 分 45 秒=65 分 75 秒
　　　　　　　　　　　　　　=66 分 15 秒
　　　　　　　　　　　　　　=1 時間 6 分 15 秒

60 秒=1 分 なので，
分にくり上げる
60 分=1 時間 なので，
時間にくり上げる

(3) 1.5 時間×3=4.5 時間
　　1 時間=60 分 なので，4.5×60=270 (分)

（小数×整数 137 ページ）

別のとき方

(3) 1.5 時間は 1.5×60=90 (分)
　　90×3=270 (分)

答え (1) 30, 0.5　(2) 1, 6, 15　(3) 270

練習問題 23

答え→別さつ 66 ページ

次の □ にあてはまる数を求めましょう。
(1) 0.7 時間=□ 分=□ 秒
(2) 6480 秒=□ 分=□ 時間
(3) 1 時間 22 分 42 秒+1 時間 37 分 18 秒=□ 時間
(4) 2 時間 35 分 40 秒+1 時間 50 分 25 秒=□ 時間□ 分□ 秒
(5) 2.4 時間×2=□ 分
(6) 3.9 分×3=□ 秒

生まれてからどれくらい時間がたった？

右のような単位の関係をもとにすれば，生まれてからどれくらいの時間がたったか計算できます。まずは1日，1年の時間を調べてみましょう。

| 1分＝60秒 |
| 1時間＝60分 |
| 1日＝24時間 |
| 1年＝365日 |

●1日は？

1時間＝60分，1日＝24時間　なので，

1日は，60×24＝1440（分）

1分＝60秒　なので，

1日は，1440×60＝8万6400（秒）

※うるう年は1年＝366日ですが，ここでは1年＝365日として考えます。

●1年は？

1日＝24時間，1年＝365日　なので，

1年は，24×365＝8760（時間）

1時間＝60分　なので，

1年は，8760×60＝52万5600（分）

1分＝60秒　なので，

1年は，52万5600×60＝3153万6000（秒）

分や秒になおすとこんなに大きな数になるんだ！

●10才では？

10才のたん生日で生まれてから10年たったことになります。

10年は，365×10＝3650（日）

8760×10＝87600（時間）

52万5600×10＝525万6000（分）

3153万6000秒×10＝3億1536万0000（秒）

100才まで生きたらさらに10倍の時間になるね。

237

力をためす問題

答え → 別さつ 66 ページ

1 → 例題17

今の時こくは，午前8時10分です。次の時間や時こくを求めましょう。

(1) 午前9時までの時間

(2) 午前11時10分までの時間

(3) 35分後の時こく

(4) 1時間前の時こく

2 → 例題18

□にあてはまる数を求めましょう。

(1) 240分=□時間

(2) 1時間40分=□分

(3) 380分=□時間□分

(4) 185秒=□分□秒

(5) 12分55秒=□秒

(6) 3130秒=□分□秒

3 → 例題18

□にあてはまる単位を答えましょう。

(1) おふろに入っていた時間……20□

(2) 顔をあらっていた時間………30□

(3) 夜，ねていた時間…………… 9□

4 → 例題19

れいらさんは，午後1時30分から午後4時45分まで博物館でイベントに参加しました。れいらさんが博物館にいた時間は何時間何分ですか。

5 → 例題20

はやとさんは，午前9時25分に公園に着き，1時間43分後に公園を出ました。公園を出た時こくは何時何分ですか。

6 → 例題21

そらさんは，ビデオを1時間28分見て，午前11時12分に見終わりました。ビデオを見始めた時こくは何時何分ですか。

第2編

第1章
使った式
□を

第2章
変わり方

第3章
単位
はかり方と

7 しゅんたさんは，午前に1時間10分，午後に55分読書をしました。読書をした時間は，合わせて何時間何分ですか。
→例題22

8 よしのさんは午前8時22分に学校に着き，午後3時46分に学校を出ました。学校にいた時間は何時間何分ですか。
→例題19

9 次の □ にあてはまる数を求めましょう。
ちょいムズ
→例題23
(1) 1.5 時間=□ 分=□ 秒
(2) 1時間35分45秒+55分25秒=□ 時間□ 分□ 秒
(3) 3.5 分×25=□ 時間□ 分□ 秒

10 こはるさんは，店に買い物に行きました。家を出て，5分歩いてバスていに行きました。バスていで3分まって，バスに乗りました。バスに15分乗って，店の近くのバスていでバスをおりました。そこから7分歩いて店に着きました。店に着いたのは，午前10時55分でした。こはるさんが家を出たのは何時何分ですか。
ちょいムズ
→例題21

家　バスてい　　　　バスてい　店

11 かずやさんが，調べものに出かけました。午後2時30分に家を出て，公民館まで12分歩いて行き，そこで30分，調べものをしました。次に，23分歩いて図書館へ行き，調べものをしました。そのあと，18分歩いて家に帰りました。家に帰ったのは，午後4時38分でした。
ちょいムズ
→例題19・21

公民館
家
図書館

(1) 図書館で調べものをしていた時間は，何分ですか。
(2) 調べものの時間と歩く時間はこのままで，午後4時までに家に帰るには，家をおそくても何時何分に出なくてはいけませんでしたか。

② 長 さ

229 ページ 2

例題 24　長さのはかり方　2年 3年

次のものさしやまきじゃくの目もりを読みましょう。

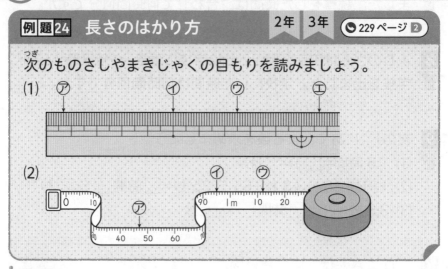

とき方

(1) ㋐は 1 mm が 7 こ分なので，7 mm

　　㋑は 1 cm が 5 こ分なので，5 cm

　　㋒は 1 cm が 7 こ分と 1 mm が 5 こ分なので，7 cm 5 mm

　　㋓は 1 cm が 10 こ分と 1 mm が 7 こ分なので，10 cm 7 mm

(2) いちばん小さい 1 目もりは 1 cm です。

　　㋐は 40 cm から 1 cm の目もりが 7 こ分なので，47 cm

　　㋑は 90 cm から 1 cm の目もりが 5 こ分なので，95 cm

　　㋒は 1 m 10 cm から 1 cm の目もりが 2 こ分なので，1 m 12 cm

答え　(1)㋐ 7 mm　㋑ 5 cm　㋒ 7 cm 5 mm　㋓ 10 cm 7 mm

　　　　(2)㋐ 47 cm　㋑ 95 cm　㋒ 1 m 12 cm

練習問題 24

答え → 別さつ 68 ページ

次のものさしやまきじゃくの目もりを読みましょう。

(1)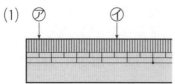

(2)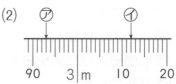

例題25 長さの単位 `2年` `3年` `🕐229ページ 2`

□にあてはまる数を求めましょう。

(1) 5 cm=□ mm
(2) 3 cm 9 mm=□ mm
(3) 703 mm=□ cm □ mm
(4) 803 cm=□ m □ cm
(5) 9050 m=□ km □ m
(6) 4 km 3 m=□ m

とき方

単位の関係を表した表を使って求めましょう。

(1)
cm			→		mm	
5				5	0	

ポイント
1 cm＝10 mm
1 m＝100 cm
1 km＝1000 m

(2)
cm	mm	→		mm
3	9		3	9

(3)
		mm	→		cm	mm
7	0	3		7	0	3

(4)
	cm	→	m	cm
8	0 3		8	3

(5)
			m	→	km		m
9	0	5	0		9	5	0

(6)
km		m	→				m
4		3		4	0	0	3

🚩 **答え** (1) 50 (2) 39 (3) 70, 3 (4) 8, 3 (5) 9, 50 (6) 4003

練習問題 25

答え → 別さつ 68 ページ

(1) □にあてはまる数を求めましょう。

① 80 mm=□ cm
② 41 mm=□ cm □ mm
③ 15 cm 6 mm=□ mm
④ 2 m 9 cm=□ cm
⑤ 7 km 5 m=□ m
⑥ 3010 m=□ km □ m

(2) □□□にあてはまる長さの単位を入れましょう。

① 運動会で走る長さ………50 □□□
② ふうとうの横の長さ……12 □□□
③ ノートのあつさ………… 3 □□□
④ 家から駅までの道のり… 2 □□□

第2編

第1章
使った式 □を

第2章
変わり方

第3章
単位 はかり方と

例題26 道のりときょり

3年 ● 229ページ 2 241ページ 例題25

右のような地図があります。

(1) 学校から公園までのきょりは
　　何 m ですか。

(2) 学校から公園までの道のりは
　　何 km 何 m ですか。

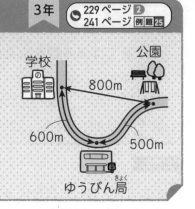

とき方

(1) まっすぐにはかった長さを**きょり**と
　　いいます。
　　地図から，学校と公園のきょりは，
　　800 m です。

(2) 道にそってはかった長さを**道のり**と
　　いいます。
　　地図から，学校から公園までの道の
　　りは，学校からゆうびん局を通って公園まで行く道の長さです。
　　600 m+500 m=1100 m
　　1 km=1000 m なので，1100 m=1 km 100 m

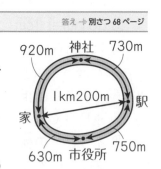

答え (1) 800 m (2) 1 km 100 m

練習問題 26

答え ✛ 別さつ 68 ページ

右のような地図があります。

(1) 家から駅までのきょりは何 km 何 m で
　　すか。

(2) 家から神社を通って駅まで行く道のり
　　は，何 km 何 m ですか。

(3) 家から市役所を通って駅まで行く道の
　　りは，何 km 何 m ですか。

例題 27 長さの計算 〔2年〕〔3年〕 🔊 241 ページ 例題 25

次の長さの計算をしましょう。

(1) 6 cm 5 mm+2 cm

(2) 12 cm 8 mm−7 cm 9 mm

(3) 3 km 300 m+1 km 750 m

(4) 4 km 30 m−2 km 340 m

とき方

同じ単位どうしで計算します。筆算でも計算できます。

(1) 6 cm 5 mm+2 cm=8 cm 5 mm

(2) 12 cm 8 mm −7 cm 9 mm
ひけない
↓ 1cm=10 mm なので，mm に 10 mm をくり下げる
11 cm 18 mm−7 cm 9 mm=4 cm 9 mm

(3) 3 km 300 m+1 km 750 m=4 km 1050 m
=5 km 50 m

(4) 4 km 30 m−2 km 340 m
↓ 1 km=1000 m なので，m に 1000 m をくり下げる
=3 km 1030 m−2 km 340 m=1 km 690 m

> くわしく 筆算で計算する こともできます。
>
> (1)　　6 cm 5 mm
> 　　+2 cm
> 　　　8 cm 5 mm
>
> 　　　11　　18
> (2)　12 cm 8 mm
> 　−　7 cm 9 mm
> 　　　4 cm 9 mm

別のとき方

1つの単位にそろえて，計算します。

(1) 6 cm 5 mm+2 cm → 65 mm+20 mm=85 mm → 8 cm 5 mm

(2) 12 cm 8 mm−7 cm 9 mm → 128 mm−79 mm=49 mm → 4 cm 9 mm

(3) 3 km 300 m+1 km 750 m → 3300 m+1750 m=5050 m → 5 km 50 m

(4) 4 km 30 m−2 km 340 m → 4030 m−2340 m=1690 m → 1 km 690 m

答え

(1) 8 cm 5 mm　(2) 4 cm 9 mm　(3) 5 km 50 m　(4) 1 km 690 m

練習問題 27

答え 別さつ 68 ページ

次の長さの計算をしましょう。

(1) 54 cm 7 mm+49 cm 3 mm

(2) 17 cm 4 mm−12 cm 5 mm

(3) 3 km 70 m+410 m

(4) 2 km 650 m−1 km 720 m

(5) 15 km 2 m−8 km 450 m

(6) 4 km 730 m+8 km 810 m

[例][題]28 長さの文章題 2年 3年 243ページ [例][題]27

さやかさんの家から学校までの道のりは 1470 m，るいかさんの家から学校までの道のりは 1 km 920 m です。
(1) 家から学校までの道のりは，どちらが何 m 遠いですか。
(2) さやかさんの家から学校の前を通って，るいかさんの家まで行く道のりは何 km 何 m ですか。

とき方

(1)「どちらが何 m 遠いか」なので，ひき算で求めます。
1 km 920 m=1920 m で，1920 m＞1470 m なので，
1920 m−1470 m=450 m

(2) たし算で求めます。
さやかさんの家から学校までの道のりが 1470 m，学校からるいかさんの家までの道のりが 1920 m なので
1470 m+1920 m=3390 m=3 km 390 m

ポイント **たしたり，ひいたりするときは，同じ単位の数どうしで計算する。**

答え (1) るいかさんの家からのほうが 450 m 遠い。
(2) 3 km 390 m

練習問題 28 答え ➡ 別さつ 68 ページ

けいさんの家から駅へ行く道が，右の図のように㋐～㋒の3通りあります。
(1) 家から駅へ行くとき，いちばん近い道はどれですか。記号で答えましょう。
(2) ゆうびん局の前を通っていく㋒と，病院の前を通っていく㋐とでは，どちらが何 m 近いですか。

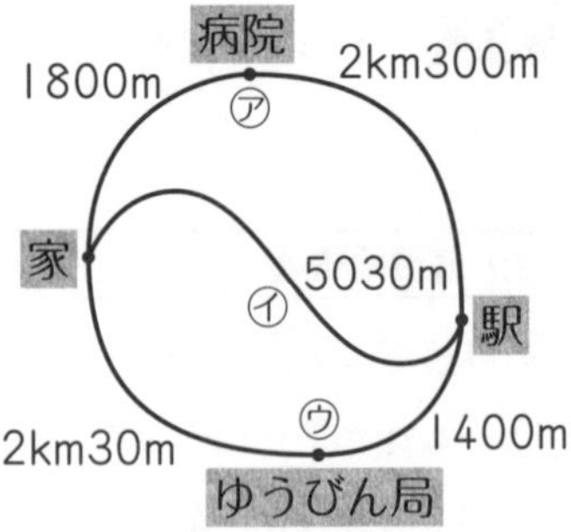
病院
1800m
2km300m
㋐
家
5030m
㋑
駅
㋒
2km30m
1400m
ゆうびん局

例題29 重なりに目をつける問題 3年

243ページ 例題27

下のように，1m50cmのテープに，80cmのテープをつなぎました。つなぎ目の長さは10cmです。テープ全体の長さは何m何cmですか。

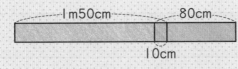

とき方

つなぎ目で重なっている部分を一方からひきます。

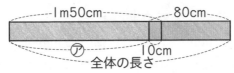

図から，㋐の長さは，1m50cm−10cm=1m40cm

㋐+80cm=全体の長さ なので，

1m40cm+80cm=1m120cm
　　　　　　　　=2m20cm

くわしく
80cmのテープからつなぎ目（10cm）をひいてもかまいません。

別のとき方

2本のテープの長さの合計から，つなぎ目の長さをひきます。

1m50cm+80cm=1m130cm
　　　　　　　　=2m30cm

2m30cm−10cm=2m20cm

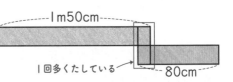

1回多くたしている

答え　2m20cm

練習問題29

答え → 別さつ68ページ

1m25cmのテープに1m75cmのテープをつなぎました。全体の長さを2m85cmにするには，つなぎ目の長さを何cmにすればよいですか。

力をためす問題

答え→別さつ69ページ

1 次のものさしとまきじゃくの㋐〜㋜の目もりを読みましょう。

→例題24

(1)

(2)

2 □にあてはまる数を求めましょう。

→例題25

(1) 12 cm＝□ mm

(2) 65 mm＝□ cm□ mm

(3) 419 mm＝□ cm□ mm

(4) 901 cm＝□ m□ cm

(5) 5 km 2 m＝□ m

(6) 7105 m＝□ km□ m

3 □にあてはまる長さの単位（mm，cm，m，km）を入れましょう。

→例題25

(1) 7□＝70□

(2) 400□＝4□

(3) 0.5□＝50□

(4) 0.3□＝30000□

小数 136ページ

4 次の長さの計算をしましょう。

→例題27

(1) 45 cm＋18 cm 5 mm

(2) 72 cm 8 mm＋18 cm 9 mm

(3) 750 m＋600 m

(4) 846 m－258 m

(5) 19 km 280 m＋34 km 120 m

(6) 16 km 32 m－8 km 920 m

5 次の計算をして，（　）の中の単位で表しましょう。

→例題27

(1) 500 m＋700 m（km）

(2) 80 cm＋500 mm（m）

(3) 4000 m＋2 km 300 m（m）

(4) 5.8 m＋3600 cm（m）

(5) 1 km 40 m－360 m（m）

(6) 1800 m－600 m（km）

(7) 3 m－206 cm（cm）

(8) 7.4 cm－36 mm（cm）

6 右の地図を見て，次の問いに答えましょう。

→例題 26・28

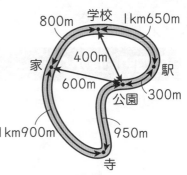

(1) 家から公園までのきょりは，何 m ですか。

(2) 家から学校を通って，駅へ行くとき，道のりは何 km 何 m ですか。

(3) 家から公園へ行きます。
家—学校—駅—公園の道のり**ア**と，家—寺—公園の道のり**イ**とでは，どちらがどれだけ短いですか。

7 下の図は，新大阪駅を中心にした，新幹線の駅の間の長さを表したものです。

ちょいムズ
→例題 28・29

(1) 名古屋から岡山までは何 km ですか。

(2) 京都から名古屋までは何 km ですか。

(3) 広島から新神戸までは何 km ですか。

8 右の図のように，たつきさんの家から市役所までの道のりは 1 km 600 m，博物館から駅までの道のりは 2 km 100 m です。
博物館から市役所までの道のりは，何 m ですか。

ちょいムズ
→例題 26・29

```
     ┌──── 3km200m ────┐
  ┌ 1km600m ┬ 2km100m ┐
家 ├─────────┼─────────┤ 駅
        博       市
        物       役
        館       所
```

③ 重　さ

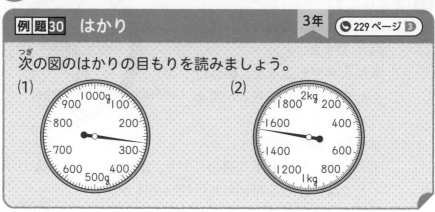

| 例題30　はかり | 3年 | 🕐 229 ページ ③ |

次の図のはかりの目もりを読みましょう。

(1)　(2)

とき方

1 目もりの大きさを求めて，目もりを読みます。

(1)　いちばん大きい目もりは 100g，いちばん小さい目もりは 10g です。200g と 10g の目もり 7つ分なので，270g です。

> **ポイント** 目もりと目もりの間を何等分しているかに注目！

(2)　 いちばん大きい目もりは 100g，いちばん小さい目もりは 10g です。1500g と 10g の目もり 5つ分なので，1550g です。

答え　(1) 270g　(2) 1550g（1kg 550g）

練習問題 30　　　答え ➡ 別さつ 69 ページ

次の図のはかりの目もりを読みましょう。

(1)　(2)

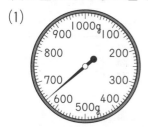

例題 31　重さの単位

3年　🕐229ページ 3

□にあてはまる数を求めましょう。

(1) 5 kg=□g

(2) 3 kg 200 g=□g

(3) 8 kg 70 g=□g

(4) 4608 g=□kg□g

(5) 7020 g=□kg□g

(6) 9000 kg=□t

とき方

単位の関係を表した表を使って求めましょう。

(1)
kg			
5			

→

			g
5	0	0	0

(2)
kg		g	
3	2	0	0

→

			g
3	2	0	0

(3)
kg		g	
8		7	0

→

			g
8	0	7	0

(4)
			g
4	6	0	8

→

kg			g
4	6	0	8

(5)
			g
7	0	2	0

→

kg			g
7		2	0

(6)
			kg
9	0	0	0

→

t			
9			

ポイント
1 kg=1000 g
1 t=1000 kg

tとkgの関係は、kgとgの関係と同じで、どちらも1000倍だね。

答え (1) 5000　(2) 3200　(3) 8070　(4) 4, 608　(5) 7, 20

(6) 9

練習問題 31

答え ➡ 別さつ70ページ

(1) □にあてはまる数を求めましょう。

① 7 kg 40 g=□g

② 5608 g=□kg□g

③ 2085 kg=□t□kg

④ 6 t 320 kg=□kg

(2) □にあてはまる重さの単位を入れましょう。

① 子犬の体重 ……………………………………………… 2□

② 1円玉2まいの重さ …………………………………… 2□

③ 小がたトラック1台の荷物の重さ ………………… 2□

右側余白:
第2編

第1章 □を使った式

第2章 変わり方

第3章 単位とはかり方

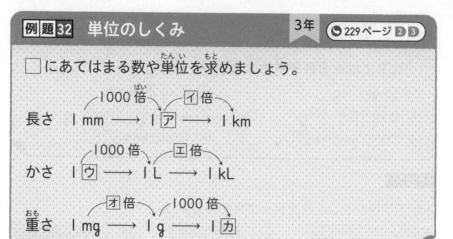

例題32 単位のしくみ   **3年**   🔊 229ページ **2 3**

□にあてはまる数や単位を求めましょう。

長さ   1mm ⟶ 1 ア ⟶ 1km

かさ   1 ウ ⟶ 1L ⟶ 1kL

重さ   1mg ⟶ 1g ⟶ 1 カ

とき方

長さ・かさ・重さの単位をまとめて考えます。

長さ   1m=1000mm   1km=1000m ⟶ 1mm ⟶ 1m ⟶ 1km

かさ   1L=1000mL   1kL=1000L ←キロリットルという⟶ 1mL ⟶ 1L ⟶ 1kL

重さ   1g=1000mg   ミリグラムという   1kg=1000g ⟶ 1mg ⟶ 1g ⟶ 1kg

> **ポイント**
> ・1mmや1mLや1mgのようにm（ミリ）がつくものを，1000倍すると，「m」がとれて1mや1Lや1gになります。
> ・1mや1Lや1gを1000倍すると，k（キロ）がついて，1kmや1kLや1kgになります。

答え ア m イ 1000 ウ mL エ 1000 オ 1000 カ kg

練習問題 **32**   答え → 別さつ70ページ

□にあてはまる数を求めましょう。

(1) 8m=□mm   (2) 3000m=□km

(3) 5L=□mL   (4) 2000g=□kg

第2編

第1章 □を
使った式

第2章
変わり方

第3章 はかり方と
単位

例題 33　重さの計算

3年　🕐 249 ページ 例題31

(1) 重さ 520 g のかごに，みかんをいっぱい入れてはかったら，4 kg 150 g ありました。みかんだけの重さは何 kg 何 g ですか。

(2) 重さ 200 g の果物を 80 g のお皿に乗せます。これを 10 こつくると，全部の重さは何 kg 何 g ですか。

とき方

わからない数を □ として，ことばの式で表して考えます。

(1) かごの重さ ＋ みかんの重さ ＝ 全体の重さ

　　520 g　　＋　　□　　＝ 4 kg 150 g　　📖 □を使った式　202 ページ

　□＝4 kg 150 g－520 g
　　＝4150 g－520 g
　　＝3630 g＝3 kg 630 g

(2) (果物の重さ ＋ お皿の重さ)× 10 こ分 ＝ 全部の重さ

　(　200 g　＋　　80 g　)×　10　＝　□

　　　　　　　280 g　　　　×　10　＝　□

　□＝280 g×10
　　＝2800 g＝2 kg 800 g

答え

(1) 3 kg 630 g　(2) 2 kg 800 g

練習問題 33

答え ➡ 別さつ 70 ページ

(1) 重さ 240 g のかごにりんごを 4 kg 860 g 入れました。全体の重さは何 kg 何 g ですか。

(2) おかしが入った箱が 10 箱あります。ゆうかさんがそのうちの 1 箱の重さをはかると 600 g でした。また，1 箱のおかしを食べてから，箱だけの重さをはかったら，35 g でした。10 箱分のおかしだけの重さは，何 g になりますか。

力をためす問題

答え ➔ 別さつ 70 ページ

1　次の図のはかりの目もりを読みましょう。

➔例題 30

(1)

(2)

2　□ にあてはまる数を求めましょう。

➔例題 31

(1) 8 kg=□ g

(2) 7400 g=□ kg □ g

(3) 1 kg 30 g=□ g

(4) 2 t 400 kg=□ kg

(5) 10800 kg=□ t □ kg

(6) 4035 g=□ kg □ g

3　次の重さを,（　）の中の単位で表しましょう。

ちょいムズ ➔例題 31

(1) 5.3 kg (g)

(2) 4 t 30 kg (kg)

(3) 2040 g (kg)

(4) 8 t 90 kg (t)

小数 136 ページ

4　次の図の □ にあてはまる数や単位を入れましょう。

ちょいムズ ➔例題 32

(1)

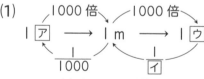

(2)

1000 倍　　　　　イ 倍

1 g ⟶ 1 kg ⟶ 1 t

1/ア　　　　　1/ウ

(3) 5.4 L=□ mL

(4) 2.8 km=□ m

5　りんごをかごに入れて重さをはかったら, 2 kg 500 g でした。

➔例題 33

かごの重さは 300 g です。りんごの重さは何 kg 何 g ですか。

第2編
第1章 □を使った式
第2章 変わり方
第3章 はかり方と単位

6 さとう 10 kg を 20 このふくろに，同じ重さに分けます。1ふくろに何 g 入れればよいですか。
→例題33

ちょいムズ **7** 次の計算をして，(　)の中の単位で表しましょう。
→例題33

(1) 4 kg 600 g+2 kg 500 g (g)
(2) 4 t 760 kg+3028 kg (t と kg)
(3) 7 t−3 t 400 kg (kg)
(4) 8 kg 10 g−7 kg 300 g (g)

ちょいムズ **8** もものかんづめの重さをはかると，0.98 kg でした。かんだけの重さは 158 g です。かんづめの中身(なかみ)は何 g ですか。
→例題33

ちょいムズ **9** たくみさんの体重(たいじゅう)は 30 kg 500 g です。妹は，たくみさんより 8 kg 軽(かる)いそうです。その妹が犬をだいて体重計に乗(の)ったら，体重計は，24 kg 900 g をさしました。犬の体重は何 kg 何 g ですか。
→例題33

ちょいムズ **10** 重さのちがう白い皿(さら)と赤い皿があります。
→例題33

(1) 白い皿に，りんご 1 ことバナナ 1 本をのせてはかったら，下のようになりました。りんご，バナナ，白い皿の重さをそれぞれ求めましょう。

㋐

480g

㋑

350g

㋒

660g

(2) 赤い皿に，同じ重さのかき 2 ことぶどう 1 ふさをのせてはかったら，下のようになりました。かき 1 こ，ぶどう 1 ふさ，赤い皿の重さをそれぞれ求めましょう。

㋓

440g

㋔

460g

㋕

620g

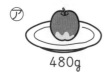

重さの単位はどうやって決まったの？

●水１Lの重さ

もともとは，水１Lの重さを１kgと決めていました。
しかし，水は温度などが変わると，体積（かさ）が変わ
るので，体積が変わりにくい金ぞくにおきかえること
になりました。

●キログラム原器

[国立研究開発法人
産業技術総合研究所 提供]

1889年に，金ぞくの分どうの重さを１kgと決
めました。
これを「国際キログラム原器」といいます。
国際キログラム原器は世界に１つだけで，フ
ランスにあります。このふくせい（コピー）は
40こほどつくられて，いろいろな国に配ら
れました。
日本にも送られたキログラム原器は，茨城県
の産業技術総合研究所にほかんされています。

二重のガラスで
守られているね。

●新しい１kgの決め方

キログラム原器はきびしくほかんされてきましたが，よごれなどでわず
かに重さが変わっていることがわかりました。
もとになる重さが変わると大変なので，約130年ぶりに１kgの決め方
を変えることになりました。
2019年５月からキログラム原器は役目を終えて，「プランク定数」とい
う数をもとにして，１kgを決めることになりました。

第**3**編

図　形

図　形

1 タロを散歩につれて行きたいんだけど，どっちの公園がいいかな？

いっぱい走り回りたい！

走り回るなら広い公園の方がいいね！どっちが広いのかな？

30m
40m 北公園
50m
20m 東公園

2 広さは面積を求めてくらべることができるのよ。

めんせき??

3 面積は広さを数で表したもののことよ。

1辺の長さが1mの正方形の面積を1m²（平方メートル）というの。

1m
1m 1m²

4 長方形の面積はたてと横の長さをかけて求めることができるわ。

30m
40m 北公園
50m
20m 東公園

40×30=1200(㎡)　　20×50=1000(㎡)

北公園は1200 m²，東公園は1000 m²だから，北公園の方が広いね。

数で表せば，どっちが広いかがはっきりわかるね。

5 北公園へレッツゴー！

オ～!!

6 北公園

広いけどわんちゃんいっぱい…。

ワッワン　……　ワッワン

第1章 円と球

❶ 円を知り，どんな形かを理かいしましょう。
❷ コンパスを使って，円をかいたり，長さをうつしたりしましょう。
❸ 球を知り，どんな形かを理かいしましょう。

◎ 学習のまとめ

1 円

→ 例題 1・2

▶ 1つの点から決まった長さにある点をつないだ形を**円**といいます。

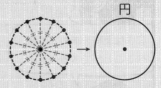

▶ **中心**…円の真ん中の点
半径…中心から円のまわりにひいた**直線**
← まっすぐな線

直径…中心を通って，円のまわりからまわりまでひいた直線

▶ 半径は1つの円の中に何本もあります。
直径は1つの円の中に何本もあります。

半径　　直径

▶ 直径の長さは，半径の長さの2**倍**です。

2 球

→ 例題 4

▶ どこから見ても円に見える形を**球**といいます。

▶ 球はどこで切っても，切り口は円になり，半分に切ったとき，切り口の円はいちばん大きくなります。

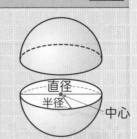

▶ 半分に切ったときの，切り口の円の中心，半径，直径を，球の**中心**，**半径**，**直径**といいます。

第3編

第1章
円と球

第2章
角の大きさ

第3章
三角形と四角形

第4章
面積

第5章
直方体と立方体

例題1 直径と半径 3年 📞258ページ①

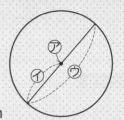

右の円について答えましょう。

(1) ⑦の点を何といいますか。

(2) ⑦の直線を何といいますか。

(3) ⑦の直線を何といいますか。

(4) ⑦の長さは 3 cm です。⑦の長さは何 cm ですか。

とき方

(1) 円の真ん中の点を**中心**といいます。

(2) 中心から円のまわりにひいた直線を**半径**といいます。

(3) 中心を通って，円のまわりからまわりまでひいた直線を**直径**といいます。

(4) 直径の長さは，半径の長さの2倍です。

半径が 3 cm なので，直径はその2倍の 6 cm です。

答え (1) 中心 (2) 半径 (3) 直径 (4) 6 cm

練習問題① 答え → 別さつ72ページ

(1) 右の円について答えましょう。

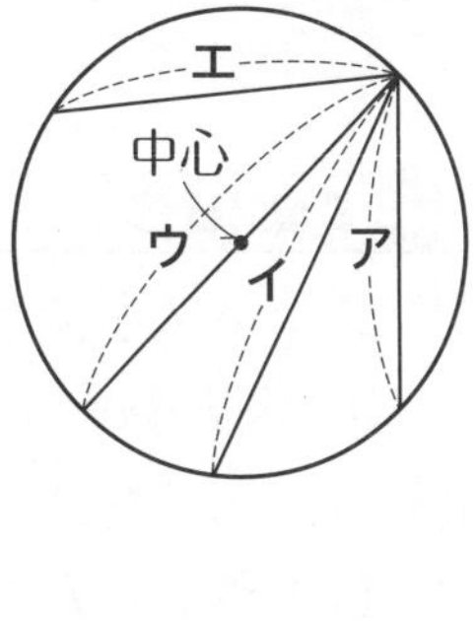

① **ア〜エ**のうち，いちばん長い直線はどれですか。

② **ウ**の直線は，円の何といいますか。

(2) 次の ☐ にあてはまる数を答えましょう。

① 半径 5 cm の円の直径は ☐ cm です。

② 半径 ☐ cm の円の直径は 8 cm です。

③ 右の図は，同じ大きさの円をならべたものです。

アからイまでの長さは ☐ cm です。

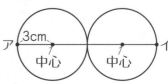

例題 2 円のかき方

3年 🕐 258ページ ①

コンパスを使って，次の円をかきましょう。
(1) 半径 2 cm
(2) 直径 8 cm

とき方

円の半径の長さにコンパスを開きます。

(1) 半径 2 cm

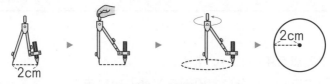

① 2cmの長さに
コンパスを開く
② 中心を決めて，
はりをさす
③ ひとまわりさせる

(2) 直径 8 cm なので，半径は 4 cm です。

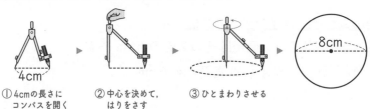

① 4cmの長さに
コンパスを開く
② 中心を決めて，
はりをさす
③ ひとまわりさせる

答え 省りゃく

練習問題 2

答え ┄→ 別さつ 72 ページ

(1) コンパスを使って，次の円をかきましょう。
　① 半径 3 cm
　② 直径 10 cm

(2) コンパスを使って，右のもようをかきま
しょう。ただし，図の円の直径は 4 cm
で，アはその中心です。

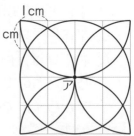

第3編

第1章
円と球

第2章
角の大きさ

第3章
三角形と
四角形

第4章
面積

第5章
直方体と
立方体

 例題 3　コンパスの使い方　3年　📞260ページ 例題 2

次の三角形のまわりの長さと，直線の長さはどちらが長いですか。コンパスを使ってくらべましょう。

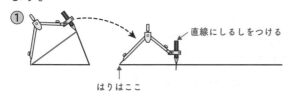

とき方

三角形のそれぞれの辺の長さにコンパスを開き，それを直線にうつします。

① 直線にしるしをつける

はりはここ

② 直線にしるしをつける

はりはここ

ものさしではからなくても，長さをくらべることができるんだね。

③ 直線にしるしをつける

三角形のまわりの長さ

まだ残っているので，直線の方が長い

答え　直線の方が長い。

練習問題 3　答え → 別さつ 72 ページ

次の**ア**，**イ**の線はどちらが長いですか。コンパスを使ってくらべましょう。

ア

イ

例題4 球

3年 258ページ [2]

右の図は，球(きゅう)をちょうど半分に切った形です。

⑴ ㋐の点を何といいますか。

⑵ ㋑の直線を何といいますか。

⑶ ㋒の直線を何といいますか。

⑷ ㋒の長さが 10 cm のとき，㋑の長さは何 cm ですか。

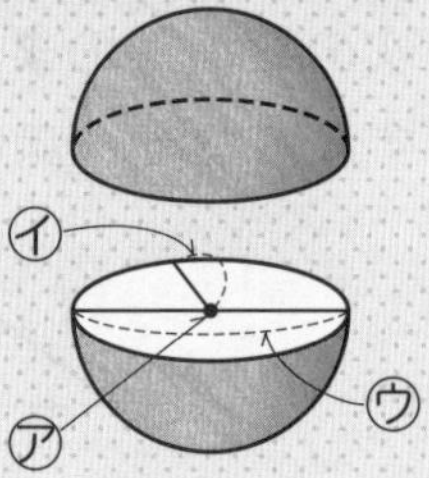

とき方

球をちょうど半分に切ったとき，切り口は円になっています。

⑴ 切り口の円の中心を**球の中心**といいます。

⑵ 切り口の円の半径(はんけい)を**球の半径**といいます。

⑶ 切り口の円の直径(ちょっけい)を**球の直径**といいます。

⑷ 球の直径の長さは，球の半径の長さの2倍(ばい)です。

㋒の長さは 10 cm なので，㋑の長さはその半分で 5 cm です。

答え ⑴ (球の)中心　⑵ (球の)半径　⑶ (球の)直径　⑷ 5 cm

練習問題4

答え → 別さつ72ページ

⑴ 次(つぎ)の図は，同じ球の切り口の形を表(あらわ)しています。下の問(と)いに答えましょう。

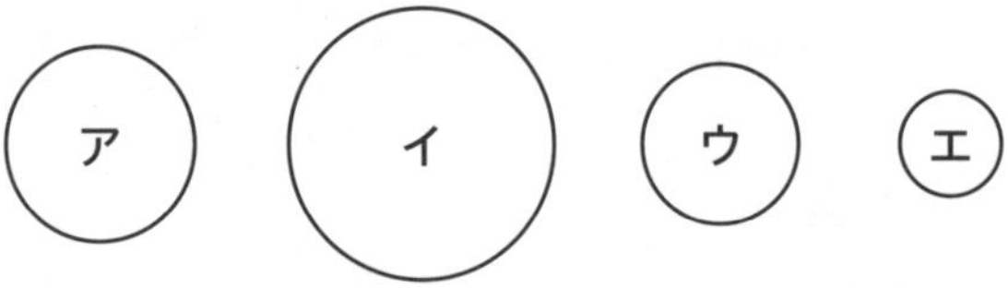

① 球の中心にいちばん近いところで切ったものはどれですか。

② 球の中心からいちばんはなれて切ったものはどれですか。

⑵ 右のような球があります。
球の半径は何 cm ですか。

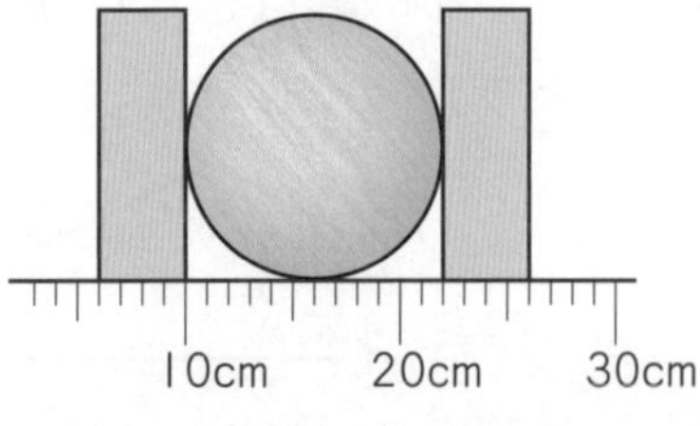

星の直径はどれくらい？

太陽
139万2000km

星はとっても大きな球だよ。

金星
1万2104km

水星
4879km

木星
14万2984km

地球
月 3476km
1万2756km

火星
6792km

土星
12万536km

地球が小さく見えるね。

力を ためす 問題

答え → 別さつ 73 ページ

1 右の図のように，大きな円の中に小さな
→例題1 円が2つぴったりと入っています。
(1) 小さい円の直径は何 cm ですか。
(2) 大きい円の直径は何 cm ですか。

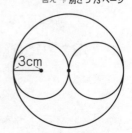

2 右の図のように，直径が 7 cm の円を
→例題1 4つ，ぴったりとくっつけてならべま
した。図のア，イ，ウ，エの点を結んで
できる四角形のまわりの長さは，何 cm
ですか。

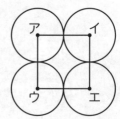

3 右の図のように，直径 12 cm で中心が
→例題1 アの円の中に，直径 8 cm で中心がイ
の円が入っています。
アからイまでの長さは何 cm ですか。

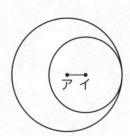

4 コンパスを使って，右のもようをかき
→例題2 ましょう。

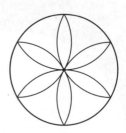

5 右の図は，円を組み合わせてかいたも
ちょいムズ
→例題1 ようです。いちばん大きい円の直径を
求めましょう。

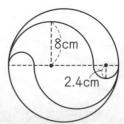

第3編

第1章
円と球

第2章
角の大きさ

第3章
三角形と四角形

第4章
面積

第5章
直方体と立方体

 6 右の図のように，大きな円の中に同じ
→例題1 半径（はんけい）の円が7つ入っています。
大きな円の半径は 25.5 cm です。中に
ある円の直径，半径はそれぞれ何 cm
ですか。

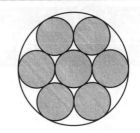

7 次（つぎ）の三角形と四角形のまわりの長さは，どちらが長いですか。
→例題3 コンパスと下の直線を使ってくらべましょう。

 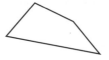

 8 右のように，直径 4 cm のボールが
→例題4 8こ，箱（はこ）にぴったり入っています。
この箱のたてと横（よこ）の長さを求めまし
ょう。

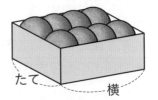

たて 　 横

 9 右の図のようなつつに，直径 4 cm のボールを
→例題4 青色・黄色・白色の順（じゅん）にくり返（かえ）して入れてい
ます。ボールはたてにまっすぐ積（つ）み上がります。
最後（さいご）に入れるボールの色は何色ですか。

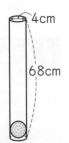

4cm

68cm

第2章 角の大きさ

この章の目標

① 分度器を使った角の大きさのはかり方や角のかき方を覚えましょう。
② 角の大きさを計算で求める方法を理かいしましょう。
③ 三角じょうぎを組み合わせたときの角の大きさの求め方を理かいしましょう。

◎ 学習のまとめ

1 角

→ 例題 5·6

▶ 1つの点から出ている2本の直線がつくる形を
角といいます。

▶ 1つの点を頂点，2本の直線を辺といいます。

2 角の大きさ

→ 例題 5·6·8·9·11

▶ 角の辺の開き具合を，**角の大きさ**または**角度**といいます。

▶ 角の大きさをはかるには，**分度器**を使
います。

▶ 直角を90に等分した1つ分の大きさ
を**1度**といい **1°** と書きます。

いちばん小さい
1目もりが1°

▶ 直角1つ分の大きさを**1直角**といいます。

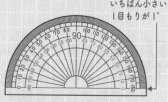

3 三角じょうぎの角

→ 例題 10

三角じょうぎの角の大きさは
右のようになります。

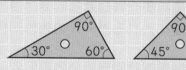

例題 **5** 角の大きさをくらべる   3年 🕐266ページ **1 2**

三角じょうぎを使って角の大きさをくらべ，角が小さい順に，記号を書きましょう。

とき方

左の図のように三角じょうぎをあてると，

ア<イ<エ とわかります。

左の図のように三角じょうぎをあてると，

エ<ウ とわかります。

したがって，**ア<イ<エ<ウ**

> ⚠注意 角の大きさは，辺の開き具合だけで決まります。
> 辺の長さには関係ありません。
>
> 角が大きいのはこちら

答え **ア→イ→エ→ウ**

📝 練習問題 **5**   答え → 別さつ 74 ページ

(1) 右の図の，ア～ウにあてはまることばを
答えましょう。

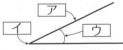

(2) 三角じょうぎを使って角の大きさをくらべ，角が小さい順に，記号を書きましょう。

第3編

第**1**章 円と球

第**2**章 角の大きさ

第**3**章 三角形と四角形

第**4**章 面積

第**5**章 直方体と立方体

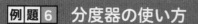

例題 6 分度器の使い方 4年 266ページ 1 2

次の角の大きさを，分度器を使ってはかりましょう。

(1)　　　　　　　　　　(2)

とき方

次のようにしてはかります。
① 分度器の中心を頂点に合わせる。
② 0°の線をかた方の辺に合わせる。
③ もうかた方の辺と重なっている目もりを読む。

ポイント 辺の長さが短いときは辺をのばしてからはかります。

(1)
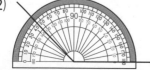
0の線を合わせた方の目もりを読む

(2)

目もりの読みまちがいに注意してね。

答え (1) 50° (2) 135°

練習問題 6

答え → 別さつ74ページ

(1) 次の角の大きさを，分度器を使ってはかりましょう。

①　　　　　②

(2) 分度器を使って角の大きさをはかり，大きい順に記号を書きましょう。

ア　　　　イ　　　　ウ

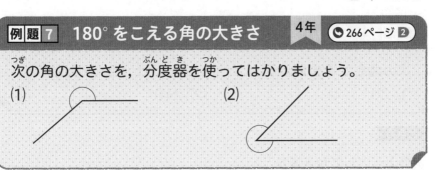

例題 7 180°をこえる角の大きさ | 4年 | ◯266ページ 2

次の角の大きさを，分度器を使ってはかりましょう。

(1)　　　　　　　　　　　　(2)

とき方

180°で分けてはかり，それらを合わせます。

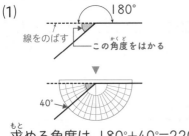

(1)

線をのばす
この角度をはかる
40°

求める角度は，180°+40°=220°

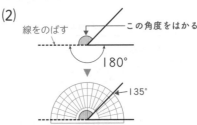

(2)

線をのばす
この角度をはかる
180°
135°

求める角度は，180°+135°=315°

別のとき方

1回転360°のうち，求めない方の角度をはかってひきます。

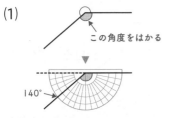

(1)

この角度をはかる
140°

求める角度は，360°−140°=220°

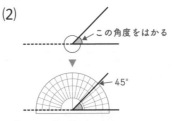

(2)

この角度をはかる
45°

求める角度は，360°−45°=315°

答え (1) 220°　(2) 315°

練習問題 7　　　　　　　　答え ➡ 別さつ**74ページ**

次の角の大きさを，分度器を使ってはかりましょう。

(1)　　　　　　　　　　　　(2)

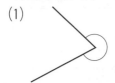

例題 8 角のかき方　4年　📞266ページ 2

次の角をかきましょう。

(1) 80°　　　　　　　　(2) 240°

とき方

次のようにしてかきます。

(1) ① 辺アイをかく。

② 分度器を合わせる。

分度器の中心
をアに
合わせる

0°の線を辺アイに
合わせる

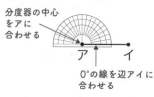

③ 点をうつ。

目もり80°の
ところに点ウ
をうつ

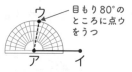

④ 点アと点ウを通る直線をかく。

(2) ① 辺アイをかく。

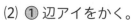

② 240°は180°より60°大きいことを考えて, 分度器を合わせる。

分度器の
中心を
アに
合わせる

0°の線を辺アイに
合わせる。

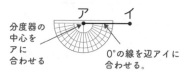

③ 点をうつ。

目もり60°の
ところに点ウ
をうつ

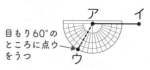

④ 点アと点ウを通る直線をかく。

答え 省りゃく

練習問題 8　　　　　答え → 別さつ75ページ

次の角をかきましょう。

(1) 36°　　　　(2) 70°　　　　(3) 135°

(4) 210°　　　(5) 285°　　　(6) 330°

第3編

第1章
円と球

第2章
角の大きさ

第3章
三角形と
四角形

第4章
面積

第5章
直方体と
立方体

例題 9 角の大きさの求め方 **4年** 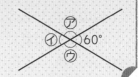 266ページ 2

右の図のように，2本の直線が交わって
います。㋐〜㋒の角度は何度ですか。計
算で求めましょう。

▶ **とき方**

直線（半回転）の角の大きさは 180°になることを利用します。

下の図で，

㋐+60°=180°

㋐=180°−60°

　=120°

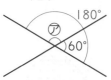

下の図で，

㋐+㋑=180°

㋐は 120°なので，

㋑=180°−120°

　=60°

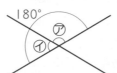

下の図で，

㋒+60°=180°

㋒=180°−60°

　=120°

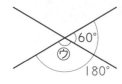

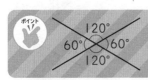

ポイント

2本の直線が交わったとき，
向かい合った角は，等しく
なります。

▶ **答え** ㋐ 120°　㋑ 60°　㋒ 120°

練習問題 9 答え ⇨ 別さつ 75ページ

次の㋐の角度を計算で求めましょう。

(1)

(2)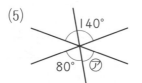

(3)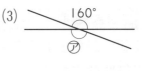

(4)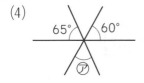

(5)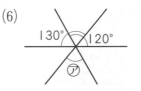

(6)

例題10 三角じょうぎの角

4年 266ページ [B]

１組の三角じょうぎを，下のように組み合わせました。㋐，㋑の角度(かくど)は何度ですか。

(1)

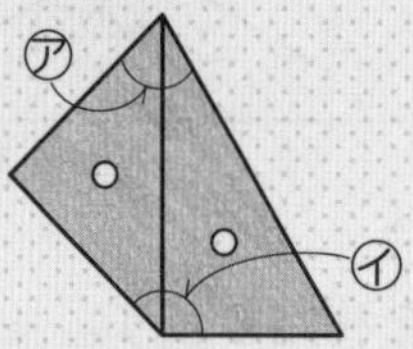

(2)

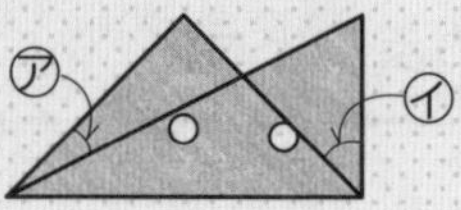

とき方

ポイント **三角じょうぎの角度は，右のようになっています。**

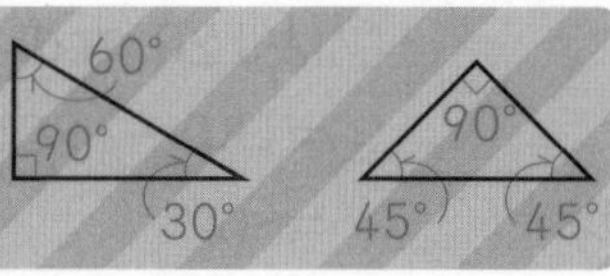

(1) 三角じょうぎの角度を書くと，右のようになります。

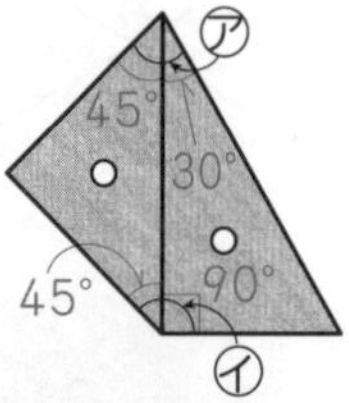

㋐の角度は，45°+30°=75°

㋑の角度は，45°+90°=135°

(2) 三角じょうぎの角度を書くと，右のようになります。

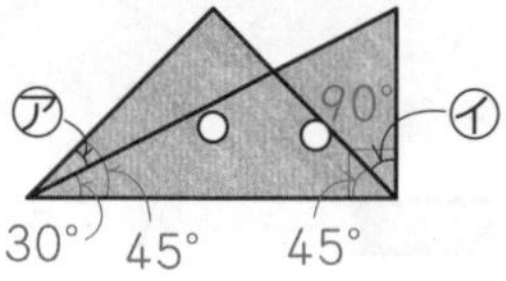

㋐の角度は，45°−30°=15°

㋑の角度は，90°−45°=45°

答え (1) ㋐ 75°　㋑ 135°

(2) ㋐ 15°　㋑ 45°

練習問題 10

答え → 別さつ 75 ページ

１組の三角じょうぎを下のように組み合わせました。㋐，㋑の角度は何度ですか。

(1)

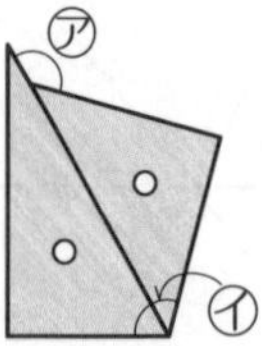

(2)

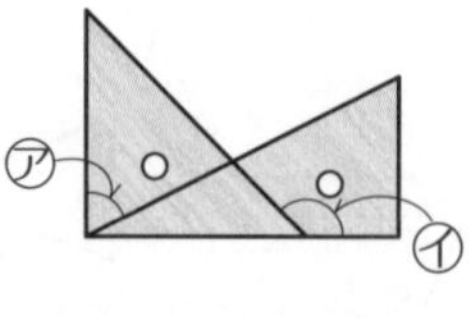

第**3**編

第**1**章
円と球

第**2**章
角の大きさ

第**3**章
三角形と四角形

第**4**章
面積

第**5**章
直方体と立方体

例題 **11** 時計のはりの角度 　応用 　📞 266 ページ **2**

次の時間で，時計の長いはりが回った角度を求めましょう。
(1) 午前 8 時から午前 8 時 5 分までの時間
(2) 午前 8 時から午前 9 時 30 分までの時間

とき方

📖 時こくと時間 228 ページ

(1) 午前 8 時から午前 8 時 5 分までの時間は，１時間(60分)
　　5分です。
　　１時間(60 分)で長いはりは１回転するので，360° 回ります。
　　60÷5=12 なので，5分で長いはりが
　　回る角度は，
　　360°÷12=30°

(2) 午前 8 時から午前 9 時 30 分までの時間は，「ちょうど9時」で分
　　けて考えます。

午前8時　　　　　　　　午前9時　　　　　　　　午前9時30分

１時間 →

１回転

あと30分 →

半回転

360°+180°=540°

ポイント 時計のはりのように，何回転もしたものが回転した角度は，360°より大きくなります。

答え (1) 30°　(2) 540°

 練習問題 ⑪

答え ➡ 別さつ 75 ページ

次の時間で，時計の長いはりが回った角度を求めましょう。
(1) 午後 2 時から午後 2 時 10 分までの時間
(2) 午前 9 時から午後 1 時 15 分までの時間

力を ためす 問題

答え → 別さつ 76 ページ

1 角が大きい順に，記号を書きましょう。三角じょうぎを使って，調べましょう。

→例題 5

2 次の角の大きさを分度器を使ってはかりましょう。

→例題 6・7

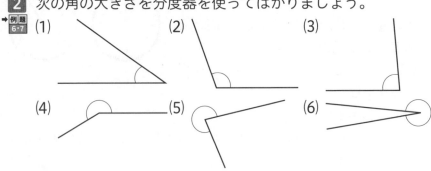

(1)   (2)   (3)

(4)   (5)   (6)

3 次の三角形の3つの角の大きさを分度器を使ってはかりましょう。

→例題 6・7

(1) 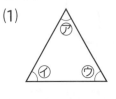   (2) 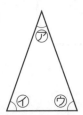   (3)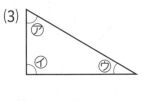

4 次の角をかきましょう。

→例題 8

(1) 25°   (2) 82°   (3) 155°

(4) 190°   (5) 264°   (6) 300°

ちょい
ムズ **5** 次の三角形をかきましょう。

→例題 8

(1) 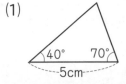   (2)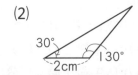

6 次の㋐の角度を計算で求(もと)めましょう。
→[例題] 9

(1)
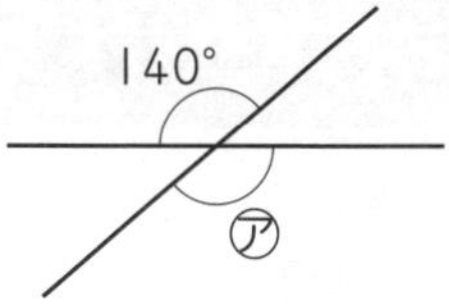

(2)
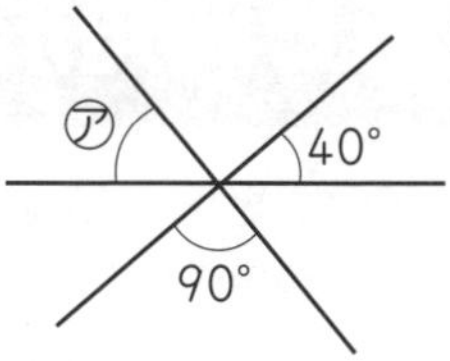

(3)
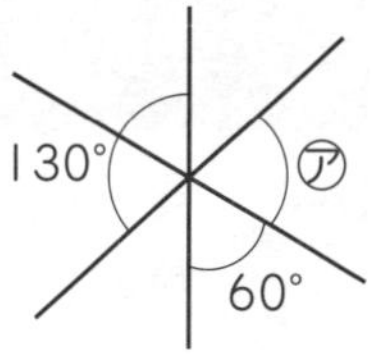

7 1組の三角じょうぎを下のように組み合わせました。㋐の角度は何度ですか。
→[例題] 10

(1)
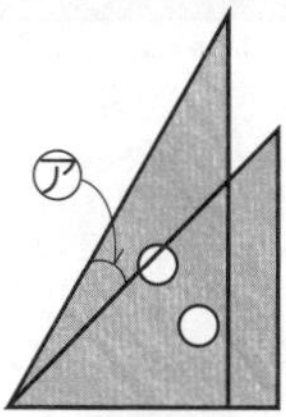

(2)
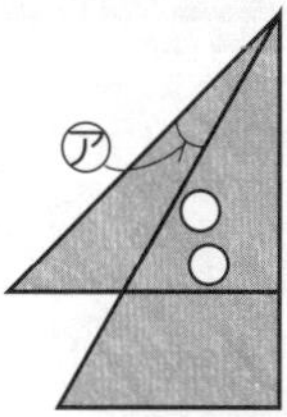

(3)
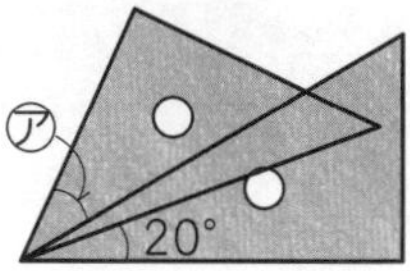

(4)
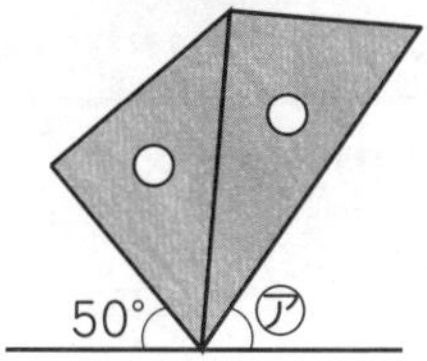

ちょいムズ **8** 次の時間で，時計の長いはりが回った角度を求めましょう。
→[例題] 11

(1) 15 分
(2) 45 分
(3) 20 分

ちょいムズ **9** 次の時間で，時計の長いはりが回った角度を求めましょう。
→[例題] 11

(1) 午前(ごぜん) 9 時から午前 9 時 30 分までの時間
(2) 午後 10 時 45 分から午後 11 時 45 分までの時間
(3) 午後 1 時 30 分から午後 3 時までの時間
(4) 午後 2 時 15 分から午後 4 時 30 分までの時間
(5) 午前 6 時から午前 6 時 1 分までの時間
(6) 午後 8 時から午後 8 時 17 分までの時間

第3章　三角形と四角形

[この章の目標]

❶ いろいろな三角形を知り，どんな形かを理かいしましょう。
❷ 直線の垂直と平行の関係を知り，せいしつを理かいしましょう。
❸ いろいろな四角形を知り，どんな形かを理かいしましょう。

学習のまとめ

1 いろいろな三角形

➡[例題] 12〜15

► いろいろな三角形

㋐ **直角三角形**
1つの角が直角になっている三角形

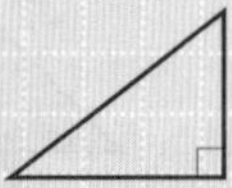

㋑ **二等辺三角形**
2つの辺の長さが等しい三角形

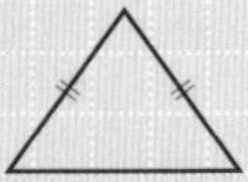

㋒ **正三角形**
3つの辺の長さが等しい三角形

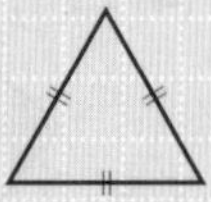

㋓ **直角二等辺三角形**
直角がある二等辺三角形

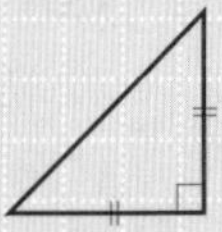

► **二等辺三角形のせいしつ**
2つの角の大きさが等しくなっている。

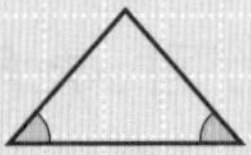

► **正三角形のせいしつ**
3つの角の大きさがすべて等しくなっている。

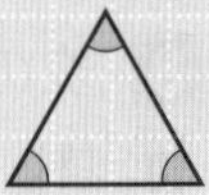

2 垂直と平行

➡[例題] 17〜21

► 2本の直線が交わってできる角が直角のとき，2本の直線は**垂直**であるといいます。

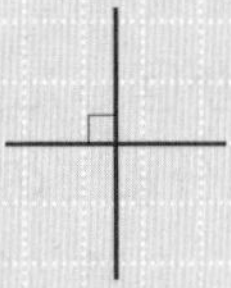

► 1本の直線に垂直な2本の直線は**平行**であるといいます。

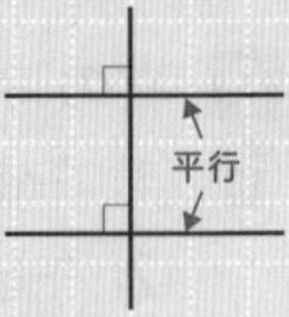

► 平行な直線は，ほかの直線と等しい角度で交わります。

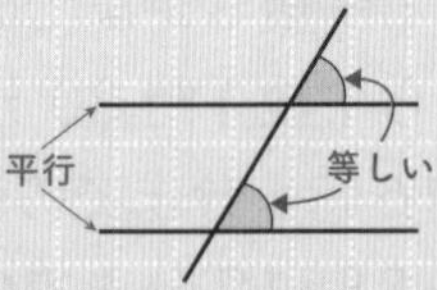

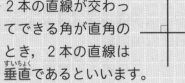

3 いろいろな四角形

→ 例題 23〜26

▶ いろいろな四角形

㋐ 長方形（ちょうほうけい）

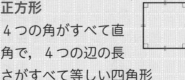

4つの角がすべて直角になっている四角形

㋑ 正方形（せいほうけい）

4つの角がすべて直角で，4つの辺の長さがすべて等しい四角形

㋒ 台形（だいけい）

向かい合う1組の辺が平行な四角形

㋓ 平行四辺形（へいこうしへんけい）

向かい合う2組の辺が平行な四角形

㋔ ひし形（がた）

辺の長さがすべて等しい四角形

▶ 平行四辺形のせいしつ

㋐ 向かい合う辺の長さが等しい。

㋑ 向かい合う角の大きさが等しい。

▶ ひし形のせいしつ

㋐ 向かい合う辺が平行である。

㋑ 向かい合う角の大きさが等しい。

4 四角形の対角線

→ 例題 27

▶ 向かい合った頂点（ちょうてん）を結（むす）んだ直線を対角線（たいかくせん）といいます。

▶ 四角形の2本の対角線には，次（つぎ）の表のような特ちょうがあります。

（特ちょうがいつでもあてはまるものに○をつけています。）

対角線の特ちょう ＼ 四角形の名まえ	長方形	正方形	台形	平行四辺形	ひし形
垂直に交わる		○			○
長さが等しい	○	○			
それぞれのまん中の点で交わる	○	○		○	○

第3編

第1章 円と球

第2章 角の大きさ

第3章 三角形と四角形

第4章 面積

第5章 直方体と立方体

① 二等辺三角形と正三角形

例題12 直角三角形

2年　276ページ 1

次の三角形のうち，直角三角形はどれですか。三角じょうぎで調べて，記号で答えましょう。

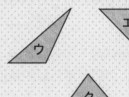

とき方

ポイント
直角三角形は１つの角が直角になっている三角形です。

それぞれの三角形の角に，三角じょうぎの直角の角をあてて，ぴったり重なるかどうか調べます。

ぴったり重なるので
ここは直角

答え　イ，オ，キ

練習問題⑫

答え → 別さつ77ページ

(1) 右の方がんに，４cmと２cmの辺の間に直角がある直角三角形をかきましょう。

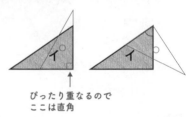

1cm
1cm

(2) 右の図の中に，直角三角形はいくつありますか。三角じょうぎで調べて答えましょう。

第3編

第1章
円と球

第2章
角の大きさ

第3章
三角形と四角形

第4章
面積

第5章
直方体と立方体

例題13 二等辺三角形　3年　276ページ①

(1) 次の三角形のうち，二等辺三角形はどれですか。コンパスで辺の長さをくらべて，記号で答えましょう。

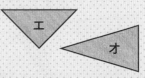

(2) 右の三角形で，大きさの等しい角はどれとどれですか。

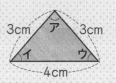

とき方

(1)

ポイント
2つの辺の長さが等しい三角形が二等辺三角形です。

コンパスで辺の長さをくらべます。

コンパスの使い方 261ページ

2つの辺の長さが等しいから，アは二等辺三角形です。

(2) 二等辺三角形の2つの角の大きさは等しくなっています。

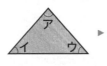 

イとウがぴったり重なる

答え　(1) ア，エ，オ　(2) イとウ

練習問題13　答え→別さつ77ページ

次の二等辺三角形について答えましょう。

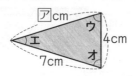 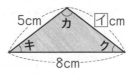

(1) 図のア，イにあてはまる数を求めましょう。

(2) それぞれの三角形で大きさの等しい角はどれとどれですか。

例題14　正三角形　　3年　276ページ D

(1) 次の三角形のうち, 正三角形はどれですか。コンパスで辺
の長さをくらべて答えましょう。

(2) 右の正三角形で, 大きさの等しい角はどれで
すか。三角じょうぎを使って調べましょう。

とき方

(1)

 3つの辺の長さが等しい三角形が正三角形です。

例題13 (1)と同じようにコンパスで辺の長さをくらべます。

注意 **三角形の向きが横やななめになっていても,
3つの辺の長さが同じなら, 正三角形です。**

(2) 正三角形の3つの角の大きさはすべて等しいです。

答え　(1) ウ, オ, カ　(2) アとイとウ

 三角じょうぎにあなが開いているのには, 次のような理由があります。
1. 紙と三角じょうぎの間の空気をぬいて, 線を引きやすくするため。
2. 紙にくっついた三角じょうぎを, あなに指をかけて取りやすくするため。

練習問題14　　答え → 別さつ77ページ

右の図は, 辺の長さが3cmの
正三角形を7まいならべてつく
った形です。次の問いに答えましょう。

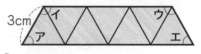

(1) この形のまわりの長さ (—の部分) は, 何cmですか。
(2) アと同じ大きさの角を, イ, ウ, エのうちから選びましょう。

例題 15 二等辺三角形と正三角形のかき方 3年 ○276 ページ 1

次の三角形をかきましょう。
(1) 辺の長さが，5 cm，4 cm，4 cm の二等辺三角形
(2) 辺の長さが，6 cm の正三角形

とき方

(1) コンパスを使ってかきます。 円のかき方 260 ページ

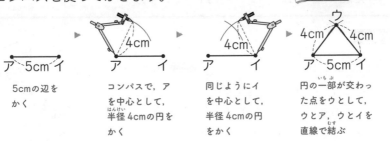

5cmの辺を　　　コンパスで，ア　　　同じようにイ　　　円の一部が交わっ
かく　　　　　　を中心として，　　　を中心として，　　　た点をウとして，
　　　　　　　　半径4cmの円を　　　半径4cmの円　　　ウとア，ウとイを
　　　　　　　　かく　　　　　　　　をかく　　　　　　　直線で結ぶ

(2) (1)と同じようにコンパスを使ってかきます。
正三角形をかくとき，円の半径の長さは，最初にかいた辺の長さと同じにします。

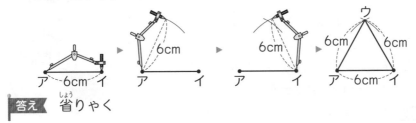

答え 省りゃく

練習問題 15 答え → 別さつ78ページ

次の三角形をかきましょう。
(1) 辺の長さが，3 cm，6 cm，6 cm の二等辺三角形
(2) 辺の長さが，4 cm 5 mm，4 cm 5 mm，8 cm の二等辺三角形
(3) 辺の長さが 4 cm の正三角形
(4) 辺の長さが 3 cm 5 mm の正三角形

第3編

第1章 円と球

第2章 角の大きさ

第3章 三角形と四角形

第4章 面積

第5章 直方体と立方体

例題 16　円と三角形 　3年　279ページ 例題 13
280ページ 例題 14

右の図のように，半径 5 cm の円の中
に 2 つの三角形があります。

(1) ㋐は何という三角形ですか。

(2) ㋑は何という三角形ですか。

(3) ウと大きさが等しい角はどれですか。

(4) カと大きさが等しい角はどれですか。

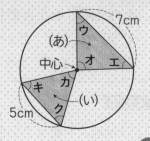

とき方

円の半径は 5 cm です。　📖 円 258ページ

(1) 右の図から，㋐の三角形の 3 つの辺は，
　　7 cm，5 cm，5 cm なので，㋐は二等辺三
　　角形です。

(2) 右の図から，㋑の三角形の 3 つの辺は，
　　5 cm，5 cm，5 cm なので，㋑は正三角形
　　です。

(3) 二等辺三角形は 2 つの角が等しいので，
　　エはウと等しくなります。

(4) 正三角形は 3 つの角が等しいので，キ，ク
　　は，カと等しくなります。

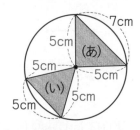

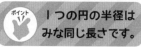

ポイント 17　1 つの円の半径は
みな同じ長さです。

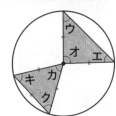

答え (1) 二等辺三角形　(2) 正三角形
　　　　(3) エ　(4) キとク

😊 練習問題 16　　　　　　　　　答え → 別さつ 78 ページ

右の図は，半径が同じ 8 cm で，中心がアと
イの 2 つの円が重なったものです。

(1) ア，イ，ウを直線で結んでできる三角形
　　を何といいますか。

(2) (1)の三角形のまわりの長さは何 cm で
　　すか。

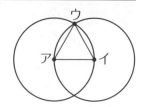

力をためす問題

第3編

第1章 円と球

第2章 角の大きさ

第3章 三角形と四角形

第4章 面積

第5章 直方体と立方体

答え → 別さつ78ページ

1 次の図の三角形について，下の問いに答えましょう。
→例題 12・13

（三角じょうぎとコンパスを使いましょう。）

(1) 直角三角形はどれですか。すべて選びましょう。

(2) 二等辺三角形はどれですか。すべて選びましょう。

2 次の辺の長さの三角形をかきましょう。
→例題 15

(1) すべて5cm5mm　　(2) 6cmと4cm5mmと4cm5mm

3 右のようにおり紙を2つに
→例題 13・14
おって，線のところを切っ
て広げます。どんな三角形
ができますか。

(1)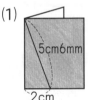
5cm6mm
2cm

(2)
6cm
3cm

4 右の図は半径が同じ4cmで，中心がア
→例題 16
とイの2つの円が重なったものです。

(1) 三角形アイウはどんな三角形ですか。

(2) 三角形アウオはどんな三角形ですか。
（三角じょうぎを使って調べましょう。）

(3) 2つの辺の長さが4cmの二等辺三角形はいくつありますか。

5 24cmのひもがあります。
→例題 13・14

(1) このひもで，正三角形をつくります。1つの辺の長さは
何cmになりますか。

(2) このひもで，二等辺三角形をつくります。等しい辺を7cm
にするとき，3つの辺の長さはそれぞれ何cmになりますか。

② 垂直と平行

4年 ○ 276ページ ②

例題17 垂直と平行

右の図について，次の問いに三角じょうぎを使って答えましょう。

(1) アの直線に垂直な直線をすべて答えましょう。

(2) 平行な直線はどれとどれですか。すべて答えましょう。

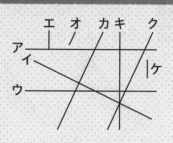

とき方

アの直線と交わってできる角が直角であれば，垂直です。

(1)

キ　直角に交わる

カ　直角に交わっていない

オ　直線をのばす　直線をのばす　ケ

ポイント 交わっていない直線では，直線をのばしてできた角を調べます。

(2) １本の直線に垂直な２本の直線は平行です。

ア　キ　ウ　直線アとウは直線キに垂直

イ　オ　カ　ク　直線オとカとクは直線イに垂直

答え

(1) エ，キ，ケ　(2) アとウ，オとカとク，エとキとケ

練習問題17

答え → 別さつ79ページ

右の図について，次の問いに三角じょうぎを使って答えましょう。

(1) 垂直な直線はどれとどれですか。すべて答えましょう。

(2) 平行な直線はどれとどれですか。

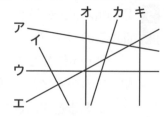

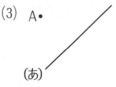

第3編

第1章
円と球

第2章
角の大きさ

第3章
三角形と
四角形

第4章
面積

第5章
直方体と
立方体

例題18 垂直な直線のかき方 4年 ● 276ページ 2

右の図で，次の直線をかきましょう。

(1) 点Ａを通って，直線(あ)に垂直な
直線

(2) 点Ｂを通って，直線(あ)に垂直な
直線

• B

(あ)———————A———————

とき方

１組の三角じょうぎを使ってかきます。

(1)

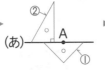 ▶ 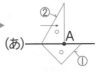 ▶

三角じょうぎ①を　　三角じょうぎ②　　点Ａに合うように　　点Ａを通る直線
直線(あ)に合わせる　　の直角のある辺を　　三角じょうぎ②を　　をかく
　　　　　　　　　　直線(あ)に合わせる　　すべらせる

(2) (1)と同じようにかきます。

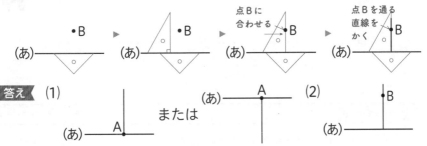

答え

(1) 　　　　　　　　(あ)——A—— (2) •B
　　　または　　　　　　　　｜　　　　　　｜
(あ)—A—　　　　　　　　　｜　　　(あ)——｜—
　　　｜

練習問題 ⑱ 答え → 別さつ79ページ

下の図で，点Ａを通って，直線(あ)に垂直な直線をかきましょう。

(1) (あ)　　　　　(2) (あ)—————　　(3) A•
　　　　　A　　　　　　　　　　　　　　　　　　　　＼
　　　　　　　　　　　　　　　　A　　　　　　　　　　＼
　　　　　　　　　　　　　　　•　　　　　　　　　　　　＼
　　　　　　　　　　　　　　　　　　　　　　　　(あ)

例題 19 平行な直線のかき方 4年 ○276ページ 2

右の図で，点A（エー）を通って直線(あ)に
平行（へいこう）な直線をかきましょう。

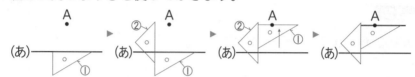

(あ)

とき方

1組の三角じょうぎを使（つか）ってかきます。

三角じょうぎ①
の直角のある辺を
直線(あ)に合わせる

三角じょうぎ①
に三角じょうぎ
②を合わせる

点Aに合うように
三角じょうぎ①を
すべらせる

点Aを通る直線
をかく

答え

A

(あ)

2まいのじょうぎを
しっかりおさえよう！

数学ハカセ 等号（とうごう）「＝」は，1557年にイギリスの学者（がくしゃ）レコードが考（かんが）え，使い始（はじ）めました。
「＝」にした理由（りゆう）は「2本の平行な直線ほど等（ひと）しいものはない。」からだそうです。

練習問題 19

答え → 別さつ 79 ページ

(1) 右の図で，点Aを通って直線(あ)に平
行な直線をかきましょう。

(あ)

•A

(2) 右の図で，点B（ビー）を通って直線(い)に平
行な直線と，点C（シー）を通って直線(い)に
平行な直線を，それぞれかきましょ
う。

B•

(い)

C•

第3編

第1章 円と球

第2章 角の大きさ

第3章 三角形と四角形

第4章 面積

第5章 直方体と立方体

例題20 方がんを使った問題 4年 ● 276 ページ 2

右の図で，次の直線を，記号
で答えましょう。
(1) 直線アに垂直な直線
(2) 直線アに平行な直線
(3) 直線オに垂直な直線
(4) 直線オに平行な直線

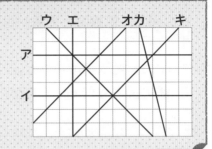

とき方

(1) 方がんのたてと横の直線は垂直なので，
　直線アと直線エは垂直です。

(2) 直線イと直線エも垂直なので，
　直線アと直線イは平行です。

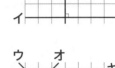

(3) 交わってできる角が直角なので，
　直線オと直線ウは垂直です。

(4) 直線キと直線ウも垂直なので，
　直線オと直線キは平行です。

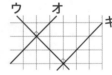

 右のような2本の直線も垂直に
交わっています。

答え (1) 直線エ　(2) 直線イ　(3) 直線ウ　(4) 直線キ

練習問題 20 答え ➔ 別さつ 79 ページ

右の図で，次
の直線をかき
ましょう。
(1) 点Aを通って，
　直線(あ)に垂直な直線
(2) 点Bを通って，直線(い)に平行な直線

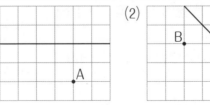

例題21 平行な直線のせいしつ ⟨4年⟩ 📖 276ページ ②

右の図で，直線㋐と直線㋑は平行です。
(1) ㋓の角度は何度ですか。
(2) ㋔の長さは何 cm ですか。

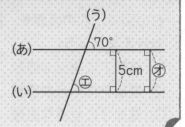

とき方

(1)

ポイント　平行な直線は，ほかの直線と等しい角度で交わります。

直線㋐と直線㋑は平行なので，直線㋒と等しい角度で交わります。
直線㋐と直線㋒が 70° で交わっているので，㋓の角度も 70° です。

(2)

ポイント　平行な直線のはばはどこも等しくなっています。

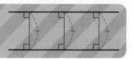

直線㋐と直線㋑は平行なので，はばはどこも 5 cm です。

くわしく　平行な直線はどこまでのばしても交わりません。

答え (1) 70°　(2) 5 cm

練習問題㉑　　　　　　　　　　　答え ➜ 別さつ 79 ページ

右の図で，直線㋐と直線㋑は平行です。
(1) ㋒，㋓の角度はそれぞれ何度ですか。
(2) ㋔の長さは何 cm ですか。

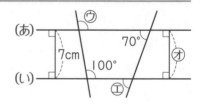

第3編

第1章 円と球

第2章 角の大きさ

第3章 三角形と四角形

第4章 面積

第5章 直方体と立方体

例題22 平行な直線と角 応用

271ページ 例題9
288ページ 例題21

右の図で, 直線(あ)と直線(い), 直線(う)と直線(え)は, それぞれ平行です。カ, キ, ク, ケの角度は, それぞれ何度ですか。

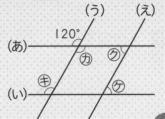

とき方

直線が交わるとき, 向かい合った角は等しくなるので, カ=120°

平行な直線はほかの直線と等しい角度で交わるので, キ=120°

右の図で, サ=120° なので,

ク=180°−120°=60°

右の図で, シ=120° なので,

ケ=180°−120°=60°

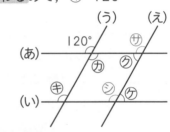

 ポイント 平行な直線では, 右のような位置にある角は等しくなります。

等しい 等しい

答え カ 120° キ 120° ク 60° ケ 60°

練習問題 22

答え 別さつ80ページ

右の図の直線(あ)と直線(い)は平行です。ウの角度は何度ですか。

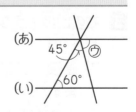

力を ためす 問題

答え → 別さつ **80** ページ

1 下の図を見て，次の問いに答えましょう。

→例題
17・20

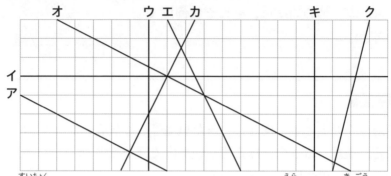

(1) 垂直な直線はどれとどれですか。すべて選んで，記号で答えましょう。

(2) 平行な直線はどれとどれですか。すべて選んで，記号で答えましょう。

2 右の図で，次の直線をかきましょう。

→例題
18・19

(1) 点Aを通って，直線㋑に垂直な直線

(2) 点Aを通って，直線㋑に平行な直線

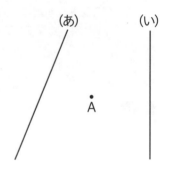

3 右の図のような，直線㋑と直線㋑があります。

→例題
㉑

(1) 直線㋑と直線㋑は平行といえますか。

(2) ㋒の角度は何度ですか。

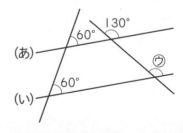

4 右の図で，直線(あ)と直線(い)は平行で，四角形(う)は正方形です。この正方形のまわりの長さは，何cmですか。

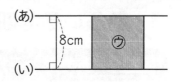

5 右の四角形は長方形です。
(1) 辺 AB に平行な辺はどれですか。
(2) 辺 AD に平行な辺はどれですか。

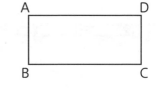

6 右の直線(あ)と直線(い)は平行です。(カ)〜(コ)の角度は何度ですか。計算で求めましょう。

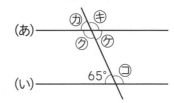

7 右の図で，直線(あ)と直線(い)は平行で，三角形は直角三角形です。(う)の角度は何度ですか。

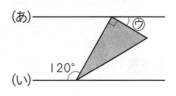

8 右の図で，直線(あ)と直線(い)は平行です。(う)の角度は何度ですか。

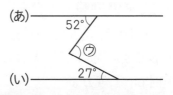

第3編

第1章 円と球

第2章 角の大きさ

第3章 三角形と四角形

第4章 面積

第5章 直方体と立方体

③ いろいろな四角形

例題23　長方形と正方形　2年　🔗 277ページ ③

下の形を見て，次の問いに記号で答えましょう。

(1) 長方形はどれですか。すべて答えましょう。

(2) 正方形はどれですか。すべて答えましょう。

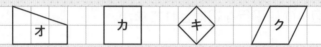

とき方

(1) 4つの角が直角になっている四角形が長方形です。

(2) 4つの角が直角で，4つの辺の長さが等しい四角形が正方形です。

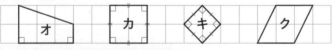

注意　右のような角も直角になります。

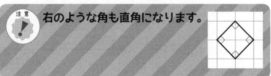

長方形も正方形も角は全部直角だよ。

答え　(1) ア，ウ　(2) カ，キ

練習問題 23

答え → 別さつ80ページ

右の図で，⑦は長方形，⑦は正方形です。それぞれまわりの長さは，何cmですか。

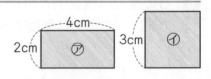

切って，合わせて，正方形をつくろう

右のような長方形の
紙を切って合わせて，
できるだけ大きな
1つの正方形にしま
しょう。

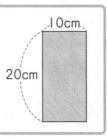

どこを切れば，
いいんだろう…

〈切り方1〉

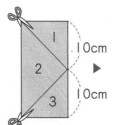 ▶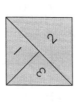

〈切り方2〉

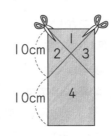 ▶

右のような長方形の
紙を切って合わせて，
できるだけ大きな
1つの正方形にしま
しょう。

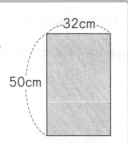

横の長さがたての長さの
半分になっていないから，
上の方法は使えなさそうだね。

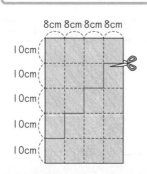

ずらす！

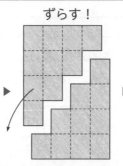 ▶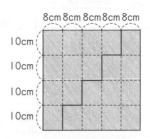

例題24　いろいろな四角形 ①　　4年　●277ページ ❸

(1) 右の平行四辺形で，次の問いに答えま
　　しょう。
　　① 辺 AD，辺 CD の長さは何 cm ですか。
　　② 角 C，角 D の大きさは何度ですか。
(2) 右の台形で，角 B の大きさは何度です
　　か。

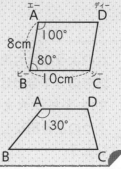

とき方

(1) ① 平行四辺形の向かい合う
　　　 辺の長さは等しいです。
　　② 平行四辺形の向かい合う
　　　 角の大きさは等しいです。

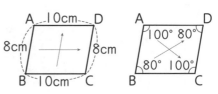

(2) 台形の向かい合う 1 組の辺は平行です。
　　⑦の角の大きさは 180°−130°=50° です。
　　辺 AD と辺 BC は平行なので，角 B は 50°

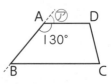

📖 平行な直線のせいしつ 288 ページ

> **ポイント**
> 平行な直線は，ほかの直線と等しい角度で交わります。

答え (1)① 辺 AD…10cm，辺CD…8cm
　　　　　 ② 角 C…100°　角 D…80°
　　　　(2) 50°

練習問題 24　　　　　　　　　　答え➡別さつ81 ページ

次の □ にあてはまる数を求めましょう。

(1) 平行四辺形　　　　　(2) 台形

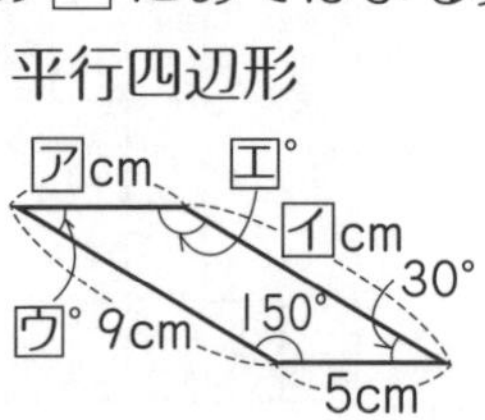

例題25 いろいろな四角形 ②

4年 277ページ [3]

右の図のような平行四辺形をかきましょう。

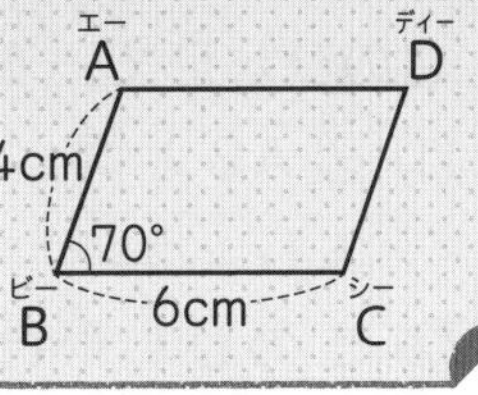
A
D
4cm
70°
B
6cm
C

とき方

次のようにかくと，頂点A，B，Cの位置が決まります。

角のかき方 270ページ

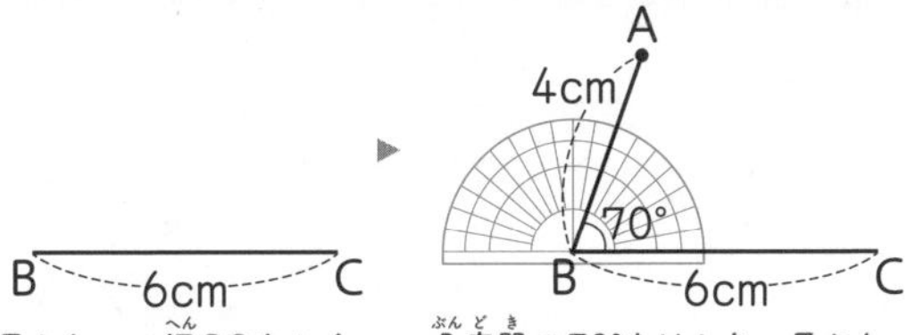
B
6cm
C
A
4cm
70°
B
6cm
C

長さ6cmの辺BCをかく　　分度器で70°をはかり，長さ4cmの辺ABをかく

頂点Dの位置の決め方は，次の㋐，㋑のような方法があります。

㋐ 1組の向かい合う辺が平行で，長さが等しくなるようにする。

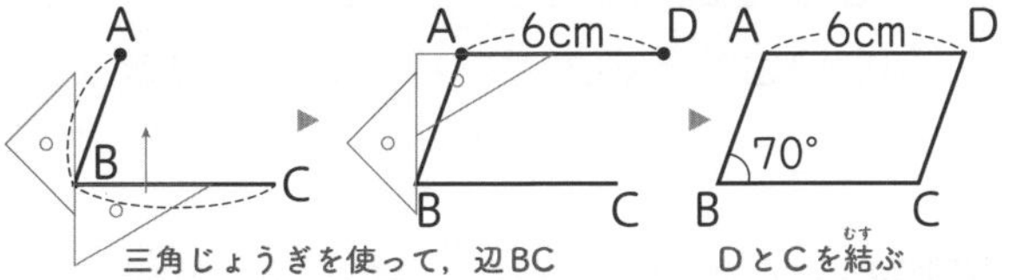
A
B
C
A
6cm
D
B
C
A
6cm
D
70°
B
C

三角じょうぎを使って，辺BCに平行な辺AD(6cm)をかく　　DとCを結ぶ

平行な直線のかき方 286ページ

㋑ 2組の向かい合う辺の長さが等しくなるようにする。

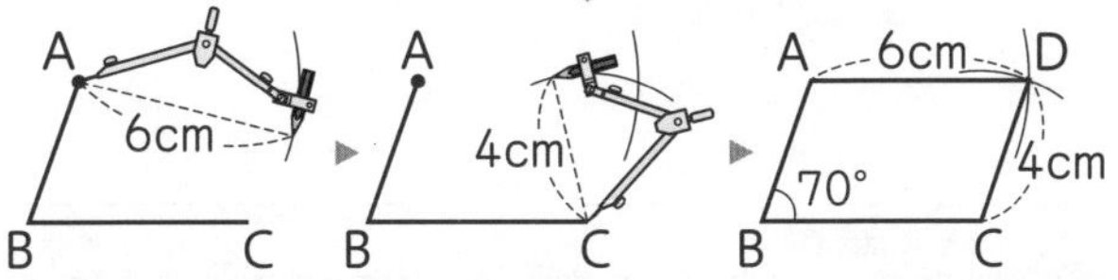
A
6cm
B
C
A
4cm
B
C
A
6cm
D
4cm
70°
B
C

Aを中心として，半径6cmの円をかく　　Cを中心として，半径4cmの円をかく　　交わったところをDとしてDとA，DとCを結ぶ

答え 省りゃく

練習問題25

答え ⇒ 別さつ81ページ

下のような平行四辺形と台形をかきましょう。

(1)

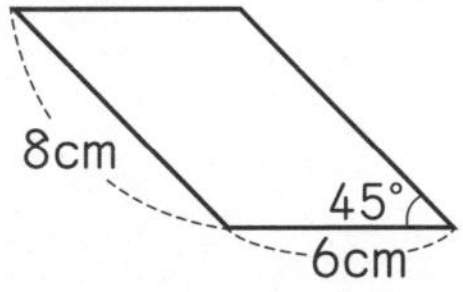
8cm
45°
6cm

(2)

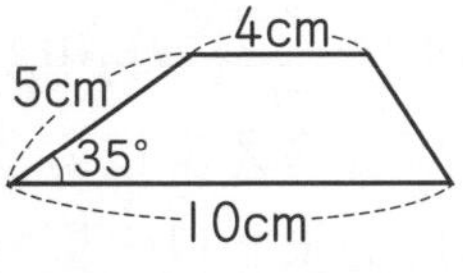
4cm
5cm
35°
10cm

例題 26 いろいろな四角形 ③ 4年 ● 277ページ 3

右のひし形で，次の問いに答えましょう。

(1) 辺ABと同じ長さの辺をすべて答えましょう。

(2) このひし形のまわりの長さは何cmですか。

(3) 角C，角Dの大きさは何度ですか。

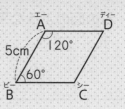

とき方

(1) ひし形の4つの辺の長さはすべて等しいです。

(2) 右の図のようになるので，
5×4＝20 (cm)

(3) ひし形では，
向かい合う角の大きさは等しくなります。

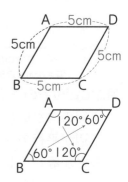

答え

(1) 辺BC，辺CD，辺AD　(2) 20 cm

(3) 角C…120°　角D…60°

練習問題 26

答え → 別さつ81 ページ

右の図のように，点A，点Bを中心に，半径6cmの円をかきます。交わった点を点C，点Dとします。

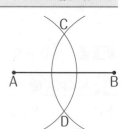

(1) 点A，点B，点C，点Dを頂点とする四角形を何といいますか。

(2) (1)の四角形で，平行な辺はどれとどれですか。すべて答えましょう。

(3) (1)の四角形のまわりの長さは何cmですか。

例題27　四角形の対角線　[4年]　◯277ページ 4

次の四角形から，下の特ちょうがいつでもあてはまる四角形
をすべて選んで，記号で答えましょう。

ア 長方形　イ 正方形　ウ 台形　エ 平行四辺形　オ ひし形

(1) 2本の対角線の長さが等しい。

(2) 2本の対角線が垂直に交わる。

(3) 2本の対角線が，それぞれのまん中の点で交わる。

とき方

向かい合う頂点を結んだ直線を**対角線**といいます。四角形には2本あ
ります。

(1)　長方形　　　正方形

> **くわしく**　下の図のように，2本の対角線の長
> さが等しくなる台形もあります。
> このような平行でない1組
> の辺の長さが等しい台形を
> **等脚台形**といいます。

(2)　正方形　　　ひし形

(3)　長方形　　　正方形　　　平行四辺形　　　ひし形

答え　(1)ア，イ　(2)イ，オ　(3)ア，イ，エ，オ

練習問題 27

答え → 別さつ81ページ

ひし形を対角線で切ります。次の問いに答えましょう。

(1) 右のように，1本の対角線で切ります。できた
三角形はどんな三角形ですか。

(2) 右のように，2本の対角線で切ります。できた
三角形はどんな三角形ですか。

第3編

第1章
円と球

第2章
角の大きさ

第3章
三角形と
四角形

第4章
面積

第5章
直方体と
立方体

力をためす問題

答え → 別さつ81 ページ

1 次の四角形の中で，下のことがらにあてはまるものを記号で答えましょう。

→例題 23・24 26

ア 長方形　　　　イ 正方形　　　　ウ 平行四辺形

エ ひし形　　　　オ 台形

(1) 4つの角がすべて直角の四角形

(2) 向かい合う2組の辺がそれぞれ平行で，その長さが等しい四角形

(3) 向かい合う2組の角の大きさがそれぞれ等しい四角形

(4) 4つの辺がすべて等しい四角形

(5) 向かい合う辺が1組だけ平行な四角形

2 右の図のように，形がちがう長方形の紙を2まい重ねました。次の問いに答えましょう。

→例題 23・24

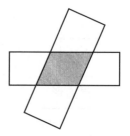

(1) 重なった部分は，何という四角形ですか。

(2) 重なった部分を長方形にするには，2まいの紙をどのように重ねるとよいですか。

3 下の形で，□にあてはまる数を求めましょう。

→例題 24・26

(1) 平行四辺形　　　　　　　　(2) ひし形

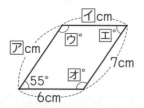

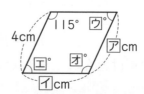

第3編

第1章 円と球

第2章 角の大きさ

第3章 三角形と四角形

第4章 面積

第5章 直方体と立方体

4 次の形をかきましょう。

→例題 25・26

(1) 平行四辺形

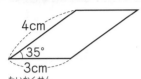

(2) 台形

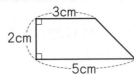

(3) 対角線の長さが 12cm と 4cm のひし形

5 下のような対角線の四角形を何といいますか。

→例題 27

(1)

(2)

(3)

(4)

6 右の図の中に，平行四辺形はいくつありますか。

ちょいムズ
→例題 24

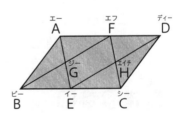

7 右の図のように，点Aを中心とする円のまわりに，点B，点C，点D，点Eがあり，直線BDと直線CEは点Aを通ります。このとき，点B，点C，点D，点Eを結んでできる四角形は長方形になります。そのわけを答えましょう。

ちょいムズ
→例題 27

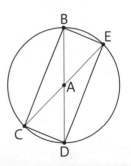

299

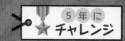

5年にチャレンジ 三角形と四角形の角

1 三角形の角の大きさの和

►三角形の３つの角を切り取って，１つの点に集めると次のようになります。

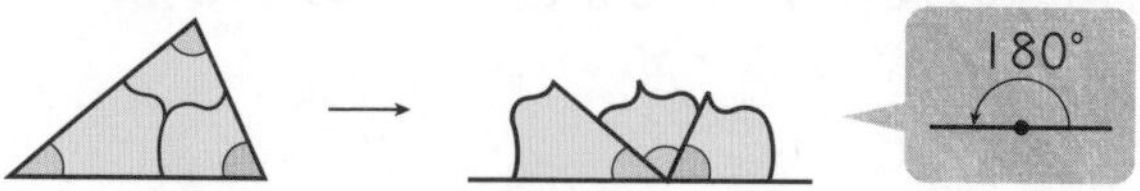

３つの角は直線上にならびます。

三角形の３つの角の大きさの和は 180° になります。

[例] 右の三角形で，３つの角の大きさを分度器ではかると，

㋐…76°　㋑…43°　㋒…61°

76°+43°+61°=180°

３つの角の大きさの和は 180° になります。

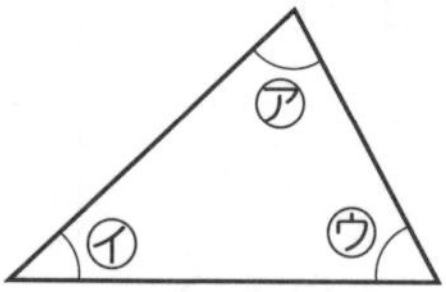

►三角形の３つの角のうち２つの角度がわかっているとき，残りの角度は，計算で求められます。

[例] 右の図の㋐の角度を求めます。

三角形の３つの角の大きさの和は 180° なので，㋐の角度は，

180°−(30°+120°)=180°−150°=30°

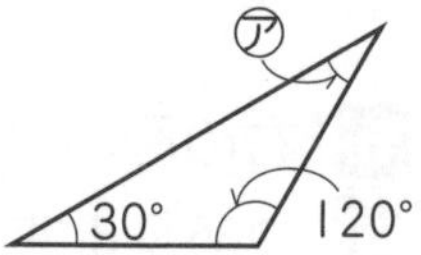

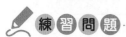

練習問題

答え → 別さつ 82 ページ

次の㋐の角度を計算で求めましょう。

(1)

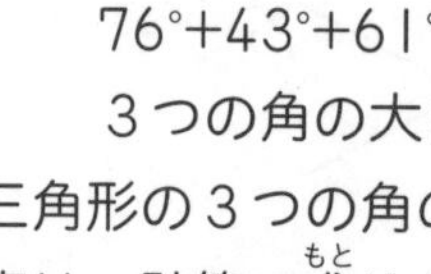

(2)

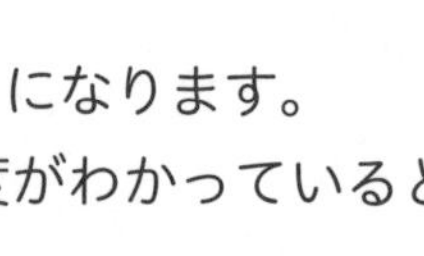

(3) 正三角形

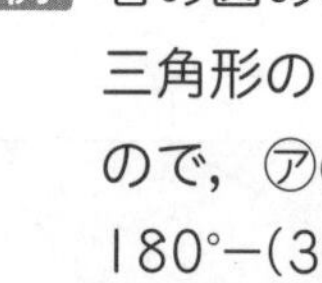

(4) １組の三角じょうぎ

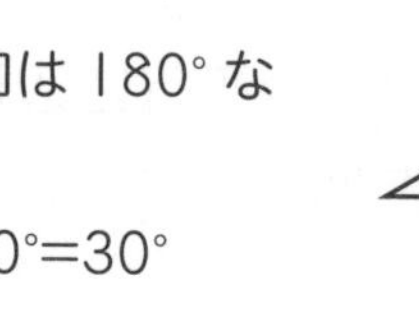

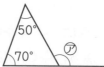

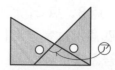

2 四角形の角の大きさの和

►次の㋐や㋑のように，四角形を三角形に分けて，四角形の角の大きさの和を考えます。

㋐ 2つの三角形に分ける。

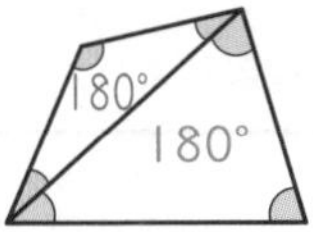

図から，四角形の角の大きさの和は，2つの三角形の角の大きさの和になるので，

180°×2=360°

└三角形の角の大きさの和

㋑ 4つの三角形に分ける。

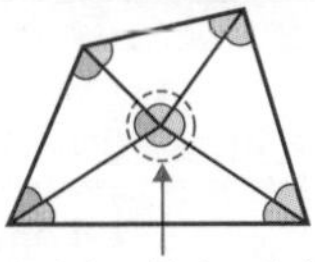

まん中に集まった角

4つの三角形の角の大きさの和は，

180°×4=720°

まん中に集まった角の大きさの和は1回転の角なので，360°です。したがって，

720°−360°=360°

►**四角形の4つの角の大きさの和は360°** になります。

[例] 右の図の㋐の角度を求めます。

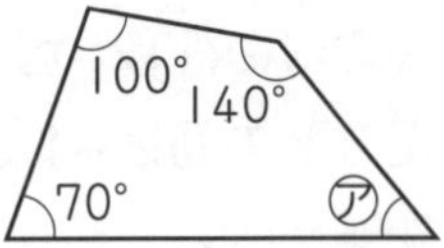

四角形の4つの角の大きさの和は360°なので，

㋐+70°+100°+140°=360°

㋐+310°=360°

㋐の角度は，360°−310°=50°

練習問題

答え ➡ 別さつ83ページ

次(つぎ)の㋐の角度を計算で求めましょう。

(1)

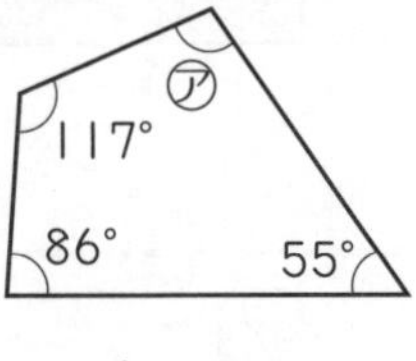

(2)

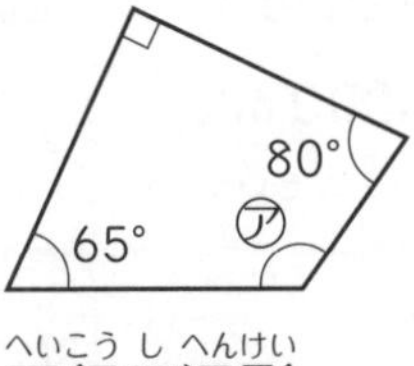

(3)

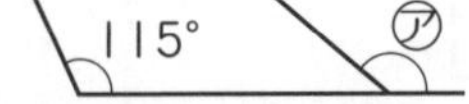

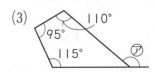

(4) 平行四辺形(へいこうしへんけい)

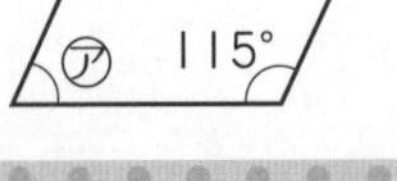

第4章 面積

この章の目標
❶ 面積の単位を知り，面積を求めることができるようになりましょう。
❷ 長方形や正方形の面積の公式をおぼえましょう。
❸ 大きな面積の単位と，面積の単位の関係を理かいしましょう。

☑学習のまとめ

1 面積とその単位 → 例題 28

► 広さのことを面積といいます。
► 1辺が1cmの正方形の面積を1平方センチメートル
といい，1cm² と書きます。

2 長方形，正方形の面積 → 例題 29

長方形や正方形の面積は，次の公式で求められます。

長方形の面積=たて×横=横×たて

正方形の面積=1辺×1辺

3 大きな面積の単位 → 例題 32〜34

► 1 m²=10000 cm²
　└平方メートルという

► 1 a=100 m²
　└アールという

► 1 ha=10000 m²
　└ヘクタールという

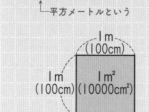

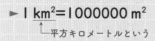

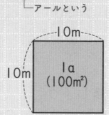

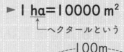

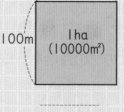

► 1 km²=1000000 m²
　└平方キロメートルという

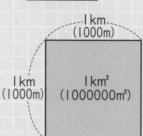

第3編

第1章 円と球

第2章 角の大きさ

第3章 三角形と四角形

第4章 面積

第5章 直方体と立方体

例題 28 面積の表し方 【4年】 ◉ 302 ページ ①

下の図形の面積は何 cm² ですか。

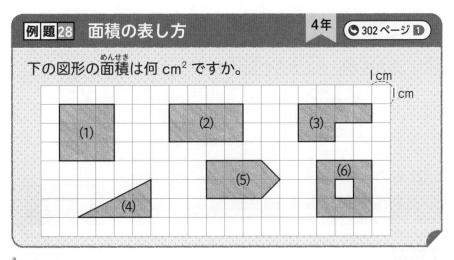

とき方

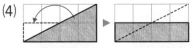 1 cm² が何こ分かを数えます。

(1) たてが 3 こ，横が 3 こなので，3×3=9（こ）→ 9 cm²

(2) たてが 2 こ，横が 4 こなので，2×4=8（こ）→ 8 cm²

(3) 左半分が 4 こ，右半分が 2 こなので，4+2=6（こ）→ 6 cm²

(4) ▶ 左の図のように動かすと，
4 こ分になるので，4 cm²

(5) ▶ 左の図のように動かすと，
7 こ分になるので，7 cm²

(6) 全体からまん中の □ をひいて，3×3−1=8（こ）→ 8 cm²

答え　(1) 9 cm²　(2) 8 cm²　(3) 6 cm²　(4) 4 cm²　(5) 7 cm²　(6) 8 cm²

練習問題 28

答え ⟶ 別さつ 83 ページ

下の図形の面積は何 cm² ですか。

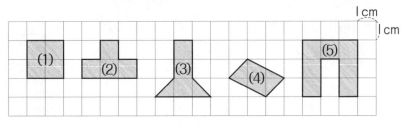

例題29　長方形と正方形の面積　4年

302ページ 2

(1) 次の長方形や正方形の面積を求めましょう。

①
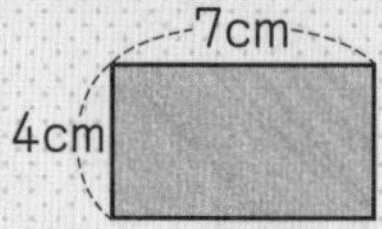
7cm
4cm

②
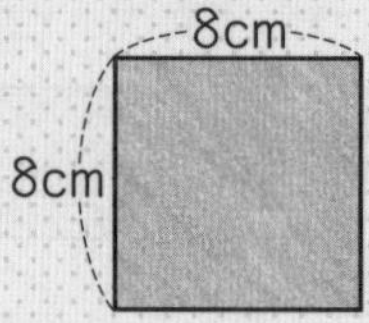
8cm
8cm

(2) 右の四角形は長方形です。□にあてはまる数を求めましょう。

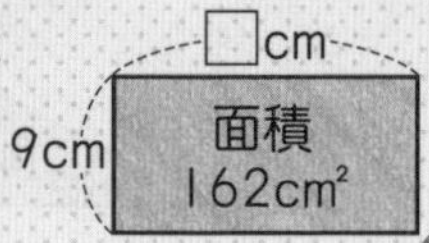
□cm
9cm
面積
162cm²

とき方

ポイント
長方形の面積＝たて×横
正方形の面積＝1辺×1辺

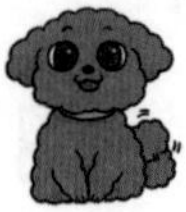
長方形の面積＝横×たて
でもいいよ。

(1) ① 長方形で，たてが 4 cm，横が 7 cm なので，$4\times7=28$ (cm²)

② 正方形で，1辺の長さが 8 cm なので，$8\times8=64$ (cm²)

(2) 公式を使って考えます。

長方形の面積＝たて×横 なので，$9\times\square=162$

$\square=162\div9=18$

答え　(1) ① 28 cm²　② 64 cm²　(2) 18

練習問題29

答え → 別さつ83ページ

(1) 次の長方形や正方形の面積を求めましょう。

①
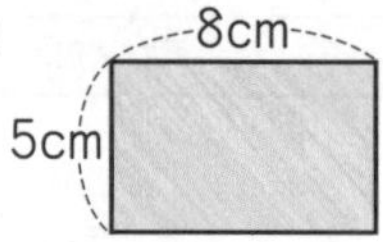
8cm
5cm

②
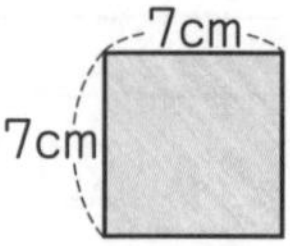
7cm
7cm

(2) 右の四角形は長方形です。□にあてはまる数を求めましょう。

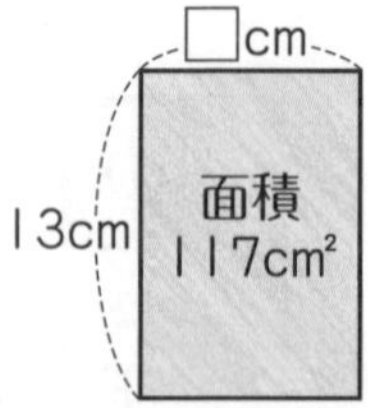
□cm
13cm
面積
117cm²

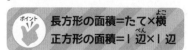

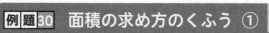

🕐 304 ページ 例題 29

例題 30 面積の求め方のくふう ① 4年

右の図形の面積は何 cm² ですか。

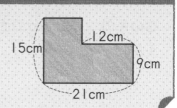

15cm
12cm
9cm
21cm

とき方

ポイント
面積の公式が使えるように，長方形に分けて求めます。

次の 3 つの方法が考えられます。

①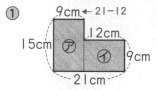

⑦の長方形の面積は，15×9＝135（cm²）
①の長方形の面積は，9×12＝108（cm²）
⑦＋①の面積は，135＋108＝243（cm²）

②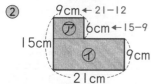

⑦の長方形の面積は，6×9＝54（cm²）
①の長方形の面積は，9×21＝189（cm²）
⑦＋①の面積は，54＋189＝243（cm²）

③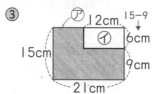

⑦の長方形の面積は，15×21＝315（cm²）
①の長方形の面積は，6×12＝72（cm²）
⑦－①の面積は，
315－72＝243（cm²）

答え 243 cm²

練習問題 30

答え 別さつ 83 ページ

次の図形の面積は何 cm² ですか。

(1)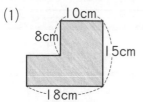

10cm
8cm
15cm
18cm

(2)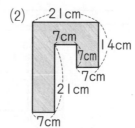

21cm
7cm
7cm
14cm
7cm
21cm
7cm

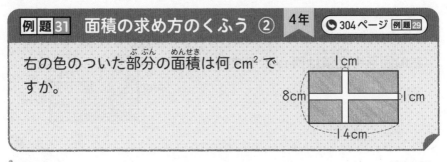

例題31 面積の求め方のくふう ② 4年

304ページ 例題29

右の色のついた部分の面積は何 cm^2 ですか。

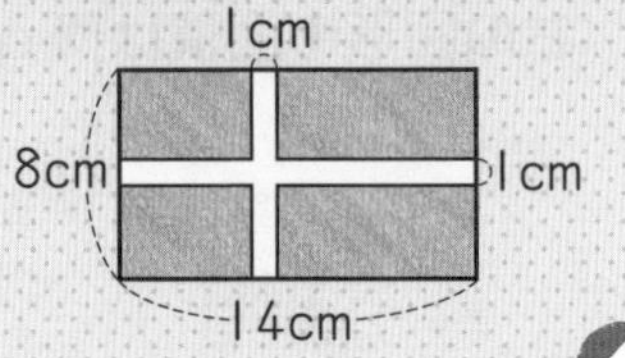

とき方

白い部分を動かして，1つの長方形にします。

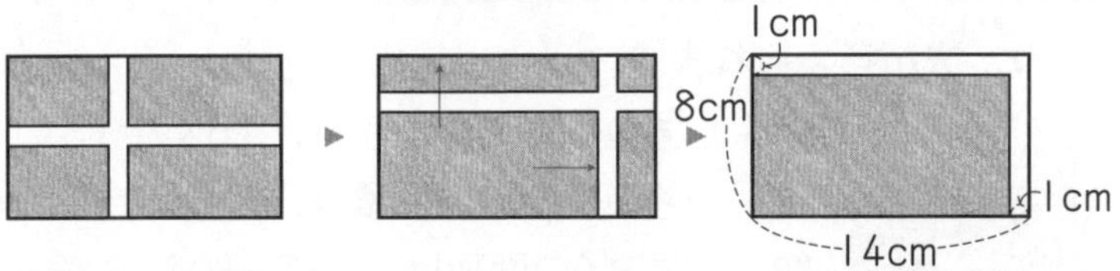

たて (8−1) cm，横 (14−1) cm の長方形なので，公式が使えます。

(8−1)×(14−1)=91 (cm^2)

別のとき方

右の図のように，全体の面積から白い部分の面積をひきます。

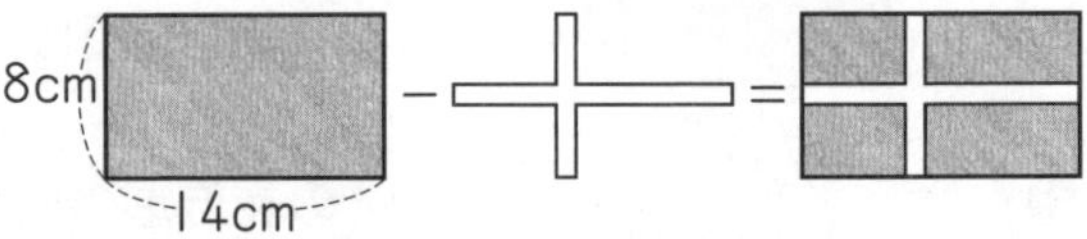

白い部分の面積は，右の図の㋐，㋑の面積の和から重なっている㋒の面積をひいて求めます。

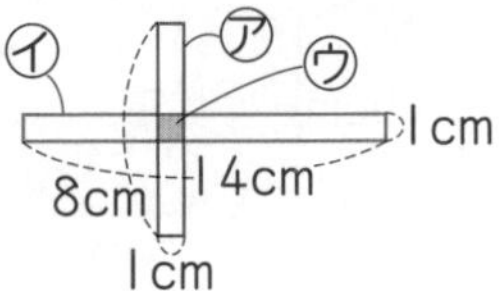

㋐ 8×1=8　㋑ 1×14=14　㋒ 1×1=1

8+14−1=21 (cm^2)　8×14−21=112−21=91 (cm^2)

（8×14 ↑全体　21 ↑白い部分）

答え 91 cm^2

練習問題31

答え ➡ 別さつ84ページ

右の色のついた部分の面積は何 cm^2 ですか。

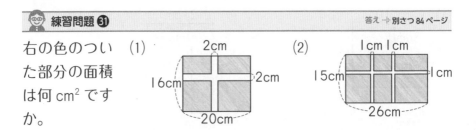

(1)

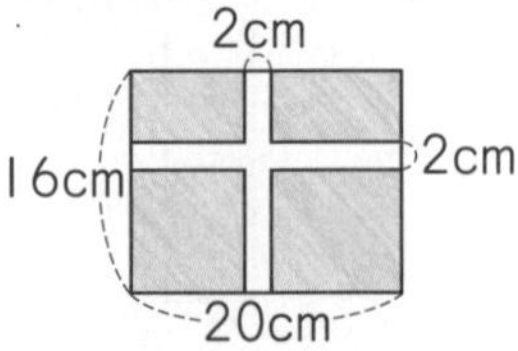

(2)

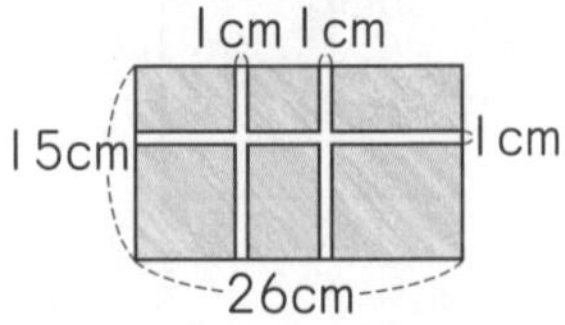

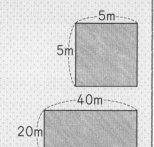

例題32 大きな面積の単位 ① 　4年　🕐302ページ 3

(1) 右の正方形の面積は何 m² ですか。
また，何 cm² ですか。

(2) 右の長方形の面積は何 m² ですか。
また，何 a ですか。

とき方

(1) 1辺が 1m の正方形の面積を 1m²（1平方メートル）といいます。
正方形の面積=1辺×1辺 なので，5×5=25（m²）
1m²=10000cm² なので，25m²=250000cm²

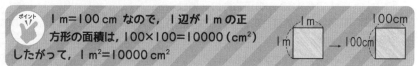

> ポイント
> 1m=100cm なので，1辺が 1m の正
> 方形の面積は，100×100=10000（cm²）
> したがって，1m²=10000cm²

(2) 長方形の面積=たて×横 なので，20×40=800（m²）
100m² の面積を 1a（1アール）といいます。
1a=100m² なので，800m²=8a

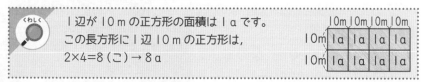

> くわしく
> 1辺が 10m の正方形の面積は 1a です。
> この長方形に 1辺 10m の正方形は，
> 2×4=8（こ）→ 8a

答え (1) 25m²，250000cm²　(2) 800m²，8a

練習問題 32　　　　答え → 別さつ84ページ

(1) たて 3m，横 4m の長方形の花だんの面積は何 m² ですか。また，何 cm² ですか。

(2) 1辺が 30m の正方形の畑の面積は何 m² ですか。また，何 a ですか。

例題33　大きな面積の単位 ②

4年　○302ページ ③

(1) 右の長方形の面積は何 m² ですか。
また，何 ha ですか。

(2) 右の正方形の面積は何 km² ですか。
また，何 m² ですか。

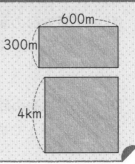

600m
300m
4km

とき方

(1) 長方形の面積＝たて×横 なので，$300×600=180000$（m²）
10000 m² の面積を 1ha（1ヘクタール）といいます。
1ha＝10000 m² なので，180000 m²＝18 ha

1辺が100 mの正方形の面積は1ha
です。この長方形に1辺100 mの正
方形の数は，
$3×6=18$（こ）→ 18 ha

100m 100m 100m 100m 100m 100m
100m｜1ha｜1ha｜1ha｜1ha｜1ha｜1ha
100m｜1ha｜1ha｜1ha｜1ha｜1ha｜1ha
100m｜1ha｜1ha｜1ha｜1ha｜1ha｜1ha

(2) 1辺が1kmの正方形の面積を 1km²（1平方キロメートル）とい
います。
正方形の面積＝1辺×1辺 なので，
$4×4=16$（km²）
1 km²＝1000000 m² なので，
16 km²＝16000000 m²

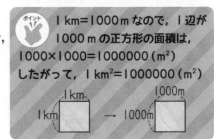

1km＝1000mなので，1辺が
1000 mの正方形の面積は，
$1000×1000=1000000$（m²）
したがって，1 km²＝1000000（m²）

1km
1km → 1000m
1000m

答え　(1) 180000 m²，18 ha
(2) 16 km²，16000000 m²

練習問題 33

答え → 別さつ84ページ

(1) たてが500 m，横が200 mの長方形の牧場の面積は，何 m²
ですか。また，何 ha ですか。

(2) たて10 km，横15 kmの長方形の形をした市の面積は何 km²
ですか。また，何 m² ですか。

第3編

第1章 円と球

第2章 角の大きさ

第3章 三角形と四角形

第4章 面積

第5章 直方体と立方体

例題34 単位のしくみ 4年 ● 302ページ ❸

(1) 正方形の1辺の長さが10倍になると，面積は何倍になりますか。

(2) 次の□にあてはまる数を求めましょう。

① 70000 cm² = □ m²   ② 4700 a = □ ha

③ 5400 m² = □ a   ④ 800 ha = □ km²

とき方

(1) 正方形の1辺の長さが10倍になると，正方形の面積は，「1辺×10×1辺×10」となります。

10×10=100 なので，面積は100倍になります。

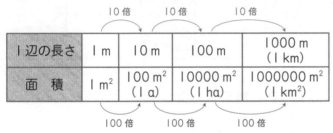

1辺の長さ	1 m	10 m	100 m	1000 m (1 km)
面 積	1 m²	100 m² (1 a)	10000 m² (1 ha)	1000000 m² (1 km²)

(2) ① 1 m²=10000 cm² なので，70000 cm²=7 m²

② (1)から，1 ha は 1 a の 100 倍なので，1 ha=100 a
4700 a=47 ha

③ 1 a=100 m² なので，5400 m²=54 a

④ (1)から，1 km² は 1 ha の 100 倍なので，1 km²=100 ha
800 ha=8 km²

答え (1)100倍 (2)① 7 ② 47 ③ 54 ④ 8

👨‍🏫 練習問題 ❸❹   答え → 別さつ85ページ

次の□にあてはまる数を求めましょう。

(1) 560000 cm² = □ m²   (2) 3 km² = □ ha

(3) 870 a = □ ha   (4) 6 a = □ m²

(5) 3.5 m² = □ cm²   (6) 80 ha = □ km²

答え → 別さつ 85 ページ

1 下の図形の面積は何 cm² ですか。

→例題 28

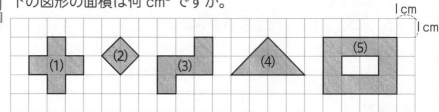

2 次の長方形や正方形の面積は何 cm² ですか。

→例題 29

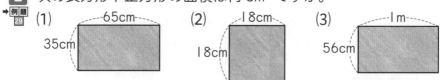

(1) 65cm / 35cm　　(2) 18cm / 18cm　　(3) 1m / 56cm

3 次の □ にあてはまる数を求めましょう。(1), (2)は長方形, (3)は正方形です。

→例題 29・32

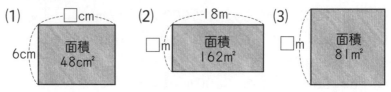

(1) □cm / 6cm 面積 48cm²　　(2) 18m / □m 面積 162m²　　(3) □m 面積 81m²

4 次の面積を, ( )の中の単位を使って表しましょう。

→例題 34

(1) 30000 cm² （m²）　　　　(2) 6200 m² （a）

(3) 15 ha （a）　　　　　　(4) 5 km² （ha）

(5) 0.9 km² （ha）　　　　　(6) 2.5 a （m²）

(7) 1700000 m² （km²）　　　(8) 9000 m² （ha）

5 正方形の1辺の長さが 100 倍になると, 面積は何倍になりますか。

→例題 34

第3編

第1章 円と球

第2章 角の大きさ

第3章 三角形と四角形

第4章 面積

第5章 直方体と立方体

6 1辺が20mの正方形の土地の面積と同じ面積で，たてが25mの長方形の土地があります。この土地の横の長さは何mですか。

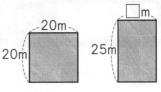

7 下の図形の面積を，（ ）の中の単位で求めましょう。

(1) （m²）

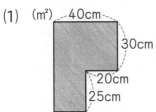

(2) （a）

(3) （cm²）

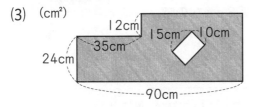

8 右の図のように，長方形の畑に，はば1mの道をつくりました。道をのぞいた畑の部分の面積を求めましょう。

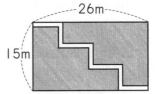

9 正方形の土地のまわりの長さを，ロープではかったら，ちょうど100mありました。この土地の面積は何aですか。

10 下の図のように，正方形や長方形が2つずつ重なっています。色のついた部分の面積を求めましょう。

(1)

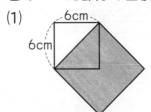

(2)

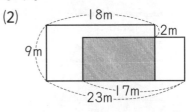

四角形と三角形の面積

1 平行四辺形の面積

▶右の平行四辺形 ABCD で，辺 BC を底辺としたとき，その底辺に垂直な直線 EF などの長さを高さといいます。

▶平行四辺形の面積は，次の公式で求められます。

平行四辺形の面積＝底辺×高さ

例　右の平行四辺形の面積を求めます。

底辺が 5 cm，高さが 3 cm なので，

5×3=15（cm²）

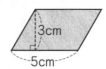

2 三角形の面積

▶右の三角形 ABC で，底辺 BC に垂直な直線 AD の長さを高さといいます。

▶三角形の面積は，次の公式で求められます。

三角形の面積＝底辺×高さ÷2

例　右の三角形の面積を求めます。

底辺が 6 cm，高さが 3 cm なので，

6×3÷2=9（cm²）

練問題 .... 答え ➡ 別さつ86ページ

次の平行四辺形と三角形の面積を求めましょう。

(1)

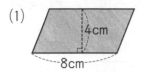

(2)

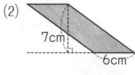

(3)

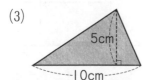

(4)

3 台形の面積

▶ 右の台形 ABCD で，平行な2つの辺 AD，辺 BC
をそれぞれ**上底**，**下底**といいます。

上底と下底に垂直な直線 EF などの長さを**高さ**
といいます。

▶ 台形の面積は，次の公式で求められます。

台形の面積＝(上底＋下底)×高さ÷2

例 右の台形の面積を求めます。

上底が3cm，下底が5cm，高さが4cmなので，

$(3+5)×4÷2=16 \ (cm^2)$

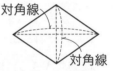

4 ひし形の面積

ひし形の面積は，2本の対角線の長さを
使って，次の公式で求められます。

ひし形の面積＝対角線×対角線÷2

例 右のひし形の面積を求めます。

対角線が6cmと4cmなので，

$6×4÷2=12 \ (cm^2)$

　練習問題 .... 答え ⋯ 別さつ86ページ

次の台形とひし形の面積を求めましょう。

(1)
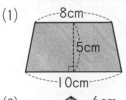

(2)
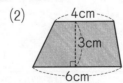

(3)
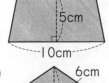

(4)
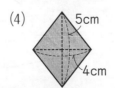

第5章 直方体と立方体

この章の目標
❶ 直方体と立方体を知り，そのせいしつを理かいしましょう。
❷ 展開図や見取図を知り，面や辺の関係を理かいしましょう。
❸ 点やものの位置の表し方を知り，その活用を理かいしましょう。

◎ 学習のまとめ

1 直方体と立方体
→例題 35

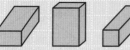
► **直方体**

長方形や長方形と正方形
で囲まれた形

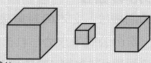
► **立方体**

正方形だけで囲まれた形

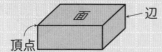

► 直方体や立方体，球などの形を**立体**といいます。

► 直方体と立方体の**面，辺，頂点**

► 直方体や立方体の面のように，平らな面のことを**平面**といいます。

2 面や辺の垂直と平行
→例題 36〜38

► 面と面の**垂直**

► 辺と辺の**垂直**
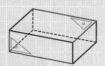

► 面と辺の**垂直**

► 面と面の**平行**

► 辺と辺の**平行**

► 面と辺の**平行**
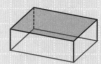

3 見取図と展開図

→ 例題 39・40

▶ **見取図**…右のように，直方体や立方体
　などの全体の形がわかるよう
　にかいた図

 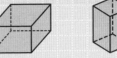

▶ **展開図**…次のように，辺にそって切り開いて平面の上に広げた図

 ▶ ▶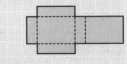

切る辺によって，いろいろな展開図をかくことができます。

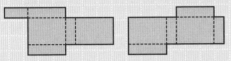

4 位置の表し方

→ 例題 41・42

▶ 平面にあるものは，ある点をもとにして，横とたての2つの長さの
組で表せます。

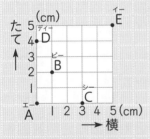

点Aをもとにすると，

点B（横1cm，たて2cm）

点C（横3cm，たて0cm）

点D（横0cm，たて4cm）

点E（横5cm，たて5cm）

となります。

▶ 空間にあるものは，ある点をもとにして，横，たて，高さの3つの長
さの組で表せます。

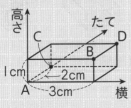

点Aをもとにすると，

点B（横3cm，たて0cm，高さ1cm）

点C（横0cm，たて2cm，高さ0cm）

点D（横3cm，たて2cm，高さ1cm）

となります。

例題35　面の数，辺の数，頂点の数　4年

314ページ [1]

右の直方体㋐，立方体㋑の形について調(しら)べて，下の表(ひょう)を完成(かんせい)させましょう。

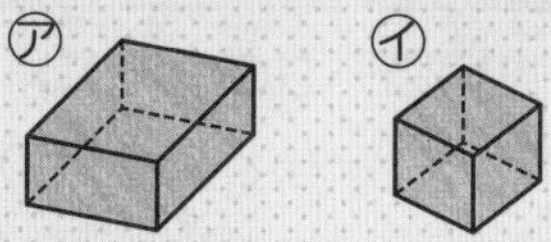

	面(めん)の数	辺(へん)の数	頂点(ちょうてん)の数
直方体㋐			
立方体㋑			

とき方

直方体と立方体の面，辺，頂点は，下の図のようになります。

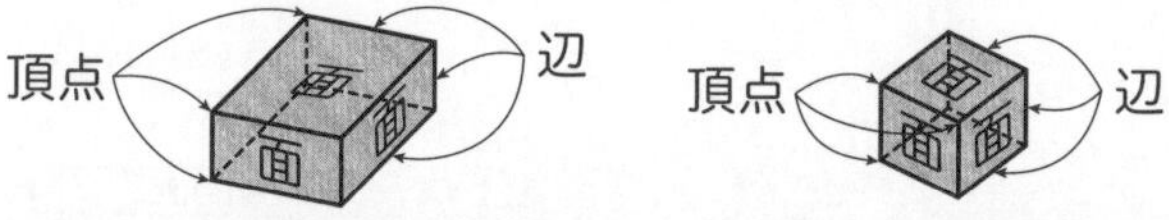

[注意] **面，辺，頂点の数は，見えないところも数えるのをわすれずに！**

答え

	面の数	辺の数	頂点の数
直方体㋐	6	12	8
立方体㋑	6	12	8

練習問題35

答え → 別さつ87ページ

右の直方体と立方体について調べ，下の表を完成させましょう。

	面の形	形も大きさも同じ面の数	同じ長さの辺の数
直方体		つずつ　組	本ずつ　組
立方体			

第3編

第1章
円と球

第2章
角の大きさ

第3章
三角形と
四角形

第4章
面積

第5章
直方体と
立方体

例題36 面と面の垂直・平行 4年 ●314ページ ②

右のような直方体について，次（つぎ）の問いに答（こた）
えましょう。
(1) 面（めん）アに垂直（すいちょく）な面はどれですか。
(2) 面アに平行（へいこう）な面はどれですか。

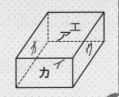

とき方

(1) 直方体のとなり合った面は垂直です。

上のように，面アと垂直な面は，面ウ，面エ，面オ，面カの4つで
す。

(2) 直方体の向かい合った面は平行です。

上のように，面アに平行な面は，面イです。

答え
(1) 面ウ，面エ，面オ，面カ
(2) 面イ

> 身のまわりから面と面
> が垂直になっている
> ものを見つけてみよう。

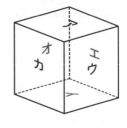

練習問題 36 答え ➜ 別さつ87ページ

右のような立方体について，次の問いに答え
ましょう。
(1) 面ウに垂直な面はどれですか。
(2) 面ウに平行な面はどれですか。

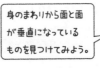

例題37 辺と辺の垂直・平行 4年 ●314ページ 2

右のような直方体について，次の問い
に答えましょう。
(1) 辺EFに垂直に交わる辺はどれです
か。
(2) 辺EFに平行な辺はどれですか。

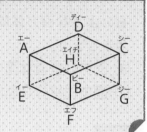

とき方

(1)

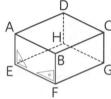 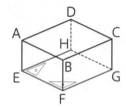

上のように，辺EFに垂直に交わる辺は，辺EA，辺FB，辺EH，辺
FGの4本です。

(2)

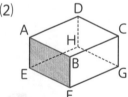 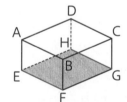 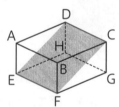

上のように，辺EFに平行な辺は，辺AB，辺HG，辺DCの3本です。

> ⚠ 注意 辺DCを見落とさないようにしましょう。

答え (1)辺EA，辺FB，辺EH，辺FG (2)辺AB，辺HG，辺DC

練習問題37

答え → 別さつ87ページ

右のような立方体について，次の問いに答え
ましょう。
(1) 辺ABに垂直に交わる辺はどれですか。
(2) 辺ABに平行な辺はどれですか。

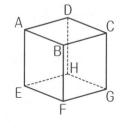

第3編

第1章 円と球

第2章 角の大きさ

第3章 三角形と四角形

第4章 面積

第5章 直方体と立方体

例題38 面と辺の垂直・平行 4年 ●314ページ ②

右のような直方体について，次の問いに
答えましょう。

(1) 色のついた面に垂直な辺はどれですか。

(2) 色のついた面に平行な辺はどれですか。

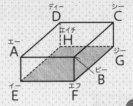

とき方

(1)

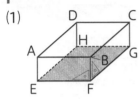

上のように，色のついた面に垂直な辺は，辺 AE，辺 BF，辺 CG，
辺 DH の 4 本です。

(2)

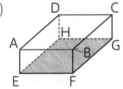 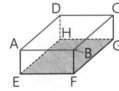

上のように，色のついた面に平行な辺は，辺 AB，辺 DC，辺 AD，
辺 BC の 4 本です。

答え (1) 辺 AE，辺 BF，辺 CG，辺 DH

(2) 辺 AB，辺 DC，辺 AD，辺 BC

練習問題 38 答え → 別さつ 87 ページ

右のような立方体について，次の問いに答え
ましょう。

(1) 色のついた面に垂直な辺はどれですか。

(2) 色のついた面に平行な辺はどれですか。

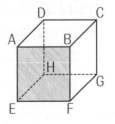

例題 39 見取図と展開図のかき方 4年 ●315ページ 3

右のような直方体があります。
(1) 見取図をかきましょう。
(2) 展開図をかきましょう。

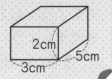

2cm
5cm
3cm

とき方

(1) 見取図は，全体の形がわかるようにかいた図です。

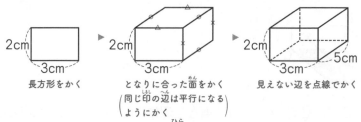

2cm
3cm
長方形をかく

▶

2cm
3cm
となりに合った面をかく
（同じ印の辺は平行になる ようにかく）

▶

2cm
3cm
5cm
見えない辺を点線でかく

(2) 展開図は，辺にそって切り開いて，平面の上に広げた図です。

上の図のように切り開くと，展開図は次のようになります。

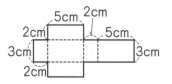

5cm 2cm
2cm
3cm
2cm
5cm
3cm

ポイント
・直方体の面は6つです。
・直方体の展開図で，
となり合った面は，組み立てる
と垂直になります。

切り方によって，いろいろな展開図がかけます。

答え 省りゃく

練習問題 39

答え ➡ 別さつ87ページ

右の図は立方体の見取図をとちゅう
までかいたものです。
(1) 続きをかいて，完成させましょう。
(2) 展開図をかきましょう。

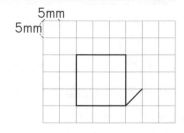

5mm
5mm

例題40 いろいろな展開図

4年 ◯315ページ 3

右の図のような直方体の展開図を
組み立てます。

(1) 点Aと重なる点はどれですか。

(2) 辺DEと重なる辺はどれですか。

(3) 面アに平行な面はどれですか。

(4) 面アに垂直な面はどれですか。

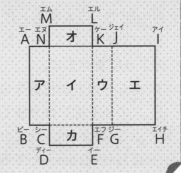

とき方

展開図を組み立てていくと，次のようになります。

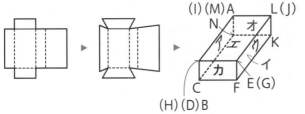

(1) 点A，点I，点Mの3つが重なって，直方体の頂点Aになります。

(2) 点D，点Eと重なる点は点H，点Gなので，辺DEと重なる辺は辺
HGです。

(3) 面アと向かい合う面は，面ウです。

(4) 面アととなり合う面は，面イ，面エ，面オ，面カです。

答え (1)点I, 点M (2)辺HG (3)面ウ (4)面イ, 面エ, 面オ, 面カ

練習問題40

答え → 別さつ88ページ

右の図の立方体の展開図を組み立てます。

(1) 点Cと重なる点はどれですか。

(2) 辺HGと重なる辺はどれですか。

(3) 面オに平行な面はどれですか。

(4) 面エに垂直な面はどれですか。

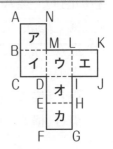

例題 **41** 位置の表し方 ①

4年 🕐315ページ **4**

右の図で、点Aをもとにして、点
Bの位置は（横4cm、たて2cm）
のように表せます。

(1) 点C〜点Fの位置を表しましょう。

(2) 次の点を図にかきましょう。
　　点G（横2cm、たて3cm）
　　点H（横0cm、たて5cm）

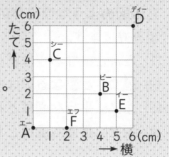

とき方

(1) 下のようにたどって、横と
　　たての目もりをよみます。

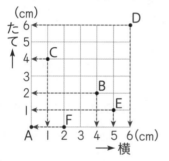

(2) 下のようにたどって、点の
　　位置を決めます。

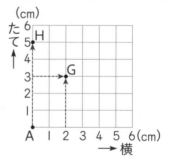

答え

(1) 点C（横1cm、たて4cm）、点D（横6cm、たて6cm）、
　　点E（横5cm、たて1cm）、点F（横2cm、たて0cm）

(2) 右上の図

練習問題 **41**

答え ➜ 別さつ88ページ

右の図で、点Aをもとにして、点の位置
を（横○cm、たて△cm）と表します。

(1) 点A〜点Eの位置を表しましょう。

(2) 次の点を図にかきましょう。
　　点F（横4cm、たて1cm）
　　点G（横5cm、たて5cm）

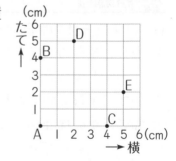

第3編

第1章
円と球

第2章
角の大きさ

第3章
三角形と
四角形

第4章
面積

第5章
直方体と
立方体

例題42　位置の表し方 ②　4年　●315ページ④

右の直方体で，頂点Aをもとにする
と，頂点Eの位置は，
（横0cm，たて0cm，高さ5cm）
と表せます。

(1) 頂点B，頂点D，頂点F，頂点G
　　の位置を表しましょう。

(2)（横0cm，たて8cm，高さ5cm）
　　の位置にある頂点はどれですか。

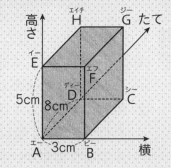

とき方

(1) 頂点Aをもとにして，横，たて，高さの3つの長さで表します。

(2) 点Aをもとにして，右の図のようにた
　　どります。

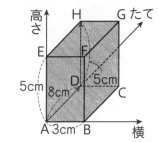

答え (1) 頂点B（横3cm,たて0cm,高さ0cm）
　　　　　頂点D（横0cm,たて8cm,高さ0cm）
　　　　　頂点F（横3cm,たて0cm,高さ5cm）
　　　　　頂点G（横3cm,たて8cm,高さ5cm）

(2) 頂点H

練習問題 42　　　　　　　　　　答え 別さつ88ページ

右の図で，点アをもとにして，点の位
置を（横 ○ m，たて △ m，高さ □ m）
と表します。

(1) 点イ〜点オの位置を表しましょ
　　う。

(2) 次の位置にある点は，点カ〜点
　　コのどれですか。

　　①（横1m,たて0m,高さ1m）

　　②（横0m,たて4m,高さ2m）

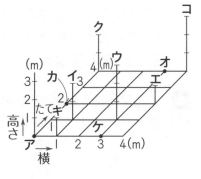

力をためす問題

答え → 別さつ 88 ページ

1 右の図は直方体と立方体です。

→ 例題 35

(1) ア～カ にあてはまる数を求めましょう。

(2) 直方体で，形も大きさも面キと同じ面はいくつありますか。

(3) 立方体で，面クと同じ大きさの面はいくつありますか。

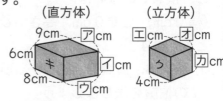

2 右の図は直方体の見取図です。

→ 例題 36～38

(1) 面イに平行な面はどれですか。

(2) 面イに垂直な面はどれですか。

(3) 面エに平行な辺はどれですか。

(4) 面エに垂直な辺はどれですか。

(5) 辺 AE に平行な辺はどれですか。

(6) 辺 AE と垂直に交わる辺はどれですか。

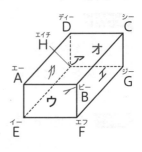

3 右の図のような展開図を組み立てます。

→ 例題 40

(1) どんな形ができますか。

(2) 面アに平行な面はどれですか。

(3) 面ウに垂直な面はどれですか。

(4) 点 L と重なる点はどれですか。

(5) 辺 FG と重なる辺はどれですか。

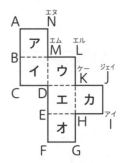

4 次のア～オの展開図を組み立てたとき，立方体になるものを，記号ですべて答えましょう。

→ 例題 39・40

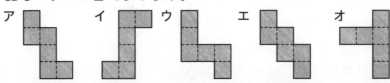

第3編

第1章
円と球

第2章
角の大きさ

第3章
三角形と四角形

第4章
面積

第5章
直方体と立方体

5 右の図は，AB＝4 cm，BC＝2 cm，
BF＝7 cm の直方体の見取図です。

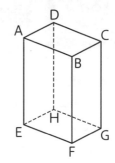

(1) この直方体の展開図をかきましょう。

(2) 面 ABCD に，平行な面，垂直な面を
すべて答えましょう。

(3) 頂点 A と C を結ぶ直線に平行な面，垂
直に交わる辺をすべて答えましょう。

(4) この直方体の辺の合計の長さは何 cm ですか。

6 右の図で，点 A をもとにして，
点の位置を，
（横 ○ cm，たて △ cm）
と表します。

(1) 点 B〜点 F の位置を表しま
しょう。

(2) 次の点を，右の図にかきま
しょう。
点 G（横 9 cm，たて 8 cm）　点 H（横 8 cm，たて 9 cm）

(3) 点 D→点 F→点 E→点 B→点 D の順に，直線で点を結ぶと，
どんな形ができますか。

7 右の図のような直方体があります。
頂点 A をもとにして，点 I，点 J，
点 K の位置を，
（横 ○ cm，たて △ cm，高さ □ cm）
と表しましょう。

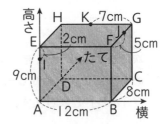

8 さいころは，平行な面の目の和が 7 にな
るようになっています。右の展開図のア，
イ，ウにあてはまる目の数は，それぞれ
いくつですか。

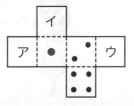

将棋のこまの位置の表し方

●将棋とは

将棋は，ます目の上でこまを動かして
戦うゲームです。2人で交互にこまを
動かして，先に王（または玉）と書かれ
たこまを取った方が勝ちになります。

●こまの位置の表し方

将棋では，はじめのこまの位置は右の
ようになります。

九九の表とますの
数が同じだね。

右の図は先手（先にこまを動かす人）が，
「歩」というこまを動かしたところです。
これを「2六歩」と表します。

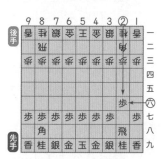

次に後手（後にこまを動かす人）が，右
のようにこまを動かしました。これを
「3四歩」と表します。

上の1から9と右の一から
九の数をもとに，位置を
表しているのよ。

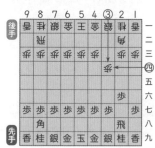

第**4**編

表とグラフ

第4編

表とグラフ

ぼうグラフ

（ぼうグラフ➡330 ページ）

第1章 ぼうグラフと表

この章の目標

❶ 表に整理したことがらを，ぼうグラフに表しましょう。

❷ ぼうグラフのよみ方やかき方を理かいしましょう。

❸ いくつかの表を1つの表にまとめて，いろいろな見方をしましょう。

◎ 学習のまとめ

1 表
→ 例題 1

▶ 調べたことがらを表にまとめるとき，
「正」の字を使うと便利です。

一…1 丅…2 下…3 疋…4 正…5

▶ 数の少ないものを「その他」でまとめ
ることがあります。

家の前を通った乗り物調べ

種類	台数（台）	
乗用車	正正	9
自転車	正正一	11
バス	正丅	7
その他	疋	4
合計		31

2 ぼうグラフ
→ 例題 2〜4

▶ 数の大きさをぼうの長さで表したグラフを，
ぼうグラフといいます。

▶ ぼうグラフは，大きさをくらべるのに，便利な
グラフです。

▶ ぼうグラフはぼうの長い順にならべて表すこと
があります。「その他」は最後にかきます。

家の前を通っ
た乗り物調べ

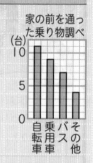

3 表のくふう
→ 例題 5

いくつかの表を1つの表にまとめることができます。

1組	
種類	数(さつ)
物語	10
図かん	5
伝記	2
合計	17

2組	
種類	数(さつ)
物語	8
図かん	3
伝記	11
合計	22

3組	
種類	数(さつ)
物語	4
図かん	9
伝記	7
合計	20

1つの表に
まとめる →

図書館でかりられた本の数（さつ）

種類＼組	1組	2組	3組	合計
物語	10	8	4	22
図かん	5	3	9	17
伝記	2	11	7	20
合計	17	22	20	59

[例][題]1 表づくり

3年 330ページ 1

右の㋐は，ある時間にけんたさんの家の前を通った乗り物の数を「正」の字で表したものです。

㋐

乗用車	正正一
自転車	正正𠀋
バス	正丁
トラック	下
タクシー	下
パトカー	丁

㋑ 乗り物調べ

種類	台数（台）
乗用車	
自転車	
バス	
その他	
合計	

(1) ㋑の表をつくるとき，「その他」にまとめる乗り物は何ですか。

(2) ㋐を数字になおして㋑の表を完成させましょう。

(3) いちばん多かった乗り物は何ですか。

とき方

(1) ほかとくらべて少ないものは，まとめて「その他」とします。

(2) 一は1台，丁は2台，下は3台，𠀋は4台，正は5台を表しています。「その他」は，トラックが3台，タクシーが3台，パトカーが2台なので，3+3+2=8（台）になります。

乗り物調べ

種類	台数（台）
乗用車	11
自転車	14
バス	7
その他	8
合計	40

(3) ㋑の表で，数がいちばん多いものです。

答え (1) トラック，タクシー，パトカー　(2) 上の表　(3) 自転車

練習問題 1

答え → 別さつ90ページ

右の㋐は，のぞみさんの組で1週間にけがをした人数を，けがの種類別に表したものです。

㋐

切りきず	正正正
すりきず	正正一
打ぼく	正丁
つき指	一
ねんざ	丁

㋑ けが調べ

種類	人数（人）
切りきず	
すりきず	
打ぼく	
その他	
合計	

(1) すりきずをした人は何人ですか。

(2) ㋑の表を完成させましょう。

(3) 切りきずと打ぼくの人数のちがいは何人ですか。

例題 2 ぼうグラフ ①

3年 ● 330 ページ 2

右のぼうグラフは，ある時間にけんたさんの家の前を通った乗り物の数を調べたものです。

(1) グラフの 1 目もりは何台を表していますか。

(2) それぞれの台数は何台ですか。

(3) 乗用車はバスより何台多いですか。

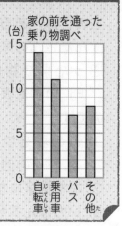

家の前を通った乗り物調べ

とき方

(2) 1目もり1台で目もりをよみます。
自転車…14目もり　乗用車…11目もり
バス…7目もり　その他…8目もり

(3) バスより4目もり分長いので，4台多いです。
乗用車が11台，バスが7台なので，11−7＝4（台）と求めることもできます。

(1) 5目もりで5台を表しているので，1目もりは1台です。

答え (1) 1台　(2) 自転車…14台，乗用車…11台，バス…7台，
その他…8台　(3) 4台

練習問題 2

答え → 別さつ 90 ページ

右のぼうグラフは，みさきさんの学級で，好きなスポーツを調べたものです。

(1) 1目もりは何人ですか。

(2) 好きな人がいちばん多いスポーツは何ですか。

(3) 野球が好きな人はテニスが好きな人の何倍ですか。

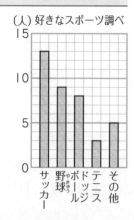

(人) 好きなスポーツ調べ

330 ページ ②

例題 3 ぼうグラフ ② 3年

右のぼうグラフは，しょうたさんが勉強した時間を表したものです。

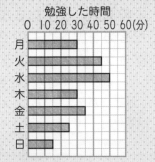

勉強した時間
0 10 20 30 40 50 60(分)

(1) 1目もりは何分ですか。

(2) 勉強した時間がいちばん長いのは，何曜日で何分ですか。

(3) 勉強した時間がいちばん短いのは，何曜日で何分ですか。

(4) 水曜日に勉強した時間は，土曜日の何倍ですか。

とき方

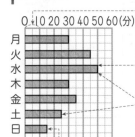

(1) 2目もりで10分を表しているので，1目もりは5分です。

(2) 水曜日のぼうがいちばん長く，50分を表しています。

(4) 水曜日は10目もり，土曜日は5目もりなので，10÷5＝2(倍)

(3) 日曜日のぼうがいちばん短いです。10分より1目もり長いので，15分です。

くわしく
曜日，組のように，順番が決まっているものは，ぼうの長さに関係なく，その順番で表すことがあります。

答え (1) 5分 (2)水曜日，50分 (3)日曜日，15分 (4) 2倍

練習問題 3

答え → 別さつ90ページ

右のぼうグラフは，先週ゆあさんの学校の図書室でかりられた本の数を表したものです。

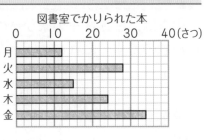

図書室でかりられた本
0 10 20 30 40(さつ)

(1) 1目もりは何さつですか。

(2) いちばん数が多いのは何曜日で何さつですか。

(3) 水曜日にかりられた本は何さつですか。

(4) 火曜日と木曜日の数のちがいは何さつですか。

例題 4　ぼうグラフのかき方　3年　○ 330ページ 2

下の表は, こうたさんの組で, 好きなく
だもの調べたものです。これを, ぼう
グラフに表しましょう。

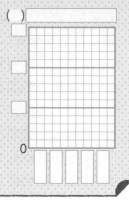

好きなくだもの調べ

種類	バナナ	いちご	メロン	みかん	その他
人数(人)	10	13	5	9	7

とき方

② 目もりの数と
単位を書く。

④ 表題を書く。

③ 数に合わせて
ぼうをかく。

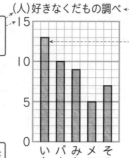

① 横に種類を書
く。

「その他」は数が多くても
最後に書く。

くわしく
1目もりの大きさは,
表でいちばん多い13
人がかけるように決めます。

答え　上のグラフ

練習問題 4　　　答え → 別さつ 90 ページ

下の表は, さきさんの家からの道のりを表
したものです。これを, ぼうグラフに表し
ましょう。

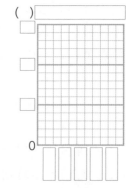

家からの道のり

場所	学校	市役所	公園	駅	図書館
道のり(m)	200	1200	400	800	600

例題 5 表のくふう 3年 ● 330ページ ③

右の表は，1組から3組で，
好きなテレビ番組について調
べたものです。

(1) 表を完成させましょう。

(2) 1組でドラマが好きな人
　　は何人ですか。

(3) アニメが好きな人がいちばん多いのは何組ですか。

(4) 全体で好きな人がいちばん多い番組は何ですか。

好きなテレビ番組調べ（人）

	1組	2組	3組	合計
ドラマ	14	7	15	
バラエティ	12	17	8	
アニメ	8	10	5	
スポーツ	5	3	10	
合計				

とき方

表をたてに見たり，横に見たりします。

(2) 1組でドラマが好きな人の人数

(3) いちばん多いのは10人の2組

好きなテレビ番組調べ（人）

	1組	2組	3組	合計	
ドラマ	14	7	15	36	←14+7+15
バラエティ	12	17	8	37	←12+17+8
アニメ	8	10	5	23	←8+10+5
スポーツ	5	3	10	18	←5+3+10
合計	39	37	38	114	←36+37+23+18

また は，39+37+38

14+12+8+5　7+17+10+3　15+8+5+10

(4) いちばん人数が多いのは37人のバラエティ

答え
(1) 上の表　(2) 14人　(3) 2組　(4) バラエティ

練習問題 ⑤
答え → 別さつ 90 ページ

右の表は，ある学年で，住んでいる
町を調べて，組別に表したものです。

(1) 表を完成させましょう。

(2) 東町に住んでいる人がいちばん
　　多いのは何組ですか。

(3) 全体で，いちばん多く住んでいる
　　のは何町ですか。

(4) 全体の人数は何人ですか。

住んでいる町調べ（人）

	1組	2組	3組	合計
東町	9	12	6	
北町	2	6	11	
西町	13	11	8	
南町	10	5	8	
合計				

例題 6　組み合わせたグラフ ①　3年　📞 332ページ 例題 2

右のグラフは，1組と2組の人
たちの好きなスポーツについ
て調べたものです。

(1) サッカーが好きな人はどち
　　らの組が多いですか。

(2) 2組で好きな人がいちばん
　　多いスポーツは何ですか。

(3) 1組と2組で，好きな人数
　　があまりかわらないスポー
　　ツを，1つ答えましょう。

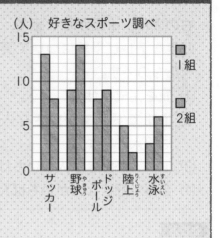

とき方

(1) サッカーでは1組のぼう（■）の方が長いです。

(2) 2組のぼう（□）でいちばん長いのは野球です。

(3) ■と□の長さのちがいが少ないのは，ドッジボールです。

答え　(1) 1組　(2) 野球　(3) ドッジボール

😊 練習問題 6　　　　　　　　　　　　　　答え → 別さつ 91ページ

右のグラフは，3年生と4年生につい
て，学校を欠席した人数を表したもの
です。

(1) 4月に欠席した人は，どちらの学年
　　が多かったですか。

(2) 3年生が5月に欠席した人数は，前
　　の月とくらべてどうなっていますか。

(3) 4年生で，欠席した人がいちばん多
　　かったのは，何月ですか。

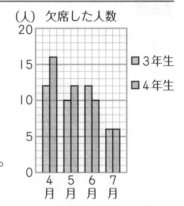

(4) どちらの学年も，欠席した人が少なかったのは，何月ですか。

例題 7 組み合わせたグラフ ② 3年 🕐 332 ページ 例題 2

右のグラフは，みくさんの学校で，
4月から7月までの図書のかし出し
数を表したものです。

(1) 3年生のかし出し数がいちばん
多いのは何月ですか。

(2) 4年生のかし出し数がいちばん
多いのは何月ですか。

(3) 全体のかし出し数がいちばん多いのは何月ですか。

とき方

(1) 3年生のぼう（■）がいちばん
長いのは，5月です。

(2) 4年生のぼう（■）がいちばん
長いのは，6月です。

(3) ぼう全体がいちばん長いのは，
6月です。

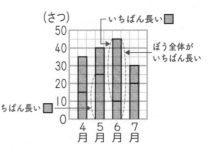

答え (1) 5月 (2) 6月 (3) 6月

練習問題 7

答え ↦ 別さつ91 ページ

右のグラフは，しゅんさんの学校で，好
きなくだものについて調べたものです。

(1) 3年生がいちばん好きなくだものは
何ですか。

(2) グレープフルーツが好きな人は，どち
らの学年が多いですか。

(3) バナナが好きな人は全部で何人ですか。

(4) 全体で好きな人がいちばん多いくだ
ものは何ですか。

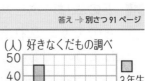

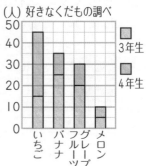

力をためす問題

答え ⇒ 別さつ 91 ページ

1 右の㋐は学校の前を通った車の数を調べたものです。
→例題 1

(1) ㋑の表を完成させましょう。

(2) 2番目に多い車は何ですか。

(3) バスとタクシーのちがいは何台ですか。

㋐

乗用車	正正正一
バス	正T
トラック	正下
タクシー	正
救急車	一
タンクローリー	T

㋑ 車調べ

種類	台数（台）
乗用車	
バス	
トラック	
タクシー	
その他	
合計	

2 右のグラフは，3年生全体でスポーツの習い事を調べたものです。
→例題 2・3

(1) 1目もりは何人ですか。

(2) いちばん多い習い事は何ですか。

(3) いちばん少ない習い事は何ですか。

(4) それぞれの人数は何人ですか。

(5) 水泳と体そうのちがいは何人ですか。

(6) サッカーは野球の何倍ですか。

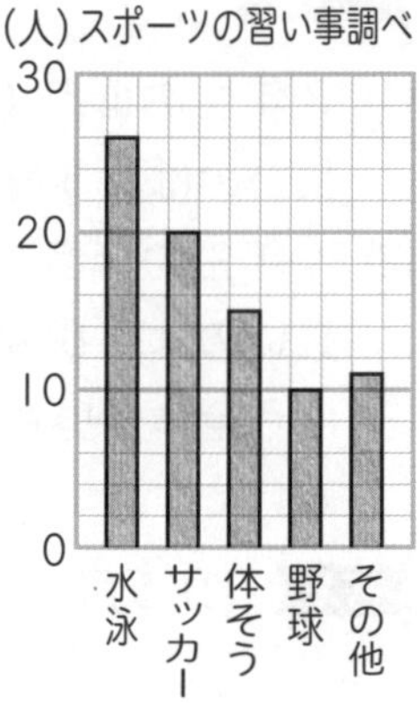

3 下の表は，ボール投げの記録を表したものです。これをぼうグラフに表しましょう。
→例題 4

ボール投げの記録

名前	まき	しょうた	りんか	のぞみ	りょう
きょり（m）	14	30	20	24	36

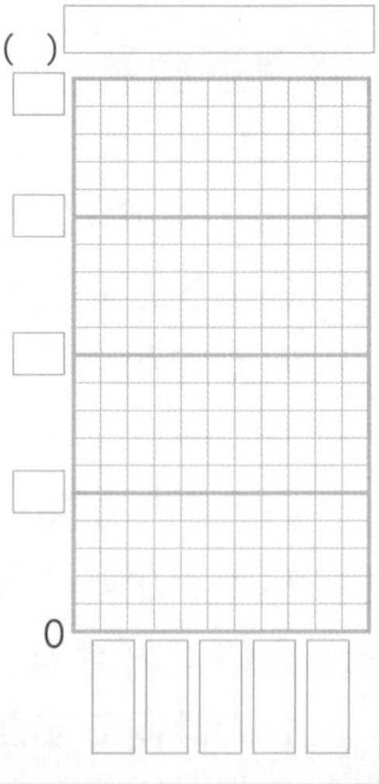

4 右の表は，１組から３組で，いちばん好きな給食のメニューを調べたものです。

好きな給食のメニュー調べ

	１組	２組	３組	合計
ハンバーグ	9	6	12	㋐
からあげ	㋑	11	10	31
カレー	12	10	11	33
シチュー	7	9	5	21
合計	38	36	㋒	㋓

(1) ㋐〜㋓に入る数を求めましょう。

(2) ２組で，シチューが好きな人は何人ですか。

(3) ３組で，好きな人がいちばん多いメニューは何ですか。

(4) 全体で，好きな人がいちばん多いメニューは何ですか。

5 右のグラフは，子ども会のまつりで，去年と今年で売れた食べ物の数を調べたものです。

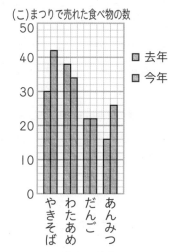

(こ)まつりで売れた食べ物の数

(1) 去年いちばん売れた食べ物は何ですか。

(2) 今年いちばん売れなかった食べ物は何ですか。

(3) 去年よりも今年の方が多く売れた食べ物を，全部答えましょう。

6 右のグラフは，１組から３組で，わかざりをつくるのに使った赤と青の色画用紙の数を表したものです。

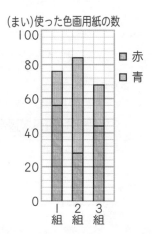

(まい)使った色画用紙の数

(1) 赤の色画用紙をいちばん多く使ったのは何組ですか。

(2) 青の色画用紙をいちばん多く使ったのは何組ですか。

(3) 色画用紙をいちばん多く使ったのは何組ですか。また，いちばん少なかったのは何組ですか。

第2章 折れ線グラフと表

この章の目標

❶ 折れ線グラフのよさを知り，よみ方を理かいしましょう。

❷ 折れ線グラフのかき方と，組み合わせたグラフのよみ方を理かいしましょう。

❸ 2つのことがらを1つに表した表のよさを知り，よみ方を理かいしましょう。

◎ 学習のまとめ

1 折れ線グラフ

→ 例題 8〜10

► 右のようなグラフを**折れ線グラ
フ**といいます。

► 折れ線グラフは，数量が変わっ
ていく様子を表すのに便利なグ
ラフです。

► グラフは線のかたむきで，変わ
り方がわかります。<u>線のかたむ</u>

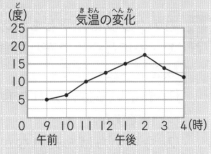

きが急なほど，変わり方が大きいことを表しています。

ふえている	大きく ふえている	変わらない	へっている	大きく へっている

2 整理のしかた

→ 例題 13・14

► 2つのことがらを1つの表に
整理する方法 ←タイルの形ともよう

タイルの形ともよう調べ（まい）

もよう 形	▨	▥	▧	合計
○	5	3	7	15
□	8	2	3	13
△	2	4	9	15
合計	15	9	19	43

► 4つのことがらを1つの表に
整理する方法 ←算数の好き・きらいと
国語の好き・きらい

算数・国語の好ききらい調べ（人）

		国語		合計
		好き	きらい	
算数	好き	13	7	20
	きらい	6	5	11
合計		19	12	31

第4編

第1章
ぼう
グラフ
と表

第2章
折れ線
グラフ
と表

例題8 折れ線グラフ　4年　340ページ❶

右の折れ線グラフは，ある町の
気温の変化を表したものです。

(1) たての1目もりは何度ですか。

(2) いちばん気温が高いのは何
　　月ですか。

(3) 気温が変わらなかったのは
　　何月と何月の間ですか。

(4) いちばん気温の下がり方が大きいのは何月と何月の間ですか。

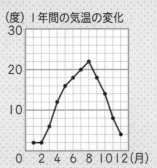

(度) 1年間の気温の変化

とき方

たてのじくは気温，横のじくは月を表しています。

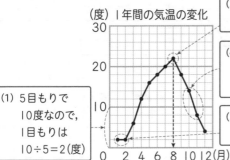

(度) 1年間の気温の変化

(2) この点は，8月の気温を表しています。

(4) グラフの線のかたむきから，10月〜11月の間の気温の下がり方がいちばん大きいことがわかります。

(1) 5目もりで10度なので，1目もりは10÷5＝2(度)

(3) グラフの線がかたむいていないので，気温は変わっていません。

答え　(1) 2度　(2) 8月　(3) 1月と2月の間　(4) 10月と11月の間

練習問題❽

答え → 別さつ92ページ

右の折れ線グラフは，ある市の気温の変
化を表したものです。

(1) 4月の気温は何度ですか。

(2) 気温が変わらなかったのは何月と何
　　月の間ですか。

(3) いちばん気温の上がり方が大きいの
　　は何月と何月の間ですか。

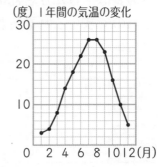

(度) 1年間の気温の変化

例題 9　折れ線グラフのかき方 ①　4年　● 340 ページ 1

下の表は，ある町の１年間の気温を
表しています。これを折れ線グラフ
に表しましょう。

１年間の気温の変化

月	1月	2月	3月	4月	5月	6月
気温 (度)	26	24	22	22	16	8

月	7月	8月	9月	10月	11月	12月
気温 (度)	10	16	16	20	22	24

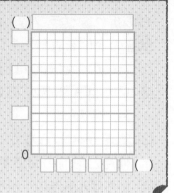

とき方

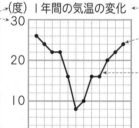

② たてに気温をとって，目もりの数と単位を書く。

① 横に月と単位を書く。

⑤ 表題を書く。

③ それぞれの月の気温に点をうつ。

④ 点を線で結ぶ。

くわしく　１目もりの大きさは，表でいちばん高い26度がかけるように決めます。

答え　上のグラフ

練習問題 9

答え → 別さつ92ページ

下の表は，りんかさんの町の気温を調べ
たものです。これを折れ線グラフに表し
ましょう。

１年間の気温の変化

月	1月	2月	3月	4月	5月	6月
気温 (度)	4	6	8	12	18	22

月	7月	8月	9月	10月	11月	12月
気温 (度)	24	26	22	16	12	6

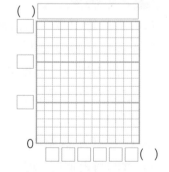

例題10 折れ線グラフのかき方 ②　4年　📞340ページ 1

下の表は，はるとさんが病気になったときの体温の変化を調べたものです。これを折れ線グラフに表しましょう。

時こく	午前6時	8時	10時	12時
体温 (度)	37.1	37.2	37.6	37.6

時こく	午後2時	4時	6時	8時
体温 (度)	37.8	37.5	36.8	36.4

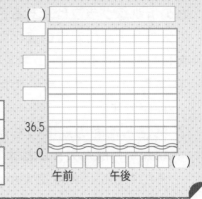

とき方

変わり方がよくわかるように，〜〜を使って，とちゅうの目もりを省くことがあります。

いちばん高い体温の37.8度がかけるように，１目もりを0.1度にします。

答え 　右のグラフ

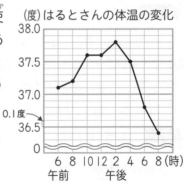

(度)はるとさんの体温の変化

練習問題⑩　　答え➜別さつ92ページ

下の表は，よしのさんの１年生から４年生までの身長の変化を調べたものです。これを折れ線グラフに表しましょう。

よしのさんの身長の変化

学年	1年	2年	3年	4年
身長 (cm)	119.8	124.4	131.7	137.5

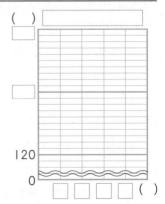

例題 11　組み合わせたグラフ ③　　4年　　◯ 341ページ 例題 8

右の折れ線グラフは，ある日の気温と地面の温度の変化を表したものです。

(1) 気温がいちばん高いのは何時ですか。

(2) 気温と地面の温度のちがいがいちばん大きいとき，そのちがいは何度ですか。

(3) 昼に，温度が下がり始めるのが早いのはどちらですか。

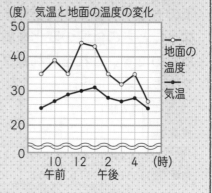

気温と地面の温度の変化

とき方

(1) ━◯ のグラフで，いちばん温度が高いのは午後1時です。

(2) 2つのグラフがいちばんはなれているのは，午前12時です。

(3) 午後，気温が下がり始めるのは午後1時，地面の温度が下がり始めるのは午前12時です。

答え　(1)午後1時　(2)14度　(3)地面の温度

練習問題 11

答え → 別さつ93ページ

右の折れ線グラフは，けんたさんとりょうたさんの2人の1年生から4年生までの貯金の変化を表したものです。

(1) 貯金がへったことがあるのはどちらで，何年生から何年生の間ですか。

(2) 3年生から4年生で，それぞれ何円ふえましたか。

(3) 2人の貯金のちがいがいちばん大きいのは何年生ですか。また，そのちがいは何円ですか。

けんたさんとりょうたさんの貯金の変化

例題12 組み合わせたグラフ ④

4年 ○332 ページ 例題2
341 ページ 例題8

右のグラフは，ある町
の1年間の気温の変化
とこう水量を表したも
のです。

1年間の気温とこう水量

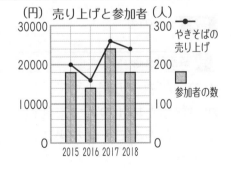

(1) 気温がいちばん高
いのは何月ですか。

(2) こう水量がいちばん多いのは何月ですか。

(3) こう水量が多いとき，気温は高いですか，低いですか。

とき方

(1) ┳のグラフでいちばん高いのは8月です。

(2) ▣のグラフでいちばん高いのは12月です。

(3) こう水量 (▣) が多いのは1月と12月です。

このとき，気温 (┳) は低くなっています。

 この気温とこう水量は福井県敦賀市のものです。この辺りは冬に雪が多い
ので，1月，12月のこう水量が多くなっています。

答え (1) 8月 (2) 12月 (3) 低い

練習問題 12

答え → 別さつ93ページ

右のグラフは，子ども会の参加
者の数とやきそばの売り上げ
（売って得た代金の合計）を表し
たものです。

(円) 売り上げと参加者 (人)

(1) やきそばがいちばん売れた
のは何年で何円ですか。

(2) 参加者がいちばん多かった
のは何年で何人ですか。

(3) 参加者が多いと，やきそばの売り上げはどうなっていますか。

例題 **13** 整理のしかた ① 4年 ● 340 ページ **2**

右の表は，なつきさんの学校で，
1週間にけがをした人について
調べた記ろくです。けがの種類
と体の部分の2つに注目して，
下の表に人数を書きましょう。

けがの種類と体の部分　　（人）

種類＼体	顔	足	手	うで	合計
すりきず					
切りきず					
ねんざ					
打ぼく					
合計					

けが調べ

学年	けがの種類	体の部分	場所
6	切りきず	うで	教室
2	打ぼく	顔	教室
4	すりきず	手	ろうか
1	切りきず	足	体育館
6	打ぼく	手	運動場
2	ねんざ	足	運動場
5	すりきず	手	ろうか
2	すりきず	顔	教室
3	ねんざ	足	体育館
1	打ぼく	うで	ろうか

とき方

「正」の字を書いてから，数字になおして，人数を書きます。

けがの種類と体の部分　　（人）

「すりきず」で
「顔」の人を，
ここに書きま
す。

種類＼体	顔	足	手	うで	合計
すりきず	一 1	0	丅 2	0	3 ← 1+0+2+0
切りきず	0	一 1	0	一 1	2
ねんざ	0	丅 2	0	0	2
打ぼく	一 1	0	一 1	一 1	3
合計	2	3	3	2	10 ← 3+2+2+3

1+0+0+1 ┘　　　　　　　　　　　　　　または，2+3+3+2

答え　上の表

練習問題 **13** 答え → 別さつ 93 ページ

上のけが調べの記ろくで，け
がの種類と場所の2つに注目
して，右の表に人数を書きま
しょう。

けがの種類と場所　　（人）

種類＼場所	教室	ろうか	体育館	運動場	合計
すりきず					
切りきず					
ねんざ					
打ぼく					
合計					

例題14 整理のしかた ②　4年　📞340ページ 2

さやかさんの組の15人に，犬やねこのうち，かっているものを書いてもらうと，左下のようになりました。これを右下の表にまとめましょう。

番号	動物	番号	動物	番号	動物
1	犬	2	ねこ	3	犬
4	犬・ねこ	5		6	犬
7	犬・ねこ	8	ねこ	9	犬
10	ねこ	11	ねこ	12	犬
13	犬	14	犬・ねこ	15	

犬やねこをかっている人調べ（人）

		犬		合計
		かっている	かっていない	
ねこ	かっている			
	かっていない			
	合計			

とき方

聞いたことをまとめると，
犬だけかっている人…6人
ねこだけかっている人…4人
両方かっている人…3人
両方ともかっていない人……2人
となります。
表にまとめると，右のようになります。

両方かっている人　ねこだけかっている人

		犬		合計
		かっている	かっていない	
ねこ	かっている	3	4	7
	かっていない	6	2	8
	合計	9	6	15

犬だけかっている人　両方ともかっていない人

答え　右上の表

練習問題14

答え→別さつ93ページ

けいたさんの組37人に，弟，妹がいる人について調べました。
弟がいる人…15人
妹がいる人…14人
どちらもいない人…………12人
右の表を完成させましょう。

妹・弟がいる人調べ　（人）

		弟		合計
		いる	いない	
妹	いる			
	いない			
	合計			37

力をためす問題

答え➡別さつ93ページ

1 右のグラフについて，次の問いに答えましょう。

➡例題8

(1) たてのじく，横のじくは，それぞれ何を表していますか。

(2) 1目もりは何円ですか。

(3) ねだんの上がり方がいちばん大きいのは何日と何日の間ですか。

(4) ねだんが変わらなかったのは，何日と何日の間ですか。

(5) ねだんの下がり方がいちばん大きいのは，何日と何日の間ですか。

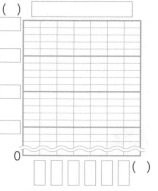

(円)ほうれんそうのねだんの変化

2 下の表は，ゆうきさんの家の1年間の水道水の使用量を2か月ごとに調べたものです。これを折れ線グラフに表しましょう。

➡例題9・10

水道水の使用量の変化

月	1・2月	3・4月	5・6月	7・8月	9・10月	11・12月
使用量(L)	50000	49000	52000	66000	64000	43000

3 次のことがらをグラフに表すのに，折れ線グラフにするとよいものをすべて答えましょう。

➡例題8・9 10

ア いろいろな学用品のねだん調べ

イ 毎年4月に調べたある町の小学生の人数

ウ ある農家の1年ごとのももの生産高

エ 学校での1年間のけが人を種類別に表した数

オ 電器店で1年間に売った商品の種類別の数

4 右のグラフは，けいさんの家の1年間のガス代と電気代を表したものです。

(1) ガス代がいちばん高かったのは何月ですか。

(2) 電気代がいちばん安かった月は何円ですか。

(3) ガス代と電気代のちがいがいちばん大きかったのは何月ですか。

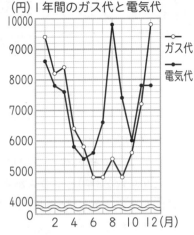

(4) ガスをたくさん使ったのは，夏と冬のどちらだと考えられますか。

5 右の表は，ある文ぼう具店で売られているものと，その色をまとめたものです。

(1) 表を完成させましょう。

(2) 赤い色紙は何まいですか。

(3) 青いものの合計は何まいですか。

(4) シールの合計は何まいですか。

文ぼう具店で売られているもの（まい）

種類＼色	赤	青	黄	合計
下じき	8	10		21
色紙		20	12	47
シール	21	18		
合計			30	

6 右の表は，かりんさんの組30人で，ある冬の日に手ぶくろをしている人と，マフラーをしている人を調べたものです。

手ぶくろをしている人…19人
マフラーをしている人…20人
どちらもしている人……12人
表を完成させましょう。

手ぶくろとマフラー調べ（人）

		マフラー		合計
		している	していない	
手ぶくろ	している			
	していない			
合計				30

グラフを発明した人はだれ？

調べたことをグラフに表すと、全体の特ちょうがひと目でわかります。
このような便利なグラフはだれが発明したのでしょうか。

●グラフの発明者

ぼうグラフや折れ線グラフは、スコットランド生まれの**プレイフェア**（1759～1823年）という人が発明しました。

プレイフェアが1786年に出した本の中で、はじめてぼうグラフや折れ線グラフが登場しました。また、1801年に出した本の中では、円グラフも登場しています。円グラフは5年生で学習するグラフで、割合を表すときに使います。

●プレイフェアのグラフ

ぼうグラフ

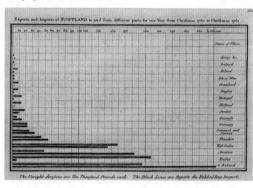

こんなにいろいろなグラフを1人で全部発明するなんてすごいね！

折れ線グラフ

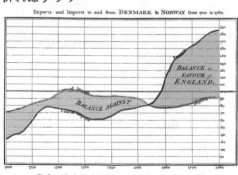

円グラフ

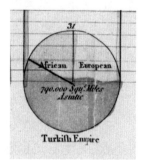

考える力をつける問題

第1章　いろいろな文章題

例題1　いろいろな文章題 ①　応用

(1) あおいさんは，折りづるを1日目に44羽，2日目に18羽，3日目に53羽折りました。全部で何羽折りましたか。

(2) ゆうたさんは，弟にカードを6まいあげました。ゆうたさんはそのあと10まい買ったので，カードは25まいになりました。ゆうたさんは，はじめ何まいのカードを持っていましたか。

(3) けいさんは，妹におはじきを10こあげました。妹は23こになりましたが，けいさんより，まだ5こ少ないそうです。けいさんは，はじめ何このおはじきを持っていましたか。

(4) クッキーとケーキがあります。クッキーは1つ375円で，ケーキ1つのねだんより50円安いそうです。このクッキーとケーキを1つずつ買うために1000円出すと，おつりは何円ですか。

とき方

図に表して，考えます。

(1)

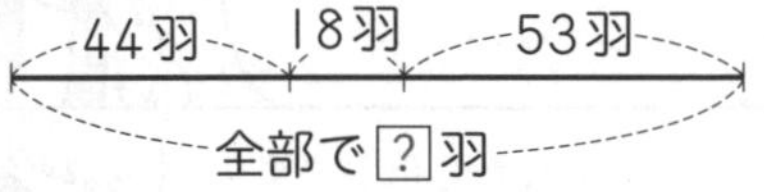

全部で，44+18+53=115（羽）

> [くわしく] 左の図のように，数量の関係を線で表した図を線分図といいます。

(2)

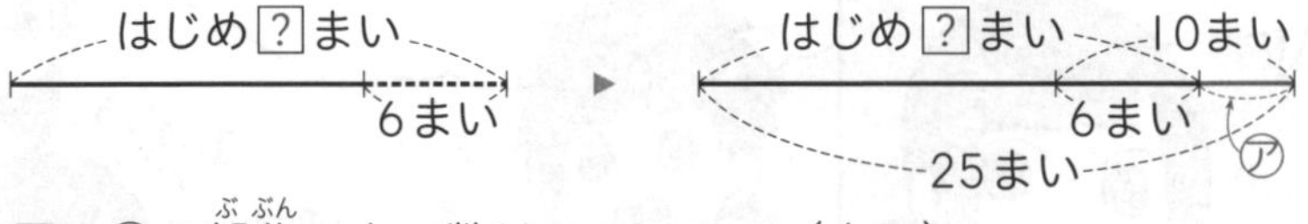

図の㋐の部分のまい数は，10−6=4（まい）

はじめの数は，25−4=21（まい）

第5編

第1章
文章題
いろいろな

第2章
きまりを
見つける問題

❶ 問題文をよく読んで，正しい式をたて，答えを求めましょう。
❷ 和差算，分配算，つるかめ算などの考え方を理かいしましょう。

(3)

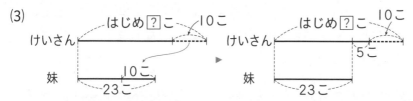

図から，はじめの数は妹の数 23 こより 5+10=15（こ）多いので，
はじめの数は，23+15=38（こ）

(4)

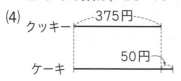

「クッキーはケーキより 50 円安い」
「ケーキはクッキーより 50 円高い」

ケーキのねだんは，375+50=425（円）
おつりは，1000−(375+425)=1000−800=200（円）

答え (1) 115 羽 (2) 21 まい (3) 38 こ (4) 200 円

練習問題 ❶ 　　　　　　　　　　　答え → 別さつ 95 ページ

(1) 公園に，赤い花が 32 本，黄色い花が 27 本さいています。白い花を合わせると，全部で 108 本さいています。白い花は何本さいていますか。

(2) たくやさんは 45 円持っています。お母さんから 200 円もらいました。ボールペンを買うと，155 円残りました。このボールペンのねだんは何円ですか。

(3) 長短 2 本のテープがあります。長いテープを 20 cm 切ると，短いテープより 8 cm 短くなります。長いテープは 47 cm です。短いテープは何 cm ですか。

(4) ノートとメモ帳と手帳を 1 さつずつ買います。ノートは 352円，メモ帳は 128 円です。ノートは手帳より 25 円高いそうです。代金は全部で何円ですか。

例 題 2 いろいろな文章題 ② 応用

(1) あみさん，しょうたさん，ほのかさんの３人で，色紙を同じ数ずつ分けました。あみさんの分は，今までに持っていた色紙 25 まいと合わせて 32 まいになりました。何まいの色紙を分けましたか。

(2) 2 m のテープを，１人に 30 cm ずつ分けたら，20 cm 残りました。テープは何人に分けましたか。

(3) 博物館の入館料は，大人が 200 円，子どもが 140 円です。大人４人と子ども３人で，博物館に行くと，入館料は全部で何円になりますか。

(4) いつも６こで 480 円の石けんがあります。この石けんが，今日は８こで 576 円で売られています。石けん１こ分のねだんは，いつもより何円安いですか。

とき方

(1) 色紙の関係を図に表すと，次のようになります。

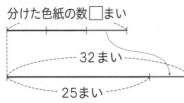

分けた色紙の数□まい

32まい

25まい

図から，あみさんが分けてもらった色紙の数は，

32−25=7 (まい)

１人分が７まいなので，分ける前の色紙の数は，7×3=21 (まい)

(2) テープは次の図のように分けたことになります。

2m

30cm 30cm 30cm 20cm

2 m=200 cm です。

20 cm 残ったので，分けた長さは，200−20=180 (cm)

180 cm を１人 30 cm ずつ分けたので，180÷30=6 (人)

(3) 大人の入館料は, 200×4=800 (円)

子どもの入館料は, 140×3=420 (円)

全部の入館料は, 800+420=1220 (円)

(4) 石けん1こ分のいつものねだんは,

480÷6=80 (円)

石けん1こ分の今日のねだんは,

576÷8=72 (円)

1こ分のねだんで くらべるよ。

石けん1こ分のねだんは, いつもより 80−72=8 (円) 安いことになります。

答え (1) 21 まい (2) 6人 (3) 1220 円 (4) 8円

練習問題 ❷ 答え → 別さつ 95 ページ

(1) あめが 12 こずつ入っているふくろが 8 ふくろあります。1 ふくろのあめを 15 こずつにして 8 ふくろになるようにしようと思います。あめは, あと何こいりますか。

(2) 39 dL の水が入ったバケツが 8 こあります。このバケツの水を, 6 dL の水が入る入れ物にうつしかえます。全部の水をうつしかえるために, 6 dL の入れ物は何こ必要ですか。

(3) 4 人ずつすわれる長いすが 8 きゃくあります。40 人がすわるには, 長いすは何きゃくたりませんか。

(4) ゲーム大会のしょう金の 5000 円を, こうたさんたち 4 人で同じ金がくずつ分けました。こうたさんは, そのお金で 1 まい 15 円の画用紙を 12 まい買いました。残ったお金は何円ですか。

(5) ななさんたちは, 4 人で赤いおはじき 176 こを同じ数ずつ分けました。ゆりさんが家に帰ったあと, 残った 3 人で青いおはじき 81 こを同じ数ずつ分けました。ななさんが分けてもらったおはじきは全部で何こですか。

(6) 1 本 165 円の色えん筆 8 本と消しゴム 3 こを買ったら, 1500 円でした。消しゴム 1 このねだんは何円ですか。

例題3　和差算 ①　　応用

> ゆいとさんの組の人数は33人で，男子が女子より3人多いです。男子と女子の人数はそれぞれ何人ですか。

とき方

男子と女子の人数を図に表すと，次のようになります。

男子 ├───────┤3人┤ } 33人
女子 ├───────┤

女子を3人ふやすと，男子と同じ数になるので，次のようになります。

男子 ├───────┤3人┤ } 33＋3＝36（人）← これは男子の数の2倍
女子 ├───────┤3人┤

したがって，男子の人数は，36÷2＝18（人）

女子の人数は，18－3＝15（人）または 33－18＝15（人）

別のとき方

男子を3人へらすと，女子と同じ数になるので，次のようになります。

男子 ├─────┤3人┤ } 33－3＝30（人）← これは女子の数の2倍
女子 ├─────┤

したがって，女子の人数は，30÷2＝15（人）

男子の人数は，15＋3＝18（人）または 33－15＝18（人）

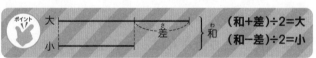

ポイント　（和＋差）÷2＝大　（和－差）÷2＝小

答え　男子…18人　女子…15人

練習問題 ❸

答え → 別さつ96ページ

ゆいとさんは，弟とお金を出し合って，1500円の図かんを買いました。ゆいとさんは弟より300円多く出しました。ゆいとさんと弟は，それぞれ何円ずつ出しましたか。

例題4 和差算② 応用

かほさん，めいさん，まおさんの3人で，51まいのシールを
分けました。かほさんはめいさんより2まい多く，まおさん
はめいさんより2まい少なくなりました。3人のシールはそ
れぞれ何まいですか。

とき方

かほさん，めいさんのまい数をまおさんのまい数に合わせます。

まおさんのまい数は，45÷3=15（まい）
めいさんのまい数は，15+2=17（まい）
かほさんのまい数は，17+2=19（まい）

別のとき方

・かほさんに合わせます。

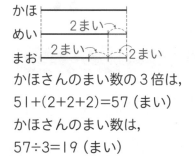

かほさんのまい数の3倍は，
51+(2+2+2)=57（まい）
かほさんのまい数は，
57÷3=19（まい）

・めいさんに合わせます。

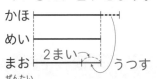

全体のまい数はそのままなので，
51まいはめいさんのまい数の
3倍になります。めいさんのま
い数は，51÷3=17（まい）

答え かほさん…19まい　めいさん…17まい　まおさん…15まい

練習問題4　　　　　　　　　　　　答え → 別さつ96ページ

40まいのクッキーと，大，中，小3つの箱があります。大は中よ
り8まい多く，中は小より4まい多くクッキーを入れます。大，
中，小の箱に入れるクッキーは，それぞれ何まいですか。

| 例題 5 | 分配算 ① | 応用 |

> 140 まいの色紙を，けいさんとれいさんで分けます。けいさんの色紙のまい数がれいさんの色紙のまい数の3倍になるように分けると，それぞれの色紙は何まいになりますか。

とき方

2人が分けた色紙のまい数を図に表します。

れいさんの色紙のまい数を①とすると，けいさんの色紙のまい数はその3倍だから，③と表せます。

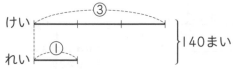

図から，140 まいは ③+①=④ にあたります。

140 まいはれいさんの色紙のまい数の4倍になるので，れいさんの色紙のまい数は，

140÷4=35 (まい)

けいさんの色紙のまい数は，その3倍なので，

35×3=105 (まい)

または，全部で140まいなので，140−35=105 (まい)

> もとになる①とその3倍の③をたして考えるんだね。

ポイント いちばん小さい量を①として線分図に表し，全体が①の何倍かを考えます。

答え けいさん…105 まい れいさん…35 まい

 練習問題 ❺

答え ➡ 別さつ96ページ

4500円のしょう金を，りくさん，しょうさん，たけるさんの3人で分けます。りくさんの金がくがたけるさんの金がくの3倍，しょうさんの金がくがたけるさんの金がくの2倍になるように分けると，それぞれの金がくは何円になりますか。

例題6　分配算 ②　　　　　応用

3mのリボンを，まきさんとりなさんで分けます。まきさん の長さが，りなさんの2倍より30cm短くなるように分けま す。それぞれの長さは何cmになりますか。

とき方

2人が分けたリボンの長さを図に表します。

りなさんのリボンの長さを①とすると，まきさんのリボンの長さに 30cmをたした長さは，②と表せます。

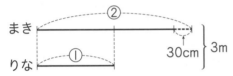

3m+30cm=330cm で，これは ②+①=③ にあたります。

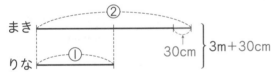

330cm はりなさんのリボンの長さの3倍になるので，

りなさんのリボンは，330÷3=110（cm）

まきさんのリボンは，りなさんの2倍より30cm短い ので，110×2−30=190（cm）

または，全部で300cmなので，300−110=190（cm）

短い分をたせば 3倍になるね。

ポイント　たりなかったり，あまったりする部分をたした数 やひいた数が，①の何倍かを考えます。

答え　まきさん…190cm　りなさん…110cm

練習問題6　　　　　答え➡別さつ96ページ

7000gのすなを，AとBのふくろに分けます。Aのすなの重さ がBのすなの重さの3倍より600g重くなるように分けるとき， それぞれのふくろのすなは何gになりますか。

例題7　つるかめ算 ①　　応用

１こ80円のだんごと１こ120円のまんじゅうを合わせて
16こ買ったら，代金は1560円でした。それぞれ何こずつ
買いましたか。

とき方

だんごの数を16こ，15こ，14こ，…と１こずつへらして，下のよう
な表をつくります。

だんごの数（こ）	16	15	14	13	12	…
まんじゅうの数（こ）	0	1	2	3	4	…
代金（円）	1280	1320	1360	1400	1440	…

表から，だんごが１こへると，代金は 120−80=40（円） ずつふえる
ことがわかります。　　　　　　　　　　　└１この代金の差

だんごだけ16こ買ったときの代金は，80×16=1280（円）

実さいの代金は，1280円よりも1560−1280=280（円）高いです。

まんじゅうの数は，280円の中に40円が何こあるかを求めればわか
るので，280÷40=7（こ）　だんごの数は，16−7=9（こ）

別のとき方

まんじゅうだけ16こ買ったときの代金は，120×16=1920（円）

実さいの代金は，1920円よりも1920−1560=360（円）安いです。

だんごの数は，360÷40=9（こ）

まんじゅうの数は，16−9=7（こ）

答え　　だんご…9こ　まんじゅう…7こ

練習問題 7　　　　　　　　　　　　　　　　　答え→別さつ97ページ

63円切手と84円切手を合わせて30まい買って，2184円はら
いました。それぞれ何まいずつ買いましたか。

例題 8 つるかめ算 ② 応用

そうたさんはクイズをしました。1問正かいすると5点もらえますが，まちがえると2点ひかれます。初めに40点の持ち点があり，20問のクイズをしたら，得点は84点でした。そうたさんは何問まちがえましたか。

とき方

正かいの数を20問，19問，18問，…と1問ずつへらして，下のような表をつくります。

正かいの数 (問)	20	19	18	17	16	…
まちがいの数 (問)	0	1	2	3	4	…
得点 (点)	140	133	126	119	112	…

表から，正かいが1問へると，得点は 5+2=7（点） ずつへることがわかります。
└ もらえる点数とひかれる点数の和

20問全部正かいしたときの得点は 40+5×20=140（点）
実さいの得点は，140点よりも 140−84=56（点）少ないです。
まちがえた数は，56点の中に7点が何こあるかを求めればわかるので，56÷7=8（問）

注意 正かいするかまちがえるかで，
「もらえる点数+ひかれる点数」のちがいがあります。

答え 8問

練習問題 8 答え ÷ 別さつ97ページ

ミニゲームをしました。1回勝つとメダルを3まいもらえますが，1回負けるとメダルを1まい返します。初めに25まいのメダルを持っていて，25回ゲームをしたら，メダルが52まいになりました。勝ったのは何回ですか。

例題 9　消去算　応用

文ぼう具店で，ノート1さつとえん筆3本を買うと260円，ノート2さつとえん筆8本を買うと620円です。ノート1さつ，えん筆1本のねだんは何円ですか。

とき方

ノート1さつのねだんを㋨，えん筆1本のねだんを㋓として考えます。

㋨×1+㋓×3=260円

㋨　㋓㋓㋓

↓ 2倍する

㋨×2+㋓×6=520円

㋨　㋓㋓㋓
㋨　㋓㋓㋓

㋨×2+㋓×8=620円

㋨　㋓㋓㋓㋓
㋨　㋓㋓㋓㋓

↓

㋨　㋓㋓㋓　㋓
㋨　㋓㋓㋓　㋓

↑520円

左右の式や図をくらべると，㋓×2=620−520=100（円）
えん筆1本のねだんは，100÷2=50（円）
ノート1さつとえん筆3本で260円なので，
ノート1さつのねだんは，260−50×3=110（円）

ポイント ノートの数をそろえて，代金の差が表すものを考えます。

答え　ノート…110円　えん筆…50円

練習問題 ❾

答え→別さつ97ページ

くだもの屋で，みかん2ことりんご1こを買うと180円，みかん4ことりんご3こを買うと480円です。みかん1こ，りんご1このねだんは何円ですか。

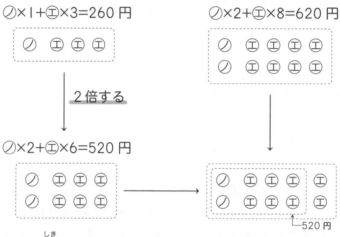

例題10 集合算 応用

36人の組で弟，妹について調べたら，弟がいる人は16人，妹がいる人は10人，弟も妹もいない人は13人でした。弟も妹もいる人は何人ですか。

とき方

📖 整理のしかた 347ページ

表に表して考えます。

右の表で，「弟も妹もいる人」は㋐です。

㋔36−16=20　㋑20−13=7

㋐10−7=<u>3</u>
↑
弟も妹もいる人

		弟		合計
		いる	いない	
妹	いる	㋐	㋑	10 ←妹がいる人
	いない	㋒	13	㋓
合計		16	㋔	36 ←組の人数

弟がいる人　弟も妹もいない人

別のとき方

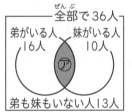

全部で36人
弟がいる人 妹がいる人
16人　10人
㋐
弟も妹もいない人13人

上のような図に表して考えます。
㋐の部分が，弟も妹もいる人です。

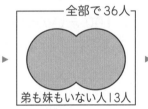

全部で36人
弟も妹もいない人13人

上の図の色のついた部分は，弟または妹がいる人で，
36−13=23（人）

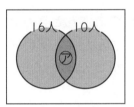

16人　10人
㋐

16+10=26（人）
これは㋐の部分を2回数えているので，㋐の人数は，
26−23=3（人）

答え　3人

😊 練習問題⑩

答え → 別さつ97ページ

38人の組で，雨がふった日に，レインコートを持ってきた人が16人，かさを持ってきた人が30人でした。両方とも持ってこなかった人は3人でした。両方とも持ってきた人は何人でしたか。

力をためす問題

答え ➡ 別さつ 98 ページ

1 ➡[例題] 1
㋐，㋑，㋒の３本のテープがあります。㋐の長さは 125 cm，㋑の長さは 170 cm です。㋐と㋒のテープをたした長さは，㋑の長さより 60 cm 長くなります。㋒の長さは何 cm ですか。

2 ➡[例題] 2
画用紙を，男の子 18 人，女の子 17 人に，２まいずつ配(くば)ります。画用紙は，全部(ぜんぶ)で何まいいりますか。

3 ➡[例題] 2
そらさんは，１さつ 110 円のノート２さつと１まい 35 円の画用紙を何まいか買(か)ったら，代金(だいきん)は 395 円でした。画用紙は何まい買いましたか。

4 ➡[例題] 3
ゆめさんときりさんが，100 まいのシールを分けます。ゆめさんが 12 まい多くなるように分けるには，それぞれ何まいずつ分ければよいですか。

5 ➡[例題] 4
A(エー)，B(ビー)，C(シー)の３つの数があり，３つの数の和(わ)は 104 です。A は B より７大きく，B は C より５大きくなっています。A，B，C それぞれの数を求(もと)めましょう。

6 ➡[例題] 5
りんかさんは，よしのさんの３倍(ばい)の金がくのお金を持(も)っています。２人の持っている金がくの差(さ)は 800 円です。りんかさん，よしのさんの持っているお金は，それぞれ何円ですか。

7 ➡[例題] 6
のぞみさんは妹といっしょに，合わせて 500 羽(わ)の折(お)りづるを折りました。のぞみさんが折った数は，妹の４倍より 50 羽少なかったそうです。それぞれ何羽折りましたか。

8 5円玉と50円玉が合わせて102まいあります。金がくは
1815円です。5円玉と50円玉はそれぞれ何まいあります
か。

→例題7

9 ジャンケンをして，勝てば階だんを4だん上がり，負ければ
1だん下がります。30回ジャンケンをしたら，初めの位置か
ら55だん上にいました。何回勝ちましたか。ただし，あい
こは回数に入れません。

→例題8

10 スーパーマーケットで，プリン2ことゼリー2こを買うと
460円です。また，プリン3ことゼリー5こを買うと850
円です。プリンとゼリー1このねだんは，それぞれ何円です
か。

→例題9

11 子ども会45人で，スキーとスケートをする人を調べました。
スキーをする人は25人，スケートをする人は17人でした。
スキーもスケートもしない人は10人でした。
(1) スキーはするが，スケートはしない人は何人ですか。
(2) スキーもスケートもする人は何人ですか。

→例題10

12 博物館に大人2人と子ども4人で行きました。入館料は全部
で2200円でした。大人1人の入館料は，子ども1人より
350円高いそうです。大人1人，子ども1人の入館料はそれ
ぞれ何円ですか。

→例題9

13 30人の組で，算数のテストがありました。問題は2問あり，
1番ができた人は15人，2番ができた人は28人でした。両
方ともできた人は13人でした。1問もできなかった人は，
何人ですか。

→例題10

第2章　きまりを見つける問題

例題11　植木算 ①

まっすぐな道にそって，さくらの木が8本立っています。木
と木の間は3mずつで，間にベンチが1きゃくずつあります。
(1) ベンチは何きゃくありますか。
(2) 両はしのさくらの木の間は何mですか。

とき方

図に表して，木と木の間の数を数えます。

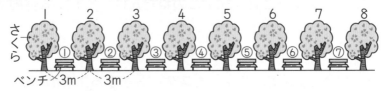

(1) 図から，木の間の数は，さくらの数8より1少なくなっています。

　　ベンチの数は，8−1＝7（きゃく）

(2) 両はしのさくらの木の間は，（間の長さ）×（間の数）で求められます。

　　間の長さは3m，間の数は7つなので，3×7＝21（m）

> **ポイント**
> 間の数＝木の数−1　　木の数＝間の数＋1
> 全体の長さ＝間の長さ×間の数

答え (1) 7きゃく　(2) 21m

練習問題11

答え → 別さつ100ページ

30mある道のかた側に，さくらの木を5mおきに植えます。
はしからはしまで植えるには，何本の木がいりますか。

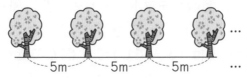

❶ 問題文や図からいろいろなきまりを見つけましょう。
❷ 1つ1つ整理して，答えをすい理する力を身につけましょう。

例題12 植木算 ② 応用

まわりの長さが20mの池のまわりに，2mおきにくいをうちます。くいは全部で何本いりますか。

とき方

くいとくいの間は，
20÷2=10（こ）できます。
まわりが20mの池を2mずつ
10こに分けると，右の図のように
なり，くいの数は10本です。

ポイント 輪になっているとき，
全体の長さ÷間の長さ=間の数
間の数=くいの数

まっすぐな道の
ときとちがうよ。

くわしく 下の図のように，はしとはしがつながって，輪になると，
木の数と間の数は同じになります。

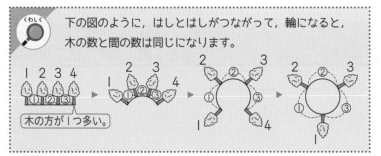

木の方が1つ多い。

答え 10本

練習問題12 答え → 別さつ100ページ

大きな池のまわりに，くいが38本うってあります。くいとくいの間は，2mずつになっています。この池のまわりの長さは何mですか。

例題13 数の列　　　　応用

次の数は，あるきまりによってならんだ数の列です。
□にあてはまる数を求めましょう。

(1)　1，2，4，7，ア，16，イ

(2)　1，2，4，8，16，ア，イ

とき方

となりの数との大きさのちがいを考えて，きまりを見つけます。

(1)　1　2　4　7　ア　16　イ
　　　　+1　+2　+3　+4　+5　+6

　　たす数が1ずつ大きくなっているので，

　　ア=7+4=11

　　イ=16+6=22

(2)　1　2　4　8　16　ア　イ
　　　×2　×2　×2　×2　×2　×2

　　前の数の2倍になっているので，

　　ア=16×2=32

　　イ=32×2=64

わかっている数が
続いているところ
に注目しましょう。

> **ポイント**　数がいくつふえているか，へっているか，何倍になっているかなどに注目します。

答え　(1)ア…11，イ…22
　　　　(2)ア…32，イ…64

 練習問題 ⓭　　　　答え → 別さつ100ページ

次の数は，あるきまりによってならんだ数の列です。□にあてはまる数を求めましょう。

(1) 5，11，17，ア，29，イ

(2) ア，63，イ，54，51，49，48

(3) 128，ア，32，16，8，4，イ

第5編

第**1**章
文章題
いろいろな

第**2**章
見つける
問題
きまりを

例題14　周期算　　　　　　　　　　　　**応用**

次のように，数字があるきまりでならんでいます。このとき，
100番目の数字は何ですか。

4 6 8 4 1 7 4 6 8 4 1 7 4 6 8 4 1 7 4 6 8…

とき方

ならび方のきまりを見つけます。
最初の数4に注目し，次の4が出てくる前の3こずつで区切ってみると，

④6 8 |④1 7 |④6 8 |④1 7 |④6 8 |④1 7 |④6 8…

468と417の2つのならびがくり返されているので，次のように
6こずつで区切りなおします。

4 6 8 4 1 7 | 4 6 8 4 1 7 | 4 6 8 4 1 7 | 4 6 8…

「468417」の6この数字がくり返されています。
100番目までに，この6この数字が何回くり返されているかを考えます。
100÷6=<u>16</u> あまり <u>4</u> なので，468417が <u>16</u> 回くり返されたあと，
<u>4</u>つ目の数字が100番目の数字になります。

　　　　 1回目　　　　　　2回目　　　　　　3回目　　　　　4回目
　　4 6 8 4 1 7 | 4 6 8 4 1 7 | 4 6 8 4 1 7 | 4 6 8…
　　　　 15回目　　　　　　16回目
　…| 4 6 8 4 1 7 | 4 6 8 4 1 7 | 4 6 8 4 1 7 |…
　　　　　　　　　　　　　　　　　　 ↑
　　　　　　　　　　　　　　　　 100番目の数字

答え　　4

練習問題14　　　　　　　　　　　　　答え ◆ 別さつ101ページ

次のように，あるきまりで〇，△，□がならんでいます。このとき，
294番目の形は何ですか。

〇△△□〇〇△△□〇〇△△□〇〇△△□〇〇△△…

例題15　方陣算　[応用]

右の図のように，ご石を正方形にならべます。１辺には６このご石がならんでいます。

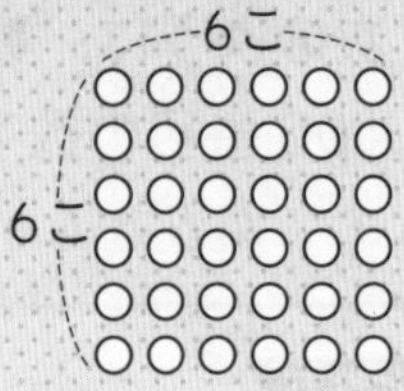

⑴ ご石は全部で何こありますか。

⑵ いちばん外側の１回りには，何このご石がありますか。

とき方

⑴ １辺が６この正方形なので，ご石は６こずつ６列にならんでいます。

全部の数は，6×6=36（こ）

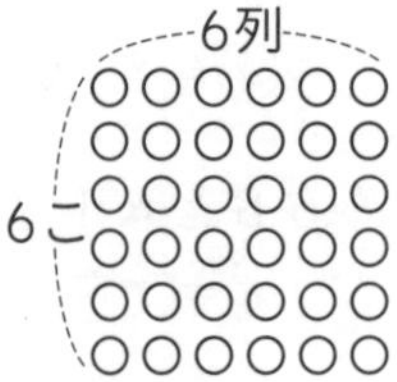

⑵ いちばん外側の１回りのご石の数は，下の㋐～㋒のように求めることができます。

㋐

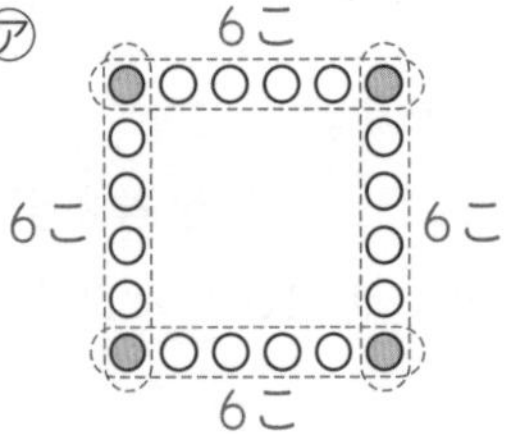

6×4=24

それぞれの●を

２回数えているので，

24−4=20（こ）

㋑

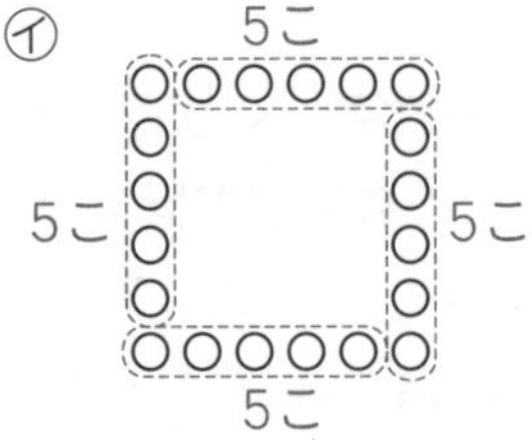

5×4=20（こ）

㋒

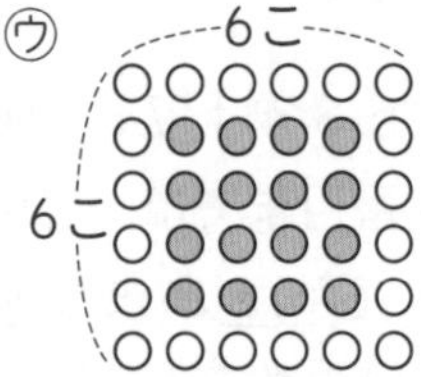

6×6=36（こ）

●の数は，

4×4=16（こ）なので，

36−16=20（こ）

答え　⑴ 36こ　⑵ 20こ

練習問題⑮

答え ⇒ 別さつ101ページ

右の図のようにご石をならべました。

ご石は全部で何こありますか。

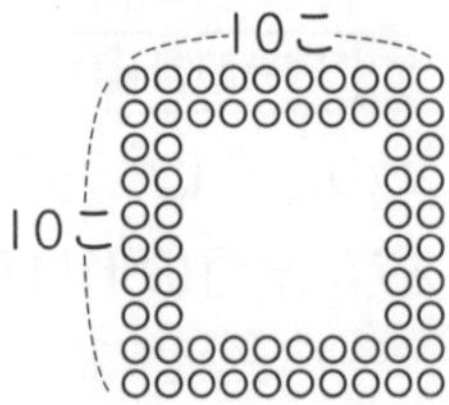

例題16 日暦算 応用

ある年の4月1日は月曜日でした。
(1) この年の4月30日は何曜日ですか。
(2) この年の8月31日は何曜日ですか。

とき方

曜日は7日でひと回りします。

まず,求める日まで何日あるかを求めて,その中に「7日」が何回ある
かを考えます。

(1) 4月1日から30日までは30日あります。

30÷7=4 あまり 2

1日が月曜日なので,「月火水木金土日」の7日が4回あって,そ
こから2日後が4月30日です。

$$\overset{1}{\text{日}} \rightarrow \overset{2}{\text{月}} \rightarrow \text{火}$$ で,4月30日は火曜日です。

(2) 4月1日から8月31日までは,

$$\underset{\substack{\uparrow \\ 4月}}{30} + \underset{\substack{\uparrow \\ 5月}}{31} + \underset{\substack{\uparrow \\ 6月}}{30} + \underset{\substack{\uparrow \\ 7月}}{31} + \underset{\substack{\uparrow \\ 8月}}{31}$$

→ 30×5+1×3=153(日)

153÷7=21 あまり 6

「月火水木金土日」が21回あって,
そこから6日後が8月31日です。

$$\overset{1}{\text{日}} \rightarrow \overset{2}{\text{月}} \rightarrow \overset{3}{\text{火}} \rightarrow \overset{4}{\text{水}} \rightarrow \overset{5}{\text{木}} \rightarrow \overset{6}{\text{金}} \rightarrow \text{土}$$

8月31日は土曜日です。

答え (1)火曜日 (2)土曜日

 くわしく 月の日数は,それぞれ次
のようになります。

1月…31日
2月…28日(うるう年は29日)
3月…31日　　4月…30日
5月…31日　　6月…30日
7月…31日　　8月…31日
9月…30日　　10月…31日
11月…30日　12月…31日
31日までない月は「西向く 士」
　　　　　　　　　 2 4 6 9 11
で覚えておきましょう。
(士は十一を一字にしたものです。)

練習問題 16

答え → 別さつ101ページ

ある年の3月1日は日曜日でした。
この年の12月31日は何曜日ですか。

例題 17 魔方陣 応用

右の図で，たて，横，ななめの３つの数の和は
等しくなります。あいている □ にあてはま
る数を求めましょう。

8		4
1	5	

とき方

8		4
1	5	イ
		ア

３つの数の和は等しいので，

8+5+ ア ＝4+ イ ＋ ア

→ 8+5＝4+ イ → 13＝4+ イ

→ イ ＝9

▼

8	ウ	4
1	5	9
エ	オ	ア

３つの数の和は，1+5+9＝15

あとは２つの数がわかっているところから求めてい
きます。

ア ＝15－(4+9)＝2   ウ ＝15－(8+4)＝3

エ ＝15－(8+1)＝6   オ ＝15－(3+5)＝7

答え

8	3	4
1	5	9
6	7	2

練習問題 17

答え → 別さつ101ページ

次のあいている □ にあてはまる数を求めましょう。ただし，たて，
横，ななめの３つの数の和は等しくなります。

(1)
6	11	
5	7	
		8

(2)
8		6
	9	11

第**5**編

第**1**章
文章題
いろいろな

第**2**章
きまりを
見つける問題

例題18 天びん 応用

ア，イ，ウ の 3 種類のおもりが，下の①，②のようにつり合っています。このとき ウ は イ 何ことつり合いますか。

とき方

おもりを，ほかのおもり何こかにおきかえて考えます。

①で，ウ は アイ とつり合っています。

②の ウ を アイ におきかえます。

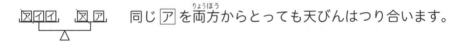

同じ ア を両方からとっても天びんはつり合います。

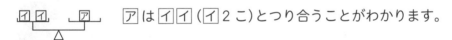

ア は イイ（イ 2 こ）とつり合うことがわかります。

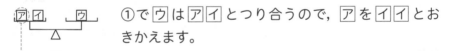

①で ウ は アイ とつり合うので，ア を イイ とおきかえます。

ウ は イイイ（イ 3 こ）とつり合うことがわかります。

答え 3 こ

練習問題 18

答え → 別さつ 102 ページ

ア，イ，ウ，エ の 4 種類のおもりが，下の①〜③のようにつり合っています。このとき，エ は ア 何ことつり合いますか。

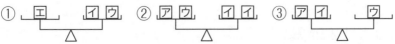

例題19 **すい理の問題 ①** 応用

> A，B，C，Dの4本のぼうがあります。それぞれの長さの関
> 係は，次のようになっています。4本を長い順にならべましょ
> う。
> ・BはCより長い
> ・AはBより長い
> ・DはAより短くBより長い

とき方

1つ1つ図に表して考えます。

・BはCより長い

・AはBより長い

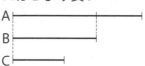

・DはAより短くBより長い

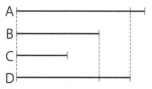

> 「長い」「短い」が
> わかれば，線は
> おおよその長さで
> いいよ。

図から，長い順にならべると，A→D→B→Cとなります。

答え A，D，B，C

練習問題19 答え ➡ 別さつ102ページ

A，B，C，D，Eの5人が身長をくらべました。それぞれの高さの
関係は，次のようになっています。5人の身長を高い順にならべ
ましょう。
・AはBより8cm低い
・CはAより6cm高い
・EはCより3cm低い
・AはDより2cm高い

例題20　すい理の問題 ②　応用

A，B，C，Dの４人が徒競争をしました。順番については，次のことがわかっています。それぞれ何位でしたか。

・AよりCの方が速かった。
・Bは１位でも４位でもなかった。
・DはAの２人あとだった。

とき方

ことがらを，下のような表を使ってまとめます。

・①～⑦の順に考えます。
・かく定したところに○か×を入れます（○が入ったら，そのたてのらん，横のらんにはすべて×が入ります）。

	1位	2位	3位	4位
A	×			
B	×			×
C	○	×	×	×
D	×			

① AよりCが速かったので，Aは１位ではない。

② Bは，１位でも４位でもない。

③ DはAの２人あとだったので，１位ではない。

④ 他の１位のらんすべてに×が入ったので，Cが１位と決まる。

	1位	2位	3位	4位
A	×	○	×	×
B	×	×	○	×
C	○	×	×	×
D	×	×	×	○

⑤ ４位はAかD。しかし，DはAの２人あとなので，Aは４位ではなく，Dが４位。

⑥ AはDの２人前になるので，Aは２位と決まる。

⑦ 残ったBが３位と決まる。

答え　A…２位　B…３位　C…１位　D…４位

練習問題 ⑳

答え→別さつ102ページ

A，B，C，D，Eがゲームをしました。得点順について，A，C，Dの３人が次のように話しています。それぞれ何位でしたか。

A　「私はCより上でしたが，１位ではありません」
C　「私はEより上です」
D　「私はBの次の順位ですが，３位ではありません」

力をためす問題

答え → 別さつ 102 ページ

1 横が 37 cm, たてが 27 cm あ
→例題11
る長方形の紙を, 右の図のよ
うに, 横に 5 まいつなぎまし
た。5 まいつないだ横の長さ
は何 cm になりますか。のりしろに 2 cm 使います。

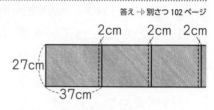

2 たて 100 m, 横 60 m の長方形の土地がありま
→例題11・12
す。4 すみには, 鉄のくいがあります。このく
いの間に, 20 m おきに木を植えます。長方形の
まわり全体では, 木は何本いりますか。

3 次の数は, あるきまりによってならんだ数の列です。□ にあ
→例題13
てはまる数を求めましょう。

(1) 1, 4, 7, 10, 13, □, □

(2) 13, 26, 39, 52, □, □, 91, 104

(3) 29, 22, 16, 11, 7, □, □, 1

4 次のように, 数字があるきまりでならんでいます。このとき,
→例題14
220 番目の数字までに, 1 は何こありますか。

7 9 1 8 2 1 7 9 1 8 2 1 7 9 1 8 2 1 7 9 1 8…

5 右の図のように,
→例題15
まわりに白いご石
をならべ, 中に黒
いご石をならべる

ことにします。まわりに 48 この白いご石がならんでいると
き, 黒いご石は全部で何こですか。

第5編

第**1**章
文章題
いろいろな

第**2**章
きまりを
見つける問題

6 あるうるう年の２月１日は土曜日です。この次の年の１月１日は，何曜日ですか。

7 右のあいている □ にあてはまる数を求めましょう。ただし，たて，横，ななめの４つの数の和は等しくなります。

12		14	3
8	9		15
1	16		10
	4	11	

8 ア，イ，ウ，エ ４種類のおもりがいくつかあり，下の①〜③のようにつり合っています。このとき，ウ は エ 何ことつり合いますか。

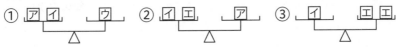

① アイ　　ウ　　② イエ　　ア　　③ イ　　エエ

9 A，B，C，D，E の５つの数があります。いちばん大きな数は何ですか。

・AはBより大きい　　・CはDより小さい
・DはAより小さい　　・CはBより大きい
・EはAより大きい

10 A，B，C，D，E の５人がマラソンをしました。順位について聞くと，次のようでした。それぞれの順位を答えましょう。
A 「私はDに勝ったが，Cには負けた」
B 「私はDに負けた」
E 「私のあとには３人いた」

さくいん

※QRコードは(株)デンソーウェーブの登録商標です。

小学3・4年　自由自在　算数

編著者　小学教育研究会　　発行所　受験研究社

発行者　岡本泰治　　　　　©株式会社　増進堂・受験研究社

〒550-0013　大阪市西区新町2—19—15

注文・不良品などについて：(06)6532-1581（代表）／本の内容について：(06)6532-1586（編集）

自由自在 小学 3・4年 算数

From Basic to Advanced

答えとくわしいとき方

受験研究社

数 と 計 算

第1編
第**1**章
第**2**章
第**3**章
第**4**章
第**5**章
第**6**章
第**7**章
第**8**章
第**9**章

第**1**章 大きい数のしくみ

16ページ 練習問題 ❶

(1) ① 五百十七 ② 千九十二
(2) ① 471 ② 7353 ③ 5060

● **とき方**

(1) ① 百の位が5，十の位が1，一の位が
7だから，五百十七と読みます。
② 千の位が1，百の位が0，十の位が
9，一の位が2だから，千九十二と読
みます。

千の位	百の位	十の位	一の位
①	5	1	7
②	1	0	9	2

◆ **ここに注意**

②百の位は0なので読みません。

(2) 位ごとに線で区切ります。
①四百｜七十｜一
百の位が4，十の位が7，一の位が1
だから，471と書きます。
②七千｜三百｜五十｜三
千の位が7，百の位が3，十の位が5，
一の位が3だから，7353と書きます。
③五千｜六十
千の位が5，百の位がないので0，十
の位が6，一の位がないので0だから，
5060と書きます。
右のような表に表す
と，0をかく位がわ
かりやすくなります。

千の位	百の位	十の位	一の位
5	0	6	0

◆ **ここに注意**

③何もない位は0を書きます。

17ページ 練習問題 ❷

(1) ① 一万二千七百六十一
② 千八百六十五万
(2) ① 56300 ② 9230604
③ 65470000

● **とき方**

(1) ① 一万の位が1，千の位が2，百の位
が7，十の位が6，一の位が1だから，
一万二千七百六十一と読みます。
② 千万の位が1，百万の位が8，十万
の位が6，一万の位が5だから，千八
百六十五万と読みます。

千万の位	百万の位	十万の位	一万の位	千の位	百の位	十の位	一の位
①				1	2	7	6	1
②	1	8	6	5	0	0	0	0

(2) 一万の位の後に線をひいて区切ると，
わかりやすくなります。
①五万｜六千三百
　5　　　6300
②九百二十三万｜六百四
　　923　　　　0 604
　　　　　　┗千の位がないので0を書く
③六千五百四十七万｜
　　6547　　　　　0000
　　　　　　　　　┗何もない位は
　　　　　　　　　　0を書く

千万の位	百万の位	十万の位	一万の位	千の位	百の位	十の位	一の位
①				5	6	3	0	0
②		9	2	3	0	6	0	4
③	6	5	4	7	0	0	0	0

18ページ　練習問題 ❸

(1) ① **81000200**　② **752000**
(2) **780 こ**

とき方

(1)①1000万を8こ→80000000，100万を1こ→1000000，100を2こ→200だから，81000200

千	百	十	一	千	百	十	一
			万				
8	1	0	0	0	2	0	0

②752は700と50と2を合わせた数です。
1000を700こ→700000
1000を50こ →50000
1000を2こ　 →2000　だから
752000

千	百	十	一	千	百	十	一
			万				
		7	5	2	0	0	0
				1	0	0	0

(2)7800000は，7000000と800000に分けられます。
7000000→10000を700こ，
800000→10000を80こだから，
10000を780こ集(あつ)めた数です。

千	百	十	一	千	百	十	一
			万				
	7	8	0	0	0	0	0
			1	0	0	0	0

20ページ　練習問題 ❹

(1) ㋐ **784000**　㋑ **798000**
　㋒ **803000**　㋓ **816000**
(2) ㋐ **1094万**　㋑ **1108万**
　㋒ **1113万**　㋓ **1125万**

とき方

(1)780000から790000の10000を10等分しているので，1目もりは1000です。
㋑は，790000より目もり8つ分大きいから798000です。800000より目もり2つ分小さいと考えてもかまいません。

(2)1090万から1100万の10万を10等分しているので，1目もりは1万です。㋑は，1100万より目もり8つ分大きいから1108万です。1110万より目もり2つ分小さいと考えてもかまいません。

21ページ　練習問題 ❺

(1) ① **838200>98710**
　② **983万<987万**
(2) ① **0，1，2，3，4，5**
　② **5，6，7，8，9**

とき方

(1)①いちばん上の位が，838200は十万の位，98710は一万の位だから，大きいのは838200です。
②けた数が同じなので，上の位からくらべます。

9 8 3万　9 8 7万
ここで大小が決まる

3<7だから，大きいのは987万です。

ここに注意
数の大小は，まずけた数が同じかどうかを調(しら)べます。けた数がちがう場合，上の位の数字の大小に関係なく，けた数が多い方が大きくなります。

(2)①□=6→5960700<5969700
　□=5→5960700>5959700
だから，□は5または5より小さい数になります。

②□=4→68240000<68240001

□=5→68250000>68240001

だから，□は5または5より大きい数になります。

22ページ 練習問題 ❻

(1) **13000** (2) **180000**

(3) **18万** (4) **120万**

とき方

(1)1000のまとまりで考えると，
6000は1000が6こ，7000は1000が7こだから，
6+7=13
1000が13こだから，13000です。

(2)10000のまとまりで考えると，
210000は10000が21こ，30000は10000が3こだから，
21−3=18
10000が18こだから，180000です。

(3)1万のまとまりで考えると，
27万は1万が27こ，9万は1万が9こだから，
27−9=18
1万が18こだから，18万です。

(4)1万のまとまりで考えると，
37万は1万が37こ，83万は1万が83こだから，37+83=120
1万が120こだから，120万です。

23ページ 練習問題 ❼

(1) ① 10倍…**350**
100倍…**3500**
1000倍…**35000**
② 10倍…**4910**
100倍…**49100**
1000倍…**491000**
③ 10倍…**870100**
100倍…**8701000**
1000倍…**87010000**

(2) ① **2** ② **48** ③ **7930**

とき方

(1)10倍すると，もとの数の右に0を1つ，100倍すると0を2つ，1000倍すると0を3つつけた数になります。

①

万	千	百	十	一
			3	5
		3	5	0
	3	5	0	0
3	5	0	0	0

10倍
100倍
1000倍

(2)10でわると，一の位の0をとった数になります。

③

万	千	百	十	一
7	9	3	0	0
	7	9	3	0

10でわる

24〜25ページ 力をためす問題

1 (1) **五千八百四十一**
(2) **三千二十**
(3) **七百三十二万六千五百十四**
(4) **三千四百万**
(5) **九千二百六万八千七百**

2 (1) **7415** (2) **6200**
(3) **9100801**
(4) **38000000**
(5) **20504000**

3 (1) **83600** (2) **6312000**
(3) **4805000**

4 (1) **658** (2) **278** (3) **1921**

5 ㋐ **503930** ㋑ **503990**
㋒ **504040** ㋓ **504080**

㋔ 504110

6 (1) 40000　(2) 9000
(3) 70万　(4) 32万　(5) 140万
(6) 80万

7 (1) <　(2) <　(3) >　(4) =

8 (1) 0，1，2，3，4，5，6
(2) 8，9

9 (1) 10倍…460
100倍…4600
1000倍…46000
(2) 10倍…5050
100倍…50500
1000倍…505000
(3) 10倍…62030
100倍…620300
1000倍…6203000
(4) 10倍…800000
100倍…8000000
1000倍…80000000

10 (1) 34　(2) 278　(3) 1050
(4) 1000000

11 (1) 1260000
(2) 1296000

12 (1) 43210　(2) 10234
(3) 十万の位

[とき方]

1

	千	百	十	一	千	百	十	一
				万				
(1)					5	8	4	1
(2)					3	0	2	0
(3)		7	3	2	6	5	1	4
(4)	3	4	0	0	0	0	0	0
(5)	9	2	0	6	8	7	0	0

ここに注意
0と書かれた位は，読みません。

2 何もない位は0を書きます。

	千	百	十	一	千	百	十	一
				万				
(1)					7	4	1	5
(2)					6	2	0	0
(3)		9	1	0	0	8	0	1
(4)	3	8	0	0	0	0	0	0
(5)	2	0	5	0	4	0	0	0

3

	千	百	十	一	千	百	十	一
				万				
(1)				8	3	6	0	0
(2)		6	3	1	2	0	0	0
(3)		4	8	0	5	0	0	0
					1	0	0	0

4 (1)

千	百	十	一	千	百	十	一
			万				
		6	5	8	0	0	0
				1	0	0	0

(2)2780000と3000に分けます。
2780000は1万が278こです。
(3)1921000と482に分けます。
1921000は1000が1921こです。

5 503900から504000の100を10等分(とうぶん)しているので，1目もりは10です。

6 (1)1000が 17+23=40（こ）だから，40000です。
(2)1000が 52−43=9（こ）だから，9000です。
(3)1万が 56+14=70（こ）だから，70万です。
(5)10万が 6+8=14（こ）だから，140万です。

7 (1)けた数が同じなので，上の位からくらべます。

700500　705000
↑ここで大小が決まる

0<5 だから，700500<705000

(2)2080万　2100万
↑ここで大小が決まる
0<1 だから，2080万<2100万
(3)式を計算して答えを求めてから，くらべます。
64000−14000 は，1000 が
64−14=50（こ）だから，50000
500000 の方がけた数が多いので，
500000>64000−14000
(4) 1万のまとまりで考えると，12万+18万は，1万が 12+18=30（こ）だから，30万です。数の表し方をそろえると，300000→30万。
どちらも 30万なので
12万+18万=300000 です。

[8] (1)[ア]=6→26653>26640
[ア]=7→26753<27640
だから，[ア]は6または6より小さい数ならば，必ず左が大きくなります。
(2)[イ]=7→1977821>1974813
[イ]=8→1978821<1984813
だから，[イ]は8または8より大きい数ならば，必ず右が大きくなります。

[9] (1)

一万	千	百	十	一
			4	6
		4	6	0
	4	6	0	0
4	6	0	0	0

10倍　100倍　1000倍

[10] (3)

一万	千	百	十	一
1	0	5	0	0
	1	0	5	0

10でわる

[11] (1)㋐が 1200000 なので，
1200000 から 1300000 の
100000 を 10 等分しているので，
1目もりは 10000 です。㋑は
1200000 より目もり 6つ分大きいから 1260000 です。1300000 から目もり 4つ分小さいと考えてもかまいません。
(2)㋐が 1290000 なので，
1290000 から 1300000 の
10000 を 10 等分しているので，1目もりは 1000 です。㋑は
1290000 より目もり 6つ分大きいから 1296000 です。1300000 から目もり 4つ分小さいと考えてもかまいません。

[12] (1)0，1，2，3，4 の5この数字を大きい順（じゅん）にならべてつくります。
(2)5この数字を小さい順にならべてつくりますが，0を最初（さいしょ）にならべられないので，最初は1，次に0とならべていきます。
(3)(2)10234 を 1000 倍すると，
10234000 になります。2は十万の位になります。

26ページ 練習問題 ❽

(1) ① 三千六百五十三億四千六百五十二万三千八百二十一
② 八十兆五百二億三千四百五十万
(2) ① 750330000000
② 40060082000000

[とき方]
(1)右から4けたごとに区切って，考えます。
①3653|4652|3821
千百十一　千百十一　千百十一
億　万
②80|0502|3450|0000
十一　千百十一　千百十一　千百十一
兆　億　万
(2)「兆」「億」「万」で区切って考えます。
①七千五百三億|三千万|
↓　↓
7503　3000　0000
↑何もない位は0を書く

②四十兆｜六百億｜八千二百万｜
　　40　0600　8200　0000
　　↑千万の位がないから，0を書く

ここに注意

読みのない位に0を書くのをわすれないようにしましょう。

次のような表に数字をあてはめると，0を書く位がわかりやすくなります。

	十	一	千	百	十	一	千	百	十	一	千	百	十	一
		兆				億				万				
①			7	5	0	3	3	0	0	0	0	0	0	0
②	4	0	0	6	0	0	8	2	0	0	0	0	0	0

27ページ　**練習問題 ❾**

(1) ① **3005020000**
　② **4700000000000**
　③ **3440033290028**

(2) **270 こ**

とき方

(1)①10億を3こ→30億，
100万を5こ→500万，
1万を2こ→2万だから，
30億502万

十	一	千	百	十	一	千	百	十	一	千	百	十	一
	兆				億				万				
				3	0	0	5	0	2	0	0	0	0

②100億を400こ→4兆，
100億を70こ→7000億
4兆と7000億で，4兆7000億

十	一	千	百	十	一	千	百	十	一	千	百	十	一
	兆				億				万				
	4	7	0	0	0	0	0	0	0	0	0	0	0
			1	0	0	0	0	0	0	0	0	0	0

③1兆を3こ→3兆，
100億を44こ→4400億，
1万を3329こ→3329万
と28だから，
3兆4400億3329万28

十	一	千	百	十	一	千	百	十	一	千	百	十	一
	兆				億				万				
	3	4	4	0	0	3	3	2	9	0	0	2	8

(2)
27兆＜20兆→1000億を200こ
　　　7兆→1000億を　70こ
200こと70こで270こなので，
1000億を270こ集めた数です。

十	一	千	百	十	一	千	百	十	一	千	百	十	一
	兆				億				万				
2	7	0	0	0	0	0	0	0	0	0	0	0	0
		1	0	0	0	0	0	0	0	0	0	0	0

28ページ　**練習問題 ❿**

(1) ㋐ **2300億**　㋑ **3200億**
　㋒ **3900億**　㋓ **4500億**
　㋔ **5100億**

(2) ① **＜**　② **＞**

とき方

(1)2000億から3000億の1000億を10等分しているので，1目もりは100億です。

(2)けた数をたしかめて，大きい位からくらべます。数の表(あらわ)し方をそろえます。
①4592130000000
→4兆5921億3000万
4兆5820億　4兆5921億3000万
　　↑ここで大小が決まる↑
8＜9だから，
4兆5820億＜4592130000000
②712580000000
→7125億8000万
7125億8000万　7125億
　　↑ここで大小が決まる↑
8＞0だから，
712580000000＞7125億

29ページ 練習問題 ⑪

(1) 700億 (2) 8000億 (3) 13兆
(4) 92億 (5) 4500億

とき方

(1)

千	百	十	一
			億
		7	0
	7	0	0

10倍

(2)

千	百	十	一
			億
		8	0
8	0	0	0

100倍

(3)

十	一	千	百	十	一
	兆				億
			1	3	0
1	3	0	0	0	0

1000倍

(4)

千	百	十	一
			億
	9	2	0
		9	2

10でわる

(5)

十	一	千	百	十	一
	兆				億
4	5	0	0	0	0
		4	5	0	0

100でわる

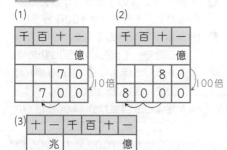

30ページ 練習問題 ⑫

(1) 1023456789
(2) 9999999998

とき方

(1)10けたの整数なので，いちばん上の位に0は使えません。いちばん小さい数は，1023456789

(2)10けたの数を同じ数字を何回も使ってつくるとき，いちばん大きい数は，9999999999です。2番目に大きい数は，9999999998です。

31ページ 練習問題 ⑬

(1) ① 100億 ② 286兆
③ 54億 ④ 5兆
(2) ① 966億 ② 966兆

とき方

(1)① 1億が 72+28=100（こ）なので，100億です。

② 1兆が 351−65=286（こ）なので，286兆です。

③ 1億が 18×3=54（こ）なので，54億です。

④ 1兆が 45÷9=5（こ）なので，5兆です。

(2)① 42万×23万=966億

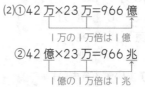

1万の1万倍は1億

② 42億×23万=966兆

1億の1万倍は1兆

34〜35ページ 力をためす問題

[1] (1) 八百七十六億千五百二万千三百
(2) 三千五百七十億七千万
(3) 一兆二百十億四千五百万九千
(4) 七十兆五千九億八万

[2] (1) 631050000000
(2) 20000080000000
(3) 5000040030080
(4) 930200000503

[3] (1) 800203007000
(2) 18320005400096
(3) 5800億（580000000000）
(4) 3200

[4] ㋐ 1億4000万
㋑ 2億5000万
㋒ 3億1000万
㋓ 3億9000万

　　㋑ 4億6000万

5 (1)㋑ 3兆2500億

　　　㋒ 3兆6000億

　(2)㋒ 1兆400億

　　　㋓ 1兆2000億

6 (1)99999999900

　(2)970000000000

7 (1)15億＞8億

　(2)30000000000＜3000億

　(3)3189000000＜3198000000

8 (1)52億　(2)2308億

　(3)125億　(4)7兆4000億

　(5)6300万7000

　(6)1兆5900億30万

9 (1)71億　(2)86兆

　(3)630億　(4)4兆

10 20000まい（2万まい）

11 およそ10m

12 2198765430

とき方

1 右から4けたごとに区切って，考えます。

(4)70|5009|0008|0000
　十一 千百十一 千百十一 千百十一
　　兆　　　億　　　万

2

	十一	千	百	十一	千	百	十一	千	百	十一
			兆			億			万	
(1)		6	3	1	0	5	0	0	0	0	0	0
(2)	2	0	0	0	0	8	0	0	0	0	0	0
(3)		5	0	0	0	4	0	0	3	0	0	8	0
(4)			9	3	0	2	0	0	0	0	5	0	3

3

	十一	千	百	十一	千	百	十一	千	百	十一
			兆			億			万	
(1)			8	0	0	2	0	3	0	0	7	0	0	0
(2)	1	8	3	2	0	0	0	5	4	0	0	0	9	6
(3)		5	8	0	0	0	0	0	0	0	0	0	0	0

(4)

	十一	千	百	十一	千	百	十一	千	百	十一
			兆			億			万		
			3	2	0	0	0	0	0	0	0	0	0	0	0	0
				1	0	0	0	0	0	0	0	0	0	0	0

4 1億から2億の1億を10等分しているので，1目もりは1000万です。

5 (1)3兆から4兆の1兆を20等分しているので，1目もりは500億です。

㋑3兆より5目もり分（2500億）大きいので，3兆2500億です。

㋒4兆より8目もり分（4000億）小さいので，3兆6000億です。

(2)8000億から9000億の1000億を5等分しているので，1目もりは200億です。

㋒9000億より7目もり分（1400億）大きいので，1兆400億です。

㋓9000億より15目もり分（3000億）大きいので，1兆2000億です。

6 数直線で考えます。

(1)999億9999万9000

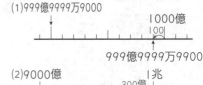

999億9999万9900

(2)9000億

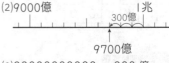

9700億

7 (2)30000000000 → 300億

3000億の方がけた数が多いので，

30000000000＜3000億

(3)3<u>1</u>89000000　3<u>1</u>98000000

　　　ここで大小が決まる

8＜9 だから，

3189000000＜3198000000

8 (2)

千	百	十一	千	百	十一
		億			万
	2	3	0	8	0	0
2	3	0	8	0	0	0	0

100倍

(5)

十	一	千	百	十	一	千	百	十		
	億			万						
6	3	0	0	7	0	0	0	0	0	← 100でわる
		6	3	0	0	7	0	0	0	

9 (1) 1億のまとまりで考えます。1億が 12+59=71（こ）なので，71億です。

(3) 42×15=630 なので，

42万×15万=630億
　　　　　　　　↑
　1万の1万倍は1億

10 最初に，1億円は1万円札で何まいかを考えます。

十	一	千	百	十	一	千	百	十	一
	億				万				
	1	0	0	0	0	0	0	0	0
					1	0	0	0	0

1億は1万の 10000 こ分なので，1万円札で 10000 まいです。1万円は五千円札で2まいだから，1億円は五千円札で 20000 まいになります。

11 最初に，1億円は千円札で何まいかを考えます。

十	一	千	百	十	一	千	百	十	一
	億				万				
	1	0	0	0	0	0	0	0	0
						1	0	0	0

1億は 1000 の 100000 こ分なので，千円札で 100000 まいです。千円札は 100 まいで，およそ1cmです。100000 は 100 のいくつ分かを考えます。

十	一	千	百	十	一	千	百	十	一
	億				万				
			1	0	0	0	0	0	0
						1	0	0	

100000 は，100 の 1000 こ分なの

で，千円札 100000 まい分の高さは，1000 cm です。

1000 cm=10 m なので，およそ 10 m です。

12 22 億より大きい場合…最初とその次の数は 22 とすると，2を2回使うことになるので，23 です。残りは小さい順にならべて 2301456789 になります。

22 億より小さい場合…最初とその次の数は 21 です。残りは大きい順にならべて，2198765430 になります。

```
21億        22億        23億
 |--|--|--|--|--|--|--|--|--|
           ↑          ↑
     2198765430   2301456789
```

2つの数のうち，より 22 億に近いのは，2198765430 です。

第1編

第1章

第2章

第3章

第4章

第5章

第6章

第7章

第8章

第9章

第2章 たし算とひき算

37ページ 練習問題⑭

(1) ① 140　② 110　③ 80　④ 60
(2) ① 700　② 1400　③ 400
　　④ 500

とき方

(1) 10のまとまりで考えます。
　① 90+50 → 9+5=14
　10のまとまりが14こ → 140
　③ 130−50 → 13−5=8
　10のまとまりが8こ → 80
(2) 100のまとまりで考えます。
　① 400+300 → 4+3=7
　100のまとまりが7こ → 700
　④ 1000−500 → 10−5=5
　100のまとまりが5こ → 500

38ページ 練習問題⑮

(1) 59　(2) 39　(3) 49　(4) 836
(5) 438　(6) 157

とき方

位をそろえて，一の位から順に計算します。

```
(2)  3 2   (3)   5   (5)  4 1 3
   +  7      + 4 4      +  2 5
     3 9        4 9        4 3 8
```

> **ここに注意**
> けた数がちがうとき，位をそろえるのに注意しましょう。

39ページ 練習問題⑯

(1) 22　(2) 20　(3) 65　(4) 321
(5) 102　(6) 834

とき方

位をそろえて，一の位から順に計算します。

```
(2)  5 2   (3)  6 9   (5)  2 8 5
   − 3 2      −   4      − 1 8 3
     2 0        6 5        1 0 2
```

> **ここに注意**
> ・けた数がちがうとき，位をそろえるのに注意しましょう。
> ・0を書くことや，数字をおろすのをわすれないようにしましょう。

40ページ 練習問題⑰

(1) 90　(2) 103　(3) 102　(4) 593
(5) 701　(6) 1223

とき方

上の位にくり上がったときには，上の位の計算で1をたすのをわすれないようにします。

```
(2)   1        (3)  1        (6)  1 1
      5 4           7             4 8 8
   + 4 9        + 9 5         + 7 3 5
     1 0 3        1 0 2         1 2 2 3
```

41ページ 練習問題⑱

(1) 34　(2) 64　(3) 74　(4) 319
(5) 346　(6) 108

とき方

(3) 十の位からくり下げられないときは，百の位→十の位とくり下げます。

```
     9
    10
   1⦸3
 −  2 9
     7 4
```

(6) 十の位，百の位からくり下げられないときは，千の位→百の位→十の位とくり下げていきます。

```
     9 9
    10 10
   1⦸0 0 0
 −    8 9 2
       1 0 8
```

答えととき方

42ページ 練習問題 ⑲

(1) 8041　(2) 7981　(3) 10039
(4) 1908　(5) 328　(6) 3871

とき方

(5) 十の位からくり下げられないときは，百の位からくり下げます。

```
  2 1 9 10
  ３２０５
- 2 8 7 7
    3 2 8
```

(6) 一の位の計算をするのに一万の位→千の位→百の位→十の位と順にくり下げて計算します。

```
    9 9 9
  10 10 10 10
  １０００００
-   6 1 2 9
    3 8 7 1
```

43ページ 練習問題 ⑳

(1) 88　(2) 155　(3) 181　(4) 875
(5) 1068　(6) 1404

とき方

(3)
```
  2 ←2くり
  7 8  上がる
    4 7
+ 5 6
  1 8 1
    ↑
8+7+6=21
```

(6)
```
  2 2 ←2くり
  5 3 6  上がる
    3 8 9
+ 4 7 9
  1 4 0 4
    ↑   ↑
2+3+8+7=20  6+9+9=24
```

44～45ページ 力をためす問題

1 (1) 130　(2) 120　(3) 100
 (4) 50　(5) 70　(6) 90

2 (1) 900　(2) 1300　(3) 1000
 (4) 500　(5) 600　(6) 600

3 (1) 125　(2) 47　(3) 62
 (4) 35　(5) 132　(6) 101
 (7) 987　(8) 1057　(9) 461
 (10) 960　(11) 1163　(12) 1078

4 (1) 13　(2) 38　(3) 34　(4) 64
 (5) 99　(6) 78　(7) 213

(8) 213　(9) 224　(10) 595
(11) 215　(12) 476

5 (1) 6615　(2) 7058　(3) 8035
 (4) 6532　(5) 1960　(6) 9102
 (7) 5983　(8) 2447　(9) 3178
 (10) 1819　(11) 7244　(12) 9462

6 (1) ア，エ，オ　(2) ウ　(3) カ

7 (1) 93　(2) 184　(3) 944
 (4) 1612

8 (1) 十の位と百の位へのくり上がりをわすれている。
 （正しい計算）
```
   3 1 7
 + 2 8 9
   6 0 6
```

(2) 百の位から十の位へのくり下がりはないのに，百の位が1小さくなっている。
 （正しい計算）
```
   6 9 3
 - 1 5 4
   5 3 9
```

9
```
   7 0 2
 - 6 9 8   （答え）4
```

10
```
   3 5 9    3 5 7    1 5 9
 + 1 6 7  + 1 6 9  + 3 6 7

   1 5 7
 + 3 6 9
```

とき方

4 (5)
```
    4
   ５３
-  5 4
   9 9
```
(12)
```
   9 9
  10 10 10
  １０００
-  5 2 4
   4 7 6
```

5 (1)
```
   1 1
   3 7 6 3
 + 2 8 5 2
   6 6 1 5
```
(2)
```
   1 1
   1 7 6 7
 + 5 2 9 1
   7 0 5 8
```
(9)
```
   6 10 1
   ７０２３
 - 3 8 4 5
   3 1 7 8
```
(11)
```
   9 9 9
  10 10 10 10
  １０００００
-   2 7 5 6
   7 2 4 4
```

11

6 カは，十の位，百の位へのくり上がりがあります。また，百の位の計算で，答えが千の位にくり上がるので，くり上がりが3回になります。

```
  1 1
  9 4 3
+   5 9
-------
1 0 0 2
```

7
(1)
```
  1
  3 2
  4 4
+ 1 7
-----
  9 3
```
(2)
```
  2
  8 9
  5 8
+ 3 7
-----
1 8 4
```
(3)
```
  1 1
  3 4 7
  1 3 5
+ 4 6 2
-------
  9 4 4
```
(4)
```
  2 2
  4 6 5
  7 4 8
+ 3 9 9
-------
1 6 1 2
```

8 正しいくり上がりやくり下がりは，下のようになっています。

(1)
```
  1 1
  3 1 7
+ 2 8 9
-------
  6 0 6
```
1+1+8=10になり百の位へ1くり上がる

(2)
```
    8
  6 9 3
- 1 5 4
-------
  5 3 9
```
十の位の計算は 8−5=3 だから，百の位からのくり下がりはない

9 ひき算の答えがいちばん小さくなるのは，ひかれる数とひく数をできるだけ近い数にしたときです。まず，百の位をできるだけ近い数にして，一の位，十の位の2けたの数は，ひかれる数をいちばん小さく，ひく数をいちばん大きくします。一の位，十の位の2けたの数でいちばん小さい数は「02」，いちばん大きい数は「98」です。このとき，百の位は残りの7と6になり，ひかれる数は702，ひく数は698になります。

10 十の位の計算 5+6 が 12 になっているので，一の位からくり上がりがあることがわかります。なので，一の位の計算は，□+□=16
16になる計算は 8+8 か 9+7 です。数は1回ずつしか使えないので，一の

位に入る数は，9と7です。また，百の位の計算は，十の位から1くり上がっているので，
1+□+□=5 → □+□=4
4になる計算は 2+2 か 1+3 です。数は1回ずつしか使えないので，百の位に入る数は1と3です。一の位の9と7，百の位の1と3を組み合わせて，筆算をつくります。

46ページ 練習問題㉑

(1)① 37 ② 69 ③ 96
(2)① 74 ② 149 ③ 1224

とき方

(1)( )の中を先に計算します。
①17+(15+5)=17+20=37
②(27+13)+29=40+29=69
③36+(21+39)=36+60=96
(2)何十や何百になるように，計算の順じょを変えて計算します。
①34+22+18
=34+(22+18)=34+40=74
②12+49+88=12+88+49
　　　　　入れかえる
=(12+88)+49=100+49=149

47ページ 練習問題㉒

(1) 97　(2) 112　(3) 120　(4) 6
(5) 62　(6) 16

とき方

(1)78+19 → 78+20=98
　　　+1
98−1=97

別のとき方
```
 78 + 19      70+10=80
70  8 10 9    8+9=17
              80+17=97
```

(4)$53-47 \rightarrow 53-50=3$

+3

$3+3=6$

別のとき方

$53- \quad 47$
$\quad\quad 40 \quad 7$
$53-40=13$
$13-7=6$

48ページ 練習問題 ㉓

(1) **601 まい** (2) **428 円**

とき方

(1)図に表して考えます。

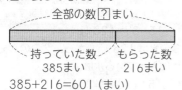

全部の数 ? まい

持っていた数 385まい　もらった数 216まい

$385+216=601$ (まい)

(2)図に表して考えます。

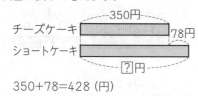

チーズケーキ　350円
ショートケーキ　78円
? 円

$350+78=428$ (円)

49ページ 練習問題 ㉔

(1) **187 ページ** (2) **337 こ**

とき方

(1)図に表して考えます。

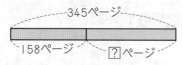

345ページ
158ページ　? ページ

$345-158=187$ (ページ)

(2)図に表して考えます。

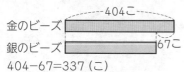

金のビーズ　404こ
銀のビーズ　67こ

$404-67=337$ (こ)

50ページ 練習問題 ㉕

(1) **467 まい** (2) **275 円**

とき方

(1)図に表して考えます。

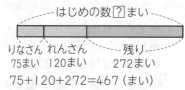

はじめの数 ? まい

りなさん 75まい　れんさん 120まい　残り 272まい

$75+120+272=467$ (まい)

(2)図に表して考えます。

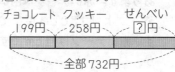

チョコレート 199円　クッキー 258円　せんべい ? 円

全部 732円

$732-(199+258)=732-457$
$=275$ (円)

別のとき方 全部の代金から，チョコレート，クッキーの代金を順にひきます。
$732-199-258=275$ (円)

52〜53ページ 力をためす問題

1　(1) 35　(2) 68　(3) 167
　(4) 185　(5) 300　(6) 1239

2　(1) 47　(2) 771　(3) 1432
　(4) 139　(5) 734　(6) 1645

3　(1) 21　(2) 92　(3) 40　(4) 152
　(5) 148　(6) 121

4　(1) 38　(2) 28　(3) 18　(4) 52
　(5) 84　(6) 33

5　143 こ

6　60 まい

7　(1) 591 人
　(2) **女子が 13 人多い。**
　(3) 409 人

8　27 まい

9　(1) 218 円　(2) 200 円

[10] 343 L
[11] 100円
[12] 157
[13] (1) (例) 180 cm 長い
(2) (例1) 白いテープが 243 cm あります。これは赤いテープより 180 cm 短いです。赤いテープは何 cm ですか。
(例2) 白いテープが 243 cm あります。赤いテープは白いテープより 180 cm 長いです。赤いテープは何 cm ですか。
(3) (例) 赤いテープは 423 cm，白いテープは 243 cm です。赤いテープと白いテープの長さのちがいは何 cm ですか。

[とき方]

[2] 何十，何百，何千になるように，計算の順じょを変えて計算します。
[5] 65+78=143 (こ)
[6] 96−36=60 (まい)
[7] (1) 289+302=591 (人)
(2) 302−289=13 (人)
(3) 図に表して考えます。

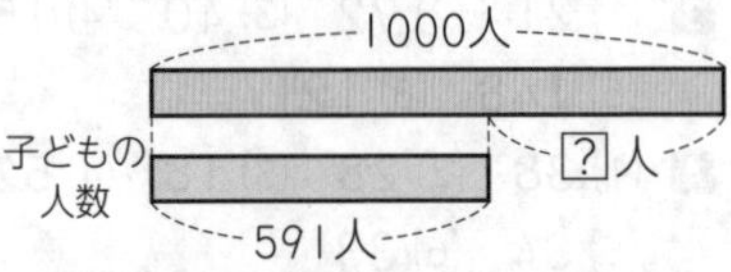

1000−591=409 (人)

[8] 図に表して考えます。

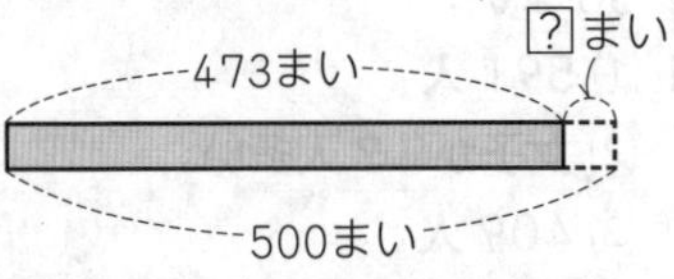

500−473=27 (まい)

[9] (1) 582−364=218 (円)
(2) はさみ1つとのり1つを買った代金は，
582+218=800 (円)
1000円を出したときのおつりは，
1000−800=200 (円)

[10] 図に表して考えます。

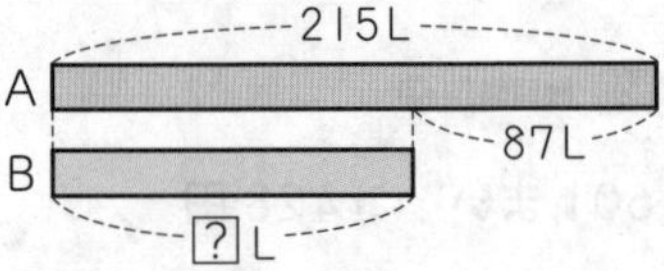

図より「Aの水がBの水より 87 L 多い」ということは，「Bの水はAの水より 87 L 少ない」とわかります。
215−87=128 (L)
Bの水は 128 L だから，2つの水そうに入っている水は，
215+128=343 (L)

[11] 図に表して考えます。

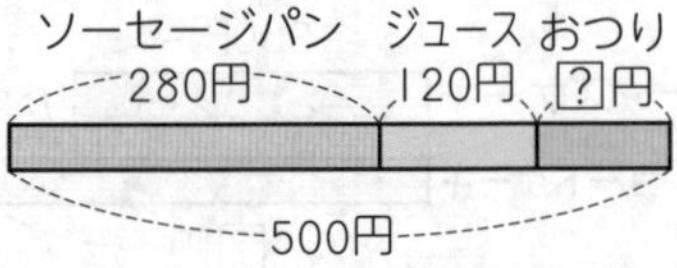

500−(280+120)=100 (円)
[別のとき方] 500−280−120=100 (円)

[12] 図に表して考えます。

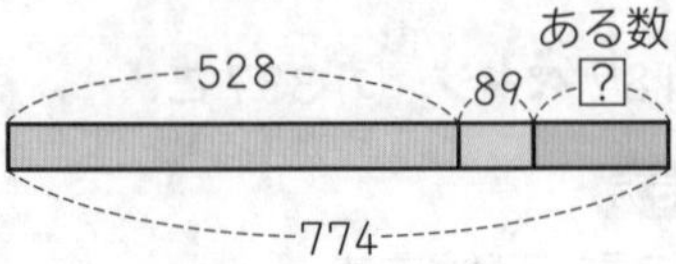

774−(528+89)=157
[別のとき方] 774−528−89=157

第3章 かけ算

56ページ **練習問題 ㉖**

(1) ① 36　② 24　③ 21　④ 9
　⑤ 8　⑥ 40　⑦ 27　⑧ 42
(2) ① 6　② 4　③ 9　④ 8

とき方

(2)① 5 のだんで答えが 30 になる九九を考えます。
→ 5×[6]=30
③かける数が 7 で答えが 63 になる九九を考えます。
→ [9]×7=63

57ページ **練習問題 ㉗**

(1) 27 こ　(2) 24 本

とき方

(1)3×9=27 (こ)
(2)6×4=24 (本)

58ページ **練習問題 ㉘**

(1) 16 → 2×8, 4×4, 8×2
　18 → 2×9, 3×6, 6×3, 9×2
　24 → 3×8, 4×6, 6×4, 8×3
(2) 8 → 1×8, 2×4, 4×2, 8×1
　12 → 2×6, 3×4, 4×3, 6×2
　18 → 2×9, 3×6, 6×3, 9×2
　24 → 3×8, 4×6, 6×4, 8×3

59ページ **練習問題 ㉙**

(1) 3　(2) 3　(3) 4　(4) 6

とき方

かけ算では，かける数が 1 ふえると，答えはかけられる数だけふえます。

(1)3×7=3×6+[3]
（1 ふえているから　3 ふえる）

(2)8×4=8×[3]+8
（1 ふえる　8 ふえているから）

かけ算では，かける数が 1 へると，答えはかけられる数だけへります。

(3)4×5=4×6−[4]
（1 へっているから　4 へる）

(4)9×5=9×[6]−9
（1 へる　9 へっているから）

60ページ **練習問題 ㉚**

(1) 6　(2) 2　(3) 3　(4) 4　(5) 2

とき方

(1)〜(3)かけられる数とかける数を入れかえても答えは同じになります。
(4), (5)かけられる数やかける数を分けて計算しても，答えは同じになります。

(4)
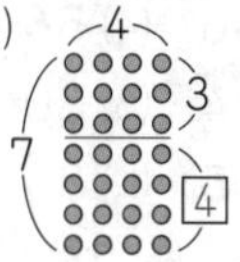

(5)
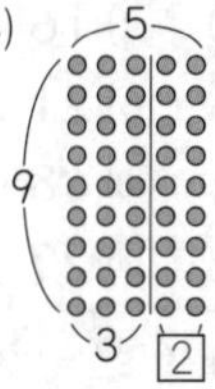

61ページ **練習問題 ㉛**

(1) 0　(2) 0　(3) 0　(4) 20　(5) 80
(6) 40　(7) 70

とき方

(4) 2 のだんの九九で考えると，2×10 は，2×9 から 2 ふえるので，2×9+2=20

別のとき方　2×10=10×2=10+10
（入れかえ）　　　　=20

(6)10×4=10+10+10+10=40

62ページ　練習問題 ㉜

(1) 112　(2) 102

とき方

かけられる数を分けて考えます。

(1)14 を 10 と 4 に分けます。

14×8=(10×8)+(4×8)=80+32
=112

ここに注意
かけられる数の分け方は何通りもありますが，10 といくつに分けると，計算がかんたんになります。

別のとき方 14×8=8×14 と考えて，

8×10=80
　8ふえる
8×11=88
　8ふえる
8×12=96
　8ふえる
8×13=104
　8ふえる
8×14=112

64～65ページ　力をためす問題

[1] (1) 20　(2) 16　(3) 36　(4) 56
(5) 18　(6) 21　(7) 24　(8) 30
(9) 14　(10) 48　(11) 45　(12) 8
(13) 63　(14) 27　(15) 2　(16) 24

[2] (1) 3　(2) 6　(3) 3　(4) 7　(5) 7
(6) 9　(7) 8　(8) 1　(9) 9　(10) 6
(11) 6　(12) 2

[3] (1) ㋐ 18　㋑ 6　㋒ 28　㋓ 20
㋔ 30　㋕ 49　㋖ 32
㋗ 81

(2) 6 → 1×6，2×3，3×2，6×1
28 → 4×7，7×4
32 → 4×8，8×4

(3) 9 → 1×9，3×3，9×1
16 → 2×8，4×4，8×2
36 → 4×9，6×6，9×4

[4] (1) 2　(2) 7　(3) 4　(4) 2　(5) 6
(6) 3　(7) 5　(8) 8

[5] (1) 4　(2) 9　(3) 7　(4) 4　(5) 3
(6) 6　(7) 2

[6] (1) 0　(2) 0　(3) 0　(4) 30
(5) 80　(6) 60

[7] (1) 45　(2) 64　(3) 95

[8] 27 こ

[9] 20 人

[10] 45 こ

[11] ㋐ 3　㋑ 12　㋒ 12　㋓ 28
㋔ 48　㋕ 36　㋖ 54

とき方

[4] (1)～(4)かける数が 1 ふえると，答えはかけられる数だけふえます。
(5)～(8)かける数が 1 へると，答えはかけられる数だけへります。

[5] (4)かけられる数 6 を 2 と 4 に分けます。
6×8=(2×8)+([4]×8)
(6)かける数 9 を 3 と 6 に分けます。
6×9=(6×3)+(6×[6])

[7] (1) 15×3 ＜ 10×3=30 / 5×3=15 ＞ 45

[8] 3×9=27 (こ)

[9] 2×10=20 (人)

[10] 次のような求め方があります。

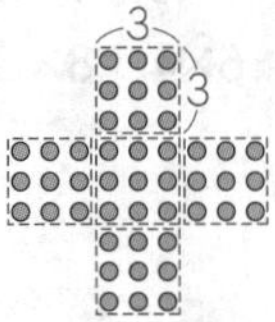

3×3=9
9 このまとまりが 5 こあるので，
9×5=45 (こ)

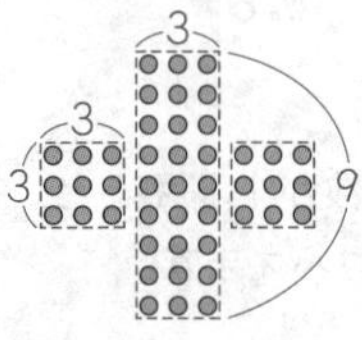

3×3=9
9×2=18
9×3=27
18+27=45 (こ)

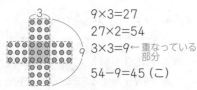

9×3＝27
27×2＝54
3×3＝9 ←重なっている部分
54−9＝45（こ）

⓫

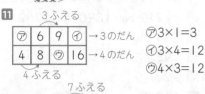

㋐	6	9	㋑	→3のだん
4	8	㋒	16	→4のだん

3ふえる
4ふえる

㋐3×1＝3
㋑3×4＝12
㋒4×3＝12

7ふえる
8ふえる

㋓	35	42	→7のだん
32	40	㋔	→8のだん
㋕	45	㋖	→9のだん

㋓7×4＝28
㋔8×6＝48
㋕9×4＝36
㋖9×6＝54

66ページ 練習問題㉝

(1) 120　(2) 420　(3) 360
(4) 1800　(5) 6300　(6) 3000

● とき方

(1) 40×3 → 10が（4×3）こ
　　　　10が4こ
　→ 10が12こなので，40×3＝120
(4) 300×6 → 100が（3×6）こ
　　　　　100が3こ
　→ 100が18こなので，
　　300×6＝1800

67ページ 練習問題㉞

(1) 84　(2) 88　(3) 84　(4) 96
(5) 128　(6) 156　(7) 335　(8) 600

● とき方

位をそろえて，一の位から順に計算します。くり上がりに注意！

(3)　　1 2
　　×　　7
　　　8 ⁴4

くり上がった
1は小さく書く

(5)　　6 4
　　×　　2
　　　1 2 8

百の位にくり上げる

(7)　　6 7
　　×　　5
　　3 3 ³5

68ページ 練習問題㉟

(1) 486　(2) 536　(3) 2124
(4) 1835　(5) 3744　(6) 2812
(7) 4563　(8) 5000

● とき方

位をそろえて，一の位から順に計算します。くり上がりに注意！

(2)　　2 6 8
　　×　　　2
　　　5 ³3 ¹6

(3)　　5 3 1
　　×　　　4
　　2 1 2 4

千の位に1
くり上げる

(6)　　7 0 3
　　×　　　4
　　2 8 1 ¹2

くり上がった
1をたす

⚠ **ここに注意**

0のある筆算に注意しましょう。
（まちがいの例）
かけられる数の
十の位のかけ算
をしていない。

　　　7 0 3
　×　　　4
　　2 9 ²2

くり上げた1を
4×7＝28 にたしている

69ページ 練習問題㊱

(1) 624　(2) 3260　(3) 5400

● とき方

計算をかんたんにするために，あとの2つの数を先に計算します。
(1) 78×2×4＝78×（2×4）
　　　　　　＝78× 8＝624
(2) 326×5×2＝326×（5×2）
　　　　　　＝326× 10＝3260
(3) 900×3×2＝900×（3×2）
　　　　　　＝900× 6＝5400

⚠ **ここに注意**

100のまとまりで考えます。
900×6は，100のまとまりが
9×6＝54 と，九九で計算することができます。

第1編
第1章
第2章
第3章
第4章
第5章
第6章
第7章
第8章
第9章

70ページ 練習問題 37

(1) 455 まい　(2) 2100 mL

とき方

(1)
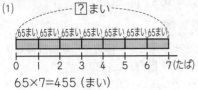
65×7=455（まい）

(2)
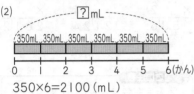
350×6=2100（mL）

71ページ 練習問題 38

(1) 136 m　(2) 1652 まい

とき方

(1)
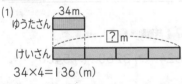
34×4=136（m）

(2)

236×7=1652（まい）

72〜73ページ 力をためす問題

1 (1) 200　(2) 100　(3) 210
　(4) 560　(5) 800　(6) 900
　(7) 2400　(8) 2000

2 (1) 62　(2) 96　(3) 80　(4) 72
　(5) 126　(6) 172　(7) 656
　(8) 375　(9) 720　(10) 345
　(11) 588　(12) 603

3 (1) 448　(2) 254　(3) 644
　(4) 621　(5) 510　(6) 1292
　(7) 1050　(8) 4030　(9) 3591
　(10) 1995　(11) 4344　(12) 5096

4 (1) 212　(2) 1390　(3) 4962

5 544 まい

6 1950 こ

7 22 m

8 640 円

9 (1) 196 円　(2) 1372 円

10 (1) (式) 35×4×2=280
　　　　　　　　　　　　280 こ
　(2) 352 こ

11 (1) 4, 3　(2) 700, 5

12 (1) (まちがいの説明の例) 十の位からくり上げた3と，百の位のかけ算の答えの6をたしていない。
　(正しい計算)
$$\begin{array}{r} 152 \\ \times\ \ \ \ 6 \\ \hline 9^{3}1^{1}2 \end{array}$$

　(2) (まちがいの説明の例) かけられる数の十の位のかけ算をしていない。
　(正しい計算)
$$\begin{array}{r} 706 \\ \times\ \ \ \ 3 \\ \hline 211^{1}8 \end{array}$$

とき方

1 (1)〜(4) 10 のまとまりで考えます。
　(4) 80×7 → 10 が（8×7）こ
　　　　10 が 8 こ
　　→ 10 が 56 こなので，80×7=560
　(5)〜(8) 100 のまとまりで考えます。
　(8) 500×4 → 100 が（5×4）こ
　　　　100 が 5 こ
　　→ 100 が 20 こなので，
　　500×4=2000

2 (3)
```
    １ ６
  ×   ５
  ８³０
```
↑
この０を
わすれずに

(6)
```
    ４ ３
  ×   ４
  １ ７²２
```
↑
百の位に
くり上げる

(9)
```
    ８ ０
  ×   ９
  ７ ２ ０
```
↑
この０を
わすれずに

(12)
```
    ６ ７
  ×   ９
  ６ ０³３
```
←54 とくり上がっ
た 6 をたして, 60

3 (4)
```
    ２ ０ ７
  ×     ３
  ６ ２²１
```
くり上がった２
をたす

(8)
```
    ８ ０ ６
  ×     ５
  ４ ０ ³０
```
←千の位に４
くり上げる

(10)
```
    ２ ８ ５
  ×     ７
１ ９⁵９³５
```
一の位, 十の位, 百の位とくり
上がりが続きます。くり上げ
←た数をたすのをわすれずに！

4 あとの２つの数を先に計算すると, 計
算がかんたんになります。

(1) 53×2×2=53×(2×2)
＝53 × 4＝212

(2) 139×2×5=139×(2×5)
＝139 × 10＝1390

(3) 827×3×2=827×(3×2)
＝827 × 6＝4962

5
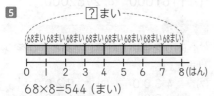
?まい

68まい 68まい 68まい 68まい 68まい 68まい 68まい 68まい

0 1 2 3 4 5 6 7 8(はん)

68×8=544 (まい)

6
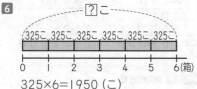
?こ

325こ 325こ 325こ 325こ 325こ 325こ

0 1 2 3 4 5 6(箱)

325×6=1950 (こ)

7
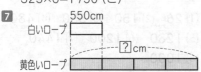
550cm
白いロープ

?cm
黄色いロープ

550×4=2200 (cm)
100 cm＝1 m なので
2200 cm＝22 m

8
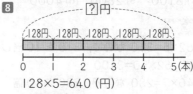
?円

128円 128円 128円 128円 128円

0 1 2 3 4 5(本)

128×5=640 (円)

> **ここに注意**
> 350 mL は, ここでは使いません。

9 (1)
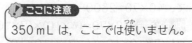
?円

98円 98円

0 1 2(ふくろ)

98×2=196 (円)

(2)
?円

196円 196円 196円 196円 196円 196円 196円

0 1 2 3 4 5 6 7(人)

196×7=1372 (円)

10 (1) 35×4×2=35×(4×2)=35×8
＝280 (こ)

(2) 176×2=352 (こ)

11 (1)
```
         ┌50×3
54×3 ┤
         └ 4×3
```

(2)
```
         ┌700×5
729×5 ┤ 20×5
         └  9×5
```

12 それぞれ次のようにまちがえていま
す。

(1)
```
    １ ５ ２
  ×     ６
  ６ ３ １²２
```
←くり上げた３
と 6×1 の答
え 6 をたして
いない

(2)
```
    ７ ０ ６
  ×     ３
  ２ ２²８
```
くり上げた１
を 3×7＝21 に
たしている

第1編
第1章
第2章
第3章
第4章
第5章
第6章
第7章
第8章
第9章

74ページ 練習問題 ❸❾

(1) 180　(2) 630　(3) 690
(4) 3100　(5) 2800　(6) 4000

とき方

(4) 62×5=310 なので，310を10倍して，62×50=3100

(5) 40×7=280 なので，280を10倍して，40×70=2800

別のとき方 40×70=(4×10)×(7×10)
=4×7×10×10=(4×7)×(10×10)
=28×100=2800

75ページ 練習問題 ❹⓪

(1) 396　(2) 544　(3) 936
(4) 722　(5) 1769　(6) 2613
(7) 3648　(8) 6132

とき方

```
(1)   33        (3)   52
    × 12          × 18
      66           416
    330 ←左へ1け    52
    396  たずらす   936
```

```
(6)   67    (8)   84
    × 39        × 73
     603        252
    201         588
   2613        6132
```
くり上がりが続くので注意して計算する

76ページ 練習問題 ❹❶

(1) 260　(2) 1020　(3) 6320
(4) 45　(5) 161　(6) 472
(7) 3250　(8) 2640

とき方

(1)～(3) 0のかけ算を省いて，1だんで筆算できます。
(4)～(8) かけられる数とかける数を入れかえて筆算できます。

```
(1)   13        (4)   15
    × 20          ×  3
     260           45

(7)   65        (8)   44
    × 50          × 60
    3250         2640
```

77ページ 練習問題 ❹❷

(1) 3978　(2) 14877　(3) 52101
(4) 84258　(5) 19034
(6) 15100　(7) 22620　(8) 42300

とき方

位をそろえることに注意しましょう。一の位から順に計算します。

```
(3)    827       (4)    906
     ×  63            ×  93
      2481            2718
     4962            8154
     52101           84258
```

78ページ 練習問題 ❹❸

(1) 53851　(2) 44696
(3) 129954　(4) 112868
(5) 257975　(6) 371680
(7) 1161000　(8) 2952000

とき方

(7)，(8) 0を省いて計算したあと，0をつけます。

```
(7)   4300       (8)    7200
    × 270            ×  410
     301              72
     86               288
   1161000          2952000
```

79ページ 練習問題 ❹❹

(1) 26　(2) 150　(3) 550　(4) 480
(5) 1280　(6) 1200　(7) 1440
(8) 1000

とき方

(1) $13×2$
$\begin{cases} 10×2=20 \\ 3×2=6 \end{cases}$ 合わせて 26

(2) $25×6$
$\begin{cases} 20×6=120 \\ 5×6=30 \end{cases}$ 合わせて 150

別のとき方 $25×6=25×(2×3)$
$=(25×2)×3=50×3=150$

(3) $110×5$
$\begin{cases} 100×5=500 \\ 10×5=50 \end{cases}$ 合わせて 550

(5) $32×4$ をもとにします。

$32×4$
$\begin{cases} 30×4=120 \\ 2×4=8 \end{cases}$ 合わせて 128

$32× 4 =128$
10倍 ↓　↓ 10倍
$32×40=1280$

(8) $25×40=25×(4×10)$
$=(25×4)×10$
$=100×10$
$=1000$

80ページ 練習問題 ㊺

(1) 1485 円　(2) 35256 こ

とき方

(1)
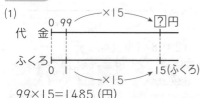
$99×15=1485$ (円)

(2)
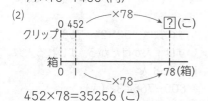
$452×78=35256$ (こ)

81ページ 練習問題 ㊻

(1) 600 本　(2) 410 円

とき方

(1) たばにした数 + 残りの数 = 全部の数

なので，最初に，たばにしたばらの数を求めます。
たばにした数は，$16×32=512$ (本)
全部の数は，$512+88=600$ (本)
　　　　　　　　　　残りの数

(2) はらった金がく − ケーキ26この代金 = おつり

なので，最初にケーキ26この代金を求めます。
ケーキ26この代金は，
　$215×26=5590$ (円)
おつりは，
　$6000-5590=410$ (円)

84〜85ページ 力をためす問題

1 (1) 60　(2) 200　(3) 810
(4) 1520　(5) 4680　(6) 900
(7) 3500　(8) 3000

2 (1) 504　(2) 851　(3) 616
(4) 975　(5) 608　(6) 1820
(7) 2835　(8) 4550　(9) 2204
(10) 3626　(11) 2072　(12) 3432

3 (1) 630　(2) 1280　(3) 3120
(4) 5390　(5) 28　(6) 78
(7) 115　(8) 576

4 (1) 6426　(2) 6479
(3) 14152　(4) 12600
(5) 40905　(6) 31564
(7) 20358　(8) 26112
(9) 26640　(10) 76360
(11) 32097　(12) 34228

5 (1) 76545　(2) 42770
(3) 112752　(4) 128043
(5) 232098　(6) 446899
(7) 164970　(8) 119892
(9) 204724　(10) 3465000

第1編

第1章

第2章

第3章

第4章

第5章

第6章

第7章

第8章

第9章

(11) **1075000**　(12) **17150000**

6 (1) **36**　(2) **86**　(3) **1150**

(4) **1800**　(5) **660**　(6) **960**

(7) **2160**　(8) **2100**

7 **4 L**

8 **936 本**

9 **32 人**

10 (1) ② 5　(2) ② 5
　　　× ③ 4　　× ④ 3

　　(3) ④ 5　(4) ④ 5
　　　× ③ 2　　× ② 3

11 **4400 円**

12 (例) 色紙を 24 人に同じ数ずつ
配ります。1 人に 12 まいずつ
配ると，**色紙は全部で何まいい**
りますか。

● とき方

2 (1) 　　42
　　　×　12
　　　　 84　　左へ 1 けた
　　　 42 ←　ずらすのを
　　　 504　　わすれない
　　　　　　　ように！

　(10)　　74
　　　×　49
　　　　666
　　　 296
　　　3626　　たし算のくり上
　　　　　　　がりにも注意！

3 (1) 　　21　　　　　21
　　　×　30　　　×　30
　　　　00 ←省く→　630
　　　 63
　　　 630

　(5) 　　 2　　　　　　　14
　　　×　14　2×14=14×2 →　×　2
　　　　 8　　　　　　　　28
　　　 2
　　　 28

5 (5) 　　 606　　(8) 　　582
　　　× 383　　　　× 206
　　　 1818　　　　　3492
　　　4848　　　　　1164
　　　1818　　　　119892
　　　232098　　　　2 だんで書ける
　　　3 だんのくり上
　　　りに注意！

(10)　　6300
　　× 550
　　　315
　　315
　3465000

6 (1) 12×3 ⟨ 10×3=30 ┐ 合わせて
　　　　　　　2×3=6 ┘　36

(3) 230×5 ⟨ 200×5=1000 ┐ 合わせて
　　　　　　　 30×5=150 ┘　1150

(5) 11×6 をもとにします。

　11×6 ⟨ 10×6=60 ┐ 合わせて
　　　　　　1×6=6 ┘　66

　11×6 　=66
　　　↓10倍　↓10倍
　11×60 =660

7

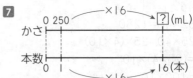

250×16=4000 (mL)
4000 mL=4 L

8 1 ダースは 12 本です。

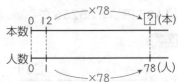

12×78=936 (本)

9 [すわろうと した人数] ー [すわれる 人数] = [すわれない 人数]
なので，最初にすわれる人数を求めます。
いすの数は，32×24=768 (こ)
いすは 1 人がけだから，すわれる人数
は，768 人。
　800−768=32 (人)
　└ すわろうとした人数

10 (1)，(3) 答えの一の位が 0 になるのは，
かける数の一の位が 2 か 4 のときで
す。

右のように，かけ　　　□5　　　□5
る数の一の位を　　　×□2　　×□4

決めてから，残(のこ)りの□に 3，4 または 2，3 の数を入れて計算して，筆算を求めます。

(2)，(4)答えの一の位が 5 になるのは，かける数の一の位が 3 のときです。

右のように，かける数の一の位を 3 と決めてから，残りの□に，2，4 の数を入れて計算して，筆算を求めます。

□5
×□3

11 [ノート１さつの代金]×[さつ数]=[はらったお金]

１さつ 178 円のノートを，１さつごとに２円ねびきしてもらったので，

１さつの代金は，178−2=176（円）

はらったお金は，

176×25=4400（円）

[別のとき方] 25 さつ分で，何円ねびきしてもらったかを，先に考えます。

2×25=50（円）←25 さつ分のねびき

178×25=4450（円）←ねびきなしのねだん

4450−50=4400（円）

12

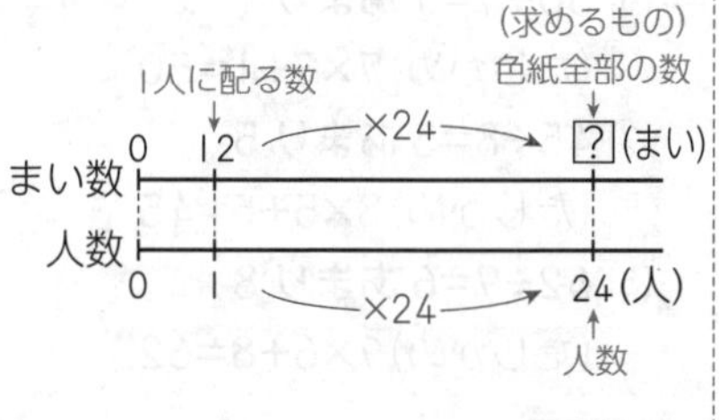

第４章 わり算

88 ページ 練習問題 47

６まい

[とき方]

式は 24÷4 です。４のだんの九九で答えが 24 になるものは，4×[6]=24 だから，

24÷4=6（まい）

89 ページ 練習問題 48

(1) ３人

(2) ① 4 ② 4 ③ 9 ④ 3 ⑤ 7
⑥ 5 ⑦ 5 ⑧ 8 ⑨ 4 ⑩ 4
⑪ 7 ⑫ 7

[とき方]

(1)式は 18÷6 です。６のだんの九九で答えが 18 になるものは，6×[3]=18 だから，

18÷6=3（人）

(2)わる数のだんの九九で考えます。

90 ページ 練習問題 49

(1) 0 (2) 0 (3) 0 (4) 20 (5) 20
(6) 10 (7) 21 (8) 11 (9) 42

[とき方]

(1)〜(3) 0 を 0 でないどんな数でわっても答えはいつも 0 です。

(4)80 は 10 が 8 こなので，8÷4=2

10 が 2 こなので，80÷4=20

(7)63÷3 < 60÷3=20 / 3÷3=1] 合わせて 21

91 ページ 練習問題 50

(1) 10 きゃく (2) 2 ふくろ

とき方

(1)最初に，子どもがすわった長いすの数を求めます。

48÷6=8（きゃく）

残りの長いすが2きゃくだから，全部の長いすの数は，

8+2=10（きゃく）

(2)最初に，グミが全部で何こあるかを求めます。

4×6=24（こ）

1ふくろ3こずつに入れ直したとき，必要なふくろの数は，

24÷3=8（ふくろ）

ふくろは6ふくろなので，たりないふくろの数は，

8−6=2（ふくろ）

92ページ　練習問題 51

(1) 8人に分けられて，3こあまる。
(2) ① ×　② ○　③ ×　④ ×

とき方

(1)式は 35÷4 です。4のだんの九九で答えが 35 になるものはありません。35 より小さく，35 にいちばん近いものは，4×8=32 です。

35−32=3 だから，

35÷4=8 あまり 3

8人に分けられて，3こあまります。

単位がちがうことに注意しましょう。

(2)①27÷7=3 あまり 6
②30÷5=6　③52÷8=6 あまり 4
④39÷6=6 あまり 3

93ページ　練習問題 52

(1) 37÷5=7 あまり 2
(2) 30÷4=7 あまり 2
(3) 20÷4=5

(4) 41÷8=5 あまり 1
(5) 15÷5=3
(6) 19÷3=6 あまり 1

とき方

わる数>あまり になるように，計算します。

94ページ　練習問題 53

(1) 25÷4=6 あまり 1
（たしかめ）4×6+1=25
(2) 13÷3=4 あまり 1
（たしかめ）3×4+1=13
(3) 36÷5=7 あまり 1
（たしかめ）5×7+1=36
(4) 17÷2=8 あまり 1
（たしかめ）2×8+1=17
(5) 53÷6=8 あまり 5
（たしかめ）6×8+5=53
(6) 50÷7=7 あまり 1
（たしかめ）7×7+1=50
(7) 45÷8=5 あまり 5
（たしかめ）8×5+5=45
(8) 62÷9=6 あまり 8
（たしかめ）9×6+8=62

とき方

たしかめの式は，

わる数×商+あまり=わられる数 です。

95ページ　練習問題 54

(1) 8日　(2) 6たば

とき方

(1)64÷9=7 あまり 1

7日読むと，あと1ページ残ります。残った1ページを読むのに，あと1日いります。

7+1=8（日）

(2)40÷6=6 あまり 4

あまった4本では，6本のたばはできないので，花たばは6たばできます。

96～97ページ　力をためす問題

1 (1) 2　(2) 9　(3) 3　(4) 6　(5) 7
　　(6) 9　(7) 4　(8) 9　(9) 4　(10) 1
　　(11) 9　(12) 7

2 (1) 31　(2) 30　(3) 0　(4) 30
　　(5) 21　(6) 0　(7) 0　(8) 11
　　(9) 10

3 5人

4 12まい

5 4こ

6 3こ

7 (1)（例）18このドーナツを3人で同じ数ずつ分けます。**1人分は何こになりますか**。

　　(2)（例）18このドーナツを，1人3こずつ分けます。何人に分けられますか。

8 (1) 2あまり1　(2) 2あまり3
　　(3) 7あまり3　(4) 4あまり2
　　(5) 8あまり2　(6) 7あまり4
　　(7) 3あまり5　(8) 7あまり5
　　(9) 6あまり1　(10) 4あまり1
　　(11) 6あまり4　(12) 5あまり5

9 2組できて，8人あまる。

10 (1) 5あまり4　(2) ○
　　(3) 7あまり3　(4) 8　(5) ○
　　(6) 2あまり7

11 6台

12 7こ

13 (1) **7組**

---

(2) 5人の組…**5組**
　　6人の組…**2組**

● とき方

3 30÷6=5（人）

4 36÷3=12（まい）

5 最初につくったケーキの数を求めます。
　　14÷2=7（こ）
そのうち食べたケーキは3こなので，残ったケーキの数は，
　　7-3=4（こ）

6 最初に，1箱に4こずつ入れたときに使う箱の数を求めます。
　　24÷4=6（箱）
箱はまだ2箱あまっているので，箱の数は全部で，
　　6+2=8（箱）
24このボールを8箱に入れるのだから，
　　24÷8=3（こ）

7 (1)求めるものは，1人分の数です。
　　(2)全部の数 →18，1人分の数 →3として，問題文をつくります。

8 わる数＞あまり になっているかをたしかめましょう。

9 26÷9=2 あまり 8

10 わる数＞あまり になっているか，わる数×商＋あまり＝わられる数 になっているかをたしかめます。

11 45人が8人ずつ乗り物に乗るので，
　　45÷8=5 あまり 5
乗り物は5台で，5人が残ります。この5人が乗る乗り物が1台いるので，
　　5+1=6（台）

12 三輪車のもけいを1こつくるのに，タイヤを3こ使います。
　　23÷3=7 あまり 2
三輪車のもけいは7こできて，タイヤは2こあまります。2こでは三輪車

のもけいはできないので，つくれる三輪車のもけいは 7 こです。

13 (1)37÷5＝7 あまり 2

5 人の組は 7 組できて，2 人が残ります。

(2)6 人の組をつくるには，残った 2 人を 1 人ずつ 5 人の組に入れます。6 人の組が 2 組できるので，5 人の組は 7−2＝5 （組）になります。

98 ページ　練習問題 55

(1) 20　(2) 90　(3) 50　(4) 100
(5) 200　(6) 400

● とき方

(1)140÷7 → 10 が (14÷7) こ
　　↓
　　10 が 14 こ
　　→ 10 が 2 こなので，140÷7＝20
(4)500÷5 → 100 が (5÷5) こ
　　↓
　　100 が 5 こ
　　→ 100 が 1 こなので，500÷5＝100

99 ページ　練習問題 56

(1) 17　(2) 19　(3) 23 あまり 2
(4) 13　(5) 13 あまり 1
(6) 17 あまり 2　(7) 13 あまり 2
(8) 11 あまり 7

● とき方

わり算の筆算は，大きい位から「たてる」→「かける」→「ひく」→「おろす」をくり返します。

```
(1)    1 7      (3)    2 3      (7)    1 3
    5)8 5          4)9 4          6)8 0
      5              8              6
    ───            ───            ───
      3 5            1 4            2 0
      3 5            1 2            1 8
    ───            ───            ───
        0              2              2
```

100 ページ　練習問題 57

(1) 12　(2) 21　(3) 21 あまり 3
(4) 32 あまり 1
(5) 20 あまり 3　(6) 10 あまり 2
(7) 30 あまり 1　(8) 30

● とき方

```
(1)    1 2        (5)    2 0
    3)3 6            4)8 3
      3                8
    ───            ───
      6                3
      6                0
    ───            ───
      0                3
```

101 ページ　練習問題 58

(1) 177　(2) 260　(3) 131 あまり 1
(4) 226 あまり 3　(5) 106 あまり 3
(6) 209　(7) 107 あまり 4
(8) 109 あまり 2

● とき方

```
(1)    1 7 7
    2)3 5 4
      2
    ───
      1 5
      1 4
    ───
        1 4
        1 4
    ───
          0
```

```
(2)    2 6 0           2 6 0
    2)5 2 0         2)5 2 0
      4               4
    ───             ───
      1 2             1 2
      1 2             1 2
    ───     →       ───
        0               0
        0
    ───
        0
```
ここは省いてもよい

```
(6)    2 0 9           2 0 9
    3)6 2 7         3)6 2 7
      6               6
    ───             ───
      2               2 7
      0               2 7
    ───     →       ───
      2 7              0
      2 7
    ───
        0
```
ここは省いてもよい

102 ページ 練習問題 59

(1) ① 百の位　② 十の位　③ 十の位
(2) ① 89　② 52　③ 68　④ 81
　　⑤ 85 あまり 2　⑥ 64 あまり 5
　　⑦ 54 あまり 3　⑧ 80 あまり 3

💧とき方

(1)①
```
     1      ←6÷4＝1 あまり 2 なので,
  4)6 2 1     商は百の位からたつ
    4
    2
```

②
```
    ◯     ←3は4でわれないので, 商は
  4)3 1 0     百の位にたたない

    7     ←31÷4＝7 あまり 3 なので,
  4)3 1 0     商は十の位からたつ
    2 8
      3
```

(2)商がどの位からたつのかに注意しましょう。

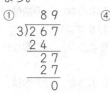

```
①     8 9        ④      8 1
  3)2 6 7         8)6 4 8
    2 4             6 4
      2 7             8
      2 7             8
        0             0
```

```
⑧    8 0    →      8 0
  5)4 0 3      5)4 0 3
    4 0          4 0
      3            3
      0 ┐ ここは
      3 ┘ 省いて
          もよい
```

103 ページ 練習問題 60

(1) 13 本　(2) 158 まい

💧とき方

(1)65÷5＝13 (本)

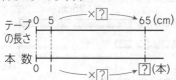

(2)632÷4＝158 (まい)

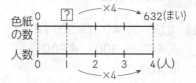

104 ページ 練習問題 61

(1) 16 倍　(2) 175 mL

💧とき方

(1)

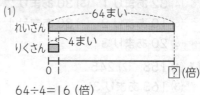

64÷4＝16 (倍)

(2)

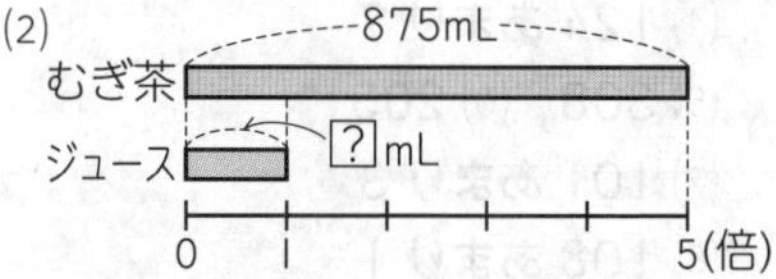

```
むぎ茶 |————875mL————|
ジュース |▨ [?]mL
       0  1           5(倍)
```

875÷5＝175 (mL)

105 ページ 練習問題 62

(1) 12　(2) 22　(3) 13　(4) 29
(5) 140　(6) 320　(7) 270
(8) 240

💧とき方

(1) 36÷3 〈 30÷3＝10 ┐ 合わせて
　　　　　　　6÷3＝2 ┘　　12

(3) 65÷5 〈 50÷5＝10 ┐ 合わせて
　　　　　　15÷5＝3 ┘　　13

(5) 280÷2 〈 200÷2＝100 ┐ 合わせて
　　　　　　　80÷2＝40 ┘　　140

(7) 810÷3 〈 600÷3＝200 ┐ 合わせて
　　　　　　210÷3＝70 ┘　　270

第1編
第1章
第2章
第3章
第4章
第5章
第6章
第7章
第8章
第9章

106〜107 ページ　力をためす問題

1 (1) 70　(2) 40　(3) 20　(4) 80
　(5) 40　(6) 300　(7) 800
　(8) 400

2 (1) 18　(2) 14　(3) 29　(4) 26
　(5) 24 あまり 1　(6) 16 あまり 1
　(7) 12 あまり 5　(8) 12 あまり 2

3 (1) 21　(2) 12　(3) 31 あまり 2
　(4) 32 あまり 1　(5) 30 あまり 2
　(6) 10 あまり 2　(7) 30 あまり 1
　(8) 20 あまり 3

4 (1) 158　(2) 245
　(3) 163 あまり 3
　(4) 124 あまり 7
　(5) 308　(6) 205
　(7) 101 あまり 3
　(8) 108 あまり 1

5 (1) 66　(2) 53　(3) 74　(4) 84
　(5) 75 あまり 3　(6) 71 あまり 6
　(7) 87 あまり 1　(8) 78 あまり 3

6 (1) 1, 2, 3, 4　(2) 1, 2
　(3) 6, 7, 8, 9

7 (1) 13　(2) 21　(3) 13　(4) 25
　(5) 110　(6) 160　(7) 120
　(8) 190

8 43 人

9 20 日

10 587

11 25 cm

12 1296 円

13 29 人

14 45 ページずつ

とき方

1 (1)〜(5) 10 のまとまりで考えます。
　(6)〜(8) 100 のまとまりで考えます。

3 (3)
```
      3 1
  3) 9 5
     9
     ---
       5
       3
     ---
       2
```
(5)
```
      3 0
  3) 9 2
     9
     ---
       2
       0 ← ここは
     ---   省いて
       2   もよい
```

4 (5)〜(8)は, 次のようにして 1 度におろすこともできます。
(5)
```
      3 0 8
  3) 9 2 4
     9
     -----
      2 4 ←1度に
      2 4   おろす
     -----
        0
```
(6)
```
      2 0 5
  4) 8 2 0
     8
     -----
      2 0 ←1度に
      2 0   おろす
     -----
        0
```

6 わられる数の百の位と, わる数をくらべて, わる数が大きいとき, 商は十の位からたちます。
　(1) 5 > □ になるような, □の数は, 1, 2, 3, 4 になります。
　(2) 3 > □ になるような, □の数は, 1, 2 になります。
　(3) □ > 5 になるような, □の数は, 6, 7, 8, 9 になります。

8 172÷4=43 (人)

9 96÷5=19 あまり 1
　あまった 1 問をとくのに, あと 1 日いるので,
　19+1=20 (日)

10 ある数を□とすると,
　□÷7=83 あまり 6
　□は, たしかめの式で求められます。
　□=7×83+6=587

11 1 m 75 cm=175 cm

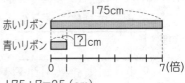

　175÷7=25 (cm)

12 シール 72 まいが，シール 3 まいの何倍かを考えます。

　　72÷3＝24（倍）

　　代金も 24 倍になるので，

　　54×24＝1296（円）

　　別のとき方 シール 1 まいのねだんを考えます。

　　54÷3＝18（円）

　　18×72＝1296（円）

13 最初に，全部の画用紙の数を求めます。

　　6×34＝204（まい）

　　この画用紙を 1 人に 7 まいずつ分けるので，

　　204÷7＝29 あまり 1

　　あまりの 1 まいは分けられません。

14 1 週間は 7 日なので，

　　310÷7＝44 あまり 2

　　残りの 2 ページを読むのに，あと 1 日いりますが，7 日間で読み終えなくてはならないので，読むページをふやします。1 ページふやして，45 ページずつ読むと，7 日間で読み終わります。

---

108 ページ 練習問題 63

(1) 3　(2) 3　(3) 4　(4) 7

(5) 2 あまり 10　(6) 3 あまり 10

(7) 5 あまり 30　(8) 4 あまり 50

● とき方

(1) 60 ÷ 20 → 6÷2＝3
　　　↓　　↓
　　10が6こ 10が2こ

　　60 を 20 ずつ分けると，3 こに分けられるので，60÷20＝3

(7) 380 ÷ 70 → 38÷7＝5 あまり 3
　　　↓　　　↓
　　10が38こ 10が7こ

　　380 を 70 ずつ分けると，5 こに分けられて，あまりは 10 が 3 こなので，380÷70＝5 あまり 30

---

109 ページ 練習問題 64

(1) 3　(2) 3　(3) 4　(4) 6 あまり 8

(5) 5 あまり 3　(6) 2 あまり 13

(7) 3 あまり 3　(8) 2 あまり 9

● とき方

(2) 75÷30 とみて，一の位に 2 をたてると，

```
        2  ── 1大きくする →        3
  25)7 5                    25)7 5
     5 0                       7 5
     2 5                          0
      ↑
   まだひける
```

(4) 86÷10 とみて，一の位に 8 をたてると，

```
      8 ──1小さくする→    7 ──1小さくする→     6
  13)8 6              13)8 6              13)8 6
    1 0 4                9 1                 7 8
      ↑                   ↑                    8
   ひけない              ひけない
```

---

110 ページ 練習問題 65

(1) 9　(2) 7 あまり 6

(3) 6 あまり 14　(4) 6 あまり 17

(5) 33　(6) 18 あまり 13

(7) 24 あまり 8　(8) 20 あまり 12

● とき方

```
(1)        9        (3)        6
     54)4 8 6           23)1 5 2
        4 8 6              1 3 8
            0                1 4

(6)      1 8        (8)      2 0
     17)3 1 9           43)8 7 2
        1 7               8 6
        1 4 9             1 2
        1 3 6               0  ここは
          1 3             1 2  省いて
                                もよい
```

⚠ ここに注意

商がどの位からたつかに注意します。

111ページ　練習問題 66

(1) 3あまり 23　(2) 2あまり 225
(3) 140 あまり 1　(4) 64 あまり 4
(5) 73 あまり 40
(6) 13 あまり 22
(7) 7あまり 101
(8) 17 あまり 355

とき方

何百÷何十，何百÷何百 とみて，商の見当をつけます。

(1)
```
          3
253)7 8 2
    7 5 9
      2 3
```

(4)
```
       6 4
36)2 3 0 8
   2 1 6
     1 4 8
     1 4 4
         4
```

(6)
```
          1 3
383)5 0 0 1
    3 8 3
    1 1 7 1
    1 1 4 9
        2 2
```

(7)
```
            7
951)6 7 5 8
    6 6 5 7
      1 0 1
```

112ページ　練習問題 67

(1) 80　(2) 300
(3) 16 あまり 200　(4) 14
(5) 11 あまり 200　(6) 12

とき方

(1) 2000÷25=80
　↓×4　↓×4　　商は等しい
8000÷100=80

(2) 4200÷14=300
　↓÷7　↓÷7　　商は等しい
600 ÷ 2=300

(5)
```
          1 1
400)4 6 0 0
    4
      6
      4
      2 0 0
```

4600÷400=11 あまり 200

113ページ　練習問題 68

白のチワワ

とき方

白のチワワ
今の体重は 1 kg 615 g=1615 g なので，
1615÷85=19 (倍)
茶色のチワワ
今の体重は 2 kg 916 g=2916 g なので，
2916÷162=18 (倍)
白は 19 倍，茶色は 18 倍なので，体重のふえ方が大きいのは白のチワワです。

116～117ページ　力をためす問題

1 (1) 2　(2) 2　(3) 4　(4) 7
(5) 4あまり 10
(6) 1あまり 20
(7) 10 あまり 20
(8) 12 あまり 50

2 (1) 2　(2) 5　(3) 4　(4) 2　(5) 3
(6) 4あまり 14　(7) 3あまり 4
(8) 2あまり 4　(9) 2あまり 1
(10) 3あまり 17
(11) 3あまり 20
(12) 4あまり 7

3 (1) 8　(2) 4　(3) 6あまり 29
(4) 8あまり 15　(5) 8あまり 2
(6) 6あまり 15　(7) 21　(8) 12
(9) 13 あまり 3
(10) 20 あまり 12
(11) 24 あまり 2
(12) 19 あまり 19

4 (1) 5，6，7，8，9
(2) 7，8，9　(3) 0，1，2

5 (1) 4　(2) 3あまり 74
(3) 7あまり 101　(4) 37

(5) 31　(6) 141 あまり 31

(7) 213 あまり 28

(8) 81 あまり 41　(9) 38

(10) 7 あまり 30

(11) 20 あまり 36

(12) 12 あまり 240

6　33 こ

7　6人のはん　9つ

　7人のはん　2つ

8　ア…わられる数とわる数に，同

　　じ 10 をかけた式だから。

　ウ…わられる数とわる数に，同

　　じ 4 をかけた式だから。

　オ…わられる数とわる数を，同

　　じ 5 でわった式だから。

9　(1) 40　(2) 8 あまり 200

　(3) 26　(4) 80　(5) 80　(6) 56

10　カンガルー

11　114 円ずつ

12　(1) 681　(2) 10 あまり 41

13　(1) (まちがいの説明の例)

　　　商がたつのは一の位からなの

　　　に，十の位からたてている。

　　　(正しい計算)　　　　　3

　　　　　　　　　14)42

　　　　　　　　　　 42

　　　　　　　　　　　0

　(2) (まちがいの説明の例)

　　　十の位の計算でひき算した答

　　　えがわる数より大きくなった

　　　のに，かりの商を 1 大きくし

　　　ていない。

　　　(正しい計算)　　　　33

　　　　　　　　　17)567

　　　　　　　　　　51

　　　　　　　　　　　57

　　　　　　　　　　　51

　　　　　　　　　　　　6

●とき方

1　(5) 9÷2＝4 あまり 1 だから，90÷20

　の商は 4 です。10 のまとまりが 1 こ

　あまったのであまりは 10 です。

2　(6)　　　　4　　(10)　　　　3

　　　　18)86　　　　23)86

　　　　　 72　　　　　 69

　　　　　 14　　　　　 17

3　(3)　　　　6　　(9)　　　13

　　　46)305　　　43)562

　　　　276　　　　　43

　　　　 29　　　　　132

　　　　　　　　　　 129

　　　　　　　　　　　 3

4　商が 2 けたになるということは，商は

　十の位からたつということです。だ

　から，わられる数の上から 2 けたの数

　は，わる数と等しいか，わる数より大

　きくなります。

　(1) 44＜□3 になるような□は，5，6，

　7，8，9 です。

　(2) 37＜3□，または 37＝3□ になる

　ような□は，7，8，9 です。

　(3) 5□＜52，または 5□＝52 になる

　ような□は，0，1，2 です。

5　(6)　　　　141　(10)　　　　　7

　　　34)4825　　　351)2487

　　　　34　　　　　　 2457

　　　　142　　　　　　　30

　　　　136

　　　　　65

　　　　　34

　　　　　31

6　1 ダースは 12 こです。

　　400÷12＝33 あまり 4

　あまった 4 こでは，1 ダース入りの箱

　はできません。

7　68÷11＝6 あまり 2

　1 つのはんは 6 人ずつで，2 人あまり

　ます。あまった 2 人を 1 人ずつはん

　に入れます。7 人のはんが 2 つでき

　て，6 人のはんは 11－2＝9 (つ) で

　きます。

第1編
第1章
第2章
第3章
第4章
第5章
第6章
第7章
第8章
第9章

8 ・350 ÷ 25
　　↓×10　　↓×10
　　3500 ÷ 250 ←**ア**の式になります。

・350 ÷ 25
　↓×4　　↓×4
　1400 ÷ 100 ←**ウ**の式になります。

・350 ÷ 25
　↓÷5　　↓÷5
　　70 ÷ 5 ←**オ**の式になります。

9 わられる数とわる数に同じ数をかけたり，同じ数でわったりして計算をかんたんにします。

10 ウサギ
とんだ長さが 4 m 20 cm=420 cm なので，
　420÷60=7 (倍)
カンガルー
とんだ長さが 12 m=1200 cm なので，
　1200÷150=8 (倍)
とんだ長さは，ウサギが7倍，カンガルーが8倍です。

11 4200÷37=113 あまり 19
「あまりが 19 円」ということは，「19円たりない」ということなので，1人1円ずつふやして，113+1=114 (円) ずつ集めます。

> **ここに注意**
> 花びんの数「3こ」は，ここでは考えません。

12 (1)ある数を□とすると，
　□÷43=15 あまり 36
　□=43×15+36=681
(2)681÷64=10 あまり 41

13 (1)14→10 として，42÷10 とみて，商を4とすると，かりの商が1けたになることがわかります。十の位に商はたちません。

(2)　　　 2
　　17)5 6 7
　　　 3 4
　　　 2 2
　　　↑ わる数の 17 より大きい
　　　　 のでまだひける

第 **5** 章 分　数

120 ページ 練習問題 **69**

$\frac{1}{3}$…カ　$\frac{1}{5}$…ア　$\frac{1}{8}$…オ

とき方

$\frac{1}{3}$…同じ大きさに 3 つに分けた 1 つ分

$\frac{1}{5}$…同じ大きさに 5 つに分けた 1 つ分

$\frac{1}{8}$…同じ大きさに 8 つに分けた 1 つ分

> **ここに注意**
> **イ**は同じ大きさに分けていません。
> **ウ**は同じ大きさに 8 つに分けた 2 つ分です。

121 ページ 練習問題 **70**

(1)① $\frac{4}{7}$ m　② $\frac{3}{4}$ m　③ $\frac{2}{3}$ L

　④ $\frac{5}{8}$ L

(2)① (順に)8，3　② $\frac{5}{9}$

とき方

(1)① 1 m を 7 等分した 4 こ分なので，
$\frac{4}{7}$ m です。

② 1 m を 4 等分した 3 こ分なので，
$\frac{3}{4}$ m です。

③ 1 L を 3 等分した 2 こ分なので，
$\frac{2}{3}$ L です。

④ 1 L を 8 等分した 5 こ分なので，
$\frac{5}{8}$ L です。

(2)分数は，$\frac{分子}{分母}$ の形です。

122ページ 練習問題 71

(1) ㋐ $\frac{2}{8}$ ㋑ $\frac{5}{8}$ ㋒ $\frac{7}{8}$ ㋓ $\frac{9}{8}$

(2) ① $\frac{1}{6}<\frac{5}{6}$ ② $\frac{3}{4}>\frac{2}{4}$ ③ $1=\frac{10}{10}$

とき方

(1)この数直線は1を8等分しているので，1目もりは $\frac{1}{8}$ です。$\frac{1}{8}$ の何こ分かを数えて求(もと)めます。

(2)数直線で表すと次のようになります。

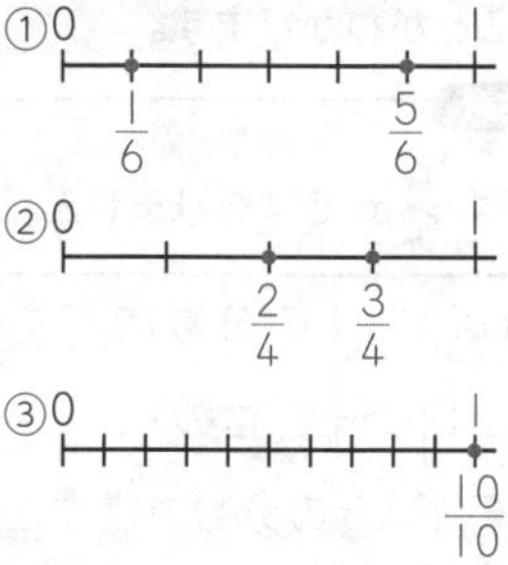

123ページ 練習問題 72

㋐ $\frac{2}{3}$

㋑ 仮分数…$\frac{5}{3}$，帯分数…$1\frac{2}{3}$

㋒ 仮分数…$\frac{7}{3}$，帯分数…$2\frac{1}{3}$

㋓ 仮分数…$\frac{11}{3}$，帯分数…$3\frac{2}{3}$

㋔ 仮分数…$\frac{14}{3}$，帯分数…$4\frac{2}{3}$

とき方

この数直線は1を3等分しているので，1目もりは $\frac{1}{3}$ です。

㋑仮分数…$\frac{1}{3}$ の5こ分 → $\frac{5}{3}$

帯分数…1と，$\frac{1}{3}$ の2こ分

→1と $\frac{2}{3}$ → $1\frac{2}{3}$

㋓仮分数…$\frac{1}{3}$ の11こ分 → $\frac{11}{3}$

帯分数…3と，$\frac{1}{3}$ の2こ分

→3と $\frac{2}{3}$ → $3\frac{2}{3}$

124ページ 練習問題 73

(1) $2\frac{4}{5}$ (2) $3\frac{1}{3}$ (3) $2\frac{5}{9}$ (4) 6

(5) 5 (6) $\frac{13}{4}$ (7) $\frac{17}{7}$ (8) $\frac{37}{8}$

とき方

(1)～(5)整数か帯分数になおします。

(1)$\frac{14}{5}$ → 14÷5=2 あまり 4 → $2\frac{4}{5}$

(6)～(8)仮分数になおします。

(6)$3\frac{1}{4}$ → 4×3+1=13 → $\frac{13}{4}$

> **ここに注意**
>
> 仮分数を帯分数になおすとき，
> 分子÷分母 のわり算がわり切れたときは，整数になります。
>
> (4)$\frac{24}{4}$ → 24÷4=6 → 6

125ページ 練習問題 74

(1) 3 (2) 4 (3) 4 (4) ＞ (5) ＜

とき方

[例題]74 の数直線を見て求(もと)めます。

(1)

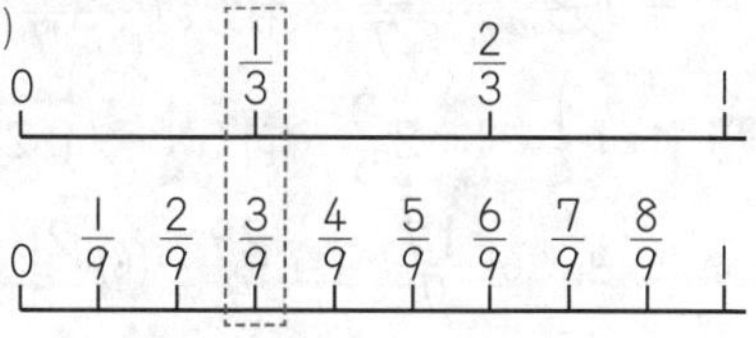

(2)

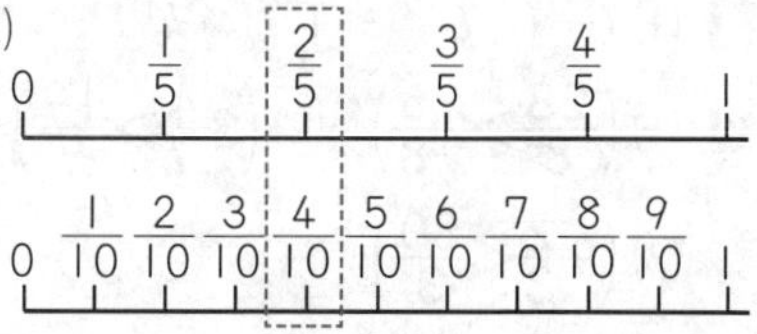

(3)

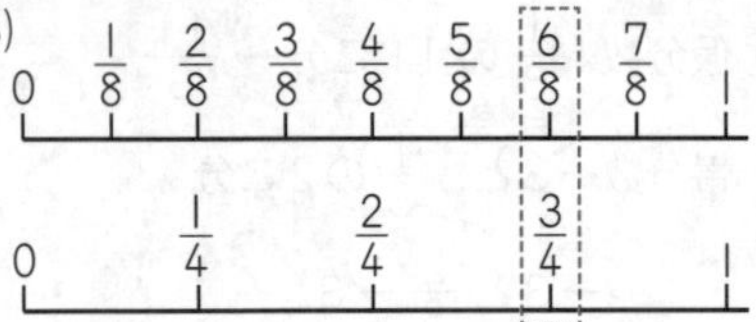

(4), (5)分子が同じ分数は，分母の小さい方が大きい分数になります。

126～127ページ　力をためす問題

[1] (1) $\frac{3}{8}$ m　(2) $\frac{7}{10}$ L

[2] $\frac{2}{5}$ m

[3] (1) $\frac{3}{4}$　(2) 5　(3) $\frac{1}{13}$　(4) $\frac{1}{8}$

[4] (1) $\frac{3}{8}<\frac{7}{8}$　(2) $\frac{3}{7}<\frac{5}{7}$

(3) $1>\frac{10}{11}$　(4) $\frac{13}{13}=1$

[5] 真分数…$\frac{2}{7}$，$\frac{1}{2}$，$\frac{1}{8}$，$\frac{6}{7}$

仮分数…$\frac{6}{5}$，$\frac{4}{4}$，$\frac{7}{2}$

帯分数…$1\frac{3}{5}$，$3\frac{1}{6}$

[6] ㋐ $\frac{3}{7}$　㋑ $\frac{6}{7}$

㋒ 仮分数…$\frac{11}{7}$，帯分数…$1\frac{4}{7}$

㋓ 仮分数…$\frac{19}{7}$，帯分数…$2\frac{5}{7}$

㋔ 仮分数…$\frac{22}{7}$，帯分数…$3\frac{1}{7}$

[7] (1) $1\frac{1}{6}$　(2) $2\frac{3}{5}$　(3) $5\frac{1}{4}$　(4) 2

(5) 3　(6) $\frac{17}{7}$　(7) $\frac{29}{9}$　(8) $\frac{26}{5}$

[8] (1) 6　(2) 6　(3) 1　(4) 4

[9] (1) $\left(\frac{23}{8}>2\frac{6}{8}\right)$　(2) $\left(3\frac{4}{7}>\frac{19}{7}\right)$

(3) $\left(9\frac{2}{3}<\frac{30}{3}\right)$

[10] (1) 7　(2) $\frac{1}{5}$　(3) 3，3　(4) 50

[11] (1) $\frac{4}{3}$，$\frac{4}{5}$，$\frac{4}{7}$，$\frac{4}{10}$，$\frac{4}{11}$

(2) $\frac{11}{3}$，3，$\frac{8}{3}$，$2\frac{1}{3}$，$1\frac{2}{3}$

(3) $\frac{9}{2}$，$\frac{25}{6}$，$\frac{11}{4}$，$\frac{21}{9}$，$\frac{13}{8}$

とき方

[2] 図から，2 m を５つに分けた１つ分は，1 m を５つに分けた２つ分と同じ長さになることがわかります。

ここに注意

2 m の $\frac{1}{5}$ は $\frac{1}{5}$ m ではありません。

[4] (3) 1 を分母が 11 の分数で表すと $\frac{11}{11}$ です。$\frac{11}{11}>\frac{10}{11}$ なので，$1>\frac{10}{11}$

(4) 1 を分母が 13 の分数で表すと，$\frac{13}{13}$ です。$\frac{13}{13}=\frac{13}{13}$ なので，$\frac{13}{13}=1$

[5] $\frac{4}{4}$ は，仮分数です。

[6] この数直線は 1 を７等分しているので，1 目もりは $\frac{1}{7}$ です。

[7] (1) $\frac{7}{6}\rightarrow 7\div 6=1$ あまり $1\rightarrow 1\frac{1}{6}$

(4) $\frac{16}{8}\rightarrow 16\div 8=2\rightarrow 2$

(6) $2\frac{3}{7}\rightarrow 7\times 2+3=17\rightarrow \frac{17}{7}$

[8] (1)

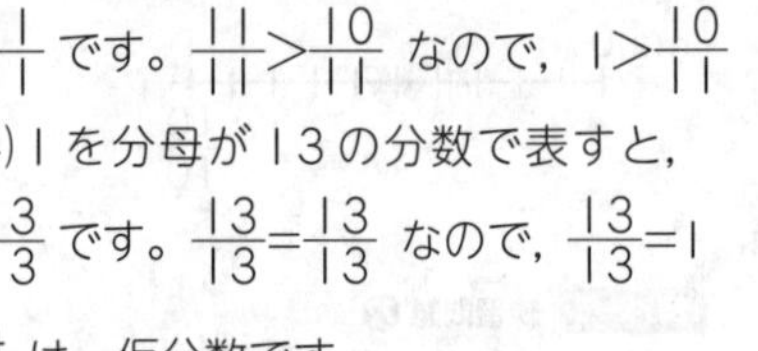

[9] (1)㋐仮分数にそろえて，くらべる。

$2\frac{6}{8}\rightarrow 8\times 2+6=22\rightarrow \frac{22}{8}$

したがって，$\frac{23}{8}>\frac{22}{8}$

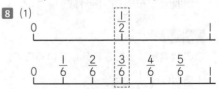

㋑帯分数にそろえて，くらべる。

$\frac{23}{8}$ → 23÷8=2 あまり 7 → $2\frac{7}{8}$

したがって，$2\frac{7}{8} > 2\frac{6}{8}$

10 (1) $2\frac{1}{3}=\frac{7}{3}$　(2) $\frac{16}{5}=3\frac{1}{5}$

(3) $\frac{1}{4}$ を 15 こ → $\frac{15}{4}=3\frac{3}{4}$

(4) 7 と $\frac{1}{7}$ → $7\frac{1}{7}=\frac{50}{7}$

11 (2)㋐仮分数にそろえて，くらべる。

$\frac{5}{3}$，$\frac{8}{3}$，$\frac{11}{3}$，$\frac{9}{3}$，$\frac{7}{3}$

→ $\frac{11}{3}$，$\frac{9}{3}$，$\frac{8}{3}$，$\frac{7}{3}$，$\frac{5}{3}$

㋑帯分数にそろえて，くらべる。

$1\frac{2}{3}$，$2\frac{2}{3}$，$3\frac{2}{3}$，3，$2\frac{1}{3}$

→ $3\frac{2}{3}$，3，$2\frac{2}{3}$，$2\frac{1}{3}$，$1\frac{2}{3}$

(3)帯分数になおします。

$\frac{11}{4}$ → $2\frac{3}{4}$　$\frac{9}{2}$ → $4\frac{1}{2}$　$\frac{13}{8}$ → $1\frac{5}{8}$　$\frac{21}{9}$ → $2\frac{3}{9}$　$\frac{25}{6}$ → $4\frac{1}{6}$

整数部分でくらべると，

$\left(4\frac{1}{2},\ 4\frac{1}{6}\right) > \left(2\frac{3}{4},\ 2\frac{3}{9}\right) > 1\frac{5}{8}$

$4\frac{1}{2}$ と $4\frac{1}{6}$ をくらべると，

$4\frac{1}{2} > 4\frac{1}{6}$

$2\frac{3}{4}$ と $2\frac{3}{9}$ をくらべると，

$2\frac{3}{4} > 2\frac{3}{9}$

これらのことをまとめて，大きい順(じゅん)にならべると，

$4\frac{1}{2}$ → $\frac{9}{2}$　$4\frac{1}{6}$ → $\frac{25}{6}$　$2\frac{3}{4}$ → $\frac{11}{4}$　$2\frac{3}{9}$ → $\frac{21}{9}$　$1\frac{5}{8}$ → $\frac{13}{8}$

128ページ 練習問題 75

(1) $\frac{5}{9}$ m

(2) ① $\frac{5}{6}$　② $\frac{4}{7}$　③ $\frac{7}{5}\left(1\frac{2}{5}\right)$

④ $\frac{7}{6}\left(1\frac{1}{6}\right)$　⑤ 1　⑥ 2

とき方

(1)

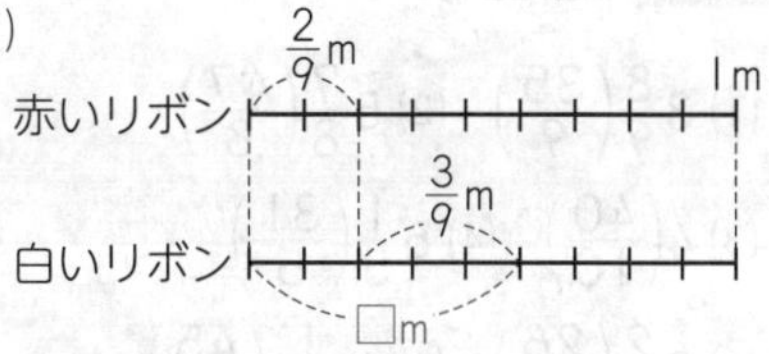

$\frac{2}{9}+\frac{3}{9}=\frac{5}{9}$ (m)

(2)分母はそのままで，分子をたします。

ここに注意

分数の答えについて

▶答えは仮分数でも帯分数でもかまいませんが，帯分数になおしておくと分数の大きさがわかりやすいです。

③ $\frac{4}{5}+\frac{3}{5}=\frac{7}{5}\left(=1\frac{2}{5}\right)$

▶答えを整数(せいすう)になおせるときは，整数にしておきましょう。

⑤ $\frac{2}{3}+\frac{1}{3}=\frac{3}{3}=1$　⑥ $\frac{7}{8}+\frac{9}{8}=\frac{16}{8}=2$

129ページ 練習問題 76

(1) $\frac{2}{7}$ m

(2) ① $\frac{2}{9}$　② $\frac{3}{8}$　③ $\frac{5}{6}$

④ $\frac{9}{4}\left(2\frac{1}{4}\right)$　⑤ $\frac{3}{5}$　⑥ 1

とき方

(1)

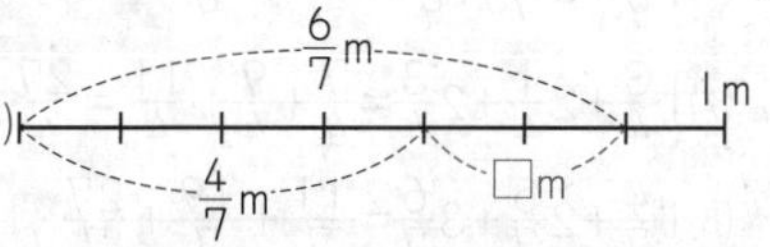

$\dfrac{6}{7}-\dfrac{4}{7}=\dfrac{2}{7}$ (m)

(2)分母はそのままで，分子をひきます。

⑤ | を分母が5の分数になおします。

$1-\dfrac{2}{5}=\dfrac{5}{5}-\dfrac{2}{5}=\dfrac{3}{5}$

$=\dfrac{57}{7}$

130 ページ 練習問題 **77**

(1) $3\dfrac{8}{9}\left(\dfrac{35}{9}\right)$ (2) $5\dfrac{7}{8}\left(\dfrac{47}{8}\right)$

(3) $4\left(\dfrac{40}{10}\right)$ (4) $6\dfrac{1}{5}\left(\dfrac{31}{5}\right)$

(5) $8\dfrac{2}{3}\left(\dfrac{26}{3}\right)$ (6) $4\dfrac{1}{11}\left(\dfrac{45}{11}\right)$

(7) $6\dfrac{3}{4}\left(\dfrac{27}{4}\right)$ (8) $8\dfrac{1}{7}\left(\dfrac{57}{7}\right)$

● とき方

整数部分と分数部分に分けて計算します。

(1) $1\dfrac{2}{9}+2\dfrac{6}{9}=(1+2)+\left(\dfrac{2}{9}+\dfrac{6}{9}\right)$

$=3+\dfrac{8}{9}=3\dfrac{8}{9}$

(7)，(8)は，3つまとめて計算します。

(7) $1\dfrac{3}{4}+2\dfrac{1}{4}+2\dfrac{3}{4}$

$=(1+2+2)+\left(\dfrac{3}{4}+\dfrac{1}{4}+\dfrac{3}{4}\right)$

$=5+\dfrac{7}{4}=5+1\dfrac{3}{4}=6\dfrac{3}{4}$

(8) $1\dfrac{4}{7}+2\dfrac{5}{7}+3\dfrac{6}{7}$

$=(1+2+3)+\left(\dfrac{4}{7}+\dfrac{5}{7}+\dfrac{6}{7}\right)$

$=6+\dfrac{15}{7}=6+2\dfrac{1}{7}=8\dfrac{1}{7}$

別のとき方 帯分数を仮分数になおして計算します。

(1) $1\dfrac{2}{9}+2\dfrac{6}{9}=\dfrac{11}{9}+\dfrac{24}{9}=\dfrac{35}{9}$

(7) $1\dfrac{3}{4}+2\dfrac{1}{4}+2\dfrac{3}{4}=\dfrac{7}{4}+\dfrac{9}{4}+\dfrac{11}{4}=\dfrac{27}{4}$

(8) $1\dfrac{4}{7}+2\dfrac{5}{7}+3\dfrac{6}{7}=\dfrac{11}{7}+\dfrac{19}{7}+\dfrac{27}{7}$

131 ページ 練習問題 **78**

(1) $2\dfrac{2}{5}\left(\dfrac{12}{5}\right)$ (2) $2\dfrac{1}{6}\left(\dfrac{13}{6}\right)$

(3) $1\dfrac{5}{8}\left(\dfrac{13}{8}\right)$ (4) $3\dfrac{2}{5}\left(\dfrac{17}{5}\right)$

(5) $2\dfrac{1}{4}\left(\dfrac{9}{4}\right)$ (6) $3\dfrac{1}{6}\left(\dfrac{19}{6}\right)$

(7) $1\dfrac{1}{4}\left(\dfrac{5}{4}\right)$ (8) $3\dfrac{4}{9}\left(\dfrac{31}{9}\right)$

● とき方

整数部分と分数部分に分けて計算します。

(1) $3\dfrac{4}{5}-1\dfrac{2}{5}=(3-1)+\left(\dfrac{4}{5}-\dfrac{2}{5}\right)$

$=2+\dfrac{2}{5}=2\dfrac{2}{5}$

(3)分数部分がひけないときは，整数部分から | くり下げます。

$3\dfrac{2}{8}=2+1\dfrac{2}{8}=2\dfrac{10}{8}$ となおせるので，

$3\dfrac{2}{8}-1\dfrac{5}{8}=2\dfrac{10}{8}-1\dfrac{5}{8}=1\dfrac{5}{8}$

(6) $9=8\dfrac{6}{6}$ となおせるので，

$9-5\dfrac{5}{6}=8\dfrac{6}{6}-5\dfrac{5}{6}=3\dfrac{1}{6}$

(7)，(8)は，3つまとめて計算します。

(7) $5\dfrac{1}{4}-1\dfrac{3}{4}-2\dfrac{1}{4}$

$=4\dfrac{5}{4}-1\dfrac{3}{4}-2\dfrac{1}{4}$

$=(4-1-2)+\left(\dfrac{5}{4}-\dfrac{3}{4}-\dfrac{1}{4}\right)$

$=1+\dfrac{1}{4}=1\dfrac{1}{4}$

(8) $8\dfrac{5}{9}-2\dfrac{2}{9}-2\dfrac{8}{9}$

$=7\dfrac{14}{9}-2\dfrac{2}{9}-2\dfrac{8}{9}$

$=(7-2-2)+\left(\dfrac{14}{9}-\dfrac{2}{9}-\dfrac{8}{9}\right)$

$=3+\dfrac{4}{9}=3\dfrac{4}{9}$

別のとき方 帯分数を仮分数になおして計算します。

$(1)3\frac{4}{5}-1\frac{2}{5}=\frac{19}{5}-\frac{7}{5}=\frac{12}{5}$

$(7)5\frac{1}{4}-1\frac{3}{4}-2\frac{1}{4}=\frac{21}{4}-\frac{7}{4}-\frac{9}{4}=\frac{5}{4}$

$(8)8\frac{5}{9}-2\frac{2}{9}-2\frac{8}{9}=\frac{77}{9}-\frac{20}{9}-\frac{26}{9}=\frac{31}{9}$

133ページ 力をためす問題

1 $(1)\dfrac{9}{10}$ $(2)\dfrac{9}{7}\left(1\dfrac{2}{7}\right)$

$(3)\dfrac{13}{9}\left(1\dfrac{4}{9}\right)$ $(4)3\dfrac{4}{5}\left(\dfrac{19}{5}\right)$

$(5)4\dfrac{2}{7}\left(\dfrac{30}{7}\right)$ $(6)6$ $(7)4$

$(8)5\dfrac{2}{9}\left(\dfrac{47}{9}\right)$ $(9)5\dfrac{4}{13}\left(\dfrac{69}{13}\right)$

2 $(1)\dfrac{5}{9}$ $(2)\dfrac{2}{5}$ $(3)\dfrac{3}{10}$

$(4)2\dfrac{1}{5}\left(\dfrac{11}{5}\right)$ $(5)2\dfrac{3}{8}\left(\dfrac{19}{8}\right)$

$(6)\dfrac{2}{5}$ $(7)4\dfrac{2}{3}\left(\dfrac{14}{3}\right)$

$(8)5\dfrac{7}{9}\left(\dfrac{52}{9}\right)$ $(9)5\dfrac{2}{11}\left(\dfrac{57}{11}\right)$

3 $(1)1$ $(2)3\dfrac{1}{12}\left(\dfrac{37}{12}\right)$

$(3)4\dfrac{4}{13}\left(\dfrac{56}{13}\right)$ $(4)6\dfrac{1}{9}\left(\dfrac{55}{9}\right)$

4 合わせて2L

ペットボトルが$\dfrac{4}{5}$L多い。

5 $\dfrac{2}{5}$km

とき方

3 (3),(4)は(　)の中を先に計算します。

$(3)1\dfrac{5}{13}+1\dfrac{9}{13}=(1+1)+\left(\dfrac{5}{13}+\dfrac{9}{13}\right)$

$=2+\dfrac{14}{13}=2+1\dfrac{1}{13}=3\dfrac{1}{13}$ なので,

$7\dfrac{5}{13}-\left(1\dfrac{5}{13}+1\dfrac{9}{13}\right)=7\dfrac{5}{13}-3\dfrac{1}{13}$

$=(7-3)+\left(\dfrac{5}{13}-\dfrac{1}{13}\right)$

$=4+\dfrac{4}{13}=4\dfrac{4}{13}$

$(4)3\dfrac{4}{9}-2\dfrac{5}{9}=2\dfrac{13}{9}-2\dfrac{5}{9}$

$=(2-2)+\left(\dfrac{13}{9}-\dfrac{5}{9}\right)=\dfrac{8}{9}$ なので,

$5\dfrac{2}{9}+\left(3\dfrac{4}{9}-2\dfrac{5}{9}\right)=5\dfrac{2}{9}+\dfrac{8}{9}=5\dfrac{10}{9}$

$=6\dfrac{1}{9}$

4 合わせたかさは, $1\dfrac{2}{5}+\dfrac{3}{5}=2$（L）

かさのちがいは, $1\dfrac{2}{5}-\dfrac{3}{5}=\dfrac{4}{5}$（L）

5 いつもの道のりは,

$1\dfrac{1}{5}+1\dfrac{3}{5}=2\dfrac{4}{5}$（km）

今日の道のりは$2\dfrac{2}{5}$kmなので,

そのちがいは,

$2\dfrac{4}{5}-2\dfrac{2}{5}=\dfrac{2}{5}$（km）

134ページ 練習問題

(1)① $\dfrac{3}{4}$ ② $\dfrac{1}{4}$ ③ $\dfrac{2}{3}$

(2)① $\left(\dfrac{3}{6},\ \dfrac{4}{6}\right)$ ② $\left(\dfrac{9}{12},\ \dfrac{10}{12}\right)$

③ $\left(\dfrac{4}{10},\ \dfrac{3}{10}\right)$

とき方

(1)分母と分子を, 同じ数でわった分数になおします。

①$\dfrac{6}{8}=\dfrac{6\div2}{8\div2}=\dfrac{3}{4}$ ②$\dfrac{3}{12}=\dfrac{3\div3}{12\div3}=\dfrac{1}{4}$

③$\dfrac{18}{27}=\dfrac{18\div9}{27\div9}=\dfrac{2}{3}$

(2)大きさを変えないで, 分母が同じ分数にします。

①分母を6にすると，分母が同じになります。

$$\frac{1}{2}=\frac{1\times3}{2\times3}=\frac{3}{6}\qquad \frac{2}{3}=\frac{2\times2}{3\times2}=\frac{4}{6}$$

②分母を12にすると，分母が同じになります。

$$\frac{3}{4}=\frac{3\times3}{4\times3}=\frac{9}{12}\qquad \frac{5}{6}=\frac{5\times2}{6\times2}=\frac{10}{12}$$

③分母を10にすると，分母が同じになります。

$$\frac{2}{5}=\frac{2\times2}{5\times2}=\frac{4}{10}$$

135ページ 練習問題

(1) ① $\frac{7}{6}\left(1\frac{1}{6}\right)$　② $\frac{11}{8}\left(1\frac{3}{8}\right)$

　　③ $5\frac{7}{18}\left(\frac{97}{18}\right)$

(2) ① $\frac{5}{8}$　② $\frac{17}{14}\left(1\frac{3}{14}\right)$　③ $\frac{9}{10}$

とき方

(1)①通分して，分母を6にします。

$$\frac{1\times3}{2\times3}=\frac{3}{6}\qquad \frac{2\times2}{3\times2}=\frac{4}{6}$$

$$\frac{1}{2}+\frac{2}{3}=\frac{3}{6}+\frac{4}{6}=\frac{7}{6}$$

②通分して，分母を8にします。

$$\frac{3\times2}{4\times2}=\frac{6}{8}$$

$$\frac{3}{4}+\frac{5}{8}=\frac{6}{8}+\frac{5}{8}=\frac{11}{8}$$

③通分して，分母を18にします。

$$\frac{2\times2}{9\times2}=\frac{4}{18}\qquad \frac{1\times3}{6\times3}=\frac{3}{18}$$

$$3\frac{2}{9}+2\frac{1}{6}=3\frac{4}{18}+2\frac{3}{18}$$

$$=5+\frac{7}{18}=5\frac{7}{18}$$

別のとき方 ③通分してから，仮分数になおして，計算します。

$$3\frac{2}{9}+2\frac{1}{6}=3\frac{4}{18}+2\frac{3}{18}=\frac{58}{18}+\frac{39}{18}$$

$$=\frac{97}{18}$$

(2)①通分して，分母を8にします。

$$\frac{1\times2}{4\times2}=\frac{2}{8}$$

$$\frac{7}{8}-\frac{1}{4}=\frac{7}{8}-\frac{2}{8}=\frac{5}{8}$$

②通分して，分母を14にします。

$$\frac{5\times7}{2\times7}=\frac{35}{14}\qquad \frac{9\times2}{7\times2}=\frac{18}{14}$$

$$\frac{5}{2}-\frac{9}{7}=\frac{35}{14}-\frac{18}{14}=\frac{17}{14}$$

③通分して，分母を10にします。

$$\frac{2\times2}{5\times2}=\frac{4}{10}\qquad \frac{1\times5}{2\times5}=\frac{5}{10}$$

$$3\frac{2}{5}-2\frac{1}{2}=3\frac{4}{10}-2\frac{5}{10}$$

$$=2\frac{14}{10}-2\frac{5}{10}=\frac{9}{10}$$

別のとき方 ②帯分数になおしてから，通分して，計算します。

$$\frac{5}{2}-\frac{9}{7}=2\frac{1}{2}-1\frac{2}{7}=2\frac{7}{14}-1\frac{4}{14}$$

$$=1+\frac{3}{14}=1\frac{3}{14}$$

③通分してから，仮分数になおして，計算します。

$$3\frac{2}{5}-2\frac{1}{2}=3\frac{4}{10}-2\frac{5}{10}=\frac{34}{10}-\frac{25}{10}$$

$$=\frac{9}{10}$$

第6章 小 数

138ページ 練習問題 79

(1) ① 1.3 L ② 1.7 cm
(2) ① 2.7 ② 6.8

[とき方]

(1)① 1 L を 10 等分した 1 こ分のかさは，0.1 L です。
② 1 cm を 10 等分した 1 こ分の長さは，0.1 cm です。
(2)① 7 dL=0.7 L なので，
2 L 7 dL=2.7 L
② 8mm=0.8 cm なので，
6 cm 8 mm=6.8 cm

139ページ 練習問題 80

(1) ① 7こ ② 7
(2) ① 4.8 ② 5.2

[とき方]

(1)① 13.7 は 13 と 0.7 です。13 は 1 を 13 こ集めた数で，0.7 は 0.1 を 7 こ集めた数です。
② 小数第一位は，小数点のすぐ右の位です。
(2)① 1 を 4 こ→4，0.1 を 8 こ→0.8 なので，4.8 です。
② 52 こを 50 こと 2 こに分けます。0.1 を 50 こ集めると 5，0.1 を 2 こ集めると 0.2 です。5 と 0.2 で，5.2 です。

140ページ 練習問題 81

(1)
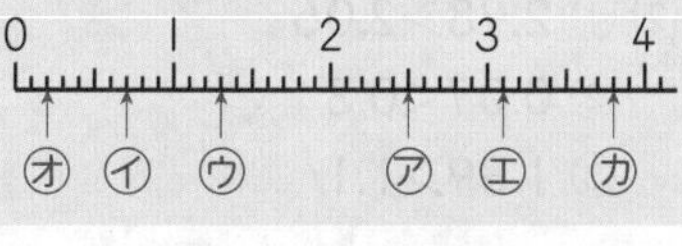

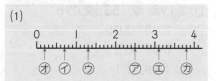

(2) ① 1.2>0.9 ② 2.5<2.9
③ 4>3.2

[とき方]

(1) 1 を 10 等分しているので，1 目もりは 0.1 です。
㋐ 2.5→2 と 5 目もりの数です。
㋑ 0.7→0 から 7 目もりの数です。
[別のとき方] ㋑ 0.7→1 から 3 目もり小さい数です。
(2) 数直線に表すと，次のようになります。
①
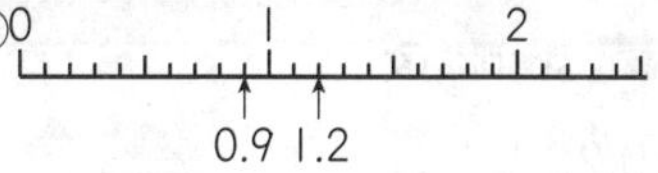

②
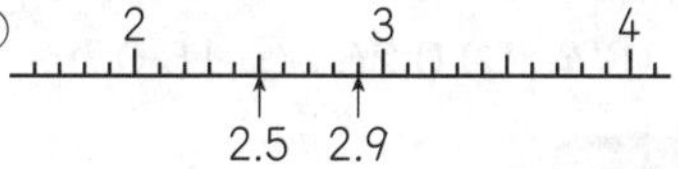

③
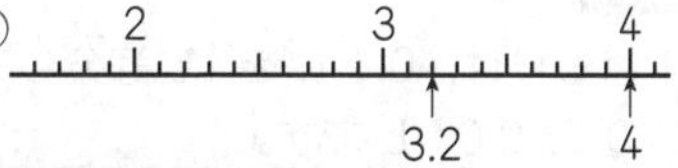

[別のとき方] ① 1.2 は 0.1 が 12 こ分，0.9 は 0.1 が 9 こ分です。12>9 なので，1.2>0.9
③ 4 は 0.1 が 40 こ分，3.2 は 0.1 が 32 こ分です。40>32 なので，4>3.2

141ページ 練習問題 82

(1) $0.5>\frac{3}{10}$ (2) $0.9<\frac{11}{10}$
(3) $1=\frac{10}{10}$ (4) $0.3<\frac{13}{10}$
(5) $1.4>\frac{4}{10}$

[とき方]

数直線に表すと，次のようになります。
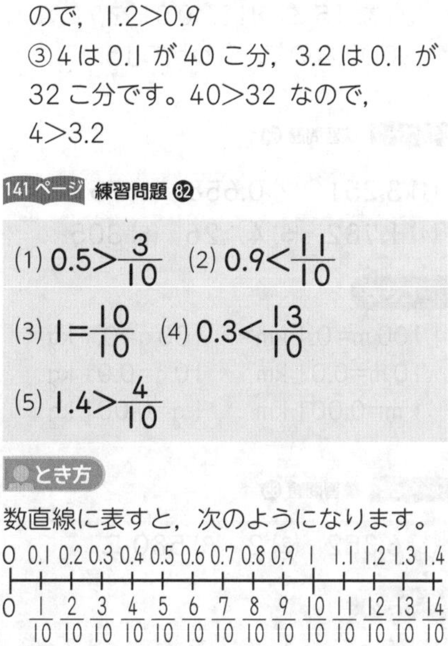

(1) 数直線から，0.5 の方が大きいので，
$0.5>\frac{3}{10}$ です。

[別のとき方] 分数か小数のどちらかにそろえてくらべます。

㋐分数にそろえてくらべると，

$0.5=\frac{5}{10}$　$\frac{5}{10}>\frac{3}{10}$ なので，

$0.5>\frac{3}{10}$

㋑小数にそろえてくらべると，

$\frac{3}{10}=0.3$　$0.5>0.3$ なので，

$0.5>\frac{3}{10}$

142ページ　練習問題 [83]

(1) **0.28 L**
(2) ① **4**　② **0.26**　③ **15.07**

とき方

(1) 1目もりは，0.1 L を10等分(とうぶん)しているので，0.01 L です。
(2)② 0.1 を2こ → 0.2，0.01 を6こ → 0.06 なので，合わせて 0.26
③ 1を15こ → 15，0.01 を7こ → 0.07 なので，合わせて 15.07

143ページ　練習問題 [84]

(1) **3.251**　(2) **0.658**　(3) **751**
(4) **1.782**　(5) **4，26**　(6) **305**

とき方

100 m=0.1 km　　100 g=0.1 kg
10 m=0.01 km　　10 g=0.01 kg
1 m=0.001 km　　1 g=0.001 kg

144ページ　練習問題 [85]

(1) **6.352**　(2) **2**　(3) **580 こ**

とき方

(1) 1を6こ → 6，0.1 を3こ → 0.3，0.01 を5こ → 0.05，0.001 を2こ → 0.002 なので，合わせて 6.352

(2) 3．1　4　2
3 ↑ 一の位
1 ↑ $\frac{1}{10}$の位
4 ↑ $\frac{1}{100}$の位
2 ↑ $\frac{1}{1000}$の位

(3) 5.8 ＜ 5 → 0.01 が 500 こ
　　　 0.8 → 0.01 が 80 こ
500 こと 80 こで 580 こ

145ページ　練習問題 [86]

(1) 10倍…**12**　100倍…**120**
$\frac{1}{10}$…**0.12**　$\frac{1}{100}$…**0.012**
(2) 10倍…**8**　100倍…**80**
$\frac{1}{10}$…**0.08**　$\frac{1}{100}$…**0.008**
(3) 10倍…**25.3**　100倍…**253**
$\frac{1}{10}$…**0.253**　$\frac{1}{100}$…**0.0253**
(4) 10倍…**0.7**　100倍…**7**
$\frac{1}{10}$…**0.007**　$\frac{1}{100}$…**0.0007**

とき方

10倍…位が1けた上がるので，小数点を1つ右へ動かします。
100倍…位が2けた上がるので，小数点を2つ右へ動かします。
$\frac{1}{10}$…位が1けた下がるので，小数点を1つ左へ動かします。
$\frac{1}{100}$…位が2けた下がるので，小数点を2つ左へ動かします。

146ページ　練習問題 [87]

(1) **2.198，2.153，2.076**
(2) ① **2.98>2.06**
② **0.07<0.3**
③ **1.89>1.1**

●とき方

(1)数直線でくらべます。

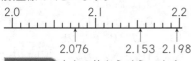

一の位	$\frac{1}{10}$の位	$\frac{1}{100}$の位	$\frac{1}{1000}$の位
2	①	⑨	8
2	①	⑤	3
2	⓪	7	6

別のとき方 大きい位からくらべます。

この位で　次にこの位で
くらべる　くらべる

(2)数直線でくらべます。

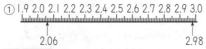

別のとき方 大きい位からくらべます。

一の位	$\frac{1}{10}$の位	$\frac{1}{100}$の位
2	⑨	8
2	⓪	6

この位でくらべる

148〜149ページ 力をためす問題

1 (1) 4.3 cm　(2) 0.16 L

2 (1) 6　(2) 18　(3) 267　(4) 1.27
(5) 0.312　(6) 483　(7) 3284
(8) 10, 1, 0.1, 0.01, 0.001

3 (1) 1.6 m　(2) 0.75 km
(3) 3.6 L　(4) 0.35 kg　(5) 43 m
(6) 62 g　(7) 0.825 m
(8) 57.6 cm　(9) 28.4 dL

4 (1) 200　(2) 0.07　(3) 1, 860
(4) 75　(5) 1, 4　(6) 19, 5
(7) 5, 900　(8) 8, 50
(9) 38, 400

5 ㋐ 29.7　㋑ 30.1　㋒ 30.4
㋓ 31　㋔ 31.3　㋕ 0.51
㋖ 0.56　㋗ 0.65　㋘ 0.74
㋙ 0.75

6 (1) 0.58, 0.508, 0.085
(2) 0.104, 0.041, 0.03
(3) 0.01, 0.001, 0
(4) 0.16, 0.106, 0.061
(5) 15900 m, 15 km 850 m,
15.3 km
(6) 1.7, $\frac{15}{10}$, 1.07

7 (1) 10倍…39　100倍…390
$\frac{1}{10}$…0.39　$\frac{1}{100}$…0.039
(2) 10倍…5　100倍…50
$\frac{1}{10}$…0.05　$\frac{1}{100}$…0.005
(3) 10倍…0.9　100倍…9
$\frac{1}{10}$…0.009
$\frac{1}{100}$…0.0009
(4) 10倍…28.4
100倍…284
$\frac{1}{10}$…0.284
$\frac{1}{100}$…0.0284

8 (1) 0.19　(2) 1.01　(3) 2.5

9 (1) 6.853, 6.863, 6.873,
6.883, 6.893
(2) 6.803, 6.813, 6.823

●とき方

2 (4) 0.1 を 12こ → 1.2 ┐
0.01 を 7こ → 0.07 ┘→ 1.27
(5) 0.01 を 30こ → 0.3 ┐
0.001 を 12こ → 0.012 ┘→ 0.312

[3] [4] (km と m の関係)
1 km=1000 m　0.1 km=100 m
0.01 km=10 m　0.001 km=1 m
(m と cm の関係)
1 m=100 cm　0.1 m=10 cm
0.01 m=1 cm
(cm と mm の関係)
1 cm=10 mm　0.1 cm=1 mm
(kg と g の関係)
1 kg=1000 g　0.1 kg=100 g
0.01 kg=10 g　0.001 kg=1 g
(L と dL の関係)
1 L=10 dL　0.1 L=1 dL

[5] ㋐〜㋔の数直線は，29 から 30 の間の 1 を 10 等分しているので，1 目もりは，0.1 を表しています。
㋕〜㋙の数直線は，0.5 から 0.6 の間の 0.1 を 10 等分しているので，1 目もりは，0.01 を表しています。

[6] (5)km にそろえてくらべます。

1	5	3		
1	5	9		← 15900 m
1	5	8	5	← 15 km 850 m

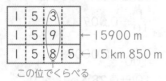

この位でくらべる

(6)小数にそろえてくらべます。

1	0	7	
1	5		← $\frac{15}{10}$
1	7		

この位でくらべる

[7] 10 倍，100 倍すると，位が 1 けた，2 けた上がり，小数点が右へ 1 つ，2 つ動きます。
$\frac{1}{10}$，$\frac{1}{100}$ にすると，位が 1 けた，2 けた下がり，小数点が左へ 1 つ，2 つ動きます。

[8] (1)0.01 の 10 倍は 0.1
0.01 の 9 こ分は 0.09
0.1 と 0.09 で 0.19
(2)0.1 の $\frac{1}{10}$ は 0.01
0.1 の 10 倍は 1
1 と 0.01 で 1.01
(3)0.25 の 100 倍は 25
□の 10 倍が 25 なので，□は 25 の $\frac{1}{10}$ になります。したがって，2.5

[9] 入る数字は，0〜9 です。
(1)6.8□3 と 6.85 を位をそろえて表に表すと，次のようになります。

6	8	□	3
6	8	5	

大きさはこの位でくらべる

□が 5 のとき，6.853 と 6.85 になり，6.853>6.85 です。
□が 5 より大きいときは，必ず 6.8□3>6.85 となります。
だから，□に入る数字は，5，6，7，8，9 になります。
(2)6.8□3 と 6.83 を位をそろえて表に表すと，次のようになります。

6	8	□	3
6	8	3	

大きさはこの位でくらべる

□が 3 のとき，6.833 と 6.83 になり，6.833>6.83 です。
□が 3 より小さいときは，必ず 6.8□3<6.83 となります。
だから，□に入る数字は，0，1，2 になります。

150ページ　**練習問題 88**

(1) ① **1.7 m**　② **0.7 m**
(2) ① **0.5**　② **1**　③ **1.6**　④ **5**
⑤ **0.2**　⑥ **0.8**　⑦ **0.7**　⑧ **3.9**

[とき方]
(1)①式は 1.2+0.5 です。0.1 をもとにすると，12+5=17

0.1 が 17 こ分なので，
　　1.2+0.5=1.7
②式は 1.2−0.5 です。0.1 をもとにすると，12−5=7
0.1 が 7 こ分なので，
　　1.2−0.5=0.7
(2)②0.1 をもとにすると，6+4=10
　0.1 が 10 こなので，0.6+0.4=1
　⑥ 1 は 0.1 をもとにすると，10 こ分です。1−0.2 の計算は 0.1 をもとにすると，10−2=8
　0.1 が 8 こ分なので，1−0.2=0.8

151 ページ　練習問題 89

(1) 6.8　(2) 11.4　(3) 9.1
(4) 11.2　(5) 13.6　(6) 12.1　(7) 8
(8) 53.6

とき方

(5)
```
   5.0
 + 8.6
  13.6
```
(6)
```
   5.1
 + 7.0
  12.1
```
(7)
```
   6.2
 + 1.8
   8.0
```
(8)
```
    4 4.0
 +    9.6
   5 3.6
```

152 ページ　練習問題 90

(1) 2.2　(2) 1.6　(3) 2.7　(4) 6.6
(5) 6.8　(6) 5.5　(7) 0.5　(8) 68.2

とき方

(5)
```
   9.0
 − 2.2
   6.8
```
(6)
```
   8.5
 − 3.0
   5.5
```
(7)
```
   4.2
 − 3.7
   0.5
```
(8)
```
   7 5.0
 −   6.8
   6 8.2
```

153 ページ　練習問題 91

(1) 5.94　(2) 12.7　(3) 10.19
(4) 9.63　(5) 19.01　(6) 6.502
(7) 8.732　(8) 8

とき方

(4)
```
   5.00
 + 4.63
   9.63
```
(5)
```
    3.61
 + 15.40
  19.01
```
(8)
```
   5.053
 + 2.947
   8.000
```

154 ページ　練習問題 92

(1) 4.92　(2) 2.62　(3) 3.16
(4) 4.53　(5) 2.091　(6) 2.025
(7) 0.578　(8) 0.348

とき方

(2)
```
   6.52
 − 3.90
   2.62
```
(7)
```
   8.070
 − 7.492
   0.578
```

155 ページ　練習問題 93

(1) 11.41　(2) 8.555　(3) 1.199
(4) 12

とき方

(1) 3.41+5.33+2.67=3.41+8=11.41

(2) 4.526+1.555+2.474=7+1.555
　　=8.555

(3) 0.372+0.628+0.199=1+0.199
　　=1.199

(4) 9.28+0.07+0.93+1.72=11+1=12

第1編
第1章
第2章
第3章
第4章
第5章
第6章
第7章
第8章
第9章

156～157 ページ **力をためす問題**

1 (1) 0.6　(2) 1　(3) 1.2　(4) 7.3
　　(5) 0.7　(6) 0.2　(7) 0.8　(8) 9.4

2 (1) 3.5　(2) 8.2　(3) 16.4
　　(4) 14.8　(5) 20.3　(6) 10.4
　　(7) 19.2　(8) 56

3 (1) 2.2　(2) 2.6　(3) 1.5　(4) 0.6
　　(5) 0.7　(6) 7.7　(7) 6.4　(8) 0.8

4 (1) 7.14　(2) 10　(3) 9.01
　　(4) 9.99　(5) 7.74　(6) 7
　　(7) 13.035　(8) 12.523

5 (1) 3.08　(2) 0.68　(3) 6.68
　　(4) 3.41　(5) 0.588　(6) 11.241
　　(7) 57.347　(8) 0.645

6 (1) 4.7　(2) 8.73　(3) 5.412
　　(4) 10

7 (1) 13.99 m　(2) 3.47 m

8 (1) 2.027　(2) 12.04

9 (1) 19.401　(2) 32.554
　　(3) 96.155　(4) 3.064
　　(5) 22　(6) 3.42　(7) 13.03

10 48.04

11 (1)

3.8	4.8	3.4
3.6	4	4.4
4.6	3.2	4.2

(2)

3.4	2.4	3.8	1.2
2.2	2.8	1.8	4
1.6	4.2	2	3
3.6	1.4	3.2	2.6

とき方

1 (2) 0.1 を 7 こと 0.1 を 3 こを合わせるから，7+3=10 で，0.1 が 10 こです。0.1 が 10 こで 1 です。
　　(6) 0.1 が 10 こあり，そこから 0.1 を

8 こひくから，10−8=2 で，0.1 が 2 こです。0.1 が 2 こで 0.2 です。

2 (4)
```
  7.0
+ 7.8
─────
 14.8
```
(5)
```
 11.3
+ 9.0
─────
 20.3
```
(8)
```
 27.4
+28.6
─────
 56.0
```

3 (3)
```
  4.0
− 2.5
─────
  1.5
```
(4)
```
  5.2
− 4.6
─────
  0.6
```
(7)
```
 23.3
−16.9
─────
  6.4
```

4 (2)
```
  7.43
+ 2.57
──────
 10.00
```
(6)
```
  6.032
+ 0.968
──────
  7.000
```

5 (3)
```
  8.00
− 1.32
──────
  6.68
```
(8)
```
 12.025
−11.380
───────
  0.645
```

6 (1) 0.7+1.8+2.2=0.7+4=4.7

(2) 4.51+1.73+2.49=7+1.73=8.73

(3) 1.284+0.716+3.412=2+3.412
　　=5.412

(4) 0.9+5.382+2.1+1.618
　　3
　　7
　　=3+7=10

7 (1) 5.26+3.75+4.98=13.99 (m)
　　(2) 白と黄を合わせた長さは，
　　　3.75+4.98=8.73 (m)
　　赤の長さは 5.26 m なので，
　　8.73−5.26=3.47 (m)

8 (1) 2 m+2 cm+7 mm
　　　=2 m+0.02 m+0.007 m
　　　=2.027 m
　　(2) 52 dL=5.2 L
　　　6.84 L+5.2 L=12.04 L

9 (1)
```
   9.588        18.788
 + 9.200      +  0.613
 ───────      ───────
  18.788       19.401
```
(2)
```
  41.000        40.604
 − 0.396      −  8.050
 ───────      ───────
  40.604       32.554
```
(3)
```
   2.470         1.755
 − 0.715      +94.400
 ───────      ───────
   1.755        96.155
```

(4)
$$\begin{array}{r} 2.580 \\ +0.724 \\ \hline 3.304 \end{array} \rightarrow \begin{array}{r} 3.304 \\ -0.240 \\ \hline 3.064 \end{array}$$

10 右のように，記号(きごう)を入れて考えます。

			オ				
		ウ		エ			
	7.85		イ		11.53		
3.25		4.6		ア		1.8	

ア…11.53−1.8
=9.73
イ…4.6+ア=4.6+9.73=14.33
ウ…7.85+イ=7.85+14.33=22.18
エ…11.53+イ=11.53+14.33
=25.86
オ…ウ+エ=22.18+25.86=48.04

11 (1)右のように記号を入れて，考えます。

3.8	ア	イ
3.6	4	ウ
エ	3.2	4.2

まず，3つの数をたして，いくつになるかを求めます。
3.8+4+4.2=12
ア…12−(4+3.2)=4.8
ウ…12−(3.6+4)=4.4
エ…12−(3.2+4.2)=4.6
イ…12−(3.8+ア)=12−(3.8+4.8)
=3.4

(2)次のように，記号を入れて，考えます。

3.4	2.4	ア	1.2
イ	2.8	ウ	4
1.6	エ	オ	カ
3.6	1.4	3.2	2.6

4つの数をたして，いくつになるかを求めます。
3.6+1.4+3.2+2.6=10.8
ア…10.8−(3.4+2.4+1.2)=3.8
イ…10.8−(3.4+1.6+3.6)=2.2
エ…10.8−(2.4+2.8+1.4)=4.2
カ…10.8−(1.2+4+2.6)=3
ウ…10.8−(イ+2.8+4)
=10.8−(2.2+2.8+4)=1.8
オ…10.8−(1.6+エ+カ)
=10.8−(1.6+4.2+3)=2

[別のとき方] オ…10.8−(ア+ウ+3.2)
=10.8−(3.8+1.8+3.2)=2

158ページ 練習問題 94

(1) ① **3.6 L** ② **0.3 L**
(2) ① **0.8** ② **2** ③ **1.8** ④ **5.6**
⑤ **0.2** ⑥ **0.1** ⑦ **0.8** ⑧ **0.8**

[とき方]
(1)①式は 0.9×4 です。
0.1 をもとにすると，9×4=36
0.1 が 36 こ分なので，0.9×4=3.6
②式は 0.9÷3 です。
0.1 をもとにすると，9÷3=3
0.1 が 3 こ分なので，0.9÷3=0.3
(2)0.1 をもとにして考えると，整数の計算が使(つか)えます。

159ページ 練習問題 95

(1) **9.2** (2) **13.5** (3) **23.4** (4) **54**
(5) **7.68** (6) **7.64** (7) **6.48**
(8) **5.1**

[とき方]
(4) $\begin{array}{r} 13.5 \\ \times\quad 4 \\ \hline 54.0 \end{array}$ (7) $\begin{array}{r} 0.72 \\ \times\quad 9 \\ \hline 6.48 \end{array}$ (8) $\begin{array}{r} 0.85 \\ \times\quad 6 \\ \hline 5.10 \end{array}$

160ページ 練習問題 96

(1) **93.6** (2) **391** (3) **40.6**
(4) **54.05** (5) **193.45**
(6) **311.88** (7) **37.38** (8) **42**

[とき方]
(2) $\begin{array}{r} 4.6 \\ \times 85 \\ \hline 230 \\ 368 \\ \hline 391.0 \end{array}$ (5) $\begin{array}{r} 2.65 \\ \times\quad 73 \\ \hline 795 \\ 1855 \\ \hline 193.45 \end{array}$ (7) $\begin{array}{r} 0.89 \\ \times\quad 42 \\ \hline 178 \\ 356 \\ \hline 37.38 \end{array}$

161ページ 練習問題 **97**

(1) 1.3　(2) 1.4　(3) 24.1　(4) 6.9
(5) 0.95　(6) 0.23　(7) 0.062
(8) 0.075

●とき方

```
(3)    24.1      (5)   0.95     (7)   0.062
   3)72.3          5)4.75         8)0.496
     6               45             48
     12              25             16
     12              25             16
      3               0              0
      3
      0
```

162ページ 練習問題 **98**

(1) 4.9　(2) 3.4　(3) 2.86
(4) 3.51　(5) 0.8　(6) 0.63
(7) 0.09　(8) 0.04

●とき方

```
(3)     2.86      (6)     0.63
    21)60.06          25)15.75
      42                 150
      180                 75
      168                 75
       126                 0
       126
         0
```

> ⚠ ここに注意
> 商がたつ位に注意しましょう。

163ページ 練習問題 **99**

(1) 8 あまり 1.9
(2) 12 あまり 2.3
(3) 2 あまり 3.2
(4) 2.8 あまり 0.4
(5) 0.6 あまり 1.2
(6) 3.5 あまり 0.2

●とき方

```
(1)      8  ← 商は一の位まで
    3)25.9
      24
       1.9
```

```
(4)      2.8  ← 商は 1/10 の位まで
    6)17.2
      12
       52
       48
        0.4
```

164ページ 練習問題 **100**

(1) ① 3.45　② 2.15　③ 0.75
(2) ① 3.7　② 0.3　③ 0.8

●とき方

```
(1)①     3.45      ③      0.75
     4)13.80         48)3600
       12                336↓
       18                240
       16                240
        20                 0
        20
         0
```

(2) $\dfrac{1}{100}$ の位で四捨五入します。

```
①      7         ③       8
     3.66              0.78
   3)1100           59)46.50
     9                 413
     20                520
     18                472
      20                48
      18
       2
```

165ページ 練習問題 **101**

(1) 1.25 倍　(2) 0.8 倍

●とき方

(1) 15÷12＝1.25 (倍)
(2) 12÷15＝0.8 (倍)

第1編
第1章
第2章
第3章
第4章
第5章
第6章
第7章
第8章
第9章

ここに注意

もとにする数がどちらかに注意しましょう。

166〜167ページ　力をためす問題

1 (1) 0.9　(2) 3　(3) 4.8　(4) 6.3
(5) 0.2　(6) 0.7　(7) 0.6　(8) 0.7

2 (1) 7　(2) 37.8　(3) 109.8
(4) 21.44　(5) 8.7　(6) 3.4
(7) 268.8　(8) 277.1
(9) 114.55　(10) 155.75
(11) 6.72　(12) 15.12

3 (1) 3466.8　(2) 587.65
(3) 778.24

4 (1) 1.2　(2) 6.4　(3) 4.1
(4) 0.89　(5) 0.044　(6) 4.3
(7) 2.52　(8) 0.16　(9) 0.228

5 (1) 1 あまり 2.7
(2) 27 あまり 0.4
(3) 1 あまり 4.9
(4) 1.6 あまり 0.6
(5) 0.7 あまり 1.8
(6) 0.1 あまり 2.53

6 (1) 3.85　(2) 1.46　(3) 0.85
(4) 0.065　(5) 0.5　(6) 4.75

7 (1) 2.7　(2) 1.41　(3) 1.6
(4) 0.1

8 18 L

9 1.25 m

10 6 こできて，2.3 kg あまる。

11 0.27 m

12 (1) 1.5 倍　(2) 0.4 倍　(3) 0.6 倍

13 210.94

14 2.6

とき方

3 かける数が3けたになっても，整数と同じように計算します。

$$
\begin{array}{r}
(1)\quad 3\,2.1 \\
\times\,1\,0\,8 \\
\hline
2\,5\,6\,8 \\
3\,2\,1 \\
\hline
3\,4\,6\,6.8
\end{array}
\qquad
\begin{array}{r}
(2)\quad 1.6\,1 \\
\times\,3\,6\,5 \\
\hline
8\,0\,5 \\
9\,6\,6 \\
4\,8\,3 \\
\hline
5\,8\,7.6\,5
\end{array}
$$

$$
\begin{array}{r}
(3)\quad 3.0\,4 \\
\times\,2\,5\,6 \\
\hline
1\,8\,2\,4 \\
1\,5\,2\,0 \\
6\,0\,8 \\
\hline
7\,7\,8.2\,4
\end{array}
$$

7 四捨五入するのは次の位です。
(1) 上から3けた目
(2) 上から4けた目
(3) $\dfrac{1}{100}$ の位　(4) $\dfrac{1}{100}$ の位

8 1.5×12=18（L）

9 22.5÷18=1.25（m）

10 26.3÷4=6 あまり 2.3

11 3÷11=0.272…（m）

12 (1) 12÷8=1.5（倍）
(2) 8÷20=0.4（倍）
(3) 12÷20=0.6（倍）

13 ある数を□で表すと，
　　□÷37=5.7 あまり 0.04
□はたしかめの計算で求められます。
　　37×5.7+0.04=210.94

ここに注意

かけられる数とかける数を入れかえて計算しても答えは同じなので，
37×5.7 は 5.7×37 として求められます。

14 ある数を□で表すと，まちがえたわり算は，□÷26=2.8 となります。
2.8×26=72.8
ある数は 72.8 です。
正しい答えは，72.8÷28=2.6

168 ページ 練習問題

(1) 9.52	(2) 15.12	(3) 41.71	
(4) 9.102	(5) 4.959	(6) 27.648	

● とき方

(3)
```
      9.7 …右へ1けた
    × 4.3 …右へ1けた
    ─────
    2 9 1
  3 8 8
  ─────
  4 1.7 1 …左へ2けた
```
$1+1$

(6)
```
      1.2 8 …右へ2けた
    × 2 1.6 …右へ1けた
    ───────
      7 6 8
    1 2 8
  2 5 6
  ───────
  2 7.6 4 8 …左へ3けた
```
$2+1$

169 ページ 練習問題

(1) 3.2　(2) 3.25　(3) 0.86
(4) 4.3 あまり 0.045
(5) 5.1 あまり 0.002
(6) 6.3 あまり 0.055

● とき方

(1)
```
        3.2
  1.8)5.7.6
      5 4
      ───
      3 6
      3 6
      ───
        0
```

(4)
```
          4.3
  0.55)2.4.1.0
       2 20
       ─────
         2 10
         1 65
         ─────
         0.045
```

第 **7** 章　**計算のきまり**

171 ページ 練習問題 102

(1) 1500−(700+450)=350
　　　　　　　　　（答え）350 円
(2) 500−(25+18)=457
　　　　　　　　　（答え）457 cm
(3) ① 137　② 28　③ 24　④ 50

● とき方

(1)ことばの式で考えると,
　出したお金−代金=おつり
　代金は, 700+450 (円) なので, 1つ
　の式に表すと,
　　1500−(700+450)=350 (円)

(2)ことばの式で考えると,
　はじめの 長さ − へった 長さ = 残りの 長さ
　へった長さは 25+18 (cm) なので,
　1つの式に表すと,
　　500−(25+18)=457 (cm)

(3)( )の中を先に計算します。
　①15+(72+50)=15+122=137
　③(96−88)+16=8+16=24

172 ページ 練習問題 103

(1) 4×(34+35)=276
　　　　　　　　　（答え）276 まい
(2) (500−80)÷6=70
　　　　　　　　　（答え）70 円
(3) ① 45　② 480　③ 60　④ 22

● とき方

(1)ことばの式で考えると,
　1人分のまい数×人数=全部のまい数
　人数は 34+35=69 (人) なので, 1

つの式で表すと,
　　$4×(34+35)=276$ (まい)
(2)ことばの式で考えると,

　　残ったお金÷本数=1本のねだん

　　残ったお金は,　500-80 (円) なので,
　1つの式に表すと,
　　$(500-80)÷6=70$ (円)
(3)( ) の中を先に計算します.
　　①$(22-17)×9=5×9=45$

　　③$420÷(2+5)=420÷7=60$

---

173 ページ 練習問題 ⑩

(1) $120+560÷8=190$
　　　　　　　　　　(答え)190 円
(2) $22-5×3=7$　　　(答え) 7人
(3)① 156　② 37　③ 55
　　④ 134

● とき方

(1)ことばの式で考えると,

　お茶1本の ＋ まんじゅう1こ ＝代金
　ねだん 　　のねだん

　まんじゅう1このねだんは,　560÷8
　(円) なので,　1つの式に表すと,
　　$120+560÷8=190$ (円)
(2)ことばの式で考えると,

　全部の － すわれる － すわれない
　人数 　 人数 　 人数

　すわれる人数は 5×3 (人) なので,　1
　つの式に表すと,
　　$22-5×3=7$ (人)
(3)×,　÷ を +,　－ より先に計算します.
　　①$132+8×3=132+24=156$

　　③$64-81÷9=64-9=55$

---

174 ページ 練習問題 ⑩

(1) 49　(2) 319　(3) 2　(4) 35
(5) 191　(6) 166　(7) 13

● とき方

まず,　( ) の中を計算します.次に,　×,
÷ を計算し,　最後に +,　－ を計算します.

(2)$24×(9+5)-17=24×14-17$
　　　　　　　　　　$=336-17$
　　　　　　　　　　$=319$

(3)$22+8÷2-3×8=22+4-3×8$
　　　　　　　　　　$=22+4-24$
　　　　　　　　　　$=26-24$
　　　　　　　　　　$=2$

---

175 ページ 練習問題 ⑩

(1)① 75　② 15
(2)① 176　② 7000　③ 900

● とき方

(1)①は,　□+○=○+□ のきまりを,　②は
　□×○=○×□ のきまりを使います.
(2)①あとの計算を先にします.
　　$66+91+19=66+110=176$
　　　　　　ここを先に計算
　②あとの計算を先にします.
　　$7×8×125=7×1000=7000$
　　　　　ここを先に計算
　③36 を 4×9 に分けて計算します.
　　$25×36=25×(4×9)=(25×4)×9$
　　$=100×9=900$

---

176 ページ 練習問題 ⑩

(1)① 18　② 53, 27
(2)① 260　② 1674

● とき方

(1)①$(□+○)÷△=□÷△+○÷△$ のきま
　りを使います.

②(□+○)×△=□×△+○×△ のきまりを使います。

(2)①35×13−13×15=35×13−15×13
　　　　　　　　　　=(35−15)×13
　　　　　　　　　　=20×13
　　　　　　　　　　=260
　②93×18=(100−7)×18
　　　　　=100×18−7×18
　　　　　=1800−126
　　　　　=1674

177 ページ 練習問題 ⑩

(1) 10×4+1=41　　　（答え）41 こ
(2) (例)5×5+4×4=41
　　　　　　　　　（答え）41 こ

とき方

(1)○は，10 このまとまりが4つと，あと1こです。1つの式に表すと，
10×4+1=41（こ）

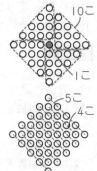

(2)(例) 5 こが 5 列，4 こが 4 列で，
5×5+4×4=41（こ）と表せます。

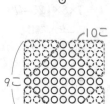

別のとき方

9 こが 9 列のまとまりから，10 この 4 つ分をひくと考えます。
　9×9−10×4
=81−10×4
=81−40
=41（こ）
他にもいろいろな数え方ができます。

180〜181 ページ　力をためす問題

1 (2+3)×17=85　（答え）85 こ
2 (1) (13+8)×4=84
　(2) (41−18)×3=69
　(3) 121÷(10+1)=11
　(4) 2−(0.27+0.15)=1.58
　(5) 4×(3+2)×2=40
　(6) 12÷(4+2)+1=3
　(7) 2.3+(1.6−0.4)÷2=2.9
　(8) 16×(12−2+8)=288
3 (1) 1316　(2) 26.8　(3) 120
　(4) 40　(5) 3.5　(6) 517
　(7) 180　(8) 26
4 (1) 18　(2) 3　(3) 58　(4) 8
　(5) 27　(6) 13
5 ア，ウ，エ，オ
6 (1) 3900　(2) 79.3　(3) 200
　(4) 18000　(5) 240　(6) 10
　(7) 1700　(8) 14.4　(9) 7056
　(10) 400　(11) 800　(12) 7000
7 (1) 630　(2) 1　(3) 282
　(4) 140　(5) 270
8 ウ，エ

とき方

1 自転車1台にタイヤを2こ，三輪車1台にタイヤを3こ使うので，1つの式に表すと，
(2+3)×17=85（こ）
3 (2)45.3+1.7×4−(30−4.7)
　　=45.3+6.8−25.3=26.8
　(4)99−(884÷2÷17+54)+21
　　=99−(442÷17+54)+21
　　=99−(26+54)+21
　　=99−80+21
　　=40

(8) $\underline{3\times2}\times8-(550-\underline{48\times11})$
$=6\times8-(550-\underline{528})=48-22$
$=26$

5 「=」の左と右の式をそれぞれ計算して，答えが等しければ，正しいものです。**ア**のようにわる数が同じであれば分配のきまりが使えますが，**イ**のようにわられる数が同じであっても分配のきまりは使えません。

6 (1) $4\times39\times25=\underline{4\times25}\times39$
$=\underline{100}\times39=3900$

(2) $27.6+39.3+12.4$
$=\underline{27.6+12.4}+39.3=\underline{40}+39.3$
$=79.3$

(3) $87+38+13+62$
$=\underline{87+13}+\underline{38+62}$
$=\underline{100}+\underline{100}=200$

(4) $125\times6\times3\times8=6\times3\times\underline{125\times8}$
$=18\times1000=18000$

(5) $42\times8-8\times12$
$=42\times8-12\times8=(42-12)\times8$
$=30\times8=240$

(6) $91\div13+39\div13=(91+39)\div13$
$=130\div13=10$

(7) $84\times17+17\times16=84\times17+16\times17$
$(84+16)\times17=100\times17=1700$

(8) $(2.5+1.1)\times4=2.5\times4+1.1\times4$
$=10+4.4=14.4$

(9) $98\times72=(100-2)\times72$
$=100\times72-2\times72=7200-144$
$=7056$

(10) $25\times(20-4)=25\times20-25\times4$
$=500-100=400$

(11) $25\times32=25\times(4\times8)=(25\times4)\times8$
$=100\times8=800$

(12) $125\times56=125\times(8\times7)$
$=(125\times8)\times7=1000\times7=7000$

7 (1) $437+72+15+18+75+13$
$=\underline{437+13}+\underline{72+18}+\underline{15+75}$
$=\underline{450}+\underline{90}+\underline{90}=630$

(2) $17.5\div25+7.5\div25$
$=(17.5+7.5)\div25$
$=25\div25=1$

(3) $23\times6+42\times6-6\times18$
$=23\times6+42\times6-18\times6$
$=(23+42-18)\times6$
$=47\times6=282$

(4) $7\times16+14\times5-21\times2$
$=7\times16+7\times2\times5-7\times3\times2$
$=7\times16+7\times10-7\times6$
$=7\times(16+10-6)=7\times20=140$

(5) $36\times9-33\times3+45$
$=36\times9-11\times3\times3+5\times9$
$=36\times9-11\times9+5\times9$
$=(36-11+5)\times9=30\times9=270$

8 「=」の左と右の式をそれぞれ計算して，答えが等しければ，正しいものです。

第**8**章　がい数とその計算

183 ページ 練習問題 109

(1) 切り捨て…48000
　　切り上げ…49000
(2) 切り捨て…39000
　　切り上げ…40000
(3) 切り捨て…170000
　　切り上げ…180000
(4) 切り捨て…523000
　　切り上げ…524000

● とき方

切り捨ては，表したい位より下の位の数字をすべて0にします。切り上げは，表したい位の数字を1大きくして，それより下の位の数字をすべて0にします。
(2)切り上げるとき，上から2けた目の9を1大きくすると，上の位にくり上がって，40000になります。

　　40000
　　39597

184 ページ 練習問題 110

(1) ① 5000　② 70000
　　③ 275000
(2) ① 770000　② 300000
　　③ 4200000

● とき方

(1)百の位を四捨五入します。
　②千の位が9なので，一万の位にくり上がって 70000 になります。
(2)上から3けた目を四捨五入します。

185 ページ 練習問題 111

(1) 6250 以上 6349 以下，

6250 以上 6350 未満
(2) 2850 以上 2950 未満

● とき方

(1)上から3けた目を四捨五入して，6300 になる数を考えます。

　6200　6250　6300　6350　6400

　　6250から6349まで
　　　　　　　　　　　　　6350は×

　6250 以上　　6349 以下
　　6250 は入る　　6349 は入る

　6250 以上　　6350 未満
　　6250 は入る　　6350 は入らない

> ⚠ ここに注意
>
> その数は入る → 以上，以下
> その数は入らない → 未満

(2)百の位までのがい数にするので，十の位を四捨五入して，2900 になる数を考えます。

　2800　2850　2900　2950　3000

　2850から2949.99…まで
　　　　　　　　　　2950は×

　2850 以上 2950 未満

186 ページ 練習問題 112

東公民館…**約 3400 人**
西公民館…**約 3000 人**
南公民館…**約 2200 人**
北公民館…**約 1400 人**

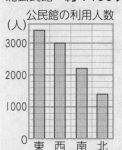

公民館の利用人数

[とき方]

人数がいちばん多いのは 3352 人。ぼうグラフの目もりは 18 なので，1 目もりを 200 人にします。
百の位までのがい数にするには，十の位で四捨五入します。

187 ページ 練習問題 113

(1) 約 37000 円 (2) 約 7000 円

[とき方]

「約何万何千円」と聞かれているので，百の位で四捨五入して，千の位までのがい数にします。
先月 14800 円 → 15000 円
今月 21980 円 → 22000 円
(1)15000+22000=37000 (円)
(2)22000−15000=7000 (円)

188 ページ 練習問題 114

(1) およそ 120000 m
(2) およそ 15 まい

[とき方]

(1)上から 2 けた目を四捨五入します。
4120 m → 4000 m
28 日間 → 30 日間
4000×30=120000 (m)
(2)上から 2 けた目を四捨五入します。
2940 まい → 3000 まい
210 人 → 200 人
3000÷200=15 (まい)

189 ページ 練習問題 115

もらえる

[とき方]

かく実にポイントがもらえるかを考えるには，ねだんを切り捨(す)てます。
ノート 156 円 → 100 円
色紙 273 円 → 200 円
ファイル 218 円 → 200 円
合わせると，
100+200+200=500 (円)
実さいには，これより高くなるので，ポイントがもらえます。

190〜191 ページ 力をためす問題

1 (1) ㋐ 8600000
㋑ 200000
㋒ 2900000
㋓ 3500000
㋔ 500000
㋕ 700000
(2) ㋐ 8660000
㋑ 208000
㋒ 2980000
㋓ 3530000
㋔ 593000
㋕ 761000

2 (1) 2000 (2) 8000 (3) 1000
(4) 10000 (5) 2000
(6) 5000

3 (1) 9200 (2) 360
(3) 200000 (4) 38000
(5) 51000 (6) 780000

4 45000 以上 54999 以下
45000 以上 55000 未満

5 65000 以上 75000 未満

6 イ

7 51700 から 51898 まで

8 (1) 千の位
(2) B町…約 10000 人
C町…約 9000 人
D町…約 8000 人

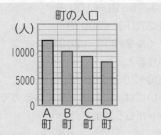

町の人口

9 (1) 約 261000 人
　 (2) 約 17000 人
10 およそ49000 円
11 およそ 4000 本
12 (1) 1300 円　(2) 引ける

● とき方

6 百の位で，四捨五入します。

7 十の位で四捨五入して，31000 にな
　る整数は，30950 から 31049 まで
　です。同じように，20800 になる整
　数は，20750 から 20849 までです。
　この2つの整数の和は，2つのいちば
　ん小さい数の和と，いちばん大きい数
　の和のはんいにあることになります。
　30950 から 31049 まで
　　＋　　　　　＋
　20750 から 20849 まで
　　＝　　　　　＝
　51700 から 51898 まで

8 (1)グラフの1目もりは 1000 人で，
　A町の人口は 12000 人として表さ
　れています。

9 百の位で四捨五入して，がい算します。
　(1)139000+122000=261000 (人)
　(2)139000−122000=17000 (人)

10 上から2けた目を四捨五入して，がい
　算します。
　　700×70=49000 (円)

11 全体の重さがわられる数，くぎ1本の
　重さがわる数です。
　全体 241976 g → およそ 240000 g
　1本 58 g → およそ 60 g
　　240000÷60=4000 (本)

12 (1)かく実に全部買えるかを考えるに
　は，ねだんを切り上げます。
　石けん 274 円 → 300 円
　シャンプー 568 円 → 600 円
　リンス 359 円 → 400 円
　　300+600+400=1300 (円)
　(2)かく実にくじが引けるかを考える
　には，ねだんを切り捨てます。
　石けん 274 円 → 200 円
　シャンプー 568 円 → 500 円
　リンス 359 円 → 300 円
　　200+500+300=1000 (円)
　実さいには，これより高くなるので，
　くじが引けます。

第**9**章 そろばん

第1編

第**1**章

第**2**章

第**3**章

第**4**章

第**5**章

第**6**章

第**7**章

第**8**章

第**9**章

193 ページ 練習問題 ⑯

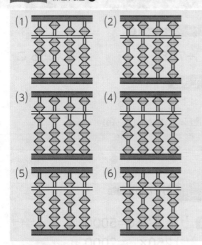

(1) (2)

(3) (4)

(5) (6)

● とき方 ●

(5)(6)は定位点の右に小数点以下の数をおくことに注意しましょう。

194 ページ 練習問題 ⑰

(1) 34　(2) 58　(3) 24　(4) 11
(5) 567　(6) 987　(7) 215　(8) 432

195 ページ 練習問題 ⑱

(1) 138　(2) 162　(3) 59　(4) 5
(5) 1545　(6) 1261　(7) 377
(8) 523

196 ページ 練習問題 ⑲

(1) 38 億　(2) 94 億　(3) 85 兆
(4) 145 兆　(5) 31 億　(6) 3 億
(7) 11 兆　(8) 35兆

> ⚠ **ここに注意**
> 答えを書くときに,「億」「兆」を書くのをわすれないようにしましょう。

197 ページ 練習問題 ⑳

(1) 0.7　(2) 7.8　(3) 7.9　(4) 20.9
(5) 0.4　(6) 24.2　(7) 1.7　(8) 8.2

198 ページ 力をためす問題

1 (1) (2)

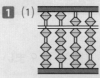

(3)

2 (1) 113　(2) 109　(3) 115
(4) 1112　(5) 1224　(6) 1351
(7) 23　(8) 8　(9) 7　(10) 179
(11) 356　(12) 245

3 (1) 68 億　(2) 146 億
(3) 130 兆　(4) 48 億
(5) 19 兆　(6) 28 兆　(7) 11.1
(8) 38.9　(9) 45.2　(10) 3.9
(11) 26.8　(12) 0.9

4 (1) 170　(2) 1609　(3) 111
(4) 189

5 (1) 852 億　(2) 381　(3) 26.4
(4) 12.79

● とき方 ●

4 (3), (4)は, 2つの数を続けてひいていきます。

5 (3)は整数と小数が, また, (4)は $\frac{1}{10}$ の位までの小数と $\frac{1}{100}$ の位までの小数がまじっています。定位点をかくにんして, 位をそろえて計算します。

数量の関係

第 **1** 章 □を使った式

204 ページ 練習問題 ❶

$$□+158=277$$　　（答え）119まい

とき方

$$\underset{\underset{\text{まい数}}{\underset{\uparrow}{\text{シールの}}}{\text{金色の}}}{□} + \underset{\underset{\text{まい数}}{\underset{\uparrow}{\text{シールの}}}{\text{銀色の}}}{158} = \underset{\underset{\text{まい数}}{\underset{\uparrow}{\text{全部の}}}}{277}$$

$$□=277-158=119$$

205 ページ 練習問題 ❷

$$650-□=125$$　　（答え）525まい

とき方

$$\underset{\underset{\text{まい数}}{\underset{\uparrow}{\text{はじめの}}}}{650} - \underset{\underset{\text{まい数}}{\underset{\uparrow}{\text{使った}}}}{□} = \underset{\underset{\text{まい数}}{\underset{\uparrow}{\text{残った}}}}{125}$$

$$□=650-125=525$$

ここに注意

650−□=125 は，たし算ではなく
ひき算で□を求めます。

```
|◀------650まい------▶|
|◀--□まい--▶|◀125まい▶|
```

206 ページ 練習問題 ❸

$$8×□=24$$　　（答え）3ふくろ

とき方

$$\underset{\underset{\text{まい数}}{\underset{\uparrow}{\text{1ふくろの}}}}{8} × \underset{\underset{\text{数}}{\underset{\uparrow}{\text{ふくろの}}}}{□} = \underset{\underset{\text{まい数}}{\underset{\uparrow}{\text{全部の}}}}{24}$$

$$□=24÷8=3$$

207 ページ 練習問題 ❹

$$□÷7=8$$　　（答え）56こ

とき方

$$\underset{\underset{\text{数}}{\underset{\uparrow}{\text{全部の}}}}{□} ÷ \underset{\underset{\text{}}{\underset{\uparrow}{\text{人数}}}}{7} = \underset{\underset{\text{数}}{\underset{\uparrow}{\text{1人分の}}}}{8}$$

$$□=8×7=56$$

208〜209 ページ 力をためす問題

1 (1) $□+760=5000$

(2) $250×□=2000$

(3) $□×42=168$

(4) $□-129=71$

2 (1) ＋，40　(2) −，11

(3) −，27　(4) −，18　(5) ÷，8

(6) ×，128　(7) ÷，4　(8) ÷，4

3 (1) 8　(2) 11　(3) 2.6　(4) 6.8

(5) 1728　(6) 6　(7) 4　(8) 137

4 (1) $□+400=1500$

　　　　　　（答え）1100円

(2) $□×12=72$　　（答え）6こ

(3) $68+□=125$　　（答え）57人

(4) $216÷□=18$　　（答え）12 cm

(5) $78÷□=6$　　（答え）13こ

(6) $4×□=116$

　　　　　（答え）29きゃく

(7) $□÷15=8$　（答え）120まい

5 (1) $53-□=19$　　（答え）34

(2) $43×□=903$　　（答え）21

(3) $□÷32=56$　　（答え）1792

(4) $□+739=1111$　（答え）372

とき方

5 たし算の答えを和, ひき算の答えを差, かけ算の答えを積, わり算の答えを商といいます。

210 ページ 練習問題 ❺

(1) **18**　(2) **57**　(3) **7**　(4) **88**
(5) **7**　(6) **24**　(7) **13**　(8) **3**

とき方

(1) $29+\square+32=79$
$\quad 29+32+\square=79$
$\quad\quad 61+\square=79$
$\quad\quad\quad\quad \square=79-61$
$\quad\quad\quad\quad \square=18$

> **ここに注意**
>
> たし算だけの式では, 計算する順じょを変えても答えは同じです。

(2) $25\times3-\square=18$
$\quad\quad 75-\square=18$
$\quad\quad\quad\quad \square=75-18$
$\quad\quad\quad\quad \square=57$

(3) $\square\times6\times4=168$
$\quad\quad \square\times24=168$
$\quad\quad\quad\quad \square=168\div24$
$\quad\quad\quad\quad \square=7$

(4) $\square\div(4\times2)=11$
$\quad\quad \square\div8=11$
$\quad\quad\quad\quad \square=11\times8$
$\quad\quad\quad\quad \square=88$

(5) $\square-30\div6=2$
$\quad\quad \square-5=2$
$\quad\quad\quad\quad \square=2+5$
$\quad\quad\quad\quad \square=7$

(6) $\square\div(4+8)=2$
$\quad\quad \square\div12=2$
$\quad\quad\quad\quad \square=2\times12$
$\quad\quad\quad\quad \square=24$

(7) $15+16-\square=18$
$\quad\quad 31-\square=18$
$\quad\quad\quad\quad \square=31-18$
$\quad\quad\quad\quad \square=13$

(8) $14\times\square\times2\times4=336$
$\quad 14\times2\times4\times\square=336$
$\quad\quad 112\times\square=336$
$\quad\quad\quad\quad \square=336\div112$
$\quad\quad\quad\quad \square=3$

211 ページ 練習問題 ❻

(1) **103**　(2) **5**　(3) **90**　(4) **21**
(5) **54**　(6) **35**　(7) **11**　(8) **71**

とき方

(1) $\square-75+34=62$
$\quad\quad \square-75=62-34$
$\quad\quad \square-75=28$
$\quad\quad\quad\quad \square=28+75$
$\quad\quad\quad\quad \square=103$

(2) $\square\times5+12=37$
$\quad\quad \square\times5=37-12$
$\quad\quad \square\times5=25$
$\quad\quad\quad\quad \square=25\div5$
$\quad\quad\quad\quad \square=5$

(3) $\square\div6\div3=5$
$\quad\quad \square\div6=5\times3$
$\quad\quad \square\div6=15$
$\quad\quad\quad\quad \square=15\times6$
$\quad\quad\quad\quad \square=90$

> **ここに注意**
>
> $\square\div6\div3 \rightarrow \square\div2$
> ここを先に計算したらダメ!

(4) $21-\square\div7=18$
$\quad\quad \square\div7=21-18$
$\quad\quad \square\div7=3$
$\quad\quad\quad\quad \square=3\times7$
$\quad\quad\quad\quad \square=21$

(5) $\square \div 3 \times 4 = 72$

　　　$\square \div 3 = 72 \div 4$

　　　$\square \div 3 = 18$

　　　　$\square = 18 \times 3$

　　　　$\square = 54$

(6) $\square \div 7 + 8 \times 9 = 77$

　　　$\square \div 7 + 72 = 77$

　　　　$\square \div 7 = 77 - 72$

　　　　$\square \div 7 = 5$

　　　　　$\square = 5 \times 7$

　　　　　$\square = 35$

(7) $100 - \square - 63 = 26$

　　　$100 - \square = 26 + 63$

　　　$100 - \square = 89$

　　　　　$\square = 100 - 89$

　　　　　$\square = 11$

(8) $51 + \square \times 3 = 264$

　　　　$\square \times 3 = 264 - 51$

　　　　$\square \times 3 = 213$

　　　　　$\square = 213 \div 3$

　　　　　$\square = 71$

212ページ 練習問題 ❼

(1) **24**　(2) **10**　(3) **39**　(4) **17**
(5) **80**　(6) **15**　(7) **3**　(8) **6**

とき方

(1) $(\square - 12) \div 4 = 3$

　　　$\square - 12 = 3 \times 4$

　　　$\square - 12 = 12$

　　　　　$\square = 12 + 12$

　　　　　$\square = 24$

(2) $(7 \times 2 + \square) \times 3 = 72$

　　$(14 + \square) \times 3 = 72$

　　　$14 + \square = 72 \div 3$

　　　$14 + \square = 24$

　　　　　$\square = 24 - 14$

　　　　　$\square = 10$

(3) $4 \times (35 + \square) - 86 = 210$

　　　$4 \times (35 + \square) = 210 + 86$

　　　$4 \times (35 + \square) = 296$

　　　　$35 + \square = 296 \div 4$

　　　　$35 + \square = 74$

　　　　　　$\square = 74 - 35$

　　　　　　$\square = 39$

(4) $(6 + 7 + \square) \times 3 = 90$

　　$(13 + \square) \times 3 = 90$

　　　$13 + \square = 90 \div 3$

　　　$13 + \square = 30$

　　　　　$\square = 30 - 13$

　　　　　$\square = 17$

(5) $(100 + \square + 90) \div 3 = 90$

　　$(190 + \square) \div 3 = 90$

　　　$190 + \square = 90 \times 3$

　　　$190 + \square = 270$

　　　　　　$\square = 270 - 190$

　　　　　　$\square = 80$

(6) $3 \times (\square + 2 \times 3) = 63$

　　$3 \times (\square + 6) = 63$

　　　　$\square + 6 = 63 \div 3$

　　　　$\square + 6 = 21$

　　　　　　$\square = 21 - 6$

　　　　　　$\square = 15$

(7) $11 \times (35 \div 7 + \square) = 88$

　　$11 \times (5 + \square) = 88$

　　　　$5 + \square = 88 \div 11$

　　　　$5 + \square = 8$

　　　　　　$\square = 8 - 5$

　　　　　　$\square = 3$

(8) $5 + (\square \times 4 - 13) = 16$

　　　$\square \times 4 - 13 = 16 - 5$

　　　$\square \times 4 - 13 = 11$

　　　　$\square \times 4 = 11 + 13$

　　　　$\square \times 4 = 24$

　　　　　$\square = 24 \div 4$

　　　　　$\square = 6$

213ページ 練習問題 ❽

(1) □÷8=12 あまり 4

(答え) 100 まい

(2) 238÷□=19 あまり 10

(答え) 12

とき方

わり算のたしかめの式で考えます。

(1) □÷8=12 あまり 4

□=8×12+4　□=100

(2) 238÷□=19 あまり 10

□×19+10=238

□×19=238−10

□×19=228

□=228÷19

□=12

214ページ 練習問題 ❾

(1)
```
  3 6
+ 3 5
  7 1
```

(2)
```
  3 5 6
+ 6 4 6
1 0 0 2
```

(3)
```
  1 1 2
−   3 6
    7 6
```

(4)
```
  6 4 2
− 3 4 5
  2 9 7
```

とき方

□に記号を入れて考えます。

(1) ① 6+イ=1 の計算はでき
ないので、6+イ=11 と
考えて、イ=5
②一の位から1くり上がっているので、
1+ア+3=7　4+ア=7　ア=3

```
  ア 6
+ 3 イ
  7 1
```

(2) ① イ+6=2 の計算は
できないので、
イ+6=12 と考えて、
イ=6
②一の位から1くり上がっているので、
1+ア+4=10　ア+5=10
ア=5

```
  3 ア イ
+ ウ 4 6
1 0 0 2
```

③十の位から1くり上がっているので、
1+3+ウ=10　ウ=6

(3) ① 2−6=イ の計算は
できないので、12−6
=イ と考えて、イ=6
②一の位へ1くり下げているので、
ア−1−3=7
ア=7+1+3=11 なので、
ア=1 と考えます。

```
  1 ア 2
−   3 6
    7 イ
```

(4) ① 2−ウ=7 の計算は
できないので、
12−ウ=7 と考えて、
ウ=5
②一の位へ1くり下げているので、
ア−1−4=9　ア=9+1+4=14 なの
で、ア=4 と考えます。
③十の位へ1くり下げているので、
6−1−イ=2　5−イ=2　イ=3

```
  6 ア 2
− イ 4 ウ
  2 9 7
```

215ページ 練習問題 ❿

(1)
```
    1 7
×    3
  5 1
```

(2)
```
  3 2 5
×    7
2 2 7 5
```

(3)
```
    1 4
×  3 5
    7 0
  4 2
  4 9 0
```

(4)
```
    2 0 9
×    5 6
  1 2 5 4
1 0 4 5
1 1 7 0 4
```

とき方

□に記号を入れて考えます。

(1) ① ア×3 の答えの一の位
が1になるのは 7×3=21
ア=7
② 17×3=51　イ=5

```
    1 ア
×    3
    イ 1
```

(2) ① イ×7 の答えの一の
位が5になるのは
5×7=35　イ=5
②一の位から3くり上がっているので、
7−3=4　ア×7 の答えの一の位が4に

```
  3 ア イ
×    7
ウ 2 7 5
```

なるのは，2×7＝14　$\boxed{ア}$＝2

325×7＝2275　$\boxed{ウ}$＝2

(3)①1$\boxed{ア}$×5＝70 なので，

1$\boxed{ア}$＝70÷5＝14

$\boxed{ア}$＝4

②14×3＝42 なので，$\boxed{イ}$＝2

③7＋2＝$\boxed{ウ}$ なので，$\boxed{ウ}$＝9

```
        1 ア
    ×   3 5
    ─────────
        7 0
      4 イ
    ─────────
      4 ウ 0
```

(4)①5＋5 の一の位が$\boxed{オ}$な

ので，$\boxed{オ}$＝0

②1＋2＋$\boxed{ウ}$＝7 なので，

$\boxed{ウ}$＝4

③1＋0＝$\boxed{エ}$ なので，

$\boxed{エ}$＝1

④2$\boxed{ア}$9×5＝1045 なので，

2$\boxed{ア}$9＝1045÷5＝209　$\boxed{ア}$＝0

⑤209×$\boxed{イ}$＝1254 なので，

$\boxed{イ}$＝1254÷209＝6

```
        2 ア 9
    ×     5 イ
    ───────────
      1 2 5 4
    1 0 ウ 5
    ───────────
    1 エ 7 オ 4
```

216ページ **練習問題 ⑪**

(1)
```
          5 6 8
    7 ) 3 9 7 8
        3 5
        ───
          4 7
          4 2
          ───
            5 8
            5 6
            ───
              2
```

(2)
```
            1 5 6
    3 4 ) 5 3 0 4
          3 4
          ───
          1 9 0
          1 7 0
          ─────
            2 0 4
            2 0 4
            ─────
                0
```

(3)
```
              1 5
    5 3 ) 8 1 6
          5 3
          ───
          2 8 6
          2 6 5
          ─────
              2 1
```

●とき方

□に記号を入れて考えます。

(1)①$\boxed{ウ}$×6＝42 なので，

$\boxed{ウ}$＝7

②39－3$\boxed{エ}$＝4 なので，

$\boxed{エ}$＝5

③7×$\boxed{ア}$＝35 なので，

$\boxed{ア}$＝5

④7×$\boxed{イ}$＝56 なので，$\boxed{イ}$＝8

⑤47－42＝$\boxed{オ}$ なので，$\boxed{オ}$＝5

```
          ア 6 イ
    ウ ) 3 9 7 8
        3 エ
        ───
          4 7
          4 2
          ───
            オ 8
            5 6
            ───
              2
```

(2)①$\boxed{イ}$4×$\boxed{ア}$＝34

なので，

$\boxed{イ}$＝3，$\boxed{ア}$＝1

②$\boxed{キ}$0$\boxed{ク}$－204＝0

なので，

$\boxed{キ}$＝2，$\boxed{ク}$＝4

③$\boxed{オ}$－7＝2 なので，

$\boxed{オ}$＝9

④19－$\boxed{カ}$7＝2 なので，

$\boxed{カ}$7＝17　$\boxed{カ}$＝1

⑤$\boxed{ウ}$3－34＝19 なので，

$\boxed{ウ}$3＝53　$\boxed{ウ}$＝5

⑥$\boxed{ク}$＝4 なので，$\boxed{エ}$＝4

```
              ア 5 6
    イ 4 ) ウ 3 0 エ
            3 4
            ───
            1 オ 0
            カ 7 0
            ─────
              キ 0 ク
              2 0 4
              ─────
                  0
```

(3)①8$\boxed{イ}$－$\boxed{ウ}$3＝28

なので，

$\boxed{イ}$＝1，$\boxed{ウ}$＝5

②5$\boxed{ア}$×1＝53 なので，

$\boxed{ア}$＝3

③53×5＝$\boxed{エ}$6$\boxed{オ}$ なので，$\boxed{エ}$＝2，$\boxed{オ}$＝5

④286－265＝$\boxed{カ}$1 なので，$\boxed{カ}$＝2

```
                1 5
    5 ア ) 8 イ 6
          ウ 3
          ───
          2 8 6
          エ 6 オ
          ─────
              カ 1
```

218〜219ページ **力をためす問題**

1 (1) 232　(2) 350　(3) 3　(4) 8

(5) 6　(6) 24　(7) 4　(8) 16

2 (1) 2　(2) 7　(3) 8　(4) 5　(5) 6

(6) 12　(7) 12　(8) 243

3 (1) 35×□÷5＝98　　(答え) 14

(2) □×9−13=23　　　（答え）4

(3) □÷7=9 あまり 3

　　　　　（答え）66

(4) (□+23)×17=697

　　　　　（答え）18

(5) (□+5)×5−5=30　（答え）2

(6) □×4+24÷8=43

　　　　　（答え）10

4 (1) 13組　(2) 544　(3) 3520円

5 (1)
```
  2 [1] 2
+[6] 3 9
 8 5 [1]
```
(2)
```
 [7] 1 1
−2 [4] [5]
 4 6 6
```
(3)
```
 [5] 7 6 [5] [4]
+ 3 8 2 [7] 9
 9 5 9 3 3
```
(4)
```
 [3] 4 6 [5] 2
− 1 7 5 [9] 6
 1 [7] 0 5 6
```
(5)
```
    2 7
 ×    [4]
 [1] 0 8
```
(6)
```
   4 [0] 8
 ×     9
 3 [6] 7 2
```
(7)
```
    [9] [2]
 ×   2 3
  [2] 7 6
  1 8 4
  2 1 1 6
```
(8)
```
    7 [0] 3
 ×    2 [5]
  3 [5] 1 5
  1 [4] 0 [6]
  1 7 5 7 5
```
(9)
```
          8 [6]
[2][9])2 5 1 4
       2 3 2
         1 9 4
         1 7 4
           2 0
```
(10)
```
           2 4 4
 [1]2 5)3 0 [5] [7] 9
        2 5 0
          5 5 7
          5 [0] 0
            5 [7] 9
            5 [0] 0
              7 9
```

とき方

2 (7)5×(36+21−□)−49=176

　　　5×(57−□)−49=176

　　　　5×(57−□)=176+49

　　　　5×(57−□)=225

　　　　　57−□=225÷5

　　　　　57−□=45

　　　　　　□=57−45

　　　　　　□=12

(8)□−(190−135)×4=23

　　　□−55×4=23

　　　□−220=23

　　　　□=23+220

　　　　□=243

4 (1)6人の組が□組できたとすると,

　　6×□+5×2=88　□=13

(2)ある数を□とすると,

　　(□+17)×23=598

　　□=9

ある数は9なので, 正しい答えは,

　　(9+23)×17=544

(3)はじめに貯金が□円あったとする

と,

　　□÷2−(1500+260)=0

　　□=3520

別のとき方

□÷2=1500+260　□=3520

5 □に記号を入れて考えます。

(8)①1+オ=7 なので,　　　　7 ア 3

オ=6　　　　　　　　×　2 イ

②ウ+0=5 なので,　　3 ウ 1 5

ウ=5　　　　　　　1 エ 0 オ

③3+エ=7 なので,　　1 7 5 7 5

エ=4

④3×イ の答えの一の位が5なので,

イ=5

⑤7ア3×5=3515 なので,

7ア3=3515÷5=703

ア=0

(9)

```
        8[ア]
[イ][ウ])2 5 1 4
      2[エ]2
      ─────
       1[オ]4
       1[カ][キ]
       ─────
         [ク]0
```

①251−2[エ]2=1[オ] なので，

[オ]=9，[エ]=3

②232÷8=[イ][ウ] なので，

[イ][ウ]=29

[イ]=2，[ウ]=9

(10)

```
            2[ア]4
[イ]2 5)3[ウ]5[エ]9
        [オ]5[カ]
        ─────
         [キ]5 7
          5[ク]0
          ─────
           5[ケ]9
           [コ]0[サ]
           ─────
              7[シ]
```

①[エ]=7

②[キ]57−5[ク]0=5[ケ]

[ケ]=7，[ク]=0，[キ]=5

③3[ウ]5−[オ]5[カ]=55

[カ]=0，[ウ]=0，[オ]=2

④[イ]25×2=250

[イ]25=250÷2=125

[イ]=1

第2章　変わり方

221ページ　練習問題⓬

(1) (左から)

14，13，12，11，10

(2) □+○=15

とき方

(2)(1)の表をたてに見ます。

1	2	3	4	5
+	+	+	+	+
14	13	12	11	10
↓	↓	↓	↓	↓
15	15	15	15	15

どれも長さの和は 15 (cm) になっています。

222ページ　練習問題⓭

(1) (左から)6，7，8，9，10

(2) □+5=○

とき方

(1)水そうには，初めから 5 L の水が入っていることに注意します。

(2)(1)の表をたてに見ます。

1	2	3	4	5
+5	+5	+5	+5	+5
6	7	8	9	10

223ページ　練習問題⓮

(1) □×3=○　(2) 36 cm

とき方

(1)まわりの長さは，1 辺の長さの 3 倍になるので，

□ × 3 = ○

↑（□）1 辺の長さ　↑（○）まわりの長さ

(2)□が 12 なので，12×3=36 (cm)

224ページ 練習問題 ⑮

(1) (L) かかった時間とお湯のかさ

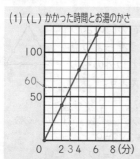

(2) 60 L

とき方

(2)横のじくの「3」の目もりを上にたどり，グラフにぶつかったら，左へたどり，たてのじくの目もりを読みます。

225ページ 練習問題 ⑯

49 こ

とき方

図を見て，表に表します。

画用紙の数 (まい)	1	2	3	4
画びょうの数 (こ)	4	7	10	13

3こずつふえる

表を横に見ると，画用紙が1まいふえると，画びょうは3こふえていることがわかります。画用紙の数を□まい，画びょうを○ことして，式に表すと，

4+3×(□−1)=○

画用紙16まいのときの画びょうの数は，

4+3×(16−1)=49 (こ)

226〜227ページ 力をためす問題

1 (1) (左から)

14, 13, 12, 11, 10

(2) □+○=15

(3) 7 cm

2 (1) (左から)

39, 40, 41, 42, 43

(2) □+29=○ (3) 21才

3 (1) (左から) 3, 6, 9, 12, 15

(2) □×3=○ (3) 30 cm

(4) 7だん

4 (1) (左から)

7, 6, 5, 4, 3, 2, 1, 0

(2) (m) ひもの長さの関係

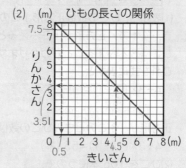

(3) 3.5 m (4) 0.5 m

5 (1) 55 本 (2) 35 こ

6 (1) 18 こ (2) 24 番目

とき方

1 まわりの長さが30cmなので，たての長さと横の長さの和は，

30÷2=15 (cm)

> **ここに注意**
>
> (たての長さ+横の長さ)×2
> =まわりの長さ です。
> だから，たての長さと横の長さの和は，30÷2=15 (cm)
> 30cmのまま，考えないように注意しましょう。

2 (2)表をたてに見ると，お父さんはいつもけんとさんより29才年上になっています。

(3)お父さんが50才なので，

□+29=50 □=21

3 (2)表をたてに見ると，まわりの長さは

63

だんの数の3倍になっています。

4 (4)たてのじくの「7.5」の目もりを右へたどり，グラフにぶつかったら，下にたどり，横のじくの目もりを読みます。

5 正方形の数とひごの数の変わり方を表に表します。

正方形の数（こ）	1	2	3	4
ひごの数（本）	4	7	10	13

(1)表から，ひごの数は正方形1このとき，4本で，正方形が1こふえると，ひごは3本ふえることがわかります。これを式に表すと，

$4+3×(□-1)=○$ です。
　　　　↑　　　↑
　　　正方形の数　ひごの数

正方形が18このときのひごの数は，

$4+3×(18-1)=55$（本）

(2)ひごを106本使うので，

$4+3×(□-1)=106$

$3×(□-1)=102$

$□-1=34$

$□=35$

6 □番目の正三角形の画びょうの数を○ことして，変わり方を表に表します。

□（番目）	1	2	3
○（こ）	6	9	12

(1)表から，画びょうの数は1番目の正三角形のとき6こで，あとは2番目，3番目となるごとに，3こずつふえていることがわかります。

これを式に表すと，

$6+3×(□-1)=○$
　　↑　　　↑
　□番目　画びょうの数

5番目の画びょうの数は，

$6+3×(5-1)=18$（こ）

(2)画びょうを75こ使うので，

$6+3×(□-1)=75$

$3×(□-1)=69$

$□-1=23$

$□=24$

別のとき方 右の図のように，画びょうをちょう点のものとそれ以外のものに分けて考えます。

1番目　　$3+3×1=6$
　　　　　↑　　↑　　↑
　　　○の数　辺の数　1辺の○の数

2番目　$3+3×2=9$

3番目　$3+3×3=12$

□と○を使って式に表すと，

　$3+3×□=○$

(1)$3+3×5=18$（こ）

(2)$3+3×□=75$

　$3×□=72$

　$□=24$

第 **3** 章　はかり方と単位

230 ページ 練習問題 ❶

(1) 40 分(間)
(2) 2 時間
(3) 午後 2 時 50 分
(4) 午後 1 時 20 分

とき方

(2)午後 4 時 20 分は，短いはりが 4 と 5 の間をさしていて，長いはりが 4 をさしています。長いはりが 2 まわりしたことになるので，2 時間です。

(4)1 時間前は，短いはりが 1 と 2 の間をさしていて，長いはりが 4 をさしているので，午後 1 時 20 分です。

231 ページ 練習問題 ❶

(1) ① 300　② 2，14
　　③ 107　④ 1，55
　　⑤ 1，40　⑥ 632
(2) ①秒
　　②分
　　③時間，分

とき方

(1)②134 分＝60 分＋60 分＋14 分
　　　＝1 時間＋1 時間＋14 分
　　　＝2 時間 14 分
　⑥10 分＝1 分×10＝60 秒×10
　　　＝600 秒なので，
　　　10 分 32 秒＝600 秒＋32 秒
　　　＝632 秒
(2) □ に単位を入れて，場面をそうぞうして，あてはまるかどうかを考えましょう。

232 ページ 練習問題 ❶

(1) 50 分(間)　(2) 5 時間 5 分

とき方

(1)2 時 45 分から 3 時までは 15 分，3 時から 3 時 35 分までは 35 分あります。合わせて 50 分 (間) です。

別のとき方
$$\begin{array}{r} {}^{2}\quad 95 \\ \cancel{3}\,時\,\cancel{35}\,分 \\ -\,2\,時\,45\,分 \\ \hline 50\,分 \end{array}$$

(2)正午までは 40 分，正午から午後 4 時 25 分までは 4 時間 25 分あります。合わせて，
　　40 分＋4 時間 25 分
　　＝4 時間 65 分＝5 時間 5 分

別のとき方 4 時 25 分に 12 時間をたして，16 時 25 分と考えます。
$$\begin{array}{r} 16\,時\,25\,分 \\ -\,11\,時\,20\,分 \\ \hline 5\,時\,\ 5\,分 \end{array}$$

233 ページ 練習問題 ❷

(1) 午後 3 時 20 分
(2) 午後 1 時 5 分

とき方

(1)午後 3 時までは 30 分あります。
　午後 3 時から，あと 20 分走っている
　　　　　　　　└ 50 分−30 分
　ので，着いた時こくは，午後 3 時 20 分です。

別のとき方
$$\begin{array}{r} 2\,時\,30\,分 \\ +\quad\ \ 50\,分 \\ \hline \cancel{2}\,時\,\cancel{80}\,分 \\ 3\quad 20 \end{array}$$

(2)正午までは 15 分あります。
　正午から，あと 1 時間 5 分見ていたの
　　　　　　　└ 1 時間 20 分−15 分
　で，見終えた時こくは午後 1 時 5 分です。

別のとき方

$$11 時 45 分$$
$$+ 1 時 20 分$$
$$12 時 65 分$$
$$13 時 5 分 → 午後 1 時 5 分$$

---

234 ページ 練習問題 ㉑

(1) **午後 1 時 35 分**
(2) **午後 2 時 45 分**

とき方

(1)午後2時まで10分もどり，午後2時から，あと <u>25分</u>もどると，午後1時 35分です。
└ 35分−10分

別のとき方

$$1 \quad 70$$
$$2 時 10 分$$
$$- \quad 35 分$$
$$1 時 35 分$$

(2)午後4時まで30分もどり，午後4時から，あと <u>1時間15分</u>もどると，午後
└ 1時間45分−30分

2時45分です。

別のとき方

$$3 \quad 90$$
$$4 時 30 分$$
$$- 1 時 45 分$$
$$2 時 45 分$$

---

235 ページ 練習問題 ㉒

(1) **1 時間 30 分**
(2) **10 分 15 秒**

とき方

(1)55 分+35 分=90 分
$$= 1 時間 30 分$$

(2)
$$5 分 20 秒$$
$$+ 4 分 55 秒$$
$$9 分 75 秒$$
$$10 \quad 15$$

---

236 ページ 練習問題 ㉓

(1) 42, 2520　(2) 108, 1.8
(3) 3　(4) 4, 26, 5　(5) 288
(6) 702

とき方

1時間=60分, 1分=60秒
(1)0.7×60=42 (分)
　42×60=2520 (秒)
(2)6480÷60=108 (分)
　108÷60=1.8 (時間)
(3)1時間 22 分 42 秒
　　+1時間 37 分 18 秒
　=2時間 59 分 60 秒
　=3時間
(4)2時間 35 分 40 秒
　　+1時間 50 分 25 秒
　=3時間 85 分 65 秒
　=4時間 26 分 5 秒
(5)2.4×2=4.8 (時間)
　4.8×60=288 (分)
(6)3.9×3=11.7 (分)
　11.7×60=702 (秒)

238～239 ページ 力をためす問題

1 (1) **50 分 (間)**
　(2) **3 時間**
　(3) **午前 8 時 45 分**
　(4) **午前 7 時 10 分**
2 (1) 4　(2) 100
　(3) 6, 20　(4) 3, 5
　(5) 775　(6) 52, 10
3 (1) **分**
　(2) **秒**
　(3) **時間**
4 **3 時間 15 分**
5 **午前 11 時 8 分**

6 午前9時44分

7 2時間5分

8 7時間24分

9 (1) 90, 5400

(2) 2, 31, 10

(3) 1, 27, 30

10 午前10時25分

11 (1) 45分 (間)

(2) 午後1時52分

●とき方

4 午後2時までは30分，午後2時から午後4時45分までは2時間45分あります。合わせて，

30分+2時間45分=2時間75分
=3時間15分

別のとき方

```
  4 時 45 分
 －1 時 30 分
  3 時 15 分
```

5 午前10時までは35分あります。

1時間43分−35分=1時間8分
午前10時から，あと1時間8分公園にいたので，午前11時8分です。

別のとき方

```
   9 時 25 分
 ＋1 時 43 分
  10 時 68 分
  11    8
```

6 午前11時まで12分もどり，午前11時からあと

1時間28分−12分=1時間16分
もどると，午前9時44分です。

別のとき方

```
  10   72
  11 時 12 分
 －1 時 28 分
   9 時 44 分
```

7 1時間10分+55分=1時間65分
=2時間5分

8 午前9時までは38分，午前9時から正午までは3時間，正午から午後3時46分までは3時間46分あります。

38分+3時間+3時間46分
=6時間84分
=7時間24分

別のとき方 3時46分に12時間をたして，15時46分と考えます。

```
  15 時 46 分
 － 8 時 22 分
   7 時 24 分
```

9 (1) 1.5×60=90 (分)

90×60=5400 (秒)

(2) 1時間35分45秒+55分25秒
=1時間90分70秒
=2時間31分10秒

(3) 3.5×25=87.5 (分)

87.5分=87分+0.5分

87分=1時間27分

0.5×60=30 (秒)

なので，1時間27分30秒

10 家を出てから店に着くまでの時間を合わせます。

5分+3分+15分+7分=30分
店に着いた午前10時55分から30分前の時こくが，家を出た時こくだから，午前10時25分です。

11 (1) 午後2時30分に家を出て，午後4時38分に帰ってきたので，出かけていた時間は，

4時38分−2時30分
=2時間8分=128分
図書館で調べものをしていた時間を□分とすると，

12分+30分+23分+□分+18分
=128分
83分+□分=128分
□分=128分−83分=45分

(2) 午後4時までに家に帰るには，おそくても今より38分前に家を出なく

てはいけません。午後2時30分の
38分前の時こくは，午後1時52分
です。

240 ページ 練習問題 ㉔

(1) ㋐ 5 mm　　㋑ 3 cm 6 mm
(2) ㋐ 2 m 93 cm　　㋑ 3 m 12 cm

● とき方

(2) 「3 m」の左は，2 m ○ cm，右は 3 m
　△ cm となります。

241 ページ 練習問題 ㉕

(1) ① 8　② 4, 1　③ 156
　　④ 209　⑤ 7005　⑥ 3, 10
(2) ① m　② cm　③ mm　④ km

⚠ ここに注意
1 cm＝10 mm, 1 m＝100 cm,
1 km＝1000 m

● とき方

(1)表を使って求めます。

④
m		cm
2		9

→
		cm
2	0	9

⑤
km		m
7		5

→
			m
7	0	0	5

(2)□に単位を入れて，場面をそうぞう
　して，あてはまるかどうかを考えます。

242 ページ 練習問題 ㉖

(1) 1 km 200 m　(2) 1 km 650 m
(3) 1 km 380 m

● とき方

1000 m＝1 km です。
(2)920 m＋730 m＝1650 m＝1 km 650 m
(3)630 m＋750 m＝1380 m＝1 km 380 m

243 ページ 練習問題 ㉗

(1) 104 cm（1 m 4 cm）
(2) 4 cm 9 mm　(3) 3 km 480 m
(4) 930 m　(5) 6 km 552 m
(6) 13 km 540 m

● とき方

同じ単位どうしで計算します。
(2)17 cm 4 mm－12 cm 5 mm
　＝16 cm 14 mm－12 cm 5 mm
　＝4 cm 9 mm
(3)3 km 70 m＋410 m＝3 km 480 m
　別のとき方 1つの単位にそろえて計算
　します。
　　3 km 70 m＋410 m
　　＝3070 m＋410 m＝3480 m
　　＝3 km 480 m

244 ページ 練習問題 ㉘

(1) ㋑　(2) ㋒ が 670 m 近い。

● とき方

(1)㋐1800 m＋2 km 300 m
　＝4100 m（4 km 100 m）
　㋑5030 m
　㋒2 km 30 m＋1400 m
　＝3430 m（3 km 430 m）
　なので，㋒がいちばん近い。
(2)㋐4100 m，㋒3430 m なので，
　4100 m－3430 m＝670 m

245 ページ 練習問題 ㉙

15 cm

● とき方

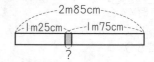

　1 m 25 cm+1 m 75 cm=3 m
全体の長さは，3 m よりつなぎ目の長さだけ短いので，つなぎ目の長さは，
　3 m−2 m 85 cm=15 cm

246〜247ページ　力をためす問題

[1] (1) ㋐ 3 mm　㋑ 3 cm 3 mm
　㋒ 6 cm 9 mm
　㋓ 10 cm 8 mm
(2) ㋐ 4 cm　㋑ 21 cm
　㋒ 4 m 95 cm　㋓ 5 m 8 cm
[2] (1) 120　(2) 6，5　(3) 41，9
(4) 9，1　(5) 5002　(6) 7，105
[3] (1) cm，mm　(2) cm，m
(3) m，cm　(4) km，cm
[4] (1) 63 cm 5 mm
(2) 91 cm 7 mm
(3) 1 km 350 m (1350 m)
(4) 588 m　(5) 53 km 400 m
(6) 7 km 112 m
[5] (1) 1.2 km　(2) 1.3 m
(3) 6300 m　(4) 41.8 m
(5) 680 m　(6) 1.2 km
(7) 94 cm　(8) 3.8 cm
[6] (1) 600 m　(2) 2 km 450 m
(3) アが 100 m 短い。
[7] (1) 366 km　(2) 147 km
(3) 305 km
[8] 500 m

とき方

[3] (1)7と70は10倍(ばい)の関係(かんけい)にあるので，cm と mm。
(2)400と4は100倍の関係にあるので，cm と m。
(3)0.5と50は100倍の関係にあるので，m と cm。
(4)0.3と30000は100000倍の関係にあります。1 km=1000 m，1 m=100 cm なので，1 km=100000 cm したがって，km と cm。
[5] (1)500 m+700 m=1200 m
　=1.2 km
(2)80 cm+500 mm=80 cm+50 cm
　=130 cm=1.3 m
(3)4000 m+2 km 300 m
　=4000 m+2300 m=6300 m
(4)5.8 m+3600 cm
　=5.8 m+36 m=41.8 m
(5)1 km 40 m−360 m
　=1040 m−360 m=680 m
(6)1800 m−600 m=1200 m
　=1.2 km
[6] (2)800 m+1 km 650 m
　=2 km 450 m
(3)ア　800 m+1 km 650 m+300 m
　　=2 km 750 m
　イ　1 km 900 m+950 m
　　=2 km 850 m
　2 km 850 m−2 km 750 m=100 m
[7] (1)186 km+180 km=366 km
(2)186 km−39 km=147 km
(3)岡山から新神戸までは，
　180 km−37 km=143 km
広島から新神戸までは，
　162 km+143 km=305 km
[8] 1 km 600 m+2 km 100 m
=3 km 700 m
全体の道のり (3 km 200 m) は，3 km 700 m より，博物館から市役所までの道のりだけ短いので，博物館から市役所までの道のりは，
　3 km 700 m−3 km 200 m=500 m

248ページ　練習問題 30

(1) 640 g　(2) 1730 g (1 kg 730 g)

●とき方

(1)いちばん大きい１目もりは１００ g，いちばん小さい１目もりは１０ g です。

249 ページ　練習問題 ㉛

(1) ① 7040　② 5，608
　　③ 2，85　④ 6320
(2) ① kg　② g　③ t

●とき方

(1)表を使って求めます。

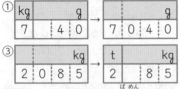

(2)□に単位を入れて，場面をそうぞうして，あてはまるかどうかを考えましょう。
②１円玉１まいの重さは１g です。

250 ページ　練習問題 ㉜

(1) 8000　(2) 3
(3) 5000　(4) 2

●とき方

「m（ミリ）」がつくと $\frac{1}{1000}$，
「k（キロ）」がつくと１０００倍です。

251 ページ　練習問題 ㉝

(1) 5 kg 100 g
(2) 5650 g

●とき方

(1)かごの重さ＋りんごの重さ
　＝全体の重さ　なので，
　240 g＋4 kg 860 g＝5 kg 100 g
(2)１箱のおかしだけの重さは，

600 g−35 g＝565 g
なので，10 箱分のおかしだけの重さは，
565 g×10＝5650 g

252〜253 ページ　力をためす問題

1　(1) 1350 g（1 kg 350 g）
　(2) 145 g
2　(1) 8000　(2) 7，400
　(3) 1030　(4) 2400
　(5) 10，800　(6) 4，35
3　(1) 5300 g　(2) 4030 kg
　(3) 2.04 kg　(4) 8.09 t
4　(1) ア mm　イ 1000　ウ km
　(2) ア 1000　イ 1000
　　ウ 1000
　(3) 5400
　(4) 2800
5　2 kg 200 g
6　500 g
7　(1) 7100 g　(2) 7 t 788 kg
　(3) 3600 kg　(4) 710 g
8　822 g
9　2 kg 400 g
10　(1) りんご…310 g
　　バナナ…180 g
　　白い皿…170 g
　(2) かき…160 g
　　ぶどう…340 g
　　赤い皿…120 g

●とき方

3　1 kg＝1000 g，1 t＝1000 kg
　(1)5.3 kg → 5 kg と 0.3 kg
　　0.3 kg＝300 g
　(3)2040 g → 2000 g と 40 g
　　40 g＝0.04 kg

(4)8 t 90 kg → 8 t と 90 kg
90 kg=0.09 t

[4] (3)5 L=5000 mL　0.4 L=400 mL
(4)2 km=2000 m　0.8 km=800 m

[5] 全体(ぜんたい)の重さ−かごの重さ
=りんごの重さ なので,
2 kg 500 g−300 g=2 kg 200 g

[6] 全体の重さ÷ふくろの数
=1ふくろの重さ です。
10 kg=10000 g
10000 g÷20=500 g

[7] (　)の中の単位にそろえてから，計算します。
(1)4 kg 600 g+2 kg 500 g
=4600 g+2500 g=7100 g
(2)4 t 760 kg+3028 kg
=4t 760 kg+3 t 28 kg
=7t 788 kg
(3)7 t−3 t 400 kg
=7000 kg−3400 kg=3600 kg
(4)8 kg 10 g−7 kg 300 g
=8010 g−7300 g=710 g

[8] 全体の重さ−かんの重さ
=中身の重さ です。
0.98 kg=980 g なので,
980 g−158 g=822 g

[9] 妹の体重は,
30 kg 500 g−8 kg=22 kg 500 g
全体の重さ−妹の体重=犬の体重
なので,
24 kg 900 g−22 kg 500 g
=2 kg 400 g

[10] (1)図から,
㋐+㋑=㋒+白い皿の重さ
㋐+㋑=480 g+350 g=830 g
830 g=660 g+白い皿の重さ
白い皿の重さ=830 g−660 g
=170 g
㋐から,
りんごの重さ+170 g=480 g
りんごの重さ=480 g−170 g
=310 g
㋑から,
バナナの重さ+170 g=350 g
バナナの重さ=350 g−170 g
=180 g
(2)図から,
㋕−㋔=かきの重さ
かきの重さ=620 g−460 g
=160 g
㋓から,
160 g×2+赤い皿の重さ=440 g
320 g+赤い皿の重さ=440 g
赤い皿の重さ=440 g−320 g
=120 g
㋔から,
ぶどうの重さ=460 g−120 g
=340 g

第**3**編

図　形

第**1**章　円と球

259 ページ 練習問題 ❶

(1) ① **ウ**　② **直径**
(2) ① **10**　② **4**　③ **12**

とき方

(1)円の中にひける直線のうち，いちばん
　長い直線は直径です。
(2)①②直径の長さは，半径の長さの2倍
　です。

③

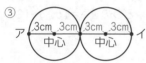

　円の半径は3cmです。アからイまで
　の長さは，半径の4つ分なので，
　　3×4=12（cm）

別のとき方 円の直径は 3×2=6（cm）
アからイまでの長さは，直径の2つ分
なので，6×2=12（cm）

260 ページ 練習問題 ❷

(1) ①
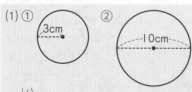
(2) 省りゃく

とき方

(1)①コンパスを3cmに開いてかきます。
　②直径10cmなので，半径は5cm。
　コンパスを5cmに開いてかきます。

(2)

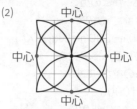

直径4cm（半径2cm）の円をかきま
す。そのあと，同じ半径の円を，上の
図の4つの点を中心として，円の一部
をかきます。

261 ページ 練習問題 ❸

アの直線が長い。

とき方

うつしたアの
直線の長さ

上のように，コンパスで長さをうつしま
す。図から，**ア**の直線の方が長いとわか
ります。

262 ページ 練習問題 ❹

(1) ① **イ**　② **エ**　(2) **6 cm**

とき方

(1)①切り口の円は，球の中心に近いほど
　大きくなります。
　②切り口の円は，球の中心からはなれ
　るほど小さくなります。
(2)球の直径は，下のものさしの目もりの
　10 cmから22 cmまでの長さなので，
　　22－10=12（cm）
　球の半径は，12÷2=6（cm）

力をためす問題

1 (1) 6 cm　(2) 12 cm

2 28 cm

3 2 cm

4 省りゃく

5 20.8 cm

6 直径…17 cm，半径…8.5 cm

7 四角形の方が長い。

8 たて…8 cm，横…16 cm

9 黄色

● とき方

1 (2)大きい円の直径は，小さい円の半径
　　4つ分だから，
　　　3×4＝12（cm）

2
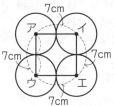

図のように四角形の1辺の長さは，円
の半径2つ分の長さだから，直径と同
じ7cmです。
四角形のまわりの長さは，
　　7×4＝28（cm）

3 中心がアの円の半径は，
　　　12÷2＝6（cm）
中心がイの円の半径は，
　　　8÷2＝4（cm）

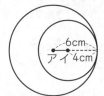

図から，アからイまでの長さは，
　　6−4＝2（cm）

4 ①コンパスをてき当な
長さに開いて，円をかき
ます。

②コンパスを同じ長さ
に開いたまま，円のまわ
りの一点を中心として，
円の一部をかきます。

③②の円の一部が円
のまわりと交わった
点を中心として，②と
同じように円の一部
をかきます。

④③をくり返すと，も
ようになります。

5 2番目に大きい円の直径は，
　　　8×2＝16（cm）
いちばん小さい円の直径は，
　　　2.4×2＝4.8（cm）

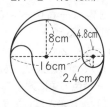

図から，16+4.8＝20.8（cm）

6 大きい円の直径は，
　　　25.5×2＝51（cm）

大きい円の直径の上に小さい円が3
つぴったりとならんでいるので，小さ
い円の直径は，51÷3＝17（cm）
小さい円の半径は，
　　　17÷2＝8.5（cm）

第3編

第1章

第2章

第3章

第4章

第5章

7 それぞれの形のまわりの長さを，コンパスを使って直線にうつすと，下の図のようになります。

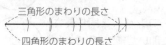

三角形のまわりの長さ
四角形のまわりの長さ

図から，四角形のまわりの長さの方が長いとわかります。

8 箱を真上から見た図で考えます。

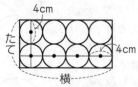

4cm
たて
4cm
横

たてはボールの直径2こ分，横はボールの直径4こ分の長さです。

たて…4×2=8（cm）
横…4×4=16（cm）

9 ボールの直径が4cmなので，つつの中に入るボールの数は，

68÷4=17（こ）

この17こを青色 → 黄色 → 白色の順番に1組と考えると，

17÷3=5あまり2

（青，黄，白）の組が5組入り，あと2こが，青色 → 黄色の順に入るので，最後のボールは，黄色となります。

第2章　角の大きさ

267ページ 練習問題 ❺

(1) ア…**辺**　イ…**頂点**　ウ…**角**
(2) **オ → ア → ウ → エ → イ**

とき方

(2)それぞれの角に三角じょうぎの角をあてて，辺の開き具合をくらべます。

268ページ 練習問題 ❻

(1) ① 60°　② 140°
(2) **ウ → イ → ア**

とき方

(1)分度器の中心を頂点に，分度器の0°の線をかた方の辺に合わせます。
(2)**ア**は65°，**イ**は70°，**ウ**は75°です。

269ページ 練習問題 ❼

(1) 290°　(2) 260°

とき方

180°で分けてはかります。

(1)

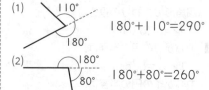

110°
180°
180°+110°=290°

(2)

180°
80°
180°+80°=260°

別のとき方 360°のうち，求めない方の角度をはかり，360°からひきます。

(1)

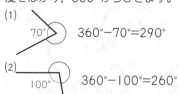

70°
360°-70°=290°

(2)

100°
360°-100°=260°

270ページ 練習問題 8

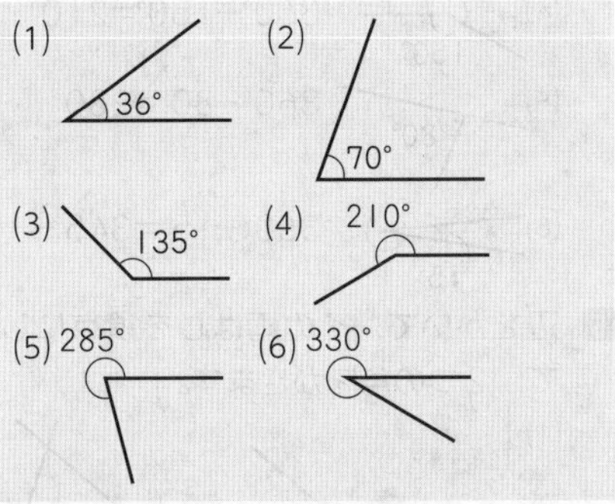

271ページ 練習問題 9

(1) **110°** (2) **50°** (3) **160°**
(4) **55°** (5) **60°** (6) **70°**

とき方

(1)180°−70°=110°
(2)180°−130°=50°
(3)向かい合った角は等しいので，160°
(4)

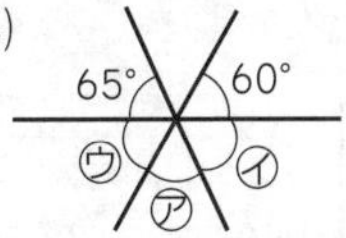

上の図で，向かい合った角は等しいので，㋑は 65°，㋒は 60° です。
㋐は，
180°−(60°+65°)=55°

(5)

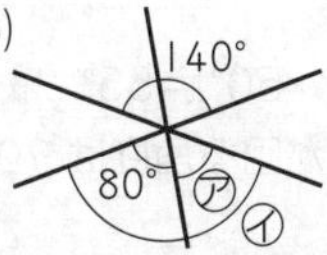

上の図で，向かい合った角は等しいので，㋑は 140° です。
㋐は，
140°−80°=60°

(6)

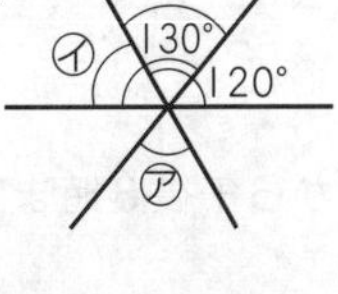

図で，㋑は，180°−120°=60°
㋒は，130°−60°=70°
向かい合った角は等しいので，㋐は 70° です。

272ページ 練習問題 10

(1) ㋐ **135°** ㋑ **105°**
(2) ㋐ **60°** ㋑ **135°**

とき方

(1)

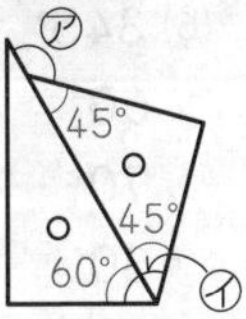

上の図から，
㋐180°−45°=135°
㋑60°+45°=105°

(2)

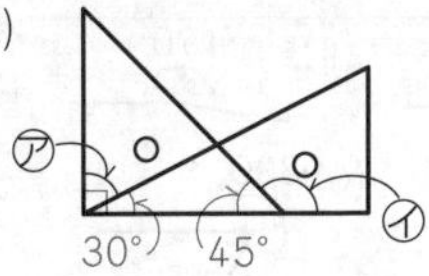

上の図から，
㋐90°−30°=60°
㋑180°−45°=135°

273ページ 練習問題 11

(1) **60°** (2) **1530°**

とき方

(1)午後 2 時から午後 2 時 10 分までの時間は 10 分です。
[例題 11] から，5 分で長いはりが回る角度は 30° なので，10 分では
30°×2=60°
(2)午前 9 時から午後 1 時まで長いはりは 4 回転します。長いはりが 4 回転したときの角度は，
360°×4=1440°

15分で長いはりが回る角度は 90° なので，
1440°+90°=1530°

15分
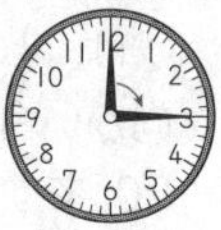
12
1
2
3
4
5
6
7
8
9
10
11

274〜275ページ　力をためす問題

1 ウ→エ→イ→ア→オ

2 (1) 35°　(2) 110°　(3) 85°
(4) 210°　(5) 280°　(6) 345°

3 (1) ㋐ 60°　㋑ 60°　㋒ 60°
(2) ㋐ 40°　㋑ 70°　㋒ 70°
(3) ㋐ 60°　㋑ 90°　㋒ 30°

4
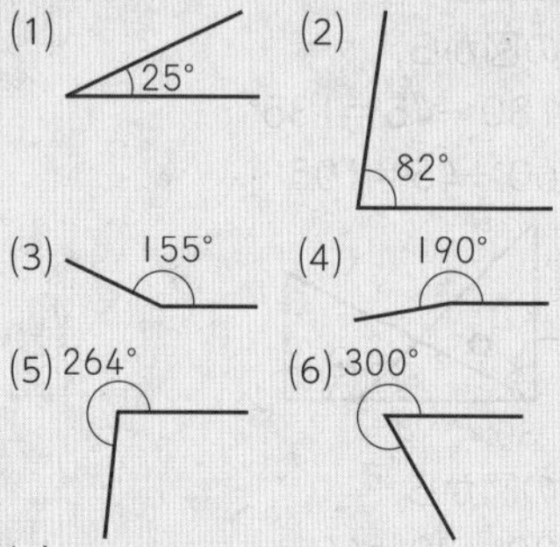
(1)
25°
(2)
82°
(3)
155°
(4)
190°
(5)
264°
(6)
300°

5 省(しょう)りゃく

6 (1) 140°　(2) 50°　(3) 70°

7 (1) 15°　(2) 15°
(3) 35°　(4) 55°

8 (1) 90°　(2) 270°　(3) 120°

9 (1) 180°　(2) 360°　(3) 540°
(4) 810°　(5) 6°　(6) 102°

とき方

2 (4)
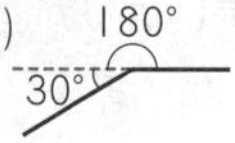
180°
30°
180°+30°=210°

(5)
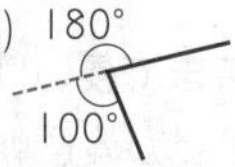
180°
100°
180°+100°=280°

(6)

180°
165°
180°+165°=345°

別のとき方

(4)

150°
360°−150°=210°

(5)
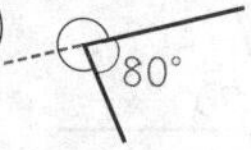
80°
360°−80°=280°

(6)
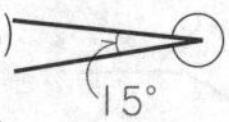
15°
360°−15°=345°

5 辺(へん)をかいて，その両はしを頂点(ちょうてん)にして，2つの角をかきます。

(1)
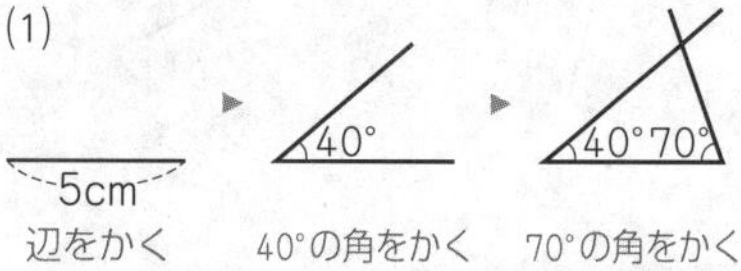
5cm
40°
40° 70°
辺をかく
40°の角をかく
70°の角をかく

(2)
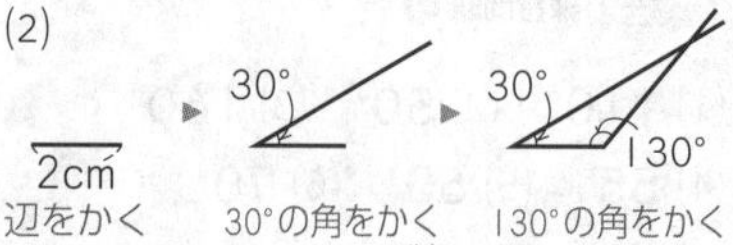
2cm
30°
30°
130°
辺をかく
30°の角をかく
130°の角をかく

6 (1)向かい合った角は等(ひと)しいので 140°
(2)180°−(90°+40°)=50°
(3)130°−60°=70°

7 (1)60°−45°=15°
(2)45°−30°=15°
(3)
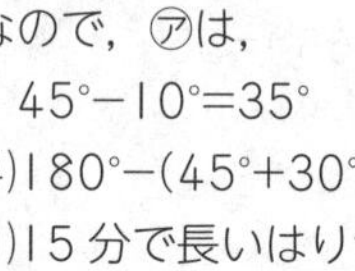
㋑
㋐
20°
上の図で㋑は，
30°−20°=10°
なので，㋐は，
45°−10°=35°
(4)180°−(45°+30°+50°)=55°

8 (1)15分で長いはりが回る角度は 90° です。
(2)45分は，30分と15分です。
長いはりは半回転した後，90° 回るので，
180°+90°=270°
(3)60÷20=3 なので，20分で長いはりが回る角度は，
360°÷3=120°

9 (3)午後1時30分から午後3時まで

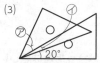

は，１時間 30 分です。１時間 30 分
で，長いはりは１回転＋半回転してい
るので，

360°＋180°＝540°

(4)午後２時 15 分から午後４時 30 分
までは，２時間 15 分です。２時間
15 分で，長いはりは２回転と 90° だ
け回転しているので，

360°×2＋90°＝720°＋90°＝810°

(5)午前６時から午後６時１分までは，
１分です。１分で長いはりが回る角
度は，

360°÷60＝6°

(6)午後８時から午後８時 17 分まで
は，17 分です。１分で長いはりが回
る角度は，6° なので，

6°×17＝102°

第3編
第1章
第2章
第3章
第4章
第5章

第 **3** 章　三角形と四角形

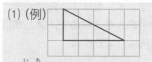

278 ページ 練習問題 ⑫

(1) (例)

位置や向きがちがっていてもかま
いません。

(2) **8 つ**

● とき方

(2)小さな直角三角形は右の
図のように４つあります。

大きな直角三角形も下の図のように４
つあります。

したがって，4＋4＝8（つ）

279 ページ 練習問題 ⑬

(1) ア…**7**　イ…**5**
(2) **ウとオ，キとク**

● とき方

(1)二等辺三角形なので，２つの辺の長さ
　は等しくなります。
(2)二等辺三角形では，２つの角が等しく
　なります。おって重ねたとき，ぴった
　り重なるのは，**ウとオ，キとク**です。

280 ページ 練習問題 ⑭

(1) **27 cm**　(2) **エ**

● とき方

(1)正三角形の３つの辺の長さはすべて等
　しくなります。まわりの長さは，正三

角形の辺9つ分なので，
3×9=27（cm）

(2)正三角形の3つの角はすべて同じ大きさです。**ア**は正三角形の角が1つ分の大きさです。**イ**，**ウ**は2つ分の大きさ，**エ**は1つ分の大きさなので，**ア**と同じ大きさの角は，**エ**です。

281ページ　練習問題 ⑮

(1)
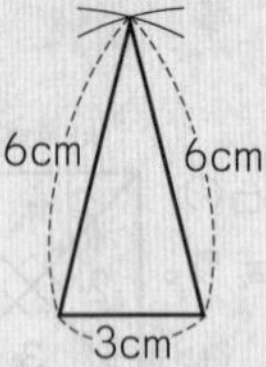

(2)
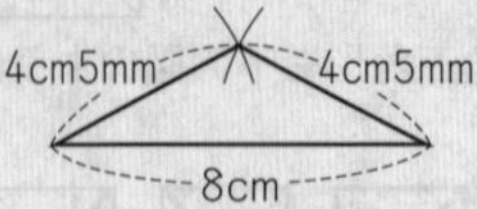

(3)
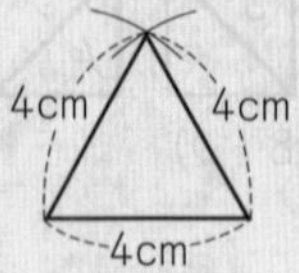

(4)
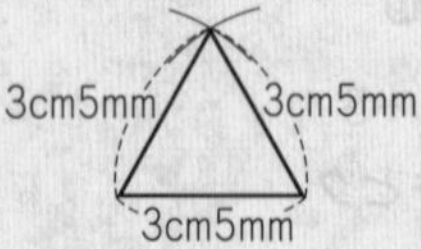

282ページ　練習問題 ⑯

(1) **正三角形**　(2) **24 cm**

とき方

(1)三角形の辺アイ，辺イウ，辺アウは，円の半径なので8cmです。3つの辺の長さが同じなので，正三角形です。

(2)8×3=24（cm）

283ページ　力をためす問題

[1] (1) **ア，エ**　(2) **イ，エ，オ**

[2] (1)
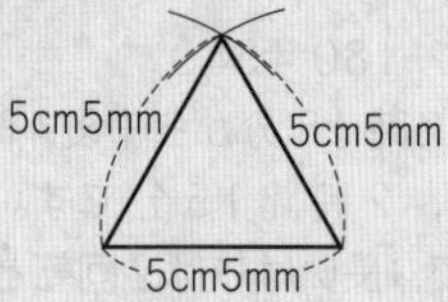

(2)
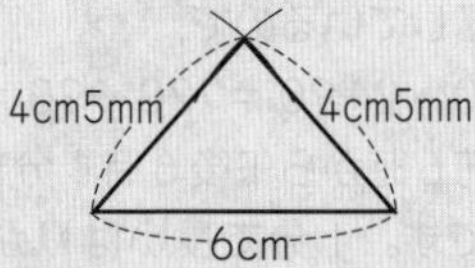

[3] (1) **二等辺三角形**　(2) **正三角形**

[4] (1) **正三角形**　(2) **直角三角形**

(3) **2つ**

[5] (1) **8 cm**

(2) **7 cm，7 cm，10 cm**

とき方

[1] **エ**は直角三角形でもあり，二等辺三角形でもあります。

[3] 切って広げると，それぞれ次のようになります。

(1)
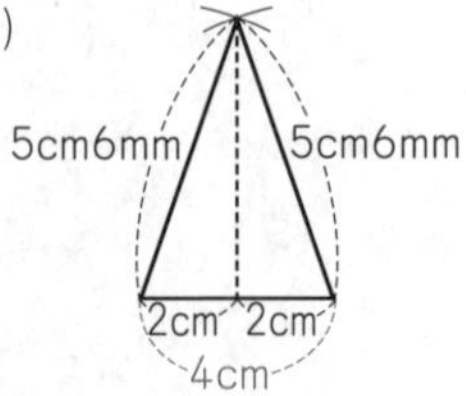

(2)
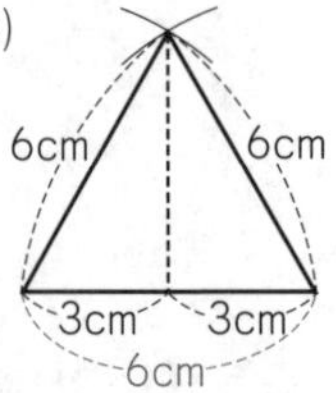

[4] (1)辺アイ，辺イウ，辺アウはどれも円の半径と等しいので，正三角形です。

(2)
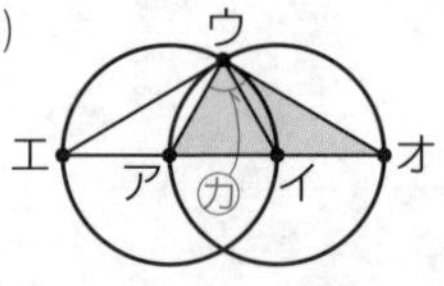

㋕の角が直角です。

(3)
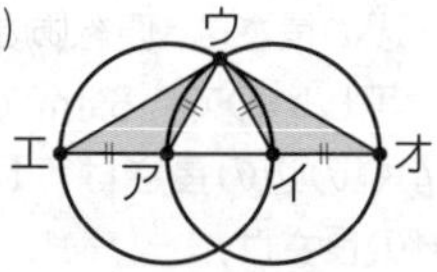

辺アウと辺アエはどちらも４cmになるので，三角形アウエは二等辺三角形です。また，辺イウと辺イオはどちらも４cmなので，三角形イウオは二等辺三角形です。

[5] (1)正三角形は３つの辺の長さがすべて等しいので，１つの辺の長さは，
24÷3=8 (cm)
(2)等しい辺を７cmにするので，等しい２つの辺の長さの合計は，
7×2=14 (cm)
あとの１辺の長さは，
24−14=10 (cm)

284ページ 練習問題 ⑰

(1) **イとエ，ウとオ，ウとキ**
(2) **オとキ**

とき方

(2)**オ**と**キ**は，**ウ**に垂直なので，**オ**と**キ**は平行になっています。

285ページ 練習問題 ⑱

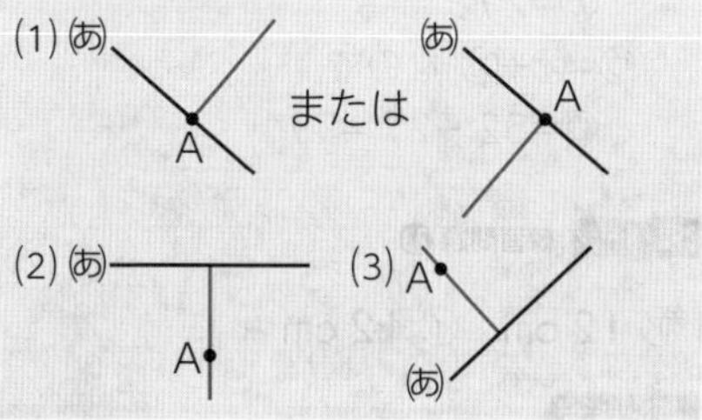

とき方

(3)
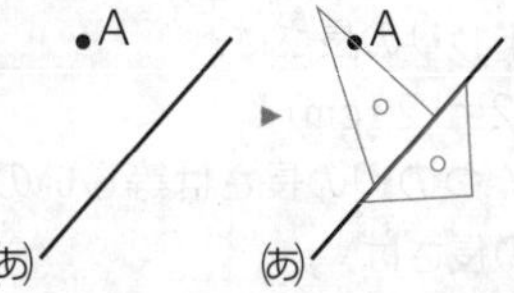

三角じょうぎを左のように合わせます。

286ページ 練習問題 ⑲

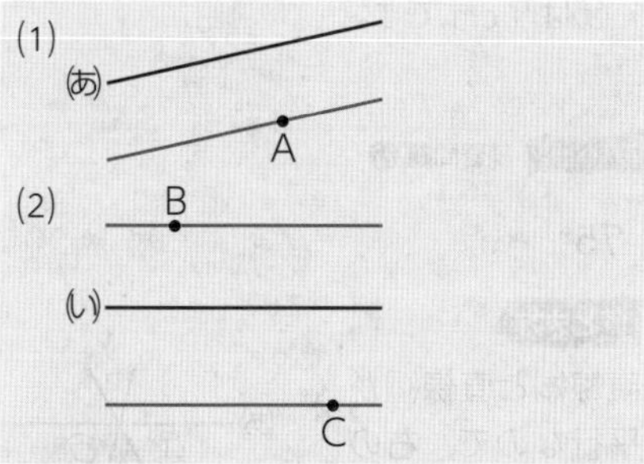

とき方

(1)
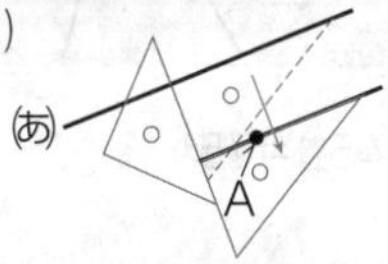

三角じょうぎを左のようにあてて，下へずらしてかきます。

ここに注意
(2)１本の直線に平行な直線は，何本もあります。

287ページ 練習問題 ⑳

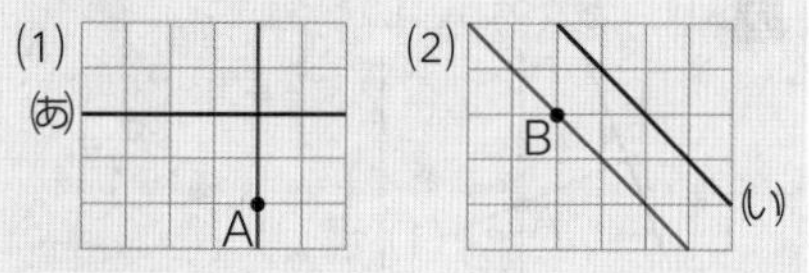

とき方

(1)点Aを通って，ます目の線にそって直線をかきます。
(2)直線(い)がます目をななめに通っているので，同じように，点Bを通って，ます目をななめに通る直線をかきます。

288ページ 練習問題 ㉑

(1) ㋒… **100°**，㋓…**70°**
(2) **7 cm**

とき方

直線(あ)と直線(い)が平行なので，
(1)㋒と100°が等しく，㋓と70°が等しくなります。

(2)直線(あ)と直線(い)のはばはどこも等しく，
　(オ)は 7 cm です。

289ページ 練習問題㉒

75°

とき方

直線(あ)と直線(い)が
平行なので，右の
図の(エ)の角度は
60° になります。
したがって，
　(ウ)=180°−(60°+45°)=75°

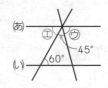

290～291ページ 力をためす問題

1 (1) アとカ，イとウ，イとキ，
　　　 オとカ
　　 (2) アとオ，ウとキ

2

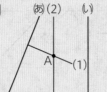

3 (1) いえる。　(2) 130°

4 32 cm

5 (1) 辺DC　(2) 辺BC

6 (カ) 65°　(キ) 115°　(ク) 115°
　 (ケ) 65°　(コ) 115°

7 30°

8 79°

とき方

3 (1)直線(あ)と直線(い)は，ほかの直線と
　　 60° で交わっているので，平行です。
　　 (2)平行な直線に，ほかの直線が130°
　　 で交わっているので，(ウ)も130°です。

4 平行な直線のはばは，どこも同じです。

正方形の1辺の長さは，直線(あ)と直線
(い)のはばと等しいので，8 cm です。
正方形の4つの辺の長さは等しいの
で，まわりの長さは，
　8×4=32 (cm)

5 長方形の向かい合う辺は平行です。

6 直線(あ)と直線(い)が平行なので，(カ)は
　65° です。
　　(キ)=180°−65°=115°
　(カ)と(ク)は向かい合っているので，(ク)は
　65° です。(キ)と(コ)は向かい合ってい
　るので，(コ)は115°です。
　　(コ)=180°−65°=115°

7 直線(あ)と直線
　(い)は平行なの
　で，右の図で，
　(エ)=120°

　(エ)=90°+(ウ)　120°=90°+(ウ) なので，
　(ウ)=30°

8 右の図のよう
　に，(ウ)の角の頂
　点を通って，直
　線(あ)と直線(い)
　に平行な直線(え)をかきます。
　直線(あ)と直線(え)は平行なので，
　　(オ)=52°
　直線(え)と直線(い)は平行なので，
　　(カ)=27°
　(ウ)=(オ)+(カ) なので，
　　(ウ)=52°+27°=79°

292ページ 練習問題㉓

(ア) 12 cm　(イ) 12 cm

とき方

長方形では向かい合う辺の長さは等しい
ので，(ア)のまわりの長さは，
　4+2+4+2=12 (cm)
正方形では4つの辺の長さは等しいので，
(イ)のまわりの長さは，

3×4=12（cm）

第3編

第1章

第2章

第3章

第4章

第5章

294 ページ 練習問題 ㉔

(1) ア…5，イ…9，ウ…30，
　　エ…150
(2) ア…100，イ…40

●とき方

(1)平行四辺形では，向かい合う辺の長さ
　と向かい合う角の大きさが等しいです。
(2)台形なので，下の直線㋜と直線㋐は平
　行です。

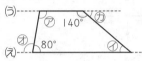

　　㋕=180°−80°=100°
　　㋕と㋐は等しいので，㋐=100°
　　㋔=180°−140°=40°
　　㋔と㋑は等しいので，㋑=40°

295 ページ 練習問題 ㉕

省りゃく

●とき方

(1)①6cm の辺
　　BC をかく。
　　②分度器で45°
　　をはかり，8cm
　　の辺 DC をかく。
　　③辺 DC に平行で8cm の辺 AB をかく。
　　④点Aと点Dを結ぶ。
(2)①10cm の辺
　　BC をかく。
　　②分度器で35°
　　をはかり，5cm の辺 AB をかく。
　　③辺 BC に平行で4cm の辺 AD をか
　　く。
　　④点Dと点Cを結ぶ。

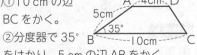

296 ページ 練習問題 ㉖

(1) **ひし形**
(2) **辺 AC と辺 DB，辺 AD と辺 CB**
(3) **24 cm**

●とき方

4つの点を頂点とする四角形は下のように
なります。辺 AC，辺 BC，辺 BD，辺
AD は，どれも円の半径で6cm です。

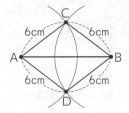

(1)4つの辺の長さが等しいので，ひし形
　です。
(2)ひし形は向かい合う辺が平行です。
(3)6×4=24（cm）

297 ページ 練習問題 ㉗

(1) **二等辺三角形**　(2) **直角三角形**

●とき方

(1)ひし形の4つの辺の
　長さは等しいので，
　できた三角形の2つ
　の辺の長さは等しくなります。

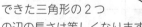

(2)ひし形の対角線は垂
　直に交わっているの
　で，2本の対角線で
　分けると，できた三
　角形の1つの角は直角になります。

298〜299 ページ 力をためす問題

1 (1) ア，イ　(2) ア，イ，ウ，エ
　　(3) ア，イ，ウ，エ　(4) イ，エ
　　(5) オ

[2] (1) **平行四辺形**
(2) (例)**長い辺どうしが，垂直に交わるように重ねる。**

[3] (1) ア…7，イ…6，ウ…125，エ…55，オ…125
(2) ア…4，イ…4，ウ…65，エ…65，オ…115

[4] (1) 省りゃく　(2) 省りゃく
(3)
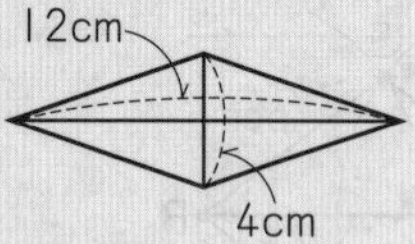

[5] (1) **ひし形**　(2) **正方形**
(3) **平行四辺形**　(4) **長方形**

[6] **4つ**

[7] (例)**直線BDと直線CEは円の直径で，直線BA，直線DA，直線EA，直線CAは円の半径です。だから，対角線BDと対角線CEは，長さが等しく，それぞれのまん中の点で交わるので，この四角形は長方形です。**

とき方

[2] (2)
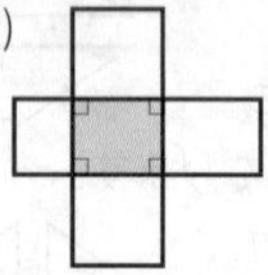

[3] (1)
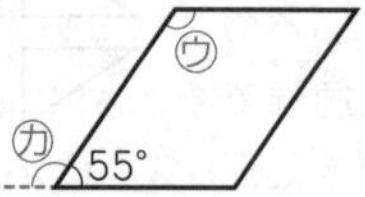

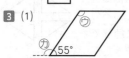

上の図で，
㋕=180°−55°=125°
㋕と㋒は等しいので，㋒=125°

ここに注意
平行四辺形のとなり合う角の和は180°です。
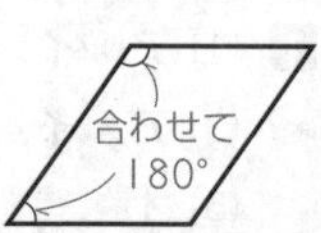

(2)ひし形は，4つの辺の長さがすべて等しく，向かい合う角は等しい。
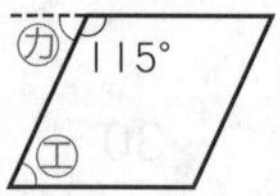

上の図で，
㋕=180°−115°=65°
㋕と㋓は等しいので，㋓=65°

[4] (3)12cmと4cmの直線を，それぞれのまん中の点で，垂直に交わるようにかき，かいた2本の直線のはしを直線で結びます。
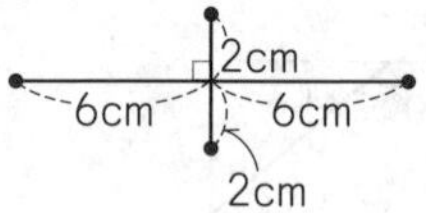

[5]
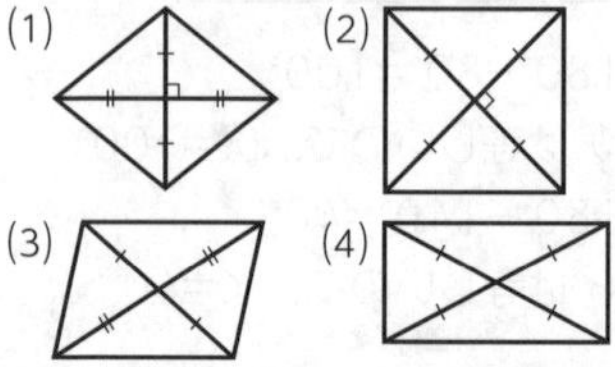

[6] 平行四辺形ABCD，平行四辺形AECF，平行四辺形FBED，平行四辺形GEHFの4つです。

[7] 円の直径と半径であることで，直線BDと直線CEの長さが等しく，点Aが直線BDと直線CEのまん中の点であることがかけていれば，正かいです。

300ページ **練習問題**

(1) **60°**　(2) **120°**
(3) **60°**　(4) **105°**

とき方

(1)180°−(85°+35°)=60°

(2)
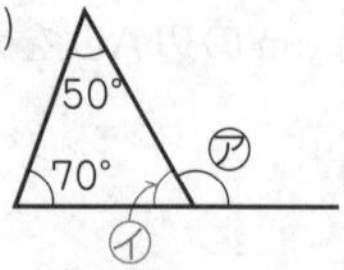

図で㋑の角度は,

180°−(50°+70°)=60°

㋐+㋑=180° なので,

㋐=180°−60°=120°

(3)正三角形の3つの角の大きさはすべて等(ひと)しい。

㋐=180°÷3=60°

(4)

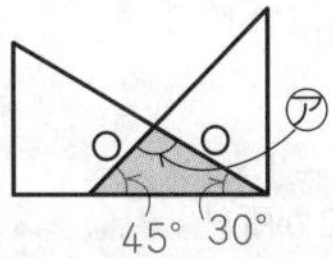

上の図の色のついた三角形で,

45°+30°+㋐=180°

なので,

㋐=180°−(45°+30°)=105°

301ページ 練習問題

(1) **102°** (2) **125°**

(3) **140°** (4) **65°**

とき方

(1)360°−(117°+86°+55°)=102°

(2)360°−(80°+90°+65°)=125°

(3)

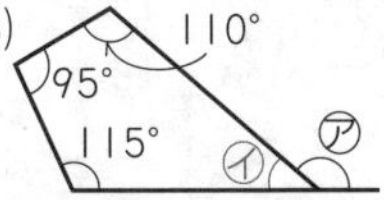

上の図で,㋑は,

360°−(110°+95°+115°)=40°

㋐+㋑=180° なので,

㋐=180°−㋑=180°−40°=140°

(4)

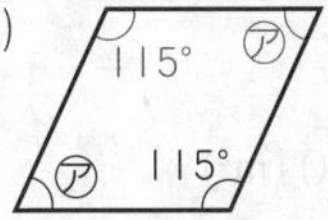

平行四辺形の向かい合う角の大きさは等しくなるので,上の図のようになります。

㋐+㋐+115°+115°=360°

㋐+115°=180°

㋐=180°−115°=65°

第4章 面 積

303ページ 練習問題 ㉘

(1) **$4\ cm^2$** (2) **$4\ cm^2$** (3) **$4\ cm^2$**

(4) **$3\ cm^2$** (5) **$7\ cm^2$**

とき方

(4)

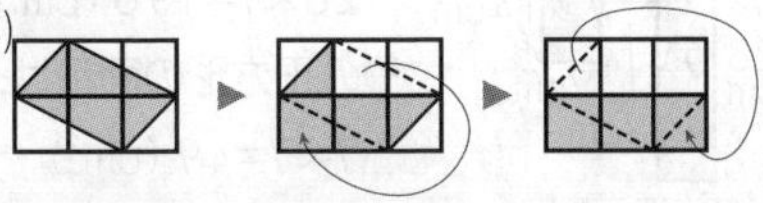

上の図のように動かすと,$1\ cm^3$ が3こ分になるので,$3\ cm^2$ です。

304ページ 練習問題 ㉙

(1) ① **$40\ cm^2$** ② **$49\ cm^2$** (2) **9**

とき方

(1)①5×8=40 (cm^2)

②7×7=49 (cm^2)

(2)13×□=117 □=117÷13 □=9

305ページ 練習問題 ㉚

(1) **$206\ cm^2$** (2) **$343\ cm^2$**

とき方

(1)

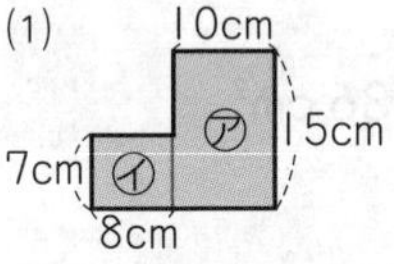

㋐の長方形の面積は,

15×10

=150 (cm^2)

㋑の長方形の面積は,

7×8=56 (cm^2)

㋐+㋑ の面積は,

150+56=206 (cm^2)

別のとき方

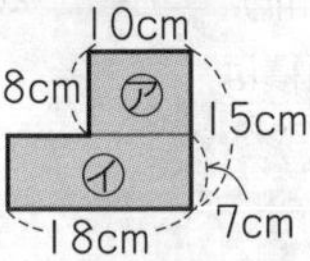

㋐の長方形の面積は,

8×10=80 (cm^2)

㋑の長方形の面積は,

7×18=126 (cm^2)

㋐+㋑=80+126=206 (cm^2)

次のような方法もあります。

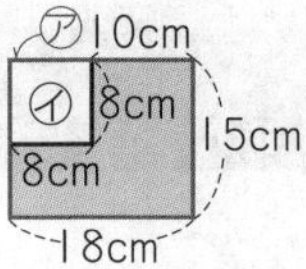

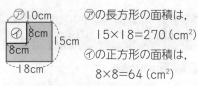

㋐の長方形の面積は，
$15\times18=270\ (\mathrm{cm}^2)$
㋑の正方形の面積は，
$8\times8=64\ (\mathrm{cm}^2)$
㋐の面積から㋑の面積をひいて，
$270-64=206\ (\mathrm{cm}^2)$

(2)
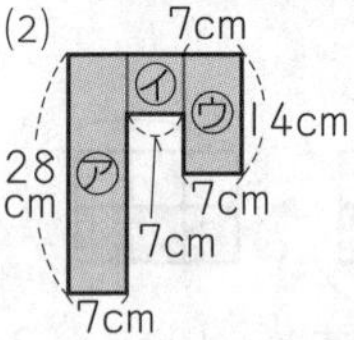

㋐の長方形の面積は，
$28\times7=196\ (\mathrm{cm}^2)$
㋑の正方形の面積は，
$7\times7=49\ (\mathrm{cm}^2)$
㋒の長方形の面積は，
$14\times7=98\ (\mathrm{cm}^2)$
㋐+㋑+㋒ の面積は，
$196+49+98=343\ (\mathrm{cm}^2)$

[別のとき方]

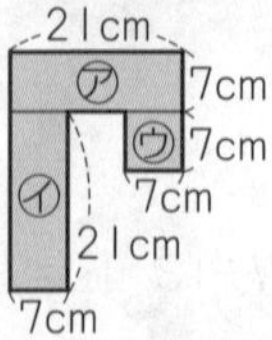

㋐の長方形の面積は，
$7\times21=147\ (\mathrm{cm}^2)$
㋑の長方形の面積は，
$21\times7=147\ (\mathrm{cm}^2)$
㋒の正方形の面積は，$7\times7=49\ (\mathrm{cm}^2)$
㋐+㋑+㋒ の面積は，
$147+147+49=343\ (\mathrm{cm}^2)$

306ページ　練習問題 ㉛

(1) **252 cm²**　(2) **336 cm²**

[とき方]

(1)白い部分を動かすと，右のようになります。

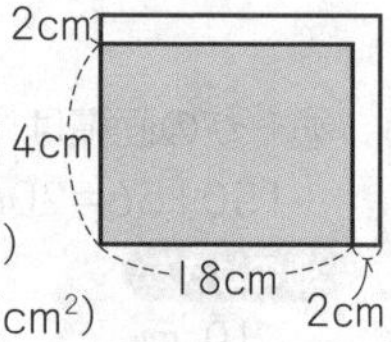

$(16-2)\times(20-2)$
$=14\times18=252\ (\mathrm{cm}^2)$

[別のとき方] 全体の面積は，
$16\times20=320\ (\mathrm{cm}^2)$
白い部分の面積は，
$16\times2+2\times20-2\times2=68\ (\mathrm{cm}^2)$
したがって，$320-68=252\ (\mathrm{cm}^2)$

(2)白い部分を動かすと，右のようになります。

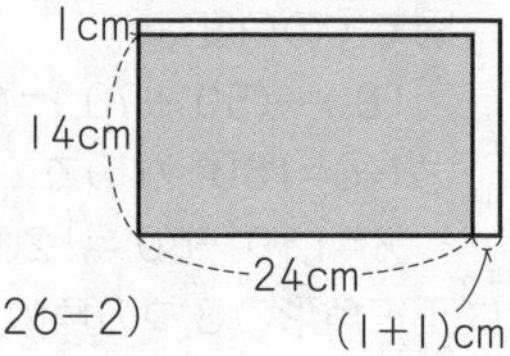

$(15-1)\times(26-2)$
$=14\times24=336\ (\mathrm{cm}^2)$

[別のとき方] 全体の面積は，
$15\times26=390\ (\mathrm{cm}^2)$
白い部分の面積は，
$15\times1\times2+26\times1-\underline{1\times1\times2}$
重なっているのは２か所↵
$=30+26-2=54\ (\mathrm{cm}^2)$
したがって，
$390-54=336\ (\mathrm{cm}^2)$

307ページ　練習問題 ㉜

(1) **12 m², 120000 cm²**
(2) **900 m², 9 a**

[とき方]

(1)$3\times4=12\ (\mathrm{m}^2)$
$1\ \mathrm{m}^2=10000\ \mathrm{cm}^2$ なので，
$12\ \mathrm{m}^2=120000\ \mathrm{cm}^2$
(2)$30\times30=900\ (\mathrm{m}^2)$
$100\ \mathrm{m}^2=1\ \mathrm{a}$ なので，
$900\ \mathrm{m}^2=9\ \mathrm{a}$

308ページ　練習問題 ㉝

(1) **100000 m², 10 ha**
(2) **150 km², 150000000 m²**

[とき方]

(1)$500\times200=100000\ (\mathrm{m}^2)$
$10000\ \mathrm{m}^2=1\ \mathrm{ha}$ なので，
$100000\ \mathrm{m}^2=10\ \mathrm{ha}$
(2)$10\times15=150\ (\mathrm{km}^2)$
$1\ \mathrm{km}^2=1000000\ \mathrm{m}^2$ なので，
$150\ \mathrm{km}^2=150000000\ \mathrm{m}^2$

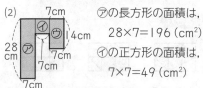

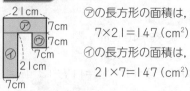

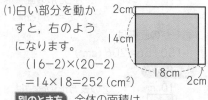

309 ページ 練習問題 ❸❹

(1) 56　(2) 300　(3) 8.7　(4) 600
(5) 35000　(6) 0.8

●とき方

(3) 1 ha＝100 a なので，
　870 a＝8.7 ha
(5) 1 m²＝10000 cm² なので，
　3.5 m²＝35000 cm²
(6) 1 km²＝100 ha なので，
　80 ha＝0.8 km²

310～311 ページ 力をためす問題

1 (1) 5 cm²　(2) 2 cm²　(3) 5 cm²
　(4) 4 cm²　(5) 10 cm²

2 (1) 2275 cm²　(2) 324 cm²
　(3) 5600 cm²

3 (1) 8　(2) 9　(3) 9

4 (1) 3 m²　(2) 62 a　(3) 1500 a
　(4) 500 ha　(5) 90 ha
　(6) 250 m²　(7) 1.7 km²
　(8) 0.9 ha

5 10000 倍

6 16 m

7 (1) 0.17 m²　(2) 1 a
　(3) 2670 cm²

8 350 m²

9 6.25 a

10 (1) 72 cm²　(2) 84 m²

●とき方

2 (3) 1 m＝100 cm だから，
　56×100＝5600 (cm²)
3 (1) 6×□＝48　□＝48÷6
　　□＝8
　(2) □×18＝162　□＝162÷18
　　□＝9

(3) □×□＝81
　9×9＝81 なので，□＝9
4 (5) 1 km²＝100 ha なので，
　0.9 km²＝90 ha
　(6) 1 a＝100 m² なので，
　2.5 a＝250 m²
　(7) 1 km²＝1000000 m² なので，
　1700000 m²＝1.7 km²
　(8) 1 ha＝10000 m² なので，
　9000 m²＝0.9 ha
5 100×100＝10000 なので，1 辺の
　長さが 100 倍になると面積は
　10000 倍になります。

100 倍

1 辺の 長さ	1 cm	100 cm (1 m)
面積	1 cm²	10000 cm² (1 m²)

10000 倍

6 正方形の面積は，
　20×20＝400 (m²)
　長方形は同じ面積なので，
　25×□＝400　□＝400÷25
　□＝16
7 (1) 30×40＝1200
　　25×20＝500
　　1200+500＝1700 (cm²)
　　→ 0.17 m²
　(2) 9×5＝45
　　4×5＝20
　　7×5＝35
　　45+20+35＝100 (m²)
　　→ 1 a
　(3)

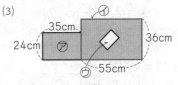

　㋐の長方形の面積は，
　24×35＝840 (cm²)

㋑の長方形の面積は，
$36\times55=1980\ (\mathrm{cm}^2)$
㋒の長方形の面積は，
$10\times15=150\ (\mathrm{cm}^2)$
㋐+㋑−㋒ の面積は，
$840+1980-150=2670\ (\mathrm{cm}^2)$

8
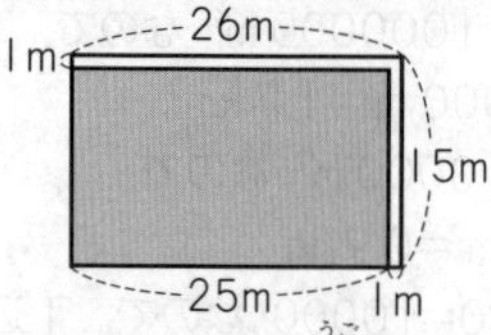

道(白い部分)を動かすと，上の図のようになります。
$(15-1)\times(26-1)$
$=14\times25=350\ (\mathrm{m}^2)$

9 正方形の４つの辺は同じ長さなので，
１辺の長さは，
$100\div4=25\ (\mathrm{m})$
したがって，
$25\times25=625\ (\mathrm{m}^2)\rightarrow6.25\ \mathrm{a}$

10 (1)右の図で，色のついた三角形の面積は，１辺６cmの正方形の面積の半分なので，

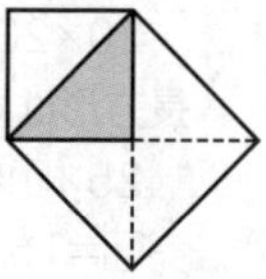

$6\times6\div2=18\ (\mathrm{cm}^2)$
大きい正方形の面積は，
$18\times4=72\ (\mathrm{cm}^2)$

(2)
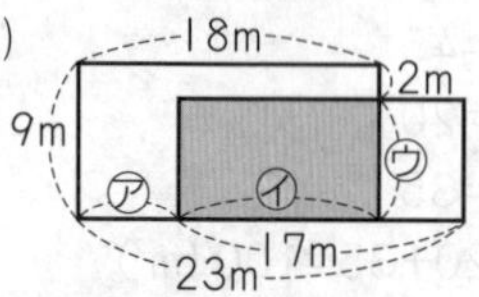

㋐の長さは，$23-17=6\ (\mathrm{m})$
㋑の長さは，$18-6=12\ (\mathrm{m})$
㋒の長さは，$9-2=7\ (\mathrm{m})$
色のついた長方形のたては７m，横は12mなので，
$7\times12=84\ (\mathrm{m}^2)$

312ページ 練習問題

(1) **32 cm²** (2) **42 cm²**
(3) **25 cm²** (4) **3 cm²**

とき方

(2)底辺６cm，高さ７cmの平行四辺形です。
$6\times7=42\ (\mathrm{cm}^2)$
(4)底辺３cm，高さ２cmの三角形です。
$3\times2\div2=3\ (\mathrm{cm}^2)$

313ページ 練習問題

(1) **45 cm²** (2) **15 cm²**
(3) **27 cm²** (4) **10 cm²**

とき方

(1)上底８cm，下底10cm，高さ５cmの台形です。
$(8+10)\times5\div2=45\ (\mathrm{cm}^2)$
(3)対角線が９cmと６cmのひし形です。
$9\times6\div2=27\ (\mathrm{cm}^2)$

第5章 直方体と立方体

316ページ 練習問題 ㉟

	面の形	形も大きさも同じ面の数	同じ長さの辺の数
直方体	長方形	2つずつ3組	4本ずつ3組
立方体	正方形	6	12

● とき方

長方形は，形も大きさも同じ面が，2つずつ3組あります。

長方形は，同じ長さの辺が，4本ずつ3組あります。

317ページ 練習問題 ㊱

(1) 面ア，面イ，面エ，面カ
(2) 面オ

● とき方

(1)立方体のとなり合った面は垂直です。
(2)立方体の向かい合った面は平行です。

318ページ 練習問題 ㊲

(1) 辺 AE，辺 AD，辺 BF，辺 BC
(2) 辺 EF，辺 DC，辺 HG

● とき方

(1)辺 AB と垂直に交わる辺は4本あります。
(2)辺 AB に平行な辺は3本あります。とくに，辺 HG を見落とさないようにしましょう。

319ページ 練習問題 ㊳

(1) 辺 AD，辺 BC，辺 EH，辺 FG
(2) 辺 DC，辺 CG，辺 GH，辺 DH

● とき方

(1)色のついた面に垂直な辺は，4本あります。
(2)色のついた面に平行な辺は，4本あります。

320ページ 練習問題 ㊴

(1)

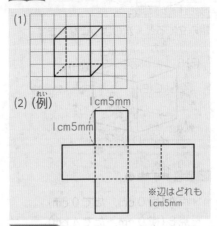

(2)（例）

1cm5mm
1cm5mm

※辺はどれも1cm5mm

● 別のとき方

(2)切り方によって，次のような展開図が考えられます。（例）と合わせて全部で11種類です。

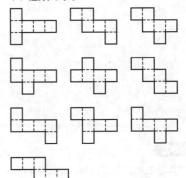

(1) 点E　(2) 辺JK　(3) 面ア
(4) 面ア，面ウ，面オ，面カ

●とき方

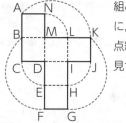

組み立てるとき
に，重なる点を，
点線でつないで
見つけます。

組み立てると，次のようになります。

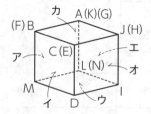

(1) 点A（横0cm，たて0cm）
　点B（横0cm，たて4cm）
　点C（横4cm，たて0cm）
　点D（横2cm，たて5cm）
　点E（横5cm，たて2cm）

(2)

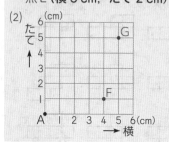

●とき方

(1)点Aをもとにして，横，たての目もり
　を読みます。

(1) 点イ
　（横1m，たて1m，高さ2m）
　点ウ
　（横3m，たて1m，高さ3m）
　点エ
　（横4m，たて2m，高さ1m）
　点オ
　（横3m，たて4m，高さ0m）
(2) ①点キ
　②点ク

1 (1) ア…8　イ…6　ウ…9
　　　エ…4　オ…4　カ…4
　(2) 1つ　(3) 5つ
2 (1) 面ア
　(2) 面ウ，面エ，面オ，面カ
　(3) 辺AE，辺EH，辺DH，辺AD
　(4) 辺AB，辺EF，辺DC，辺HG
　(5) 辺BF，辺CG，辺DH
　(6) 辺AB，辺AD，辺EF，辺EH
3 (1) 立方体
　(2) 面エ
　(3) 面ア，面イ，面エ，面カ
　(4) 点J，点N
　(5) 辺BA
4 ア，イ，エ
5 (1)（例）

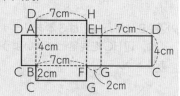

第3編

第1章

第2章

第3章

第4章

第5章

(2) 平行な面…**面 EFGH**
　垂直な面…**面 AEFB,**
　面 BFGC, 面 CGHD,
　面 AEHD

(3) 平行な面…**面 EFGH**
　垂直に交わる辺…**辺 AE,**
　辺 CG

(4) **52 cm**

6 (1) 点B（横**2 cm**，たて**5 cm**）
　　点C（横**4 cm**，たて**9 cm**）
　　点D（横**0 cm**，たて**3 cm**）
　　点E（横**7 cm**，たて**2 cm**）
　　点F（横**5 cm**，たて**0 cm**）

(2)

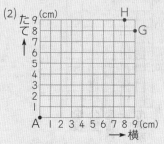

(3) **平行四辺形**

7 点 I
　（横**0 cm**，たて**0 cm**，高さ**7 cm**）
　点 J
　（横**12 cm**，たて**5 cm**，高さ**9 cm**）
　点 K
　（横**5 cm**，たて**8 cm**，高さ**9 cm**）

8 **ア5　イ3　ウ6**

● とき方

5 (3)右の図から，平行
　な面は，面 EFGH，
　垂直に交わる辺は，
　辺 AE，辺 CG です。

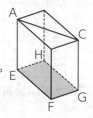

(4) 2 cm の辺が 4 本，4 cm の辺が 4
本，7 cm の辺が 4 本なので，
　(2+4+7)×4=13×4=52（cm）

6 (3)直線で結ぶと，下のような四角形に
なります。

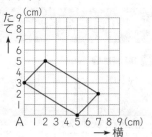

　2 組の向かい合う辺が平行なので平
行四辺形です。

7 点 I の高さは，9−2=7（cm）
　点 K の横は，12−7=5（cm）

8 展開図を組み立てると，
　面アに平行な面は，⊡
　面イに平行な面は，⊞
　面ウに平行な面は，⊡になります。
　　ア+2=7　ア=5
　　イ+4=7　イ=3
　　ウ+1=7　ウ=6

表とグラフ

第**1**章 ぼうグラフと表

331ページ 練習問題 **❶**

(1) 11人
(2)

けが調べ

種類	人数(人)
切りきず	15
すりきず	11
打ぼく	7
その他	3
合計	36

(3) 8人

●とき方

(2)「その他」は,つき指が1人,ねんざが2人なので,1+2=3(人)
(3)切りきずは15人,打ぼくは7人なので,15−7=8(人)

332ページ 練習問題 **❷**

(1) 1人 (2) サッカー
(3) 3倍

●とき方

(3)野球は9目もり,テニスは3目もりなので,9÷3=3(倍)

333ページ 練習問題 **❸**

(1) 2さつ (2) 金曜日,34さつ
(3) 15さつ (4) 4さつ

●とき方

(1)5目もりで10さつを表しているので,10÷5=2(さつ)

(3)水曜日のぼうグラフは,14さつと1目もりの半分です。1目もりは2さつなので,半分は1さつです。したがって,水曜日は14+1=15(さつ)です。
(4)火曜日のぼうグラフは,木曜日より2目もり長いので,ちがいは4さつです。

334ページ 練習問題 **❹**

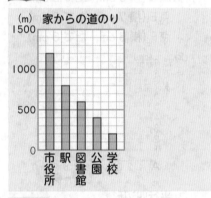

●とき方

いちばん遠い道のりが1200mです。1目もりを100mにすると,1500mまでかけます。表と同じ順にぼうグラフをかいても正かいです。

335ページ 練習問題 **❺**

(1)

住んでいる町調べ(人)

	1組	2組	3組	合計
東町	9	12	6	27
北町	2	6	11	19
西町	13	11	8	32
南町	10	5	8	23
合計	34	34	33	101

(2) 2組 (3) 西町 (4) 101人

とき方

(2) 1組は9人，2組は12人，3組は6人なので，いちばん多いのは2組です。
(3) 右はしの合計の人数のうち，いちばん多いのは，32人の西町です。
(4) 27+19+32+23=101（人）
または，34+34+33=101（人）

336ページ 練習問題❻

(1) **4年生** (2) **へっている。**
(3) **4月** (4) **7月**

とき方

(1) 4月の■と■のぼうの長さをくらべます。
(2) 5月の■のぼうは，4月よりも短（みじか）くなっているので，人数がへっていることがわかります。
(3) ■のぼうがいちばん長いのは4月です。
(4) ■のぼうと■のぼうの両方（りょうほう）が短いのは，7月です。

337ページ 練習問題❼

(1) **バナナ** (2) **3年生** (3) **35人**
(4) **いちご**

とき方

(1) ■のぼうがいちばん長いのはバナナです。
(2) グレープフルーツの■は4目もり，■は2目もりなので，多いのは■（3年生）です。
(3) 1目もりは5人を表しているので，バナナのぼう全体が表しているのは35人です。
(4) ぼう全体の長さがいちばん長いのは，いちごです。

338～339ページ 力をためす問題

1 (1) 車調べ

種類	台数(台)
乗用車	16
バス	7
トラック	8
タクシー	5
その他	3
合計	39

(2) **トラック** (3) **2台**

2 (1) **2人** (2) **水泳** (3) **野球**
(4) 水泳…**26人**
サッカー…**20人**
体そう…**15人**
野球…**10人**
その他…**11人**
(5) **11人** (6) **2倍**

3 (m)**ボール投げの記録**

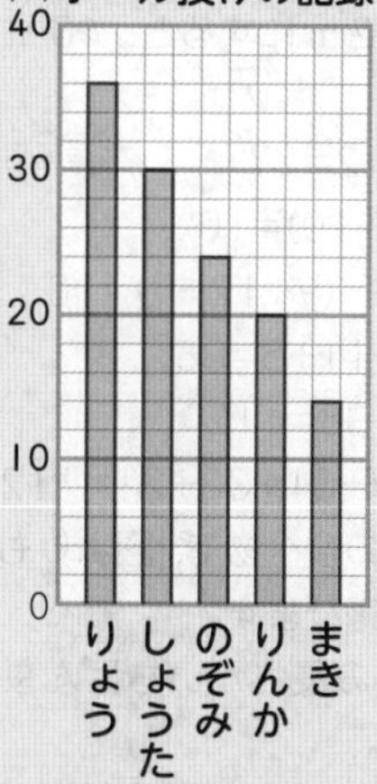

4 (1) ㋐ **27** ㋑ **10** ㋒ **38**
㋓ **112**
(2) **9人** (3) **ハンバーグ**
(4) **カレー**

5 (1) **わたあめ** (2) **だんご**
(3) **やきそば，あんみつ**

6 (1) 1組　(2) 2組
　(3)いちばん多い…2組
　　いちばん少ない…3組

● とき方

1 (3)バス7台, タクシー5台なので,
　　7−5=2 (台)

2 (1)10人を5目もりで表しているので,
　　10÷5=2 (人)
　(4)体そうは7目もりと1目もりの半
　分です。1目もりは2人なので, 半分
　は1人。7目もりで14人なので,
　　14+1=15 (人)
　その他は5目もりと1目もりの半分
　です。10人と1人なので,
　　10+1=11 (人)
　(6)サッカーは10目もり, 野球は5目
　もりなので,
　　10÷5=2 (倍)

3 投げた長さがいちばん長いのは36m。
　1目もりを2mにすると, 40mまで
　かけます。

4 (1)㋐9+6+12=27
　㋑31−(11+10)=10
　または, 38−(9+12+7)=10
　㋒12+10+11+5=38
　㋓38+36+38=112
　または, 27+31+33+21=112

5 (3)それぞれの食べ物で, □よりも□が
　長いものを選びます。

6 (1)□のぼうの長さがいちばん長い組
　を選びます。
　(2)□のぼうの長さがいちばん長い組
　を選びます。
　(3)ぼう全体の長さでくらべます。

第2章　折れ線グラフと表

341 ページ 練習問題 ❽

(1) 14 度　(2) 7月と8月の間
(3) 3月と4月の間

● とき方

(1)5目もりで10度なので, 1目もりは,
　10÷5=2 (度)
　4月は7目もりなので, 14度です。
(3)グラフの線のかたむきから, 3月と4
　月の間の気温の上がり方がいちばん大
　きいことがわかります。

342 ページ 練習問題 ❾

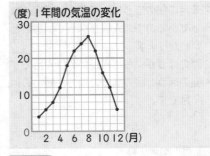

(度) 1年間の気温の変化

● とき方

いちばん高いのは26度です。1目もり
を2度にすると30度までかけます。

343 ページ 練習問題 ❿

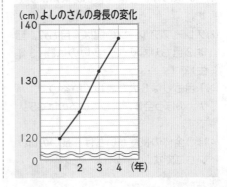

(cm)よしのさんの身長の変化

●とき方

4年生の身長が137.5cmなので、140cmまでの目もりがあればたります。また、120cmから140cmまでは20目もりなので、1目もりを1cmにします。

344ページ 練習問題⑪

(1) りょうたさん、
　　1年生から2年生の間
(2) けんたさん…7000円
　　りょうたさん…4000円
(3) 4年生、7000円

●とき方

(1)「貯金がへる」とき、グラフが下がります。
(2)このグラフは、5目もりで5000円を表しているので、1目もりは1000円です。
(3)2つのグラフがいちばんはなれているのは4年生で、7目もりはなれているので、7000円です。

345ページ 練習問題⑫

(1) 2017年、26000円
(2) 2017年、240人
(3) 多くなっている。

●とき方

やきそばの売り上げは左の目もり、参加者の数は右の目もりをよみます。
売り上げの1目もり…2000円
参加者の1目もり…20人
(3)ぼうグラフのぼうが長いと、やきそばの売り上げを表す折れ線グラフの点も、高いところにあります。

346ページ 練習問題⑬

けがの種類と場所　　　（人）

種類＼場所	教室	ろうか	体育館	運動場	合計
すりきず	1	2	0	0	3
切りきず	1	0	1	0	2
ねんざ	0	0	1	1	2
打ぼく	1	1	0	1	3
合計	3	3	2	2	10

347ページ 練習問題⑭

妹・弟がいる人調べ　　（人）

		弟		合計
		いる	いない	
妹	いる	4	10	14
	いない	11	12	23
合計		15	22	37

●とき方

右のように、表に記号を入れて考えます。

	㋐	㋑	㋒
	㋓	㋔	㋕
	㋖	㋗	37

弟がいる人は、㋖に入ります。妹がいる人は、㋒に入ります。どちらもいない人は、㋔に入ります。
表は右のようになるので、

	㋐	㋑	14
	㋓	12	㋕
	15	㋗	37

㋕は37-14=23
㋗は37-15=22
㋕が23なので、㋓は23-12=11
㋗が22なので、㋑は22-12=10
㋑が10なので、㋐は14-10=4

348〜349ページ 力をためす問題

1 (1) たてのじく…ねだん
　　横のじく…日
(2) 6円
(3) 10日と11日の間

第4編

第1章

第2章

(4) **8日と9日の間**

(5) **7日と8日の間**

2 (L) **水道水の使用量の変化**

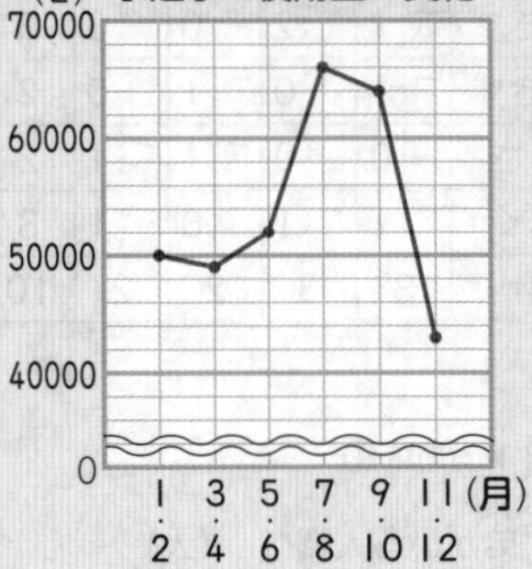

3 **イ，ウ**

4 (1) **12月** (2) **5400円**

(3) **8月** (4) **冬**

5 (1) 文ぼう具店で売られているもの(まい)

種類＼色	赤	青	黄	合計
下じき	8	10	**3**	21
色紙	**15**	20	12	47
シール	21	18	**15**	**54**
合計	**44**	**48**	30	**122**

(2) **15まい** (3) **48まい**

(4) **54まい**

6 手ぶくろとマフラー調べ（人）

		マフラー		合計
		している	していない	
手ぶくろ	している	**12**	**7**	**19**
	していない	**8**	**3**	**11**
合計		**20**	**10**	30

とき方

1 (2)5目もりで30円を表しているので，1目もりは，30÷5=6 (円)

2 いちばん使用量が多いのは66000 Lなので，目もりは70000 Lまであればたります。1目もりを2000 Lにします。1000 Lは1目もりの半分で表せます。

3 数量(すうりょう)の大きさをくらべるときはぼうグラフ，数量の変化のようすを見たいときは折れ線グラフに表します。

4 (2)5目もりで1000円を表しているので，1目もりは，

1000÷5=200 (円)

電気代がいちばん安かったのは5月で，5400円です。

(3)同じ月で，2つのグラフがいちばんはなれているところをさがします。

(4)グラフの形から，ガス代は冬に高く，夏に安かったことがわかり，ガスをたくさん使ったのは冬だと考えられます。

5 (1)右のように表に記号(きごう)を入れて考えます。

	8	10	㋐	21
	㋑	20	12	47
	21	18	㋒	㋓
	㋔	㋕	30	㋖

㋐は21−(8+10)=3

㋑は47−(20+12)=15

㋒は30−(㋐+12)=30−(3+12)=15

㋓は21+18+㋒=21+18+15=54

㋔は8+㋑+21=8+15+21=44

㋕は10+20+18=48

㋖は21+47+㋓=21+47+54=122

または，

㋔+㋕+30=44+48+30=122

6 右のように表に記号を入れて考えます。

	㋐	㋑	㋒
	㋓	㋔	㋕
	㋖	㋗	30

㋒は手ぶくろをしている人数なので，19

㋖はマフラーをしている人数なので，20

㋐はどちらもしている人数なので，12

㋑は19−12=7　㋓は20−12=8

㋕は30−19=11　㋔は11−8=3

㋗は30−20=10　または，7+3=10

第5編

考える力をつける問題

第1章 いろいろな文章題

355ページ 練習問題❶

(1) 49本　(2) 90円　(3) 35 cm
(4) 807円

とき方

(1)
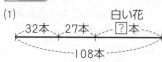

32+27=59 (本)
108−59=49 (本)

(2)
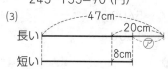

45+200=245 (円)
245−155=90 (円)

(3)
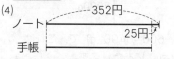

図の㋐の部分の長さは,
　20−8=12 (cm)
短いテープの長さは,
　47−12=35 (cm)

別のとき方　47−20+8=35 (cm)

(4)
ノート
手帳

「ノートは手帳より 25 円高い」
→「手帳はノートより 25 円安い」
手帳のねだんは,
　352−25=327 (円)
代金は,
　352+128+327=807 (円)

357ページ 練習問題❷

(1) 24こ　(2) 52こ　(3) 2きゃく
(4) 1070円　(5) 71こ　(6) 60円

とき方

(1) 1ふくろあたりふえる数は,
　　15−12=3 (こ)
　8ふくろで 3×8=24 (こ) 必要です。

別のとき方　今のあめの数は,
　　12×8=96 (こ)
　15こずつにしたときのあめの数は,
　　15×8=120 (こ)
　あめはあと, 120−96=24 (こ) 必要
です。

(2) バケツに入った水は全部で,
　　39×8=312 (dL)
　これを 6 dL ずつに分けるから, 入れ
物は 312÷6=52 (こ)

(3) 40 人がすわるのに必要な長いすの数
は, 40÷4=10 (きゃく)
したがって, 10−8=2 (きゃく)

(4) こうたさんがもらった金がくは,
　　5000÷4=1250 (円)
　画用紙の代金は, 15×12=180 (円)
　したがって, 1250−180=1070 (円)

(5) 赤いおはじきは, 176÷4=44 (こ)
　青いおはじきは, 81÷3=27 (こ)
　全部で, 44+27=71 (こ)

(6) 色えん筆の代金は,
　　165×8=1320 (円)
　消しゴム 3 この代金は,
　　1500−1320=180 (円)
　したがって, 180÷3=60 (円)

358 ページ 練習問題 ❸

ゆいとさん…900 円　弟…600 円

とき方

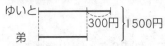

弟が出した金がくの2倍は，
　1500−300=1200（円）
弟が出した金がくは，
　1200÷2=600（円）
ゆいとさんが出した金がくは，
　600+300=900（円）

別のとき方

ゆいとさんが出した金がくの2倍は，
　1500+300=1800（円）
ゆいとさんが出した金がくは，
　1800÷2=900（円）
弟が出した金がくは，
　900−300=600（円）

359 ページ 練習問題 ❹

大…20 まい　中…12 まい
小…8 まい

とき方

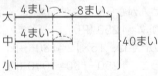

　40−(4+8+4)=24（まい）
小は，24÷3=8（まい）
中は，8+4=12（まい）
大は，12+8=20（まい）

別のとき方

　40+(4+8+8)=60（まい）
大は，60÷3=20（まい）
中は，20−8=12（まい）
小は，12−4=8（まい）

360 ページ 練習問題 ❺

りくさん…2250 円
しょうさん…1500 円
たけるさん…750 円

とき方

たけるさんを①とします。

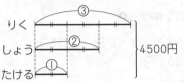

4500 円は，③+②+①=⑥ にあたります。これは，たけるさんの金がくの6倍だから，たけるさんの金がくは，
　4500÷6=750（円）
しょうさんの金がくは，
　750×2=1500（円）
りくさんの金がくは，
　750×3=2250（円）

361 ページ 練習問題 ❻

Aのすな…5400 g
Bのすな…1600 g

とき方

Bのすなの重さを①とすると，Aのすなの重さから 600 g ひいた重さは③と表せます。

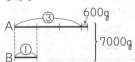

7000−600=6400（g）で，これは③+①=④ にあたります。
Bのすなの重さは，
　6400÷4=1600（g）
Aのすなの重さは，
　1600×3+600=5400（g）
または，7000−1600=5400（g）

362ページ 練習問題 ❼

63 円切手…**16 まい**
84 円切手…**14 まい**

[とき方]

63 円切手	30	29	28	27	…
84 円切手	0	1	2	3	…
代金（円）	1890	1911	1932	1953	…

（63 円切手：−1 −1 −1、代金：+21 +21 +21）

63 円切手が 1 まいへると，代金は
84−63=21（円）ふえます。
63 円切手だけ 30 まい買ったときの代金は，
63×30=1890（円）
実さいの代金は，
2184−1890=294（円）高いので，
84 円切手のまい数は，
294÷21=14（まい）
63 円切手のまい数は，
30−14=16（まい）

[別のとき方] 84 円切手だけを 30 まい買ったときの代金は，
84×30=2520（円）
実さいの代金は，
2520−2184=336（円）安いので，
63 円切手のまい数は，
336÷21=16（まい）
84 円切手のまい数は，
30−16=14（まい）

363ページ 練習問題 ❽

13 回

[とき方]

勝ち（回）	25	24	23	22	21	…
負け（回）	0	1	2	3	4	…
メダル（まい）	100	96	92	88	84	…

（勝ち：−1 −1 −1 −1、メダル：−4 −4 −4 −4）

勝ちが 1 回へると，メダルの数は，
3+1=4（まい）へります。
25 回全部勝ったときのメダルは，
25+3×25=100（まい）
実さいのメダルは，
100−52=48（まい）少ないので，
負けた回数は，
48÷4=12（回）
勝った回数は，
25−12=13（回）

364ページ 練習問題 ❾

みかん…**30 円**　りんご…**120 円**

[とき方]

みかん 1 このねだんを[み]，りんご 1 このねだんを[り]として考えます。
[み]×2+[り]×1=180 円
→[み]×4+[り]×2=360 円　…①
[み]×4+[り]×3=480 円　…②
①と②の式から，
りんご 1 このねだんは，
480−360=120（円）
みかん 1 このねだんは，
（180−120）÷2=30（円）

365ページ 練習問題 ❿

11 人

[とき方]

表に表して考えます。

		レインコート ○	レインコート ×	合計
かさ	○	㋐	㋑	30
かさ	×	㋒	3	㋓
合計		16	㋔	38

持ってきた…○
持ってこなかった…×

両方とも持ってきた人は，㋐になります。
㋔38−16=22（人）
㋑22−3=19（人）

㋐30−19=11（人）

[別のとき方] 下のような図に表します。

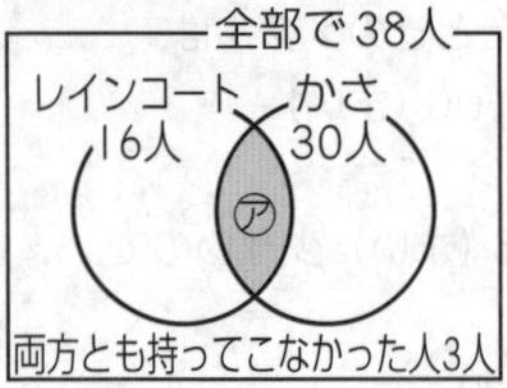

両方持ってきた人は，㋐の部分です。
どちらかを持ってきた人は，
　38−3=35（人）
レインコートを持ってきた人の人数とかさをもってきた人の人数をたすと，
　16+30=46（人）
この46人は㋐の部分を2回数えているので，㋐の人数は，
　46−35=11（人）

366〜367ページ　**力をためす問題**

[1] 105 cm
[2] 70 まい
[3] 5まい
[4] ゆめさん…56 まい
きりさん…44 まい
[5] A…41　B…34　C…29
[6] りんかさん…1200 円
よしのさん…400 円
[7] のぞみさん…390 羽
妹…110 羽
[8] 5円玉…73 まい
50 円玉…29 まい
[9] 17 回
[10] プリン…150 円
ゼリー…80 円
[11] (1) 18 人　(2) 7人
[12] 大人…600 円
子ども…250 円

[13] 0人

[とき方]

[1] ㋐+㋒の長さは，㋑の長さより 60 cm 長いので，
　170+60=230（cm）
㋐は 125 cm なので，㋒の長さは，
　230−125=105（cm）

[2] 男子と女子の人数の和は
　18+17=35（人）
2まいずつ配るので，
　2×35=70（まい）

[3] ノートの代金は，
　110×2=220（円）
画用紙の代金は，
　395−220=175（円）なので，
　175÷35=5（まい）

[4]
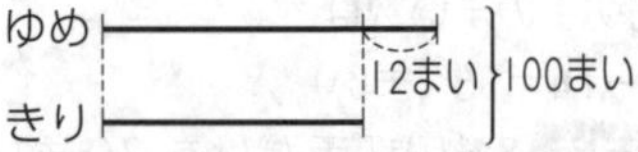

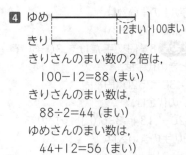

きりさんのまい数の2倍は，
　100−12=88（まい）
きりさんのまい数は，
　88÷2=44（まい）
ゆめさんのまい数は，
　44+12=56（まい）

[5]
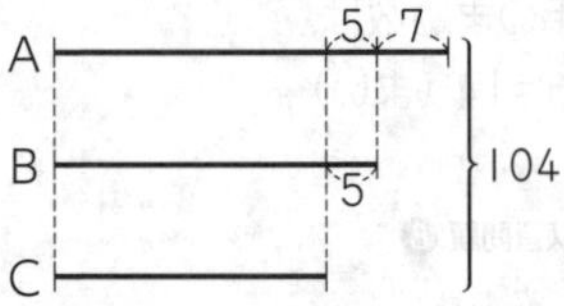

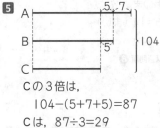

Cの3倍は，
　104−(5+7+5)=87
Cは，87÷3=29
Bは，29+5=34
Aは，34+7=41

[6] よしのさんの金がくを①とすると，800円は，③−①=② と表せます。

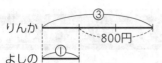

よしのさんの金がくは,

　800÷(3−1)=400 (円)

りんかさんの金がくは,

　400×3=1200 (円)

7 妹が折った数を①とします。

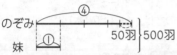

のぞみさんが折った数に50羽をたした数は④と表せます。

妹が折った数は,

　(500+50)÷(4+1)=110 (羽)

のぞみさんが折った数は,

　110×4−50=390 (羽)

または, 500−110=390 (羽)

8

5円玉	102	101	100	99	98	…
50円玉	0	1	2	3	4	…
金がく	510	555	600	645	690	…

5円玉が1まいへると, 金がくは

　50−5=45 (円) ふえます。

102まいすべてが5円玉のときの金がくは, 102×5=510 (円)

実さいの金がくは

　1815−510=1305 (円) 多いので, 50円玉のまい数は,

　1305÷45=29 (まい)

5円玉のまい数は,

　102−29=73 (まい)

9

勝ち (回)	30	29	28	27	26	…
負け (回)	0	1	2	3	4	…
位置 (だん)	120	115	110	105	100	…

勝ちが1回へると, 位置は,

　4+1=5 (だん) 下になります。

30回全部勝ったときの位置は, 初めの位置から,

　4×30=120 (だん) 上になります。

実さいは, 120−55=65 (だん) 少ないので, 負けた回数は,

　65÷5=13 (回)

勝った回数は,

　30−13=17 (回)

10 プリン1このねだんを⑦, ゼリー1このねだんを④として考えます。

3倍 ⎧ ⑦×2+④×2=460円
　　⎩ ⑦×3+④×5=850円 → ⑦×6+④×6=1380円 ⎫ 2倍
　　　　　　　　　　　　　 ⑦×6+④×10=1700円 ⎭

上の2つの式から,

　④×4=1700−1380=320 (円)

ゼリー1このねだんは,

　320÷4=80 (円)

④×2=80円×2=160円 なので,

　⑦×2=460円−160円

　　　=300円

プリン1このねだんは,

　300÷2=150 (円)

11 表に表して考えます。

	スキー		合計
	○	×	
スケート ○	⑦	④	17
スケート ×	⑨	10	④
合計	25	④	45

する…○

しない…×

(1)スキーはするがスケートはしない人は, ⑨になります。

　④45−17=28 (人)

　⑨28−10=18 (人)

(2)スキーもスケートもする人は, ⑦になります。

　⑦25−18=7 (人)

12 大人1人の入館料を大, 子ども1人の

入館料を㋦とすると,
　㋛×2+㋦×4=2200 円
　㋛=㋦+350 円

> ㋛㋛
> ㋦㋦㋦㋦

　　　　㋛を㋦+350 円に
　　　　おきかえる

> ㋦+350 円　㋦+350 円
> ㋦㋦㋦㋦

上の図から,
　㋦+㋦+㋦+㋦+㋦+㋦+350 円
　　+350 円=2200 円
　㋦×6+700 円=2200 円
　㋦×6=1500 円
子ども I 人の入館料は,
　1500÷6=250 (円)
大人 I 人の入館料は,
　250+350=600 (円)

13 表に表して考えます。

		I番		合計
		○	×	
2番	○	13	㋐	28
	×	㋑	㋒	㋓
合計		15	㋔	30

できた…○
できなかった…×

I 問もできなかった人は, ㋒になります。
　㋐28−13=15 (人)
　㋔30−15=15 (人)
　㋒15−15=0 (人)

第2章　きまりを見つける問題

368 ページ 練習問題 ⑪

7本

とき方

木の数は間の数より I 多くなります。
間の数は, 30÷5=6
木の数は, 6+1=7 (本)

369 ページ 練習問題 ⑫

76 m

とき方

くいの数＝間の数 なので, 間の数は 38
こです。
　2×38=76 (m)

370 ページ 練習問題 ⑬

(1) ア…23　イ…35
(2) ア…69　イ…58
(3) ア…64　イ…2

とき方

(1)

前の数より 6 ふえているので,
　ア=17+6=23　イ=29+6=35

(2)

ひく数が I ずつへっているので,
　ア−6=63　ア=69
　63−5=イ　イ=58

(3) 128　ア　32　16　8　4　イ
　　　　　　　　÷2　÷2　÷2

前の数を 2 でわっているので,
　ア=128÷2=64
　イ=4÷2=2

371ページ 練習問題⑭

□

[とき方]

最初の○に注目して，くり返しを見つけます。

○△△□○｜○△△□○｜○△△□○｜…

「○△△□○」の5こがくり返されています。

294÷5=58 あまり 4

294番目の形は，5このまとまりが58回くり返されたあと，4番目の形です。

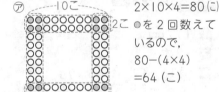

57回目　58回目

…｜○△△□○｜○△△□○｜○△△□○

（↑ 294番目の形）

372ページ 練習問題⑮

64こ

[とき方]

下の㋐～㋒のような求め方があります。

㋐

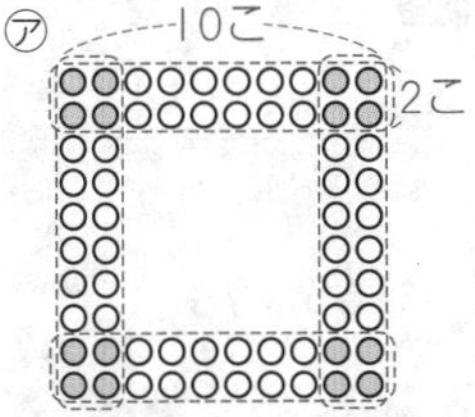

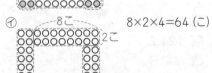

2×10×4=80（こ）

●を2回数えているので，

80−(4×4)

=64（こ）

㋑

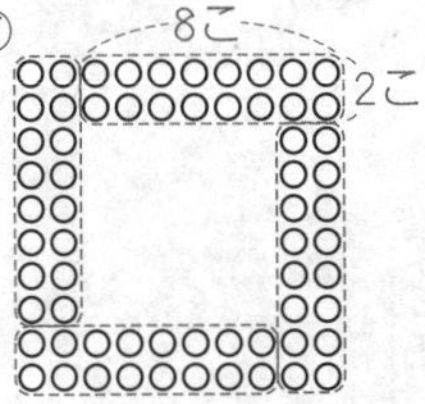

8×2×4=64（こ）

㋒

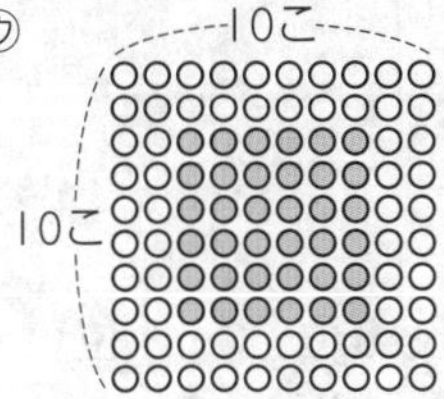

10×10=100（こ）

●の数は

6×6=36（こ）

なので，

100−36=64（こ）

373ページ 練習問題⑯

木曜日

[とき方]

3月1日から12月31日までは，

31（3月）+30（4月）+31（5月）+30（6月）+31（7月）+31（8月）

+30（9月）+31（10月）+30（11月）+31（12月）

→30×10+1×6=306（日）

306÷7=43 あまり 5

「日月火水木金土」が43回あって，そこから5日後が12月31日です。

土→日(1)→月(2)→火(3)→水(4)→木(5)

12月31日は木曜日

374ページ 練習問題⑰

(1)

6	11	4
5	7	9
10	3	8

(2)

8	13	6
7	9	11
12	5	10

[とき方]

(1) 3つの数の和は，

6	11	ア
5	7	イ
エ	ウ	8

6+7+8=21

[ア]=21−(6+11)=4

[イ]=21−(5+7)=9

[ウ]=21−(11+7)=3

[エ]=21−(6+5)=10

(2) 3つの数の和は等しいので，

8		6
イ	9	11
ア		

8+[イ]+[ア]=6+9+[ア]

8+[イ]=6+9

[イ]=7

3つの数の和は，

8	ウ	6
7	9	11
ア	エ	オ

7+9+11=27

[ア]=27−(8+7)=12

[ウ]=27−(8+6)=13

[エ]=27−(13+9)=5

[オ]=27−(6+11)=10

375ページ　練習問題⑱

5こ

とき方

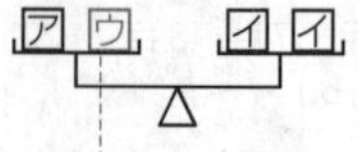

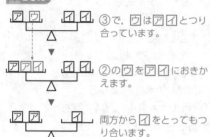

③で，[ウ]は[ア][イ]とつり合っています。

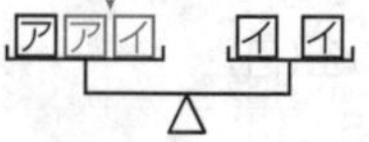

②の[ウ]を[ア][イ]におきかえます。

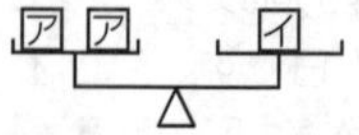

両方から[イ]をとってもつり合います。

[イ]は[ア][ア]([ア]2こ)とつり合います。
③の[イ]を[ア][ア]におきかえます。[ウ]は[ア][ア][ア]([ア]3こ)とつり合います。
[エ]は[イ][ウ]とつり合うから，[エ]は[ア]5ことつり合います。

376ページ　練習問題⑲

B, C, E, A, D

とき方

下のように，図に表します。

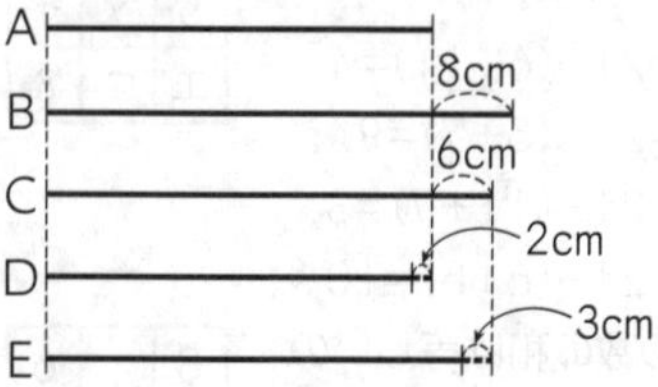

図から，高い順にならべると，B→C→E→A→Dとなります。

377ページ　練習問題⑳

A…3位　B…1位　C…4位
D…2位　E…5位

とき方

次の表で①〜⑧の順に考えます。

①Aは1位ではない。また，Cより上なので5位でもない。

	1	2	3	4	5
A	×				×
B					
C	×	×			×
D	×		×		
E					

④Aは1位ではないので，Cも2位ではない。

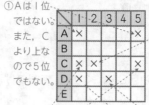

②Cは，Eより上なので，5位ではなく，Aより下なので，1位でもない。

③DはBの次の順位なので，1位ではない。3位でもない。

⑤1位はBかE。しかしCはEより上なので，Eは1位ではない。Bが1位。

	1	2	3	4	5
A	×	×	○	×	×
B	○	×	×	×	×
C	×	×	×	○	×
D	×	○	×	×	×
E	×	×	×	×	○

⑧AとCでは，Aの方が上なので，Aが3位，Cが4位。

⑥DはBのすぐあとなので，2位。

⑦5位がEしかあいていないので，Eが5位。

378〜379ページ　力をためす問題

1 177cm
2 12本
3 (1) 16，19　(2) 65，78
(3) 4，2
4 73こ
5 121こ
6 金曜日
7

12	5	14	3
8	9	2	15
1	16	7	10
13	4	11	6

8 5こ
9 E
10 A…3位　B…5位　C…1位
D…4位　E…2位

とき方

1

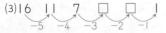

①	②	③	④
1	2	3	4	5

紙が5まいだとのりしろは4か所です。紙5まい分の長さは，

37×5＝185（cm）

のりしろ4か所の長さは，

2×4＝8（cm）

つないだ横の長さは，

185−8＝177（cm）

2 両はしに鉄のくいがあるので，木の数は間の数より1少なくなります。

たて100mの間の数は，

100÷20＝5

たての木の数は，

5−1＝4（本）

横60mの間の数は，

60÷20＝3

横の木の数は，

3−1＝2（本）

たて，横は2つずつあるので，全体の木の数は，

（4＋2）×2＝12（本）

3 (1) 7　10　13　□　□
　　　+3　+3　+3　+3

(2) 39　52　□　□　91　104
　　　+13　+13　+13　+13　+13

(3) 16　11　7　□　□　1
　　　−5　−4　−3　−2　−1

4 7 9 1 8 2 1｜7 9 1 8 2 1｜7 9 1 8 2 1｜…

220÷6＝36 あまり 4

220番目の数は，「791821」が36回くり返されたあと，4番目の数。

35回目　　36回目
…｜791821｜791821｜791821
　　　　　　　　　　↑
　　　　　　　　220番目の数

36回くり返された数字の中に1は2こずつあるので，1の数は，

2×36＝72（こ）

あまりの4この数字の中に1はもう1こあるので，全部の1の数は，

72＋1＝73（こ）

5 1辺が5このとき，まわりの白いご石の数を，右の図のように求めると，

（5−1）×4＝16（こ）

まわりの白いご石の数が48この場合，1辺の数を□ことすると，

（□−1）×4＝48（こ）と表せます。

□−1＝12　□＝13 です。

1辺に13この白いご石がならんだとき，黒いご石の1辺の数は，2こ少なくなるので，

13−2＝11（こ）

黒いご石は全部で，

11×11＝121（こ）

6 あるうるう年の2月1日から，次の年の1月31日までは，366日。

1月1日は1月31日の30日前なので，

366−30＝336（日）

曜日は7日でひと回りするので，

336÷7＝48（回）

あまりは0なので，土曜日の前，金曜日になります。

7 4つの数の和は等しいので，

12＋9＋イ＋ア
＝3＋15＋10＋ア

21＋イ＝28　イ＝7

12	ウ	14	3
8	9	エ	15
1	16	イ	10
オ	4	11	ア

4つの数の和は，

1＋16＋7＋10＝34

ア＝34−（3＋15＋10）＝6

ウ＝34−（12＋14＋3）＝5

12	ウ	14	3
8	9	エ	15
1	16	7	10
オ	4	11	ア

エ＝34−（8＋9＋15）＝2

オ＝34−（4＋11＋6）＝13

8 ③で，[イ]は[エ]2ことつり合っています。②の[イ]を[エ][エ]におきかえて，[ア]は[エ]3ことつり合うことがわかります。

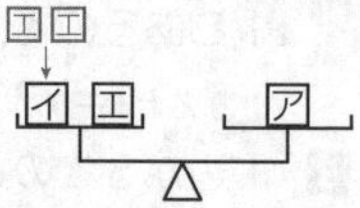

したがって，右の図のように，[ウ]は[エ]5ことつり合います。

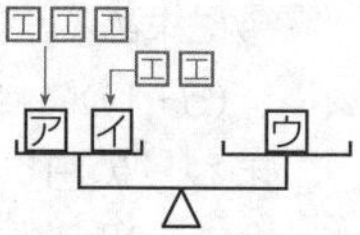

9 図に表すと，右のようになります。いちばん大きな数はEです。

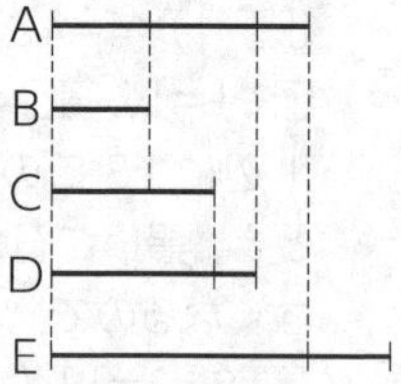

10 下の表(ひょう)で①～⑨の順に考えます。

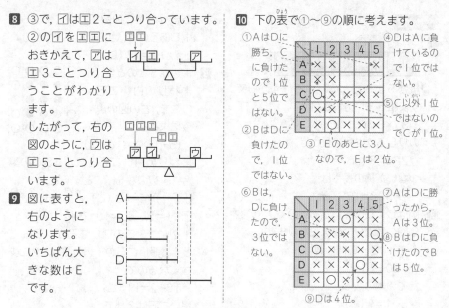

①AはDに勝ち，Cに負けたので1位と5位ではない。
②BはDに負けたので，1位ではない。
③「Eのあとに3人」なので，Eは2位。
④DはAに負けているので1位ではない。
⑤C以外(いがい)1位ではないのでCが1位。

	1	2	3	4	5
A	×	×			×
B	×	×			
C	○	×	×	×	×
D	×	×			
E	×	○	×	×	×

⑥Bは，Dに負けたので，3位ではない。
⑦AはDに勝ったから，Aは3位。
⑧BはDに負けたのでBは5位。

	1	2	3	4	5
A	×	×	○	×	×
B	×	×	×	×	○
C	○	×	×	×	×
D	×	×	×	○	×
E	×	○	×	×	×

⑨Dは4位。